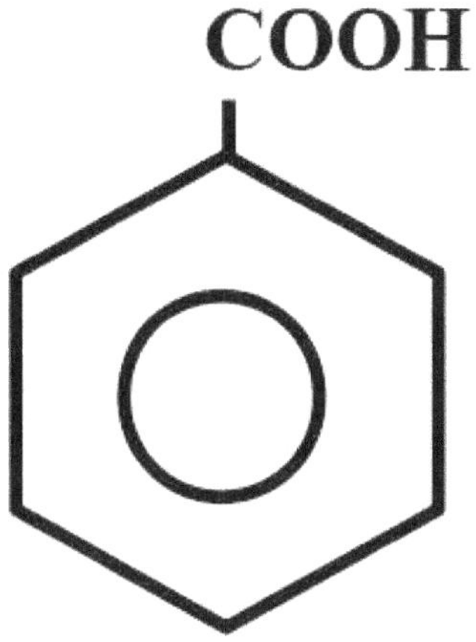

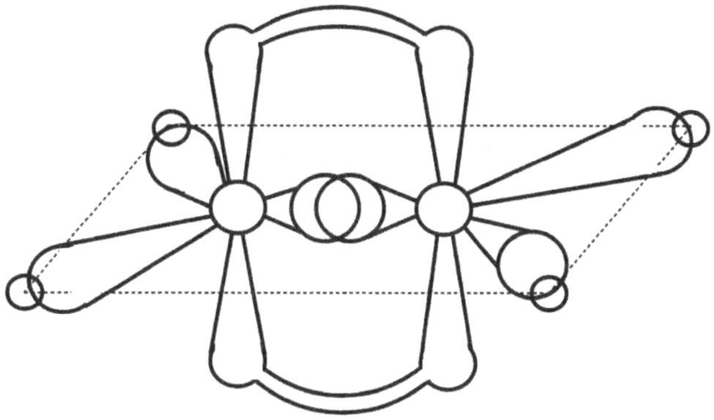

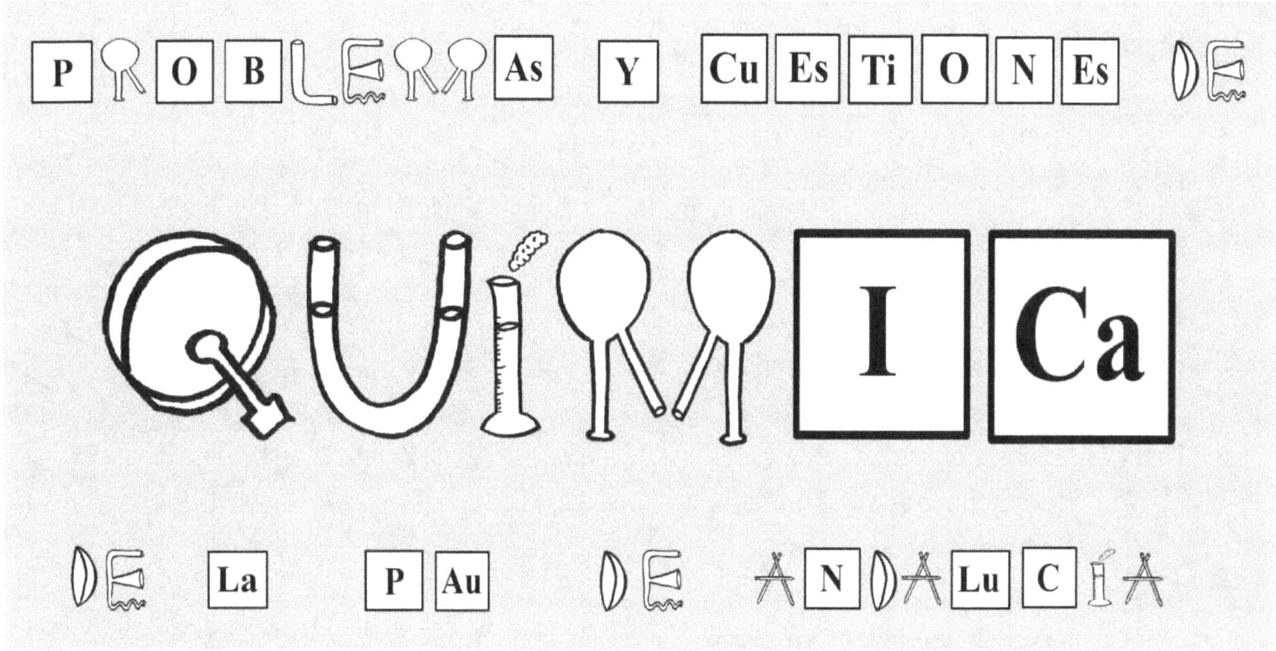

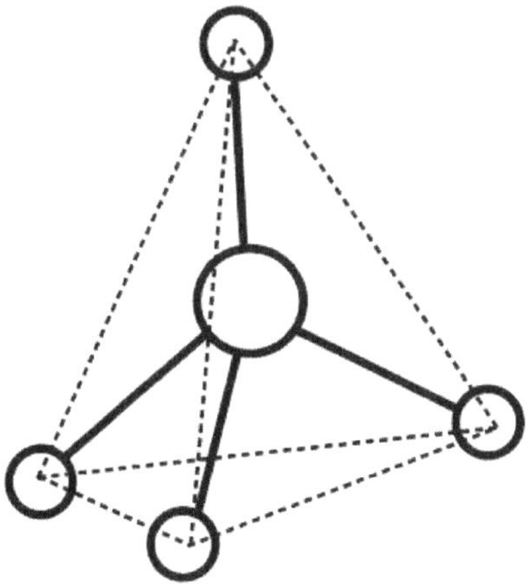

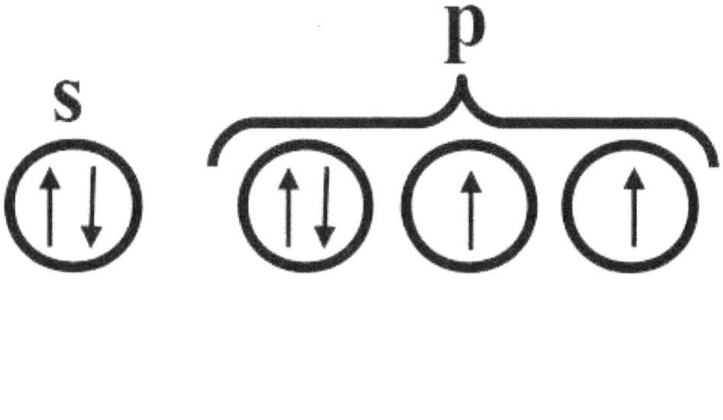

Octava edición
Curso 2024-2025

ÍNDICE

PRÓLOGO

OCTAVA EDICIÓN. CURSO 2024-2025.

¡ ÚNICO EN SU ESPECIE !
Es el único libro para la preparación del examen de Química de la PAU exclusivo de Andalucía.

¡ TOTALMENTE ACTUALIZADO !
Cada año, en septiembre, aparece una nueva edición que recoge los ejercicios de los años anteriores, incluyendo las últimas convocatorias ordinaria y extraordinaria.

¡ SIEMPRE MEJORANDO !
Cada edición recoge las mejores aportaciones de los lectores, tanto sugerencias como correcciones de erratas.

¡ AUMENTAMOS EL NÚMERO DE APROBADOS !
Ya he ayudado a aprobar a 1833 alumnos.

Esta es la guía definitiva para la preparación del examen de Química de la PAU (antigua Selectividad) y para los exámenes de Química de 2º de Bachillerato. Este libro es fruto de más de 30 años de experiencia y de año y medio de duro trabajo. Esta es una extensa recopilación de problemas y cuestiones de Química de la PAU de Andalucía. Contiene 300 ejercicios (problemas y cuestiones) de los últimos años, 50 de cada tema. También contiene más de 600 ejercicios de formulación y nomenclatura, orgánica e inorgánica. Los problemas y las cuestiones están resueltos con rigor científico y siguiendo las recomendaciones de la Ponencia de Química de Andalucía, que es la que realiza estas pruebas.

Aclaración: aparecen en este libro las cuestiones y los problemas de los exámenes de Selectividad de los últimos años disponibles hasta la publicación de este libro.

Se ha cambiado el orden de los temas con respecto a otros años. Debido a la complejidad del tema de "Cinética y equilibrio", se ha preferido separar el tema de "Solubilidad y precipitación" del tema de "Cinética y equilibrio". Además, debido a que hay problemas de solubilidad que incluyen el concepto de pH, se ha preferido situar el tema de "Solubilidad y precipitación" después del tema de "Ácidos y bases". Se ha incluido también el tema de Termoquímica.

ANÁLISIS DEL EXAMEN DE QUÍMICA DE LA PAU

Para el 2025, se prevén algunos cambios:

- No habrá dos exámenes tipo opción A y opción B.
- Habrá que estudiar todo el temario para conseguir la máxima calificación.
- Habrá algunas opciones a escoger.
- Los errores gramaticales y ortográficos restan hasta un 10 %.
- Los exámenes constan de tres tipos de preguntas: cerradas, semiconstruidas y abiertas.

CÓMO HACER EL EXAMEN DE QUÍMICA DE LA PAU

- No es necesario explicar exhaustivamente los problemas ni tampoco es recomendable no decir nada. Se recomienda lo que yo llamo el método del asterisco: indicar con un asterisco qué se está calculando.

  Ejemplo: * Concentraciones de equilibrio: y las calculamos.
  * Cálculo de x: y la calculamos.
  * Cálculo del pH: y lo calculamos.
- Es muy importante saber que cuando el enunciado dice "escribe" o "indica" u otro sinónimo, no hay que explicar la respuesta que se está pidiendo. Si se dice "razona" o "justifica" u otro sinónimo, SÍ hay que explicar la respuesta, preferentemente usando un principio o ley de la Química. Ejemplo: escribe la configuración de Fe^{3+}: la escribimos y ya está. Sin embargo, si nos dicen escribe la configuración del Fe^{3+} y justifícala: la escribimos y explicamos que el orden de llenado de orbitales no coincide con el de expulsión de electrones, que salen antes los s que los d.
- Se acepta el uso de reglas de tres, pero no se recomienda. En su lugar, se recomienda el uso de fórmulas, ecuaciones de proporcionalidad y factores de conversión.

ERRORES FRECUENTES DE LOS ALUMNOS

* Generales:

- No escribir las unidades. Lo correcto es: escribir las unidades de todas las magnitudes que se calculen al final de cada cálculo y no mientras se sustituye en la fórmula. Sólo se permite no escribir las unidades de las constantes de equilibrio, las constantes de disociación de ácidos y bases y los productos de solubilidad.
- Expresarse mal, sobre todo en las cuestiones. Lo correcto es: expresarse correctamente, con frases sencillas (sujeto + verbo + complementos) y usando tecnicismos. Ejemplo: el principio de máxima multiplicidad dice que los electrones tienden a estar lo más desapareados posible en orbitales de la misma energía.
- Escribir la teoría con tus propias palabras. Lo correcto es: escribir las cuestiones de la manera más parecida a como aparecen en este libro. Pueden utilizarse otras expresiones, pero sin caer en expresiones coloquiales, sin usar la mediocridad y sin perder rigor científico.
- Escribir una reacción química incompleta y sin ajustar. Lo correcto es: escribir todos los reactivos y todos los productos y ajustar correctamente la reacción.
- Escribir una disociación de una sustancia en sus iones sin escribir la carga de los iones. Lo correcto es: escribir las cargas de los iones.

- No saber lo que significa el concepto masa atómica relativa. Lo correcto es saberlo y saber que es similar a masa atómica o al ya en desuso de peso atómico.
- No saber calcular las cantidades de soluto o de disolvente de una disolución a partir de densidad, porcentaje en masa, etc. Lo correcto: es saber hacerlo mediante varios factores de conversión.
- No saber averiguar el reactivo limitante. Lo correcto es: averiguar cuál es el limitante mediante cualquiera de los dos métodos que existen.
- No saber el número de Avogadro. Lo correcto es: recordar que vale $6'022 \cdot 10^{23}$.
- No entender el concepto de pureza o riqueza. Lo correcto es: saber que la pureza o riqueza es el porcentaje en masa de una sustancia en una disolución o en un mineral o en cualquier muestra.

* De formulación:
  - Utilizar la nomenclatura tradicional en compuestos binarios. Lo correcto es: utilizar la nomenclatura tradicional para oxoácidos y oxosales. Ejemplo: sulfito de sodio es correcto pero óxido cuproso es incorrecto.
  - En las combinaciones de halógeno y oxígeno, escribir antes el halógeno y después el oxígeno. Lo correcto es: al contrario. Ejemplo: Cl_2O_3 es incorrecto y O_3Cl_2 es correcto.
  - Escribir el prefijo orto en los oxoácidos de B, P, As, Si y Sb. Lo correcto es no escribirlo. Ejemplo: ácido ortofosfórico es incorrecto; lo correcto es ácido fosfórico.
  - En la nomenclatura de Stock, indicar la valencia cuando el primer elemento tiene una única valencia. Lo correcto es: no escribirla. Ejemplo: óxido de aluminio(III) es incorrecto; óxido de aluminio es correcto.
  - Utilizar la nomenclatura de Stock para los oxoácidos y las oxosales. Lo correcto es: usar la nomenclatura tradicional para estos compuestos. Ejemplo: H_2SO_4 no es correcto decir tetraoxosulfato(VI) de hidrógeno; es correcto ácido sulfúrico.
  - Escribir el benceno como C_6H_6. Lo correcto es dibujar el anillo aromático así:
  - En nomenclatura orgánica, escribir el localizador delante del nombre que indica el número de átomos de carbono. Lo correcto es colocar el localizador justamente delante de la terminación a la que se refiere. Ejemplo: 1-butanol es incorrecto; butan-1-ol es correcto.
  - En la nomenclatura de Stock, separar la valencia del nombre del elemento. Lo correcto es no dejar espacio entre el elemento y la valencia. Ejemplo: óxido de hierro (III) es incorrecto; óxido de hierro(III) es correcto.

* Del tema el átomo, la tabla y el enlace:
  - Escribir un orbital con cuatro números cuánticos. Lo correcto es: escribir un orbital con número y letra o con tres números cuánticos y un electrón con cuatro números cuánticos. Ejemplo: 3p es un orbital; (3,2,1) es un orbital y (3,2,1,1/2) es un electrón.
  - No saber identificar un elemento químico dada su número atómico (Z) o su configuración electrónica externa. Lo correcto es saber la configuración electrónica externa de todos los elementos de la tabla periódica, saber escribir la tabla periódica completa de memoria y asignar el número atómico a todos los elementos.
  - Al hacer la configuración electrónica de un catión, retirar los electrones de la derecha en el orden del diagrama de Möeller. Lo correcto es ordenar la configuración electrónica por capas y retirar ahora los electrones de la derecha.

    Ejemplo: * Configuración del Fe por Möeller: $1s^2\ 2s^2\ 2p^6\ 3s^2\ 3p^6\ 4s^2\ 3d^6$

    * Configuración del Fe por capas: $1s^2\ 2s^2\ 2p^6\ 3s^2\ 3p^6\ 3d^6\ 4s^2$

    * Configuración del Fe^{3+}: $1s^2\ 2s^2\ 2p^6\ 3s^2\ 3p^6\ 3d^5$

- No conocer los conceptos de electrón diferenciador, electrón más externo o electrón de valencia. Lo correcto es: saber que son sinónimos y que se refieren al último electrón que se ha colocado en la configuración electrónica.
- Confundir la disposición de los pares de electrones alrededor del átomo central con la geometría molecular. Lo correcto es: saber que coinciden si no hay pares de electrones libres y que no coinciden si hay pares de electrones libres. Ejemplo: en el agua, los pares de electrones alrededor del oxígeno tienen disposición tetraédrica, pero la geometría de la molécula es angular.
- Cuando nos piden la geometría molecular por la teoría RPECV, dar directamente el resultado. Lo correcto es: indicar cuántos pares de electrones hay de enlace y cuántos pares hay libres alrededor del átomo central y después decir la geometría; también se puede utilizar la simbología del tipo ABE, indicando A el átomo central, B los pares de electrones de enlace y E los pares de electrones libres. Ejemplo: la molécula de agua es del tipo AB_2E_2, luego la geometría es angular.
- Justificar que un elemento tiene un valor mayor o menor de una propiedad periódica porque está más a la derecha, más a la izquierda, más hacia arriba o más hacia abajo en la tabla periódica. Lo correcto es: justificar que un elemento tiene mayor o menor valor de una propiedad periódica por otro motivo más riguroso: porque tiene mayor o menor carga nuclear, porque tiene mayor o menor tamaño, etc.
- En las sustancias moleculares, confundir las fuerzas intramoleculares con las intermoleculares. Lo correcto es saber que dentro de la molécula hay enlace covalente pero que las fuerzas que determinan su punto de fusión, su punto de ebullición y su solubilidad son las fuerzas intermoleculares, que pueden ser fuerzas de van der Waals o enlaces de hidrógeno.
- Explicar que una sustancia tiene una propiedad porque es de un determinado tipo. Lo correcto es: decir de qué tipo es la sustancia y dar la explicación detallada de por qué tiene esa propiedad. Ejemplo: ¿por qué el NaCl es soluble en agua? Explicación incompleta: porque es una sustancia iónica; explicación completa: porque es una sustancia iónica y las moléculas de agua atraen electrostáticamente a los iones, rompen la red cristalina y rodean a los iones.

* Del tema cinética y equilibrio:
  - En la expresión de K_c, sustituyen y no concentraciones. Lo correcto es dividir las concentraciones por el volumen, obtener las concentraciones y sustituir las concentraciones en K_c.
  - En problemas donde no nos dan moles iniciales, suponer una cantidad inicial. Lo correcto es: ponerlo en función de n_0 y averiguarlo más tarde mediante el método que se pueda. Por ejemplo: mediante la ecuación de los gases ideales: $P \cdot V = n \cdot R \cdot T$
  - Escribir las concentraciones de sólidos y líquidos en la K_c o la K_p de equilibrios heterogéneos con gases. Lo correcto es que sólo aparezcan las concentraciones de gases.
  - No saber calcular el Δn en equilibrios heterogéneos. Lo correcto es: que el Δn sólo se refiere a los moles gaseosos.
  - No saber trabajar con la constante de concentraciones de no equilibrio, Q. Lo correcto es saber que si nos dan concentraciones iniciales de todas las especies, calculamos Q; si $Q > K_c$, el sistema evoluciona hacia la izquierda; si $Q < K_c$, el sistema evoluciona hacia la derecha y si $Q = K_c$, el sistema está en equilibrio.
  - Confundir cuándo en una reacción se debe utilizar una sola flecha ($\rightarrow$) o una doble flecha ($\rightleftharpoons$). Lo correcto es: saber que si se trata de una sal soluble, se utiliza una sola flecha ($\rightarrow$). Si se trata de un equilibrio o de una sal poco soluble, se utiliza una doble flecha ($\rightleftharpoons$).

- Pensar que las sustancias sólidas o liquidas desplazan el equilibrio hacia la derecha o hacia la izquierda en un equilibrio con gases. Lo correcto es: saber que sólo los gases desplazan al equilibrio.
- Confundir los coeficientes de una ecuación química con el orden de una reacción. Lo correcto es: saber que el orden parcial es el exponente de cada concentración en la ecuación de velocidad. Puede coincidir con los coeficientes de la ecuación química o puede que no.
- Confundir el sentido al que se desplaza un equilibrio. Lo correcto es: saber que el equilibrio tiende a hacer lo contrario de lo que hace el agente externo.

* Del tema ácidos y bases:

- Cuando se neutraliza un ácido con una base, utilizar la fórmula: $c_{Ma} \cdot V_a = c_{Mb} \cdot V_b$. Lo correcto es: saber que hay que tener en cuenta la valencia del ácido y la de la base: $v_a \cdot c_{Ma} \cdot V_a = v_b \cdot c_{Mb} \cdot V_b$
- Confundir cuándo en una reacción se debe utilizar una sola flecha ($\rightarrow$) o una doble flecha ($\rightleftharpoons$). Lo correcto es: saber que si se trata de un ácido fuerte, o una base fuerte o una sal soluble, se utiliza una sola flecha ($\rightarrow$). Si el ácido es débil, o la base es débil o la sal es poco soluble, se utiliza una doble flecha ($\rightleftharpoons$).
- Confundir la disociación de una sal con la hidrólisis posterior. Lo correcto es: escribir la disolución de una sal soluble con una flecha ($\rightarrow$) y la hidrólisis posterior de alguno de los iones fuertes obtenidos con doble flecha ($\rightleftharpoons$).
- Confundir la fórmula de una dilución con la de una valoración ácido-base. Lo correcto es: saber que la de la dilución es: $c_{M1} \cdot V_1 = c_{M2} \cdot V_2$ y la de la valoración es: $v_a \cdot c_{Ma} \cdot V_a = v_b \cdot c_{Mb} \cdot V_b$
- No saber qué ácidos son fuertes y qué ácidos son débiles. Lo correcto es saber que:

Ejemplos de ácidos fuertes:	HCl, HNO_3 , $HClO_4$, HBr , H_2SO_4
Ejemplo de ácidos débiles:	$CH_3 - COOH$, HSO_4^- , H_2CO_3
Ejemplo de bases fuertes:	NaOH, KOH, cualquier hidróxido alcalino o alcalinotérreo
Ejemplos de bases débiles:	NH_3

* Del tema reacciones rédox:

- No saber expresar cuándo ocurre una reacción rédox. Lo correcto es: saber que una reacción rédoc ocurre cuando su energía libre de Gibbs es negativa ($\Delta G < 0$) o, lo que es lo mismo, el potencial estándar es positivo ($E > 0$).
- Pensar que el número de oxidación del oxígeno en el agua oxigenada (H_2O_2) es – 2. Lo correcto es: que tiene – 1.
- No asignar correctamente los números de oxidación en el ion amonio (NH_4^+). Lo correcto es: que el N tiene – 3 y el H + 1.
- Confundir los términos: oxidante, reductor, especie oxidada, especie reducida, oxidación, reducción, electrodo positivo y electrodo negativo. Lo correcto es: que el oxidante es el que se reduce (gana electrones), el reductor es el que se oxida (pierde electrones), la especie oxidada es la que tiene menos electrones, la especie reducida es la que tiene más electrones, la oxidación es la pérdida de electrones, la reducción es la ganancia de electrones, el ánodo es donde ocurre la oxidación, el cátodo es donde ocurre la reducción, el ánodo es negativo en las pilas y positivo en las cubas, el cátodo es positivo en las pilas y negativo en las cubas electrolíticas.
- Confundir el oxidante o el reductor con una pareja rédox. Ejemplo: de estas dos parejas rédox, indica la especie más oxidante y la más reductora: Ag^+/Ag y Cu^{2+}/Cu. Lo correcto es: decir que el más oxidante es el Ag^+ y el más reductor es el Cu.

* Del tema química orgánica:

- No ajustar las reacciones que se piden. Lo correcto es: ajustarlas y no olvidarnos de ningún reactivo y de ningún producto.
- Confundir fórmulas desarrolladas con semidesarrolladas. Lo correcto es: saber que en las fórmulas desarrolladas aparecen todos los enlaces y en las fórmulas semidesarrolladas sólo aparecen los enlaces C – C.
- Confundir isomería de cadena con isomería de posición en los alquenos. Lo correcto es: que al cambiar de posición el enlace doble se obtiene un isómero de posición.

CÓMO ESTUDIAR QUÍMICA

a) La formulación y nomenclatura: hay que aprenderse todas las reglas de formulación y nomenclatura. Para practicar en la sección de formulación y nomenclatura, se aconseja tapar la columna derecha de las soluciones con un folio e intentar decir o escribir la fórmula o nombre de la columna izquierda.

b) Las cuestiones: hay que memorizarlas. Hay que escribirlas de la manera más parecida a como aparecen en este libro. La mejor forma de memorizar es leer varias veces e intentar repetir lo que se ha leído sin leer el texto.

c) Los problemas: hay que leer el enunciado dos veces por lo menos. Leemos y entendemos la resolución. Una vez hecho esto, con un folio tapamos la resolución e intentamos hacer el problema con bolígrafo y papel. La Química se aprende haciendo un número enorme de problemas. Una vez que los hayamos hecho, le damos varias vueltas, haciéndolos otra vez por el mismo procedimiento.

CONTACTO

* Página web: para ver otros títulos de la colección:

librosdeciencias.com

* Correo electrónico de contacto: para hacer sugerencias e informar sobre errores:

correo@librosdeciencias.com

* Canal de experimentos de Youtube en español:

EXPERIMENTOS DE FÍSICA Y QUÍMICA
Busque en Youtube: "Experimentos de Física y Química canal". Subscríbase.

* Canal de experimentos de Youtube en inglés:

PHYSICS AND CHEMISTRY EXPERIMENTS
Enlace en el canal anterior en español. Subscríbase.

* Amazon: para hacer valoraciones y comentarios sobre esta obra, a ser posible, positivos:

Amazon.es

Gracias.

FORMULACIÓN Y NOMENCLATURA

FORMULACIÓN Y NOMENCLATURA INORGÁNICAS

Ácido bórico	H_3BO_3
Ácido brómico	$HBrO_3$
Ácido carbónico	H_2CO_3
Ácido clórico	$HClO_3$
Ácido cloroso	$HClO_2$
Ácido crómico	H_2CrO_4
Ácido fosforoso	H_3PO_3
Ácido fosfórico	H_3PO_4
Ácido hipobromoso	$HBrO$
Ácido hipocloroso	$HClO$
Ácido nítrico	HNO_3
Ácido nitroso	HNO_2
Ácido perbrómico	$HBrO_4$
Ácido perclórico	$HClO_4$
Ácido peryódico	HIO_4
Ácido selénico	H_2SeO_4
Ácido selenioso	H_2SeO_3
Ácido sulfúrico	H_2SO_4
Ácido sulfuroso	H_2SO_3
Ácido yódico	HIO_3
Ag_2CrO_4	Cromato de plata
Ag_2O	Óxido de diplata, monóxido de diplata u óxido de plata
Ag_2S	Sulfuro de diplata o sulfuro de plata
Ag_3AsO_4	Arseniato de plata
$AgBr$	Bromuro de plata
$AgBrO_3$	Bromato de plata
AgF	Fluoruro de plata
$AgOH$	Hidróxido de plata o monohidróxido de plata
$Al(HSeO_4)_3$	Hidrogenoseleniato de aluminio
$Al(HSO_4)_3$	Hidrogenosulfato de aluminio
$Al(OH)_3$	Trihidróxido de aluminio o hidróxido de aluminio
$Al_2(CO_3)_3$	Carbonato de aluminio
Al_2O_3	Trióxido de dialuminio u óxido de aluminio
$AlCl_3$	Tricloruro de aluminio o cloruro de aluminio
AlH_3	Trihidruro de aluminio o hidruro de aluminio
$AlPO_4$	Fosfato de aluminio
Amoniaco	NH_3
Arseniato de cobalto(II)	$Co_3(AsO_4)_2$
Arseniato de hierro(III)	$FeAsO_4$
Arseniato de sodio	Na_3AsO_4
As_2O_3	Trióxido de diarsénico u óxido de arsénico(III)
As_2O_5	Pentaóxido de diarsénico u óxido de arsénico(V)
As_2S_3	Trisulfuro de diarsénico o sulfuro de arsénico(III)
AsH_3	Trihidruro de arsénico o arsano

AuH_3	Trihidruro de oro o hidruro de oro(III)
Au_2O_3	Trióxido de dioro u óxido de oro(III)
Au_2S	Sulfuro de dioro o sulfuro de oro(I)
$AuCl_3$	Tricloruro de oro o cloruro de oro(III)
$Au(OH)_3$	Trihidróxido de oro o hidróxido de oro(III)
B_2O_3	Trióxido de diboro u óxido de boro
$Ba(MnO_4)_2$	Permanganato de bario
$BaCl_2$	Dicloruro de bario o cloruro de bario
$BaCO_3$	Carbonato de bario
$BaCr_2O_7$	Dicromato de bario
$BaCrO_4$	Cromato de bario
BaO_2	Dióxido de bario o peróxido de bario
$BaSO_4$	Sulfato de bario
$Be(OH)_2$	Dihidróxido de berilio o hidróxido de berilio
BeH_2	Dihidruro de berilio o hidruro de berilio
$Bi(OH)_3$	Trihidróxido de bismuto o hidróxido de bismuto(III)
Bi_2O_3	Trióxido de dibismuto u óxido de bismuto(III)
Bi_2O_5	Pentaóxido de dibismuto u óxido de bismuto(V)
Br_2O_5	Pentaóxido de dibromo u óxido de bromo(V)
Bromato de aluminio	$Al(BrO_3)_3$
Bromato de estroncio	$Sr(BrO_3)_2$
Bromato de potasio	$KBrO_3$
Bromato de sodio	$NaBrO_3$
Bromuro de cadmio	$CdBr_2$
Bromuro de cesio	$CsBr$
Bromuro de hidrógeno	HBr
Bromuro de calcio	$CaBr_2$
Bromuro de magnesio	$MgBr_2$
$CaBr_2$	Dibromuro de calcio o bromuro de calcio
$Ca(BrO_3)_2$	Bromato de calcio
$Ca(ClO_2)_2$	Clorito de calcio
$CaCO_3$	Carbonato de calcio
$CaCl_2$	Dicloruro de calcio o cloruro de calcio
$Ca(NO_2)_2$	Nitrito de calcio
$Ca(OH)_2$	Dihidróxido de calcio o hidróxido de calcio
$Ca_3(PO_4)_2$	Fosfato de calcio
CaH_2	Dihidruro de calcio o hidruro de calcio
$CaHPO_4$	Hidrogenofosfato de calcio
CaO	Monóxido de calcio u óxido de calcio
CaO_2	Dióxido de calcio o peróxido de calcio
CaS	Sulfuro de calcio
Carbonato de aluminio	$Al_2(CO_3)_3$
Carbonato de bario	$BaCO_3$
Carbonato de cinc	$ZnCO_3$
Carbonato de magnesio	$MgCO_3$
Carbonato de rubidio	Rb_2CO_3
Carbonato de sodio	Na_2CO_3
CCl_4	Tetracloruro de carbono

CdI_2	Diyoduro de cadmio, yoduro de cadmio, diioduro de cadmio o ioduro de cadmio
$Cd(OH)_2$	Dihidróxido de cadmio o hidróxido de cadmio
CdS	Sulfuro de cadmio
CF_4	Tetrafluoruro de carbono o fluoruro de carbono(IV)
CH_4	Tetrahidruro de carbono o metano
Clorato de cobalto(III)	$Co(ClO_3)_3$
Clorato de potasio	$KClO_3$
Clorito de bario	$Ba(ClO_2)_2$
Cloruro de amonio	NH_4Cl
Cloruro de estaño(IV)	$SnCl_4$
CO	Monóxido de carbono, óxido de carbono u óxido de carbono(II)
$CoBr_2$	Dibromuro de cobalto o bromuro de cobalto(II)
$Co(OH)_2$	Dihidróxido de cobalto o hidróxido de cobalto(II)
$Co(OH)_3$	Trihidróxido de cobalto o hidróxido de cobalto(III)
$CoPO_4$	Fosfato de cobalto(III)
CoS	Sulfuro de cobalto o sulfuro de cobalto(II)
$Cr(OH)_3$	Trihidróxido de cromo o hidróxido de cromo(III)
Cr_2O_3	Trióxido de dicromo u óxido de cromo(III)
CrF_3	Trifluoruro de cromo o fluoruro de cromo(III)
CrO_3	Trióxido de cromo u óxido de cromo(VI)
Cromato de bario	$BaCrO_4$
Cromato de calcio	$CaCrO_4$
Cromato de estaño(IV)	$Sn(CrO_4)_2$
Cromato de mercurio(I)	Hg_2CrO_4
Cromato de paladio(II)	$PdCrO_4$
Cromato de plata	Ag_2CrO_4
$CsCl$	Cloruro de cesio
$CsHSO_3$	Hidrogenosulfito de cesio
$CsOH$	Monohidróxido de cesio o hidróxido de cesio
$Cu(BrO_2)_2$	Bromito de cobre(II)
$Cu(NO_3)_2$	Nitrato de cobre(II)
Cu_2O	Monóxido de dicobre, óxido de dicobre u óxido de cobre(I)
$CuBr_2$	Dibromuro de cobre o bromuro de cobre(II)
$CuCl_2$	Dicloruro de cobre o cloruro de cobre(II)
CuH_2	Dihidruro de cobre o hidruro de cobre(II)
CuI	Yoduro de cobre, yoduro de cobre(I), ioduro de cobre o ioduro de cobre(I)
CuO	Monóxido de cobre, óxido de cobre u óxido de cobre(II)
$CuOH$	Monohidróxido de cobre, hidróxido de cobre o hidróxido de cobre(I)
Dicromato de hierro(III)	$Fe_2(Cr_2O_7)_3$
Dicromato de plata	$Ag_2Cr_2O_7$
Dicromato de potasio	$K_2Cr_2O_7$
Dihidrogenofosfato de aluminio	$Al(H_2PO_4)_3$
Dihidrogenofosfato de sodio	NaH_2PO_4
Dihidruro de estroncio	SrH_2
Dióxido de azufre	SO_2
Dióxido de estaño	SnO_2
Dióxido de titanio	TiO_2

$Fe(HSO_4)_2$	Hidrogenosulfato de hierro(II)
FeH_3	Trihidruro de hierro o hidruro de hierro(III)
$Fe(NO_3)_3$	Nitrato de hierro(III)
$Fe(OH)_3$	Trihidróxido de hierro o hidróxido de hierro(III)
$Fe_3(PO_4)_2$	Fosfato de hierro(II)
$Fe_2(SO_4)_3$	Sulfato de hierro(III)
Fe_2S_3	Trisulfuro de dihierro o sulfuro de hierro(III)
$FeCl_2$	Dicloruro de hierro o cloruro de hierro(II)
FeO	Monóxido de hierro, óxido de hierro u óxido de hierro(II)
Fe_2O_3	Trióxido de dihierro u óxido de hierro(III)
Fluoruro de amonio	NH_4F
Fluoruro de bario	BaF_2
Fluoruro de boro	BF_3
Fluoruro de calcio	CaF_2
Fluoruro de estroncio	SrF_2
Fluoruro de hidrógeno	HF
Fluoruro de vanadio(III)	VF_3
Fosfato de calcio	$Ca_3(PO_4)_2$
Fosfato de cobalto(III)	$CoPO_4$
Fosfato de hierro(III)	$FePO_4$
Fosfato de litio	Li_3PO_4
Fosfato de magnesio	$Mg_3(PO_4)_2$
Fosfato de plata	Ag_3PO_4
GaH_3	Trihidruro de galio o hidruro de galio
H_2CrO_4	Ácido crómico
H_2MnO_4	Ácido mangánico
H_2O_2	Dióxido de dihidrógeno, peróxido de hidrógeno o agua oxigenada
H_2S	Sulfuro de hidrógeno
H_2Se	Seleniuro de hidrógeno
H_2SeO_3	Ácido selenioso
H_2SeO_4	Ácido selénico
H_2SO_3	Ácido sulfuroso
H_2TeO_4	Ácido telúrico
H_3AsO_3	Ácido arsenoso
H_3AsO_4	Ácido arsénico
H_3BO_3	Ácido bórico
H_3PO_3	Ácido fosforoso
H_3PO_4	Ácido fosfórico
$HBrO$	Ácido hipobromoso
$HBrO_2$	Ácido bromoso
$HBrO_3$	Ácido brómico
$HBrO_4$	Ácido perbrómico
HCl	Cloruro de hidrógeno
$HClO$	Ácido hipocloroso
$HClO_2$	Ácido cloroso
$HClO_3$	Ácido clórico
$HClO_4$	Ácido perclórico
Hexafluoruro de azufre	SF_6
$Hg(BrO_2)_2$	Bromito de mercurio(II)

$Hg(ClO)_2$	Hipoclorito de mercurio(II)
$Hg(OH)_2$	Dihidróxido de mercurio o hidróxido de mercurio(II)
HgI_2	Diyoduro de mercurio, yoduro de mercurio(II), diioduro de mercurio o ioduro de mercurio(II)
HgO	Monóxido de mercurio, óxido de mercurio u óxido de mercurio(II)
HgS	Sulfuro de mercurio o sulfuro de mercurio(II)
$HgSO_3$	Sulfito de mercurio(II)
Hg_2SO_4	Sulfato de mercurio(I)
$HgSO_4$	Sulfato de mercurio(II)
HI	Yoduro de hidrógeno o ioduro de hidrógeno
HIO	Ácido hipoyodoso o ácido hipoiodoso
HIO_2	Ácido yodoso o ácido iodoso
HIO_3	Ácido yódico o ácido iódico
Hidrogenocarbonato de bario	$Ba(HCO_3)_2$
Hidrogenocarbonato de cadmio	$Cd(HCO_3)_2$
Hidrogenocarbonato de calcio	$Ca(HCO_3)_2$
Hidrogenocarbonato de cesio	$CsHCO_3$
Hidrogenocarbonato de plata	$AgHCO_3$
Hidrogenocarbonato de sodio	$NaHCO_3$
Hidrogenofosfato de calcio	$CaHPO_4$
Hidrogenofosfato de potasio	$KHPO_4$
Hidrogenosulfato de aluminio	$Al(HSO_4)_3$
Hidrogenosulfato de sodio	$NaHSO_4$
Hidrogenosulfito de cinc	$Zn(HSO_3)_2$
Hidrogenosulfito de sodio	$NaHSO_3$
Hidróxido de aluminio	$Al(OH)_3$
Hidróxido de amonio	NH_4OH
Hidróxido de antimonio(V)	$Sb(OH)_5$
Hidróxido de bario	$Ba(OH)_2$
Hidróxido de berilio	$Be(OH)_2$
Hidróxido de calcio	$Ca(OH)_2$
Hidróxido de cesio	$CsOH$
Hidróxido de cobalto(II)	$Co(OH)_2$
Hidróxido de cobre(I)	$CuOH$
Hidróxido de cobre(II)	$Cu(OH)_2$
Hidróxido de cromo(III)	$Cr(OH)_3$
Hidróxido de estaño(II)	$Sn(OH)_2$
Hidróxido de estaño(IV)	$Sn(OH)_4$
Hidróxido de estroncio	$Sr(OH)_2$
Hidróxido de galio	$Ga(OH)_3$
Hidróxido de hierro(II)	$Fe(OH)_2$
Hidróxido de hierro(III)	$Fe(OH)_3$
Hidróxido de litio	$LiOH$
Hidróxido de magnesio	$Mg(OH)_2$
Hidróxido de mercurio(II)	$Hg(OH)_2$
Hidróxido de níquel(II)	$Ni(OH)_2$
Hidróxido de níquel(III)	$Ni(OH)_3$
Hidróxido de paladio(II)	$Pd(OH)_2$
Hidróxido de plata	$AgOH$

Hidróxido de platino(IV)	$Pt(OH)_4$
Hidróxido de plomo(II)	$Pb(OH)_2$
Hidróxido de plomo(IV)	$Pb(OH)_4$
Hidróxido de vanadio(V)	$V(OH)_5$
Hidróxido de zinc	$Zn(OH)_2$
Hidruro de aluminio	AlH_3
Hidruro de bario	BaH_2
Hidruro de berilio	BeH_2
Hidruro de boro	BH_3
Hidruro de estroncio	SrH_2
Hidruro de litio	LiH
Hidruro de magnesio	MgH_2
Hidruro de plomo(IV)	PbH_4
HIO	Ácido hipoyodoso o ácido hipoiodoso
HIO_2	Ácido yodoso o ácido iodoso
HIO_3	Ácido yódico o ácido iódico
Hipobromito de sodio	NaBrO
Hipoclorito de berilio	$Be(ClO)_2$
Hipoclorito de calcio	$Ca(ClO)_2$
Hipoclorito de estaño(IV)	$Sn(ClO)_4$
Hipoclorito de sodio	NaClO
Hipoyodito de calcio	$Ca(IO)_2$
Hipoyodito de cobre(II)	$Cu(IO)_2$
$HMnO_4$	Ácido permangánico
HNO_2	Ácido nitroso
HNO_3	Ácido nítrico
I_2O_3	Trióxido de diyodo, óxido de yodo(III), trióxido de diiodo u óxido de iodo(III)
$KClO_4$	Perclorato de potasio
$K_2Cr_2O_7$	Dicromato de potasio
K_2HPO_4	Hidrogenofosfato de potasio
K_2O	Monóxido de dipotasio, óxido de dipotasio u óxido de potasio
K_2O_2	Dióxido de dipotasio o peróxido de potasio
K_2SO_3	Sulfito de potasio
KBr	Bromuro de potasio
KBrO	Hipobromito de potasio
$KClO_3$	Clorato de potasio
KH_2PO_4	Dihidrogenofosfato de potasio
$KHCO_3$	Hidrogenocarbonato de potasio
$KMnO_4$	Permanganato de potasio
KNO_3	Nitrato de potasio
KOH	Monohidróxido de potasio o hidróxido de potasio
Li_2O_2	Peróxido de litio o dióxido de dilitio.
Li_2SO_3	Sulfito de litio
Li_2SO_4	Sulfato de litio
LiCl	Cloruro de litio
$LiClO_3$	Clorato de litio
LiH	Hidruro de litio
$LiHSO_3$	Hidrogenosulfito de litio

$LiOH$	Monohidróxido de litio o hidróxido de litio
MgF_2	Difluoruro de magnesio o fluoruro de magnesio
$Mg(HSO_4)_2$	Hidrogenosulfato de magnesio
$Mg(OH)_2$	Dihidróxido de magnesio o hidróxido de magnesio
MgH_2	Dihidruro de magnesio o hidruro de magnesio
MgO_2	Dióxido de magnesio o peróxido de magnesio
$MgSO_4$	Sulfato de magnesio
$Mn(OH)_2$	Dihidróxido de manganeso o hidróxido de manganeso(II)
MnI_2	Diyoduro de manganeso, yoduro de manganeso(II), diioduro de manganeso o ioduro de manganeso(II)
MnO_2	Dióxido de manganeso u óxido de manganeso(IV)
Mn_2O_7	Heptaóxido de dimanganeso u óxido de manganeso(VII)
MnS	Sulfuro de manganeso o sulfuro de manganeso(II)
Monóxido de carbono	CO
MoO_3	Trióxido de molibdeno u óxido de molibdeno(VI)
N_2O	Monóxido de dinitrógeno, óxido de dinitrógeno u óxido de nitrógeno(I)
N_2O_3	Trióxido de dinitrógeno u óxido de nitrógeno(III)
N_2O_5	Pentaóxido de dinitrógeno u óxido de nitrógeno(V)
Na_2HPO_4	Hidrogenofosfato de sodio
Na_2CrO_4	Cromato de sodio
Na_2O_2	Dióxido de disodio o peróxido de sodio
Na_2SO_3	Sulfito de sodio
Na_2SO_4	Sulfato de sodio
Na_3AsO_4	Arseniato de sodio
$NaClO$	Hipoclorito de sodio
NaH	Hidruro de sodio
NaH_2PO_4	Dihidrogenofosfato de sodio
$NaHCO_3$	Hidrogenocarbonato de sodio
$NaHSO_3$	Hidrogenosulfito de sodio
$NaHSO_4$	Hidrogenosulfato de sodio
$NaMnO_4$	Permanganato de sodio
$NaNO_2$	Nitrito de sodio
$NaOH$	Monohidróxido de sodio o hidróxido de sodio
NH_3	Trihidruro de nitrógeno o amoniaco
NH_4Br	Bromuro de amonio
$(NH_4)_2S$	Sulfuro de amonio
$(NH_4)_2SO_4$	Sulfato de amonio
NH_4Cl	Cloruro de amonio
NH_4F	Fluoruro de amonio
NH_4HCO_3	Hidrogenocarbonato de amonio
NH_4MnO_4	Permanganato de amonio
NH_4NO_2	Nitrito de amonio
NH_4NO_3	Nitrato de amonio
$Ni(ClO_3)_2$	Clorato de níquel(II)
NiH_2	Dihidruro de níquel o hidruro de níquel(II)
$Ni(OH)_2$	Dihidróxido de níquel o hidróxido de níquel(II)
NiO	Monóxido de níquel u óxido de níquel u óxido de níquel(II)
Ni_2O_3	Trióxido de diníquel u óxido de níquel(III)

Ni_2Se_3	Triseleniuro de diníquel o seleniuro de níquel(III)
$Ni_3(PO_4)_2$	Fosfato de níquel(II)
Nitrato de amonio	NH_4NO_3
Nitrato de calcio	$Ca(NO_3)_2$
Nitrato de cobalto(III)	$Co(NO_3)_3$
Nitrato de cobre(II)	$Cu(NO_3)_2$
Nitrato de hierro(II)	$Fe(NO_3)_2$
Nitrato de hierro(III)	$Fe(NO_3)_3$
Nitrato de magnesio	$Mg(NO_3)_2$
Nitrato de manganeso(II)	$Mn(NO_3)_2$
Nitrato de paladio(II)	$Pd(NO_3)_2$
Nitrato de plata	$AgNO_3$
Nitrito de cesio	$CsNO_2$
Nitrito de cinc	$Zn(NO_2)_2$
Nitrito de cobre(I)	$CuNO_2$
Nitrito de cobre(II)	$Cu(NO_2)_2$
Nitrito de hierro(II)	$Fe(NO_2)_2$
Nitrito de plata	$AgNO_2$
Nitrito de sodio	$NaNO_2$
Nitruro de aluminio	AlN
NO_2	Dióxido de nitrógeno u óxido de nitrógeno(IV)
O_3Cl_2	Dicloruro de trioxígeno
O_5Cl_2	Dicloruro de pentaoxígeno
OsO_2	Dióxido de osmio u óxido de osmio(IV)
Óxido de aluminio	Al_2O_3
Óxido de antimonio(III)	Sb_2O_3
Óxido de cadmio	CdO
Óxido de calcio	CaO
Óxido de cinc	ZnO
Óxido de circonio(IV)	ZrO_2
Óxido de cobalto(II)	CoO
Óxido de cobalto(III)	Co_2O_3
Óxido de cobre(I)	Cu_2O
Óxido de cromo(III)	Cr_2O_3
Óxido de estaño(IV)	SnO_2
Óxido de hierro(III)	Fe_2O_3
Óxido de litio	Li_2O
Óxido de magnesio	MgO
Óxido de manganeso(III)	Mn_2O_3
Óxido de manganeso(VII)	Mn_2O_7
Óxido de mercurio(II)	HgO
Óxido de molibdeno(IV)	MoO_2
Óxido de níquel(II)	NiO
Óxido de níquel(III)	Ni_2O_3
Óxido de oro(III)	Au_2O_3
Óxido de paladio(IV)	PdO_2
Óxido de platino(II)	PtO
Óxido de platino(IV)	PtO_2
Óxido de plomo(II)	PbO

Óxido de plomo(IV)	PbO_2
Óxido de rubidio	Rb_2O
Óxido de teluro(IV)	TeO_2
Óxido de titanio(IV)	TiO_2
Óxido de vanadio(IV)	VO_2
Óxido de vanadio(V)	V_2O_5
P_2O_5	Pentaóxido de difósforo u óxido de fósforo(V)
$Pb(ClO_3)_4$	Clorato de plomo(IV)
$Pb(HS)_2$	Hidrogenosulfuro de plomo(II)
$Pb(NO_3)_2$	Nitrato de plomo(II)
$Pb(OH)_4$	Tetrahidróxido de plomo o hidróxido de plomo(IV)
$PbBr_2$	Dibromuro de plomo o bromuro de plomo(II)
$PbCrO_4$	Cromato de plomo(II)
$PbCO_3$	Carbonato de plomo(II)
PbF_2	Difluoruro de plomo o fluoruro de plomo(II)
PbH_4	Tetrahidruro de plomo o hidruro de plomo(IV)
PbO	Monóxido de plomo u óxido de plomo(II)
PbO_2	Dióxido de plomo u óxido de plomo(IV)
$PbSO_4$	Sulfato de plomo(II)
PCl_3	Tricloruro de fósforo o cloruro de fósforo(III)
PCl_5	Pentacloruro de fósforo o cloruro de fósforo(V)
Pentacloruro de fósforo	PCl_5
Pentafluoruro de antimonio	SbF_5
Pentafluoruro de fósforo	PF_5
Pentasulfuro de diarsénico	As_2S_5
Perclorato de berilio	$Be(ClO_4)_2$
Perclorato de cromo(III)	$Cr(ClO_4)_3$
Perclorato de potasio	$KClO_4$
Perclorato de sodio	$NaClO_4$
Permanganato de bario	$Ba(MnO_4)_2$
Permanganato de cobalto(II)	$Co(MnO_4)_2$
Permanganato de litio	$LiMnO_4$
Permanganato de potasio	$KMnO_4$
Permanganato de sodio	$NaMnO_4$
Peróxido de bario	BaO_2
Peróxido de calcio	CaO_2
Peróxido de cobre(II)	CuO_2
Peróxido de estroncio	SrO_2
Peróxido de hidrógeno	H_2O_2
Peróxido de litio	Li_2O_2
Peróxido de mercurio(II)	HgO_2
Peróxido de potasio	K_2O_2
Peróxido de rubidio	Rb_2O_2
Peróxido de sodio	Na_2O_2
PH_3	Trihidruro de fósforo o fosfano
$Pt(OH)_2$	Dihidróxido de platino o hidróxido de platino(II)
PtI_2	Diyoduro de platino, yoduro de platino(II), diioduro de platino o ioduro de platino(II)
PtO_2	Dióxido de platino u óxido de platino(IV)

Rb_2O_2	Dióxido de dirrubidio o peróxido de rubidio
$RbClO_4$	Perclorato de rubidio
Sb_2O_3	Trióxido de diantimonio u óxido de antimonio(III)
SbH_3	Trihidruro de antimonio o estibano
$Sc(OH)_3$	Trihidróxido de escandio o hidróxido de escandio
Sc_2O_3	Trióxido de diescandio u óxido de escandio
Selenuro de hidrógeno	H_2Se
Selenuro de plata	Ag_2Se
SF_4	Tetrafluoruro de azufre o fluoruro de azufre(IV)
SF_6	Hexafluoruro de azufre o fluoruro de azufre(VI)
$SiCl_4$	Tetracloruro de silicio o cloruro de silicio
SiF_4	Tetrafluoruro de silicio o fluoruro de silicio
SiH_4	Tetrahidruro de silicio o silano
SiI_4	Tetrayoduro de silicio, yoduro de silicio, tetraioduro de silicio o ioduro de silicio
SiO_2	Dióxido de silicio u óxido de silicio
$SnBr_4$	Tetrabromuro de estaño o bromuro de estaño(IV)
$Sn(ClO_3)_2$	Clorato de estaño(II)
$Sn(CO_3)_2$	Carbonato de estaño(IV)
$Sn(IO_3)_2$	Yodato de estaño(II) o iodato de estaño(II)
$Sn(NO_3)_4$	Nitrato de estaño(IV)
$Sn(OH)_4$	Tetrahidróxido de estaño o hidróxido de estaño(IV)
$SnCl_4$	Tetracloruro de estaño o cloruro de estaño(IV)
SnO_2	Dióxido de estaño u óxido de estaño(IV)
SnS_2	Disulfuro de estaño o sulfuro de estaño(IV)
SO_2	Dióxido de azufre u óxido de azufre(IV)
SO_3	Trióxido de azufre u óxido de azufre(VI)
SrH_2	Dihidruro de estroncio o hidruro de estroncio
$Sr(OH)_2$	Dihidróxido de estroncio o hidróxido de estroncio
SrO	Monóxido de estroncio u óxido de estroncio
SrO_2	Dióxido de estroncio o peróxido de estroncio
Sulfato de aluminio	$Al_2(SO_4)_3$
Sulfato de amonio	$(NH_4)_2SO_4$
Sulfato de calcio	$CaSO_4$
Sulfato de manganeso(II)	$MnSO_4$
Sulfato de níquel(III)	$Ni_2(SO_4)_3$
Sulfato de potasio	K_2SO_4
Sulfato de zinc	$ZnSO_4$
Sulfito de aluminio	$Al_2(SO_3)_3$
Sulfito de amonio	$(NH_4)_2SO_3$
Sulfito de calcio	$CaSO_3$
Sulfito de estaño(II)	$SnSO_3$
Sulfito de manganeso(II)	$MnSO_3$
Sulfito de potasio	K_2SO_3
Sulfito de sodio	Na_2SO_3
Sulfuro de aluminio	Al_2S_3
Sulfuro de amonio	$(NH_4)_2S$
Sulfuro de antimonio(V)	Sb_2S_5
Sulfuro de arsénico(III)	As_2S_3

Sulfuro de cadmio	CdS
Sulfuro de cinc	ZnS
Sulfuro de cobalto(II)	CoS
Sulfuro de cobre(I)	Cu_2S
Sulfuro de cobre(II)	CuS
Sulfuro de galio	Ga_2S_3
Sulfuro de hidrógeno	H_2S
Sulfuro de manganeso(III)	Mn_2S_3
Sulfuro de mercurio(II)	HgS
Sulfuro de plata	Ag_2S
Sulfuro de plomo(II)	PbS
Sulfuro de potasio	K_2S
Sulfuro de zinc	ZnS
Telururo de hidrógeno	H_2Te
TeO_3	Trióxido de teluro u óxido de teluro(VI)
Tetracloruro de carbono	CCl_4
Tetrahidruro de silicio	SiH_4
TiF_4	Tetrafluoruro de titanio o fluoruro de titanio(IV)
TiO_2	Dióxido de titanio u óxido de titanio(IV)
Tl_2O_3	Trióxido de ditalio u óxido de talio(III)
Tricloruro de cromo	$CrCl_3$
Trióxido de azufre	SO_3
Trióxido de dicobalto	Co_2O_3
Trióxido de wolframio	WO_3
UO_2	Dióxido de uranio u óxido de uranio(IV)
V_2O_5	Pentaóxido de divanadio u óxido de vanadio(V)
VH_5	Pentahidruro de vanadio o hidruro de vanadio(V)
WO_3	Trióxido de wolframio, óxido de wolframio(VI), trióxido de volframio u óxido de volframio(VI)
Yodato de bario	$Ba(IO_3)_2$
Yodato de calcio	$Ca(IO_3)_2$
Yodato de litio	$LiIO_3$
Yodato de mercurio(II)	$Hg(IO_3)_2$
Yodato de potasio	KIO_3
Yodito de cesio	$CsIO_2$
Yodito de estroncio	$Sr(IO_2)_2$
Yoduro de amonio	NH_4I
Yoduro de cobre(I)	CuI
Yoduro de mercurio(I)	Hg_2I_2
Yoduro de níquel(II)	NiI_2
Yoduro de oro(III)	AuI_3
Yoduro de plomo(II)	PbI_2
ZnH_2	Dihidruro de cinc o hidruro de cinc
$Zn(NO_2)_2$	Nitrito de cinc o nitrito de zinc
ZnO	Monóxido de cinc, óxido de cinc, monóxido de zinc u óxido de zinc
$Zn(OH)_2$	Dihidróxido de zinc o hidróxido de zinc
ZnS	Sulfuro de cinc o sulfuro de zinc
ZrO_2	Dióxido de circonio u óxido de circonio(IV)

FORMULACIÓN Y NOMENCLATURA ORGÁNICAS

1-bromo-2-cloropropano $CH_3 - CHCl - CH_2Br$

1,1,2-trimetilciclopentano

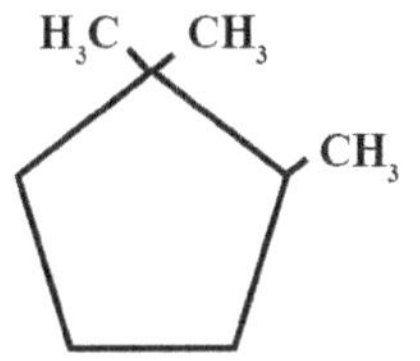

1,1,2-trimetilciclohexano

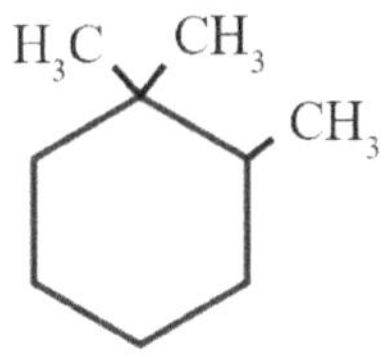

1,1-dicloro-2-metilciclohexano

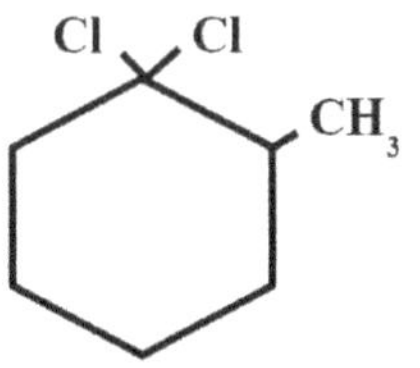

1,1-dicloroetano $CH_3 - CHCl_2$

1,2-diclorobenceno

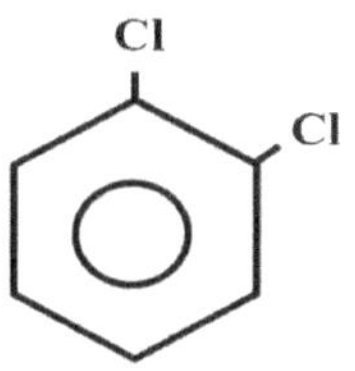

1,2-dicloroetano $CH_2Cl - CH_2Cl$

1,2-dicloropropano $CH_2Cl - CHCl - CH_3$

1,2-dietilbenceno

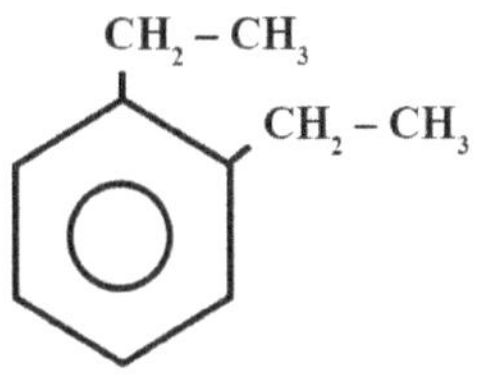

1,2-dimetilbenceno

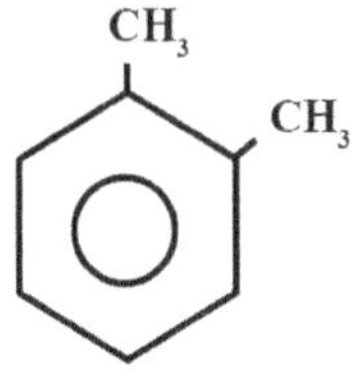

1,2,4-trimetilciclohexano

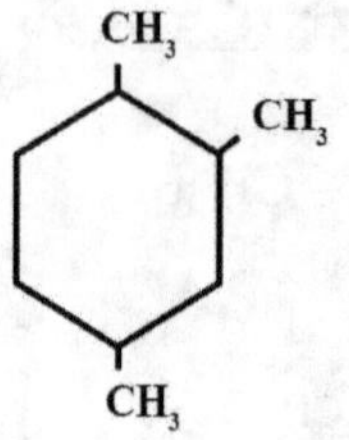

1,3-dinitrobenceno

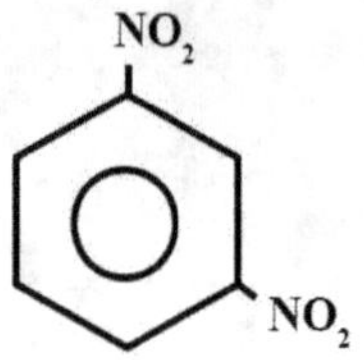

1-etil-3-metilbenceno

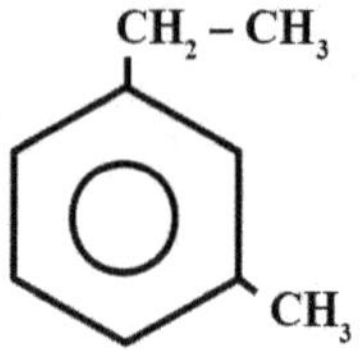

1,3,5-trimetilbenceno

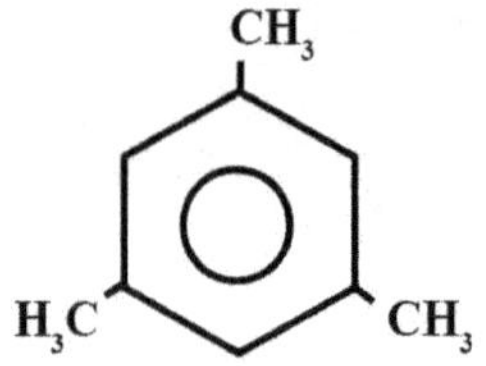

2-cloropropanal $CH_3 - CHCl - CHO$

2-hidroxipropanal $CH_3 - CHOH - CHO$

2-metilpent-1-eno $CH_3 - CH_2 - CH_2 - \underset{\displaystyle CH_3}{\underset{|}{C}} = CH_2$

2-metilhexan-3-ol $CH_3 - CH_2 - CH_2 - CHOH - \underset{\displaystyle CH_3}{\underset{|}{CH}} - CH_3$

2-metilbut-2-eno $CH_3 - CH = \underset{\displaystyle CH_3}{\underset{|}{C}} - CH_3$

2-metilpentano $CH_3 - CH_2 - CH_2 - \underset{\displaystyle CH_3}{\underset{|}{CH}} - CH_3$

2-yodopropano $CH_3 - CHI - CH_3$

2,2-diclorobutano $CH_3 - CH_2 - CCl_2 - CH_3$

2,2-dimetilbutano

$$
\begin{array}{c}
CH_3 \\
| \\
CH_3 - C - CH_2 - CH_3 \\
| \\
CH_3
\end{array}
$$

2,2,3-trimetilhexano

$$
\begin{array}{l}
\quad\; CH_3 \\
\quad\;\; | \\
CH_3 - C - CH - CH_2 - CH_2 - CH_3 \\
\quad\;\; | \quad\;\; | \\
\quad\; CH_3\; CH_3
\end{array}
$$

2,2,4-Trimetilpentano

$$
\begin{array}{l}
\quad\; CH_3 \\
\quad\;\; | \\
CH_3 - C - CH_2 - CH - CH_3 \\
\quad\;\; | \qquad\qquad\; | \\
\quad\; CH_3 \qquad\;\; CH_3
\end{array}
$$

2,3,4-trimetilpentano

$$
\begin{array}{l}
CH_3 - CH - CH - CH - CH_3 \\
\qquad\;\; | \qquad\; | \qquad | \\
\qquad CH_3 \;\; CH_3 \; CH_3
\end{array}
$$

3,3-dimetilciclopenteno

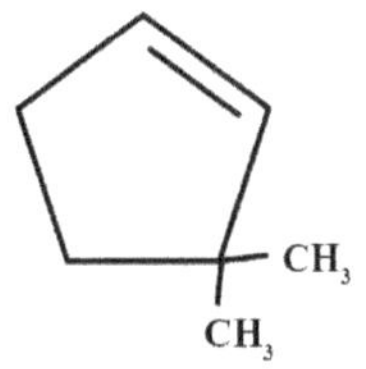

3-clorofenol

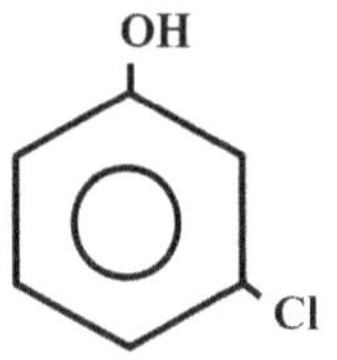

3-etil-3-metilpentano

$$
\begin{array}{l}
\qquad\qquad\quad CH_3 \\
\qquad\qquad\qquad | \\
CH_3 - CH_2 - C - CH_2 - CH_3 \\
\qquad\qquad\qquad | \\
\qquad\qquad\quad CH_2 - CH_3
\end{array}
$$

3-etil-3-metilpent-1-ino

$$
\begin{array}{l}
\qquad\qquad CH_3 \\
\qquad\qquad\;\; | \\
CH \equiv C - C - CH_2 - CH_3 \\
\qquad\qquad\;\; | \\
\qquad\qquad CH_2 - CH_3
\end{array}
$$

3-hidroxibutanal $CH_3 - CHOH - CH_2 - CHO$

3-metilbut-1-ino

$$
\begin{array}{l}
CH \equiv C - CH - CH_3 \\
\qquad\qquad\;\; | \\
\qquad\qquad CH_3
\end{array}
$$

3-metilhexano $CH_3-CH_2-CH(CH_3)-CH_2-CH_2-CH_3$

3-metilpentan-2-ona $CH_3-CO-CH(CH_3)-CH_2-CH_3$

3-metilpentano $CH_3-CH_2-CH(CH_3)-CH_2-CH_3$

4-bromo-5-etiloctano $CH_3-CH_2-CH_2-CHBr-CH(CH_2-CH_3)-CH_2-CH_2-CH_3$

4-metilfenol

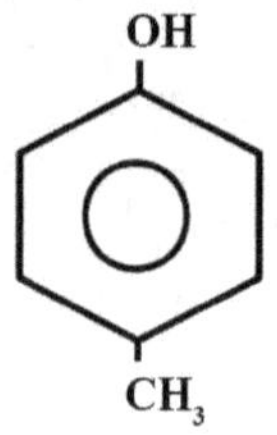

4-metilpentan-2-ona $CH_3-CO-CH_2-CH(CH_3)-CH_3$

5-hidroxipentan-2-ona $CH_3-CO-CH_2-CH_2-CH_2OH$

Ácido 2-aminobutanoico $CH_3-CH_2-CH(NH_2)-COOH$

Ácido 2-aminopropanoico $CH_3-CH(NH_2)-COOH$

Ácido 2-bromobutanoico $CH_3-CH_2-CHBr-COOH$

Ácido 2-cloropentanoico $CH_3-CH_2-CH_2-CHCl-COOH$

Ácido 2-hidroxibutanoico $CH_3-CH_2-CHOH-COOH$

Ácido 2-metilpentanoico $CH_3-CH_2-CH_2-CH(CH_3)-COOH$

Ácido 2,3-dihidroxibutanoico $CH_3-CHOH-CHOH-COOH$

Ácido 3-cloropropanoico CH_2Cl-CH_2-COOH

Ácido 3-metilbutanoico $CH_3-CH(CH_3)-CH_2-COOH$

Ácido 3-metilhexanoico	$CH_3 - CH_2 - CH_2 - CH - CH_2 - COOH$
	$\vert$
	CH_3
Ácido benzoico	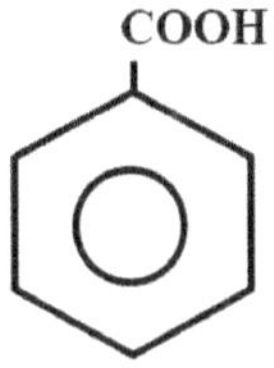
Ácido but-3-enoico	$CH_2 = CH - CH_2 - COOH$
Ácido butanodioico	$COOH - CH_2 - CH_2 - COOH$
Ácido etanoico	$CH_3 - COOH$
Ácido hidroxietanoico	$CH_2OH - COOH$
Ácido metilpropanoico	$CH_3 - CH - COOH$
	$\vert$
	CH_3
Ácido pentanoico	$CH_3 - CH_2 - CH_2 - CH_2 - COOH$
Ácido propanoico	$CH_3 - CH_2 - COOH$
Ácido propinoico	$CH \equiv C - COOH$
Benceno	
$BrCH_2CH_2OH$	2-bromoetan-1-ol
But-2-eno	$CH_3 - CH = CH - CH_3$
But-1-ino	$CH_3 - CH_2 - C \equiv CH$
But-2-ino	$CH_3 - C \equiv C - CH_3$
But-2-enal	$CH_3 - CH = CH - CHO$
But-3-en-1-ol	$CH_2 = CH - CH_2 - CH_2OH$
Buta-1,3-dieno	$CH_2 = CH - CH = CH_2$
Butan-2-amina	$CH_3 - CH_2 - CH - CH_3$
	$\vert$
	NH_2
Butan-2-ol	$CH_3 - CH_2 - CHOH - CH_3$
Butano-1,4-diol	$CH_2OH - CH_2 - CH_2 - CH_2OH$
Butanamida	$CH_3 - CH_2 - CH_2 - CONH_2$
Butanona	$CH_3 - CH_2 - CO - CH_3$

Butilamina	$CH_3 - CH_2 - CH_2 - CH_2NH_2$
$CH_2{=}CBrCH_2CH_3$	2-bromobut-1-eno
$CH_2 = CBrCH_2CH_2CH_3$	2-bromopent-1-eno
$CH_2{=}CH_2$	Eteno o etileno
$CH_2{=}CHBr$	Bromoeteno
$CH_2{=}CHCH(CH_3)CH_3$	3-metilbut-1-eno
$CH_2 = CHCH(CH_3)_2$	3-metilbut-1-eno
$CH_2{=}CHCH{=}CH_2$	Buta-1,3-dieno
$CH_2{=}CHCH{=}CHCH_3$	Penta-1,3-dieno
$CH_2{=}CHCH_2CH{=}CH_2$	Penta-1,4-dieno
$CH_2{=}CHCH_2CH{=}CHCH_3$	Hexa-1,4-dieno
$CH_2{=}CHCH_2CH_2CH_2OH$	Pent-4-en-1-ol
$CH_2{=}CHCH_2CH_2CH_3$	Pent-1-eno
$CH_2{=}CHCH_2CHO$	But-3-enal
$CH_2{=}CHCH_2COCH_3$	Pent-4-en-2-ona
$CH_2{=}CHCH_2CONH_2$	But-3-enamida
$CH_2{=}CHCH_2OH$	Prop-2-en-1-ol
$CH_2{=}CHCH_3$	Propeno
$CH_2{=}CHCOCH_3$	Butenona
$CH \equiv C - C \equiv CH$	Buta-1,3-diino
$CH \equiv CH$	Etino o acetileno
$CH \equiv CCH_2CH_2OH$	But-3-in-1-ol
$CH \equiv CCOOH$	Ácido propinoico
CH_2Br_2	Dibromometano
CH_2BrCH_2Br	1,2-dibromoetano
CH_2FCOOH	Ácido fluoroetanoico o ácido fluoroacético
$CH_3CH_2CH{=}CH_2$	But-1-eno
$CH_3CH(CH_3)COOH$	Ácido metilpropanoico
$CH_3CHOHCH_2OH$	Propano-1,2-diol
$CH_2ClCH_2CH(CH_3)CH_3$	3-metil-1-clorobutano
$CH_2ClCOOH$	Ácido cloroetanoico o ácido cloroacético
CH_2Cl_2	Diclorometano
$CH_2OHCH(CH_3)_2$	Metil-1-propanol
$CH_2OHCH_2CH_2OH$	Propano-1,3-diol
CH_2OHCH_2OH	Etano-1,2-diol

$CH_2OHCHOHCH_2CH_2OH$	Butano-1,2,4-triol
$CH_2OHCHOHCH_2OH$	Propano-1,2,3-triol
$CH_2OHCOOH$	Ácido hidroxietanoico o ácido hidroxiacético
$(CH_3)_2CHCONH_2$	Metilpropanamida
$(CH_3)_2CHCH_2CHO$	3-metilbutanal
$(CH_3)_2CHCH_3$	Metilpropano
$(CH_3)_2CHCH_2CH_3$	Metilbutano
$(CH_3)_2CHCH_2CHO$	3-metilbutanal
$(CH_3)_2CHCH_2COOH$	Ácido 3-metilbutanoico
$(CH_3)_2CHCOCH_3$	Metilbutanona
$(CH_3)_2CHCONH_2$	Metilpropanamida
$(CH_3)_2CHOCH_2CH_3$	Etil isopropil éter o etoxiisopropano o etoximetiletano
$(CH_3)_3CCOOH$	Ácido dimetilpropanoico
$(CH_3)_3N$	Trimetilamina
$(CH_3CH_2)_3N$	Trietilamina
$CH_3C{\equiv}CCH_2CH_2Cl$	5-cloropent-2-ino
$CH_3C{\equiv}CH$	Propino
$CH_3C{\equiv}CCH_3$	But-2-ino
$CH_3C(CH_3)_2CH_2CH_3$	2,2-dimetilbutano
$CH_3CH = CHOH$	Prop-1-en-1-ol
$CH_3CH(CH_3)CH{=}CH_2$	3-metilbut-1-eno
$CH_3CH(CH_3)CH(CH_3)CH_2CH_3$	2,3-dimetilpentano
$CH_3CH(CH_3)CH_2OH$	Metilpropan-1-ol
$CH_3CH(NH_2)CH_2CH_3$	Butan-2-amina
$CH_3CH(NH_2)COOH$	Ácido 2-aminopropanoico
$CH_3CH(OH)CH_3$	Propan-2-ol
$CH_3CHClCOOH$	Ácido 2-cloropropanoico
$CH_3CHFCH_2CH_3$	2-fluorobutano
CH_3CHICH_3	2-yodopropano
CH_3CHO	Etanal o acetaldehido
$CH_3CHOHCOOH$	Ácido 2-hidroxipropanoico
$CH_3CH{=}C(CH_3)CH_3$	2-metilbut-2-eno
$CH_3CH{=}CH_2$	Propeno
$CH_3CH{=}CHCH_2CH_3$	Pent-2-eno
$CH_3CH{=}CHCH_3$	But-2-eno

CH_3CH_2Br	Bromuro de etilo o bromoetano
$CH_3CH_2CH_2CH_2COOH$	Ácido pentanoico
$CH_3CH_2CH_2CH_2OH$	Butan-1-ol
$CH_3CH_2CH_2CHO$	Butanal
$CH_3CH_2CH_2Cl$	Cloruro de propilo o 1-cloropropano
$CH_3CH_2CH_2NH_2$	Propan-1-amina o propilamina
$CH_3CH_2CH_2OCH_3$	Metil propil éter o Metoxipropano
$CH_3CH_2CH_2OH$	Propan-1-ol
$CH_3CH_2CH_3$	Propano
$CH_3CH_2CH(CH_3)CH_2COOH$	Ácido 3-metilpentanoico
$CH_3CH_2CHCl_2$	1,1-dicloropropano
$CH_3CH_2CHClCH_2CH_3$	3-cloropentano
$CH_3CH_2CHICH_3$	2-yodobutano
CH_3CH_2CHO	Propanal
$CH_3CH_2CHOHCOOH$	Ácido 2-hidroxibutanoico
$CH_3CH_2COCH_2CH_3$	Dietil cetona o pentan-3-ona
$CH_3CH_2COCH_3$	Butanona o acetona o etil metil cetona
$CH_3CH_2CONH_2$	Propanamida
$CH_3CH_2CH_2COOCH_2CH_3$	Butanoato de etilo
$CH_3CH_2CH_2COOH$	Ácido butanoico
$CH_3CH_2COOCH_2CH_2CH_3$	Propanoato de propilo
$CH_3CH_2COOCH_2CH_3$	Propanoato de etilo
$CH_3CH_2COOCH_3$	Propanoato de metilo
CH_3CH_2COOH	Ácido propanoico
$CH_3CH_2NH_2$	Etanamina o etilamina
$CH_3CH_2NHCH_3$	N-metiletanamina o etil metil amina
$CH_3CH_2NH_2COOH$	Ácido 2-aminopropanoico
$CH_3CH_2NHCH_2CH_2CH_3$	Etil propil amina o N-etilpropilamina
$CH_3CH_2NHCH_3$	Etil metil amina o N-metiletilamina
$CH_3CH_2OCH_2CH_3$	Dietiléter
$CH_3CH_2OCH_3$	Etil metil éter o metoxietano
CH_3CH_2OH	Etanol
$CH_3CH(CH_3)CONH_2$	Metilpropanamida
$CH_3CH(CH_3)COOH$	Ácido metilpropanoico
$CH_3CH(NH_2)COOH$	Ácido 2-aminopropanoico

$CH_3CHBrCHBrCH_3$	2,3-dibromobutano
$CH_3CHBrCHO$	2-bromopropanal
$CH_3CHBrCOOH$	Ácido 2-bromopropanoico
CH_3CHBr_2	1,1-dibromoetano
$CH_3CHClCH_3$	2-cloropropano
CH_3CHFCH_3	2-fluoropropano
CH_3CHO	Etanal
$CH_3CHOHCH_2COOH$	Ácido 3-hidroxibutanoico
$CH_3CHOHCH_3$	Propan-2-ol
$CH_3CHOHCHO$	2-hidroxipropanal
$CH_3CHOHCOOH$	Ácido 2-hidroxipropanoico
CH_3Cl	Clorometano o cloruro de metilo
$CH_3COCH_2CH_2CH_3$	Metil propil cetona o pentan-2-ona
$CH_3COCH_2CH_3$	Etil metil cetona o butanona
CH_3COCH_2OH	Hidroxipropanona
CH_3COCH_3	Dimetil cetona o propanona o acetona
CH_3CONH_2	Etanamida o acetamida
$CH_3COOCH_2CH_2CH_3$	Etanoato de propilo o acetato de propilo
$CH_3COOCH_2CH_3$	Etanoato de etilo o acetato de etilo
CH_3COOCH_3	Etanoato de metilo o acetato de metilo
CH_3COOH	Ácido etanoico o ácido acético
CH_3NH_2	Metanamina o metilamina
$CH_3NHCH_2CH_3$	Etil metil amina o N-metiletilamina
CH_3NHCH_3	Dimetilamina
CH_3NO_2	Nitrometano
$CH_3OCH_2CH_2CH_3$	Metil propil éter o metoxipropano
$CH_3OCH_2CH_3$	Etil metil éter o metoxietano
CH_3OCH_3	Dimetiléter o metoximetano
CH_4	Metano
$CHCl_3$	Triclorometano o cloroformo
Ciclohexa-1,3-dieno	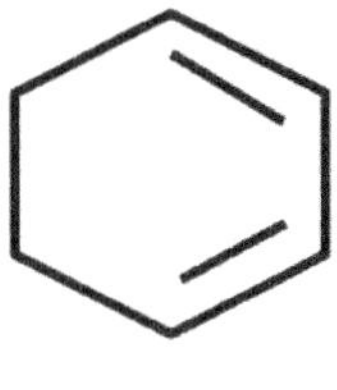

Ciclohexano 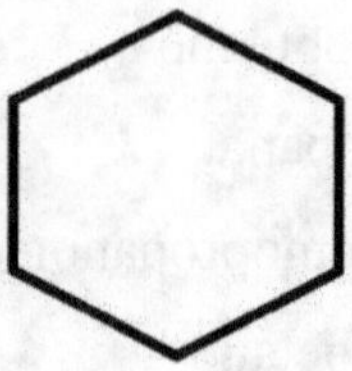

Ciclohexanona 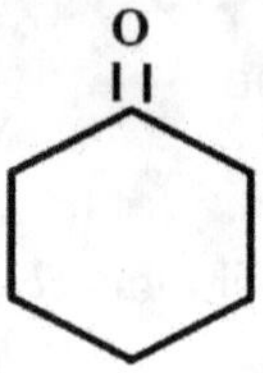

Ciclopentano 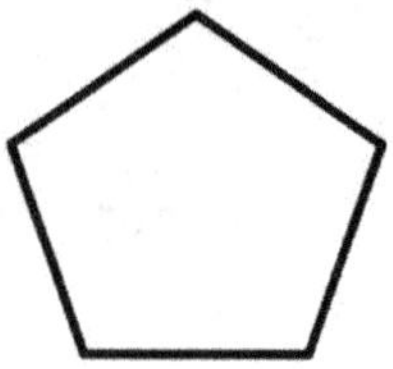

Ciclopenteno 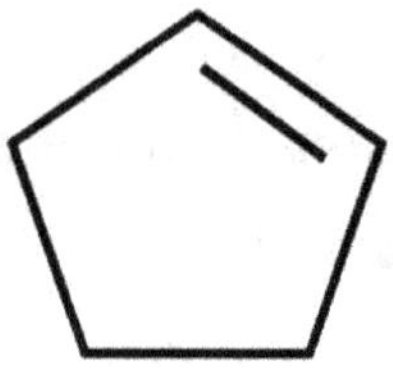

$ClCH_2COOH$	Ácido cloroetanoico o ácido cloroacético

Clorobenceno 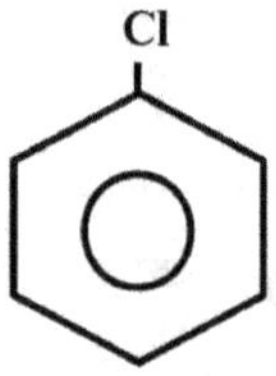

Dietilamina	$CH_3 - CH_2 - NH - CH_2 - CH_3$
Dietiléter	$CH_3 - CH_2 - O - CH_2 - CH_3$
Dimetil éter	$CH_3 - O - CH_3$
Dimetilamina	$CH_3 - NH - CH_3$
Etanal	$CH_3 - CHO$
Etanamida	$CH_3 - CONH_2$
Etanamina	$CH_3 - CH_2NH_2$
Etano-1,2-diol	$CH_2OH - CH_2OH$
Etanoamida	$CH_3 - CONH_2$
Etanoato de etilo	$CH_3 - COO - CH_2 - CH_3$

Etanoato dc propilo	CH_3 COO – CH_2 – CH_2 – CH_3
Etilbenceno	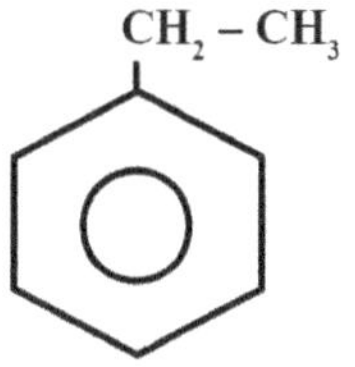
Etilmetil éter	CH_3 – CH_2 – O – CH_3
Etilmetilamina	CH_3 – CH_2 – NH – CH_3
Etil propil éter	CH_3 – CH_2 – O – CH_2 – CH_2 – CH_3
Etino	$HC \equiv CH$
Fenilamina	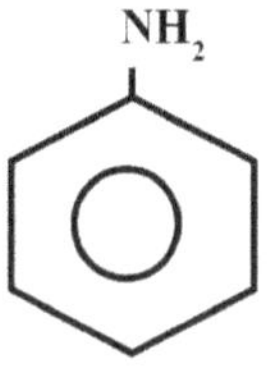
Fenol	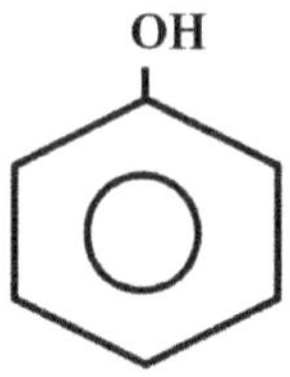
$CH_2BrCHBrCH_2CH_3$	1,2-dibromobutano
$HC \equiv CCH_3$	Propino
HCHO	Metanal o folmadehido
HCOOH	Ácido metanoico o ácido fórmico
$HCOOCH_2CH_3$	Metanoato de etilo o formiato de etilo
Hepta-2,4-dieno	CH_3 – CH = CH – CH = CH – CH_2 – CH_3
Heptan-2-ona	CH_3 – CO – CH_2 – CH_2 – CH_2 – CH_2 – CH_3
Hex-4-en-2-ol	CH_3 – CHOH – CH_2 – CH = CH – CH_3
Hexa-1,4-dieno	CH_2 = CH – CH_2 – CH = CH – CH_3
Hexan-2-amina	CH_3 – CH_2 – CH_2 – CH_2 – CH(NH_2) – CH_3
Hexanal	CH_3 – CH_2 – CH_2 – CH_2 – CH_2 – CHO
Hexano-2,4-diona	CH_3 – CO – CH_2 – CO – CH_2 – CH_3
$HOCH_2CHO$	Hidroxietanal
$HOCH_2COOH$	Ácido hidroxietanoico o ácido hidroxiacético

$HOOCCH_2COOH$	Ácido propanodioico
m-dimetilbenceno	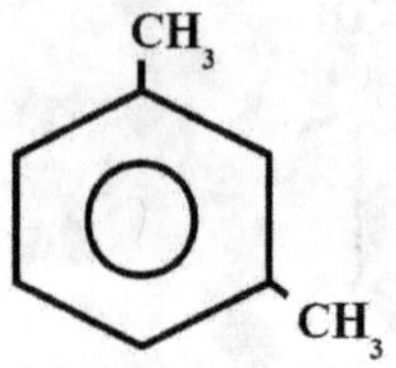
Metanal	HCHO
Metanol	CH_3OH
Metilbenceno	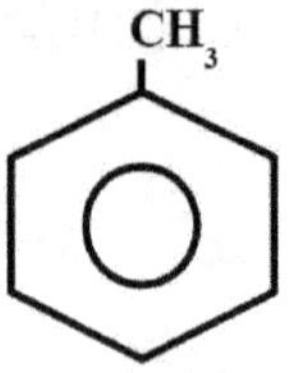
Metilbutano	$CH_3 - CH - CH_2 - CH_3$ $\quad\quad\;\;|$ $\quad\quad CH_3$
Metilciclohexano	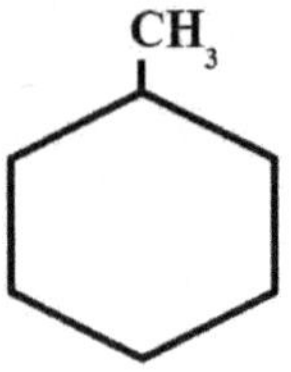
Metilciclopentano	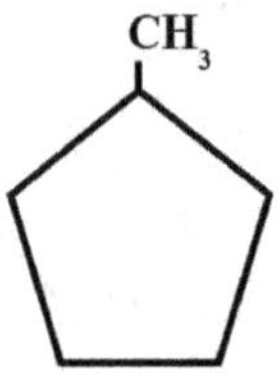
Metilpentan-3-ona	$CH_3 - CH - CO - CH_2 - CH_3$ $\quad\quad\;\;|$ $\quad\quad CH_3$
Metilpropano	$CH_3 - CH - CH_3$ $\quad\quad\;\;|$ $\quad\quad CH_3$
Metilpropeno	$CH_3 - C = CH_2$ $\quad\quad\;|$ $\quad\quad CH_3$
Metoxietano	$CH_3 - O - CH_2 - CH_3$
N-metiletanamina	$CH_3 - CH_2 - NH - CH_3$

N,N-dimetiletanamina $CH_3 - N - CH_2 - CH_3$
|
CH_3

Nitrobenceno

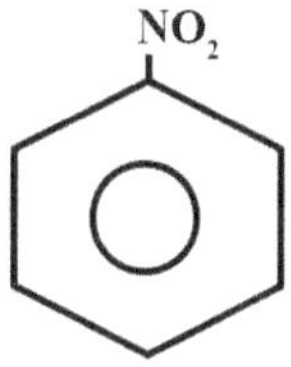

O-bromofenol

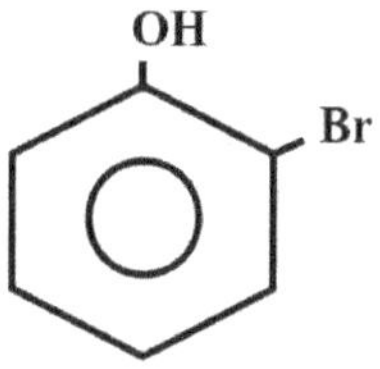

octan-2-ol $CH_3 - CHOH - CH_2 - CH_2 - CH_2 - CH_2 - CH_2 - CH_3$

O-dimetilbenceno

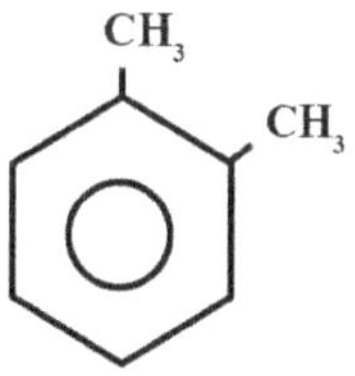

p-metilfenol

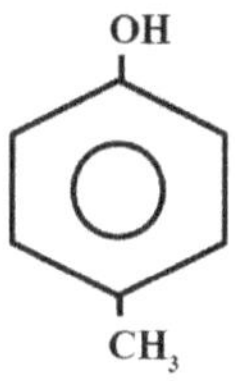

o-nitrofenol

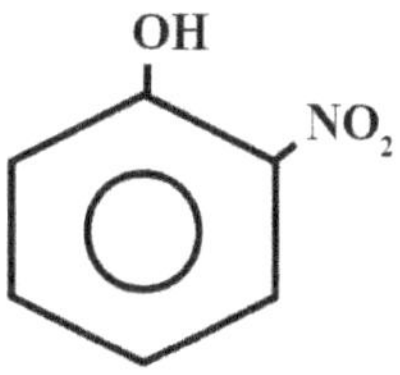

p-nitrofenol

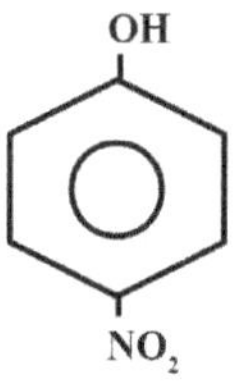

Pent-1-ino $CH_3 - CH_2 - CH_2 - C \equiv CH$

Pent-2-ino $CH_3 - CH_2 - C \equiv C - CH_3$

Penta-1,3-dieno $CH_3 - CH = CH - CH = CH_2$

Pent-2-eno	$CH_3-CH_2-CH=CH-CH_3$
Pent-3-en-2-ona	$CH_3-CO-CH=CH-CH_3$
Pent-4-en-2-ol	$CH_3-CHOH-CH_2-CH=CH_2$
Penta-1,3-dieno	$CH_2=CH-CH=CH-CH_3$
Penta-1,4-diino	$CH\equiv C-CH_2-C\equiv CH$
Pentan-2-ol	$CH_3-CH_2-CH_2-CHOH-CH_3$
Pentan-2-ona	$CH_3-CH_2-CH_2-CO-CH_3$
Pentan-3-ona	$CH_3-CH_2-CO-CH_2-CH_3$
Pentano-2,4-diona	$CH_3-CO-CH_2-CO-CH_3$
Pentanal	$CH_3-CH_2-CH_2-CH_2-CHO$
Propan-1-ol	$CH_3-CH_2-CH_2OH$
Propan-2-ol	$CH_3-CHOH-CH_3$
Propan-2-amina	$CH_3-\underset{\underset{NH_2}{\vert}}{CH}-CH_3$
Propanal	CH_3-CH_2-CHO
Propanamida	$CH_3-CH_2-CONH_2$
Propano-1,2-diol	$CH_3-CHOH-CH_2OH$
Propano-1,3-diol	$CH_2OH-CH_2-CH_2OH$
Propanoato de etilo	$CH_3-CH_2-COO-CH_2-CH_3$
Propanoato de metilo	$CH_3-CH_2-COO-CH_3$
Propanodial	$CHO-CH_2-CHO$
Propanona	$CH_3-CO-CH_3$
Propeno	$CH_3-CH=CH_2$
Propino	$CH\equiv C-CH_3$
Tribromometano	$CHBr_3$
Tricloroetanamida	CCl_3-CONH_2
Triclorometano	$CHCl_3$
Trimetilamina	$CH_3-\underset{\underset{CH_3}{\vert}}{N}-CH_3$

TEMA 1: EL ÁTOMO, LA TABLA Y EL ENLACE

RESUMEN TEÓRICO Y FORMULARIO

- Cálculo del número de partículas de un elemento: $^{A}_{Z}X$

Número de protones: Z ; número de neutrones: A – Z
Número de electrones: Z ± valor absoluto de la carga

- Números cuánticos:

Número cuántico	Símbolo	Valores	Significado
Principal	n	1, 2, 3, 4, 5, 6, 7	Valor de la capa o nivel
Secundario	ℓ	De 0 a n – 1	Valor de la subcapa o subnivel
Magnético	m	De $-\ell$ a $+\ell$, incluyendo el 0	Tipo de orbital
Spin	s	+ ½ y – ½ para cada valor de m	Rotación del electrón

- El valor del número cuántico magnético ℓ determina el tipo de orbital:

Valor de ℓ	Tipo de orbital	Nº máximo de electrones
0	s	2
1	p	6
2	d	10
3	f	14

- Principio de Aufbau o principio de mínima energía: los electrones van ocupando los orbitales de menor a mayor energía. La energía de cada orbital viene dado por la suma de los números cuánticos $n + \ell$. En caso de empate, el de menor energía es el de menor n.

- Regla de Hund: principio de máxima multiplicidad: dentro de una misma subcapa, los electrones tienden a estar lo más desapareados posible. Esto se debe a la repulsión entre electrones.

- Principio de exclusión de Pauli: en un mismo átomo no pueden haber dos electrones con los cuatro números cuánticos iguales.
- Representación de orbitales mediante círculos o cuadrados:

Elemento	Configuración externa	Diagrama de orbitales
Li	s^1	
Be	s^2	
B	$s^2 p^1$	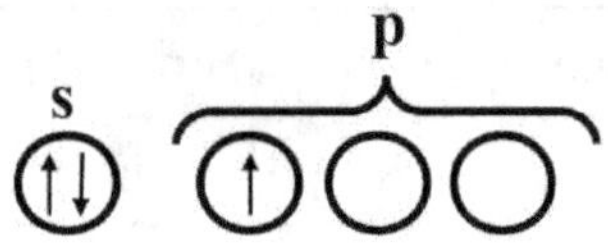
C	$s^2 p^2$	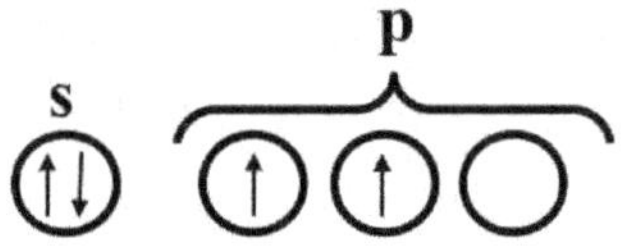
N	$s^2 p^3$	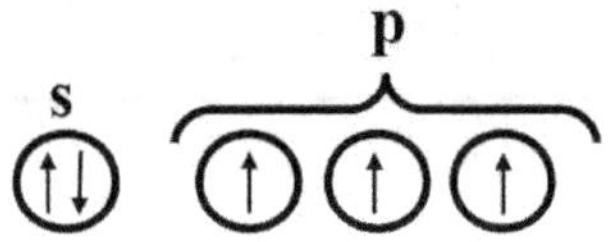
O	$s^2 p^4$	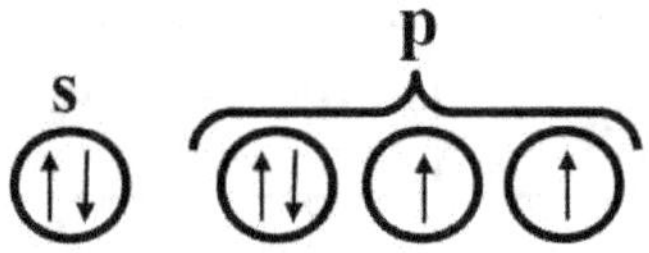
F	$s^2 p^5$	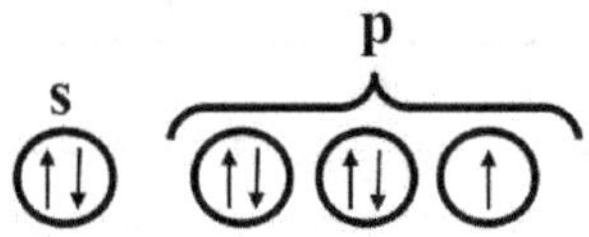
Ne	$s^2 p^6$	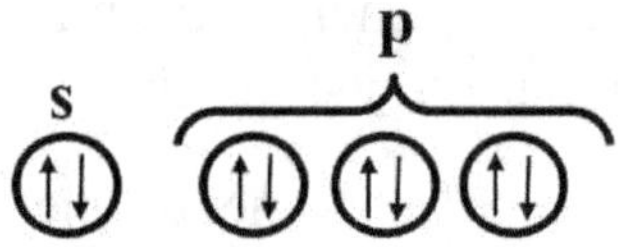

- Regla de Möeller: es un diagrama para recordar el orden de llenado de orbitales en las configuraciones electrónicas:

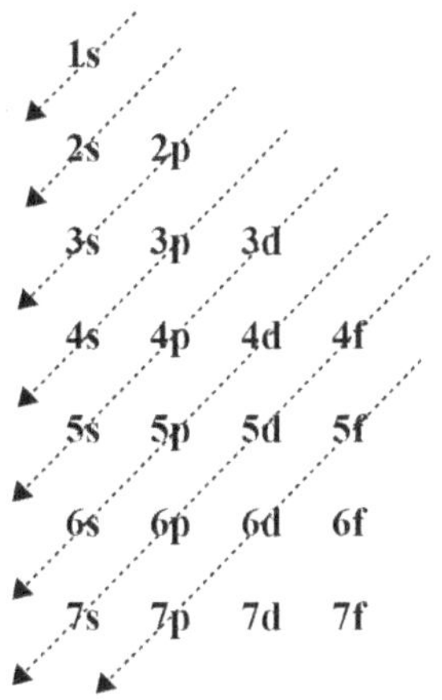

Diagrama de Möeller

- La relación entre la tabla periódica y la configuración electrónica es:

TABLA PERIÓDICA Y CONFIGURACIÓN ELECTRÓNICA

Periodo	Grupo 1	Grupo 2	Grupo 3	Grupo 4	Grupo 5	Grupo 6	Grupo 7	Grupo 8	Grupo 9	Grupo 10	Grupo 11	Grupo 12	Grupo 13	Grupo 14	Grupo 15	Grupo 16	Grupo 17	Grupo 18
	ALCALINOS	ALCALINOTÉRREOS	GRUPO DEL ESCANDIO	GRUPO DEL TITANIO	GRUPO DEL VANADIO	GRUPO DEL CROMO	GRUPO DEL MANGANESO	GRUPO DEL HIERRO	GRUPO DEL COBALTO	GRUPO DEL NÍQUEL	GRUPO DEL COBRE	GRUPO DEL CINC	TÉRREOS	CARBONOIDEOS	NITROGENOIDEOS	ANFÍGENOS /CALCÓGENOS	HALÓGENOS	GASES NOBLES/ INERTES
	ns^1	ns^2	(n-1)d^1 ns^2	(n-1)d^2 ns^2	(n-1)d^3 ns^2	(n-1)d^4 ns^2	(n-1)d^5 ns^2	(n-1)d^6 ns^2	(n-1)d^7 ns^2	(n-1)d^8 ns^2	(n-1)d^9 ns^2	(n-1)d^{10} ns^2	ns^2 np^1	ns^2 np^2	ns^2 np^3	ns^2 np^4	ns^2 np^5	ns^2 np^6
n = 1							**H** HIDRÓGENO											**He** HELIO
n = 2	**Li** LITIO	**Be** BERILIO											**B** BORO	**C** CARBONO	**N** NITRÓGENO	**O** OXÍGENO	**F** FLÚOR	**Ne** NEÓN
n = 3	**Na** SODIO	**Mg** MAGNESIO											**Al** ALUMINIO	**Si** SILICIO	**P** FÓSFORO	**S** AZUFRE	**Cl** CLORO	**Ar** ARGÓN
n = 4	**K** POTASIO	**Ca** CALCIO	**Sc** ESCANDIO	**Ti** TITANIO	**V** VANADIO	**Cr** CROMO	**Mn** MANGANESO	**Fe** HIERRO	**Co** COBALTO	**Ni** NÍQUEL	**Cu** COBRE	**Zn** ZINC/ CINC	**Ga** GALIO	**Ge** GERMANIO	**As** ARSÉNICO	**Se** SELENIO	**Br** BROMO	**Kr** CRIPTÓN
n = 5	**Rb** RUBIDIO	**Sr** ESTRONCIO	**Y** ITRIO	**Zr** CIRCONIO	**Nb** NIOBIO	**Mo** MOLIBDENO	**Tc** TECNECIO	**Ru** RUTENIO	**Rh** RODIO	**Pd** PALADIO	**Ag** PLATA	**Cd** CADMIO	**In** INDIO	**Sn** ESTAÑO	**Sb** ANTIMONIO	**Te** TELURO	**I** IODO/ YODO	**Xe** XENÓN
n = 6	**Cs** CESIO	**Ba** BARIO	**La** LANTANO	**Hf** HAFNIO	**Ta** TÁNTALO	**W** WOLFRAMIO	**Re** RENIO	**Os** OSMIO	**Ir** IRIDIO	**Pt** PLATINO	**Au** ORO	**Hg** MERCURIO	**Tl** TALIO	**Pb** PLOMO	**Bi** BISMUTO	**Po** POLONIO	**At** ASTATO	**Rn** RADÓN
n = 7	**Fr** FRANCIO	**Ra** RADIO	**Ac** ACTINIO															

- Los semimetales son: B, Si, Ge, As, Sb, Te y Po.

Propiedad	Definición
Radio atómico	Es el radio de un átomo. Es directamente proporcional al volumen atómico
Radio iónico	Es el radio de un átomo que ha ganado o perdido uno o varios electrones
Energía de ionización	Es la energía necesaria para arrancar el electrón más externo de un átomo en estado gaseoso.
Afinidad electrónica o electroafinidad	Es la energía que se absorbe o se desprende cuando un átomo gaseoso acepta un electrón
Electronegatividad	Es la tendencia de atraer electrones de enlace por parte de un átomo

- El radio atómico y el carácter metálico aumentan así:	- La energía de ionización, la afinidad electrónica y la electronegatividad aumentan así:
	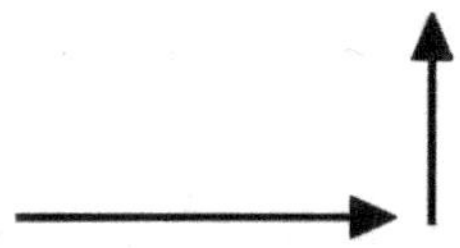

- Explicación de cómo varían las propiedades periódicas:

Propiedad	¿Por qué aumenta hacia abajo?	¿Por qué aumenta hacia la izquierda?
Radio atómico o volumen atómico	Porque aumenta el número de niveles electrónicos, es decir, de capas electrónicas y también el apantallamiento de los electrones internos.	Porque al disminuir el número atómico, Z, disminuye la carga nuclear efectiva y los electrones están menos atraídos por el núcleo.

Propiedad	¿Por qué aumenta hacia arriba?	¿Por qué aumenta hacia la derecha?
Energía de ionización	Porque el átomo es cada vez más pequeño, los electrones externos están más cerca del núcleo y la atracción del núcleo es mayor y es más difícil arrancar un electrón.	En el mismo periodo, los electrones están en la misma capa; al aumentar el número atómico, aumenta la carga nuclear, los electrones de la misma capa están más atraídos por el núcleo y es más difícil arrancar un electrón.
Afinidad electrónica	Porque el átomo es cada vez más pequeño, los electrones externos están más cerca del núcleo y la atracción del núcleo es mayor y es más fácil darle un electrón al átomo.	En el mismo periodo, los electrones están en la misma capa. Al aumentar el número atómico, aumenta la carga nuclear, los electrones de la misma capa están más atraídos por el núcleo y es más fácil darle un electrón al átomo.

Electronegatividad	Al disminuir el tamaño del átomo, los electrones de enlace están más atraídos por el núcleo atómico porque está más cerca.	Al disminuir el tamaño del átomo, los electrones de enlace están más atraídos por el núcleo atómico porque está más cerca.

Tipo de enlace	**Características**
Iónico	Un átomo le da uno o varios electrones al otro, ambos átomos se convierten en iones de signo contrario y se atraen con fuerzas electrostáticas.
Covalente	Los dos átomos dan un electrón cada uno y esos dos electrones giran alrededor de los dos átomos. Se pueden compartir uno, dos o tres pares de electrones, dando lugar al enlace covalente sencillo, doble o triple.
Metálico	Cada átomo del metal tiene electrones propios y electrones que comparte con todos los átomos metálicos formando una nube electrónica o gas electrónico.
Fuerzas de van der Waals	Son débiles atracciones electrostáticas entre moléculas
Enlace de hidrógeno	Es la unión de dos átomos muy electronegativos de distintas moléculas en el que hay un átomo de hidrógeno en medio.

- Tipos de fuerzas de van der Waals:

Nombre	**Tipo de dipolo**	**Características**	**Ejemplos**
Fuerzas de Keesom	Dipolo-dipolo	Presente en moléculas polares	HCl, $CHCl_3$, SO_2, H_2S
Fuerzas de Debye	Dipolo-dipolo inducido	Se da entre una molécula polar y una apolar	H_2O y O_2 juntos
Fuerzas de dispersión o fuerzas de London o fuerzas de dispersión de London	Dipolo instantáneo-dipolo inducido	Presente en las moléculas apolares	Gases nobles, H_2, N_2, O_2, O_3, CO_2

- El enlace de hidrógeno puede considerarse una fuerza dipolo-dipolo.

- El enlace de hidrógeno sólo es importante si el otro átomo es: O, F o N.

- Orden de intensidad: Enlace de hidrógeno > fuerzas dipolo-dipolo > fuerzas de London.

- Cuadro resumen de las propiedades de las sustancias:

Propiedad	Sustancias iónicas	Sustancias covalentes	Sustancias metálicas	Sustancias moleculares
Tipo de enlace	Iónico	Covalente	Metálico	Covalente + FVDW o enlace de H
Átomos que se unen	M + NM	M derecha + NM M derecha + semimetal NM + semimetal	M + M	NM + NM
Ejemplos	NaCl, KI, K_2SO_4	Diamante, grafito, Al_2O_3, SiC	Fe, Na, bronce, latón	O_2, N_2, H_2O, NH_3
Estructura	Red cristalina de iones con electrones localizados	Red cristalina de átomos con electrones localizados	Red cristalina de cationes con electrones libres	Moléculas
Puntos de fusión y ebullición	Altos	Altos	Medios a altos	Bajos
Estado a T ambiente	Sólido	Sólidos	Sólidos excepto el mercurio	Sólidos, líquidos o gases
Dureza	Alta	Alta	Media a alta	Baja
Tenacidad	Baja	Baja	Media a alta	Baja
¿Conducen la electricidad?	Sólo cuando están fundidos o disueltos	No, excepto el grafito	Sí, muy bien	No
¿Se disuelven en agua?	Sí	No	No	Las sustancias polares, sí
¿Se disuelven en gasolina?	No	No	No	Las sustancias apolares, sí

- Diagramas de Lewis o estructuras de Lewis: consiste en una representación de los electrones de valencia de un elemento. Ejemplos: las estructuras de Lewis para el primer y el segundo periodos son:

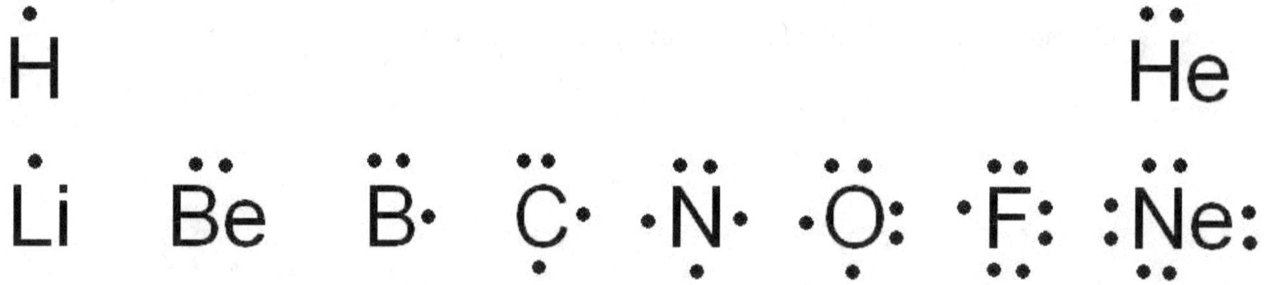

- También existen estructuras de Lewis de moléculas: se consigue emparejando los electrones desapareados de los átomos que forman enlace entre sí.

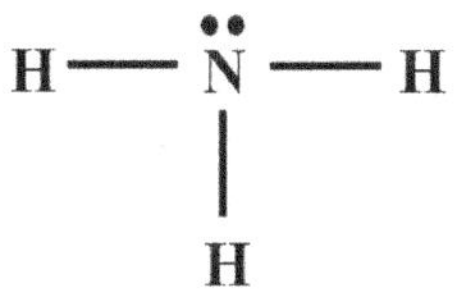

Estructura de Lewis del amoniaco

- Polaridad de los enlaces:

	Covalente apolar	**Covalente polar**	**Iónico**
Diferencia de electronegatividades	0 a 0'9	1 a 1'6	1'7 o más

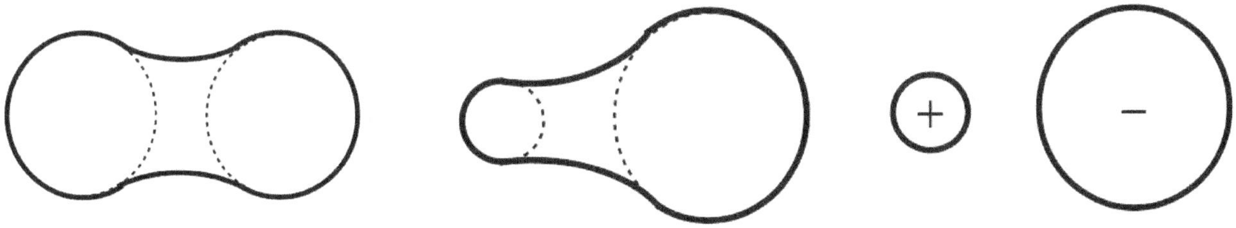

Molécula apolar Molécula polar Compuesto iónico

- Teoría RPECV: los orbitales se disponen en torno al átomo central de tal forma que la repulsión sea mínima y teniendo en cuenta la intensidad de estas repulsiones:

Par libre-par libre > par libre-par enlazante > par enlazante-par enlazante

- Hibridación: consiste en la combinación de orbitales atómicos del átomo central para formar otros orbitales llamados orbitales híbridos que tienen la misma energía entre sí y una disposición espacial distinta a la que tenían los orbitales atómicos.

- Tipos de hibridaciones:

Hibridación	**Ecuación**	**Tipo de enlace**	**Geometría de los orbitales**
sp	1 O.A. s + 1 O.A. p = 2 O.H. sp	Triple	Lineal
sp^2	1 O.A. s + 2 O.A. p = 3 O.H. sp^2	Doble	Trigonal plana
sp^3	1 O.A. s + 3 O.A. p = 4 O.H. sp^3	Sencillo	Tetraédrica

TEORÍA RPECV					
Tipo de molécula	**Pares e⁻ enlace**	**Pares e⁻ libres**	**Geometría**	**Dibujo**	**Ejemplos**
AX_2	2	0	Lineal	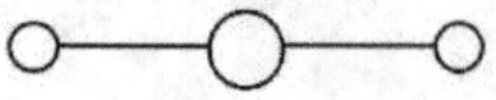	$BeCl_2$
AX_2	2	1	Angular	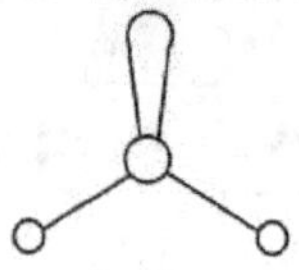	$SnCl_2$, SO_2
AX_2	2	2	Angular	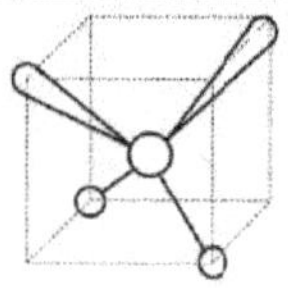	H_2O, SF_2
AX_2	2	3	Lineal	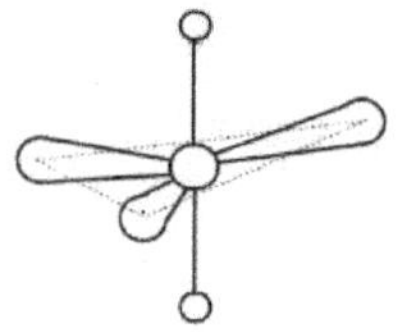	XeF_2, IF_2^-
AX_3	3	0	Plana trigonal	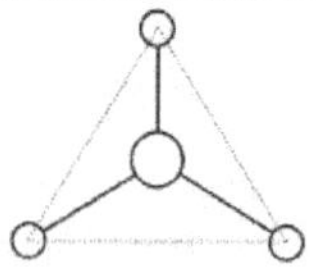	BF_3
AX_3	3	1	Piramidal trigonal	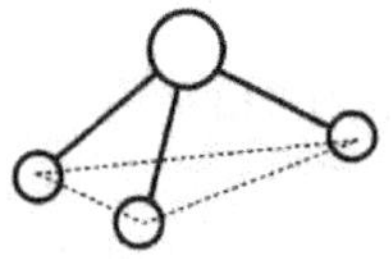	NH_3, PCl_3
AX_3	3	2	Forma de T	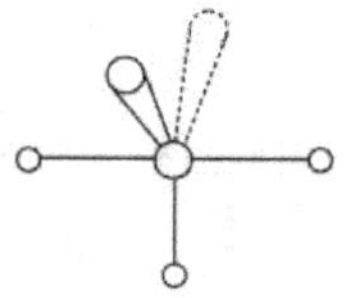	ClF_3
AX_4	4	0	Tetraédrica	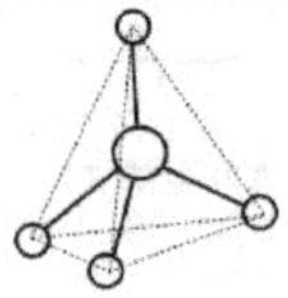	CF_4

- Ciclo de Born-Haber: es un ciclo teórico destinado a calcular la energía reticular de un compuesto iónico. Ejemplo: el ciclo de Born-Haber para el NaCl:

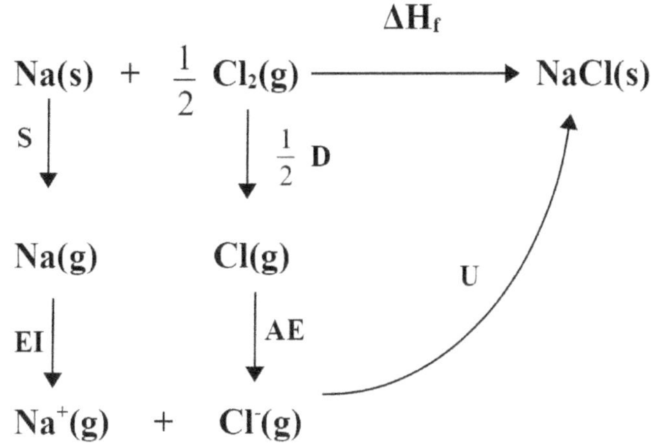

- Si lo descomponemos en los distintos procesos:

$Na(s) + ½\ Cl_2(g) \rightarrow NaCl(s)$	ΔH_f: entalpía de formación
$Na(s) \rightarrow Na(g)$	ΔH_{sub} = S: calor de sublimación
$½\ Cl_2(g) \rightarrow Cl(g)$	ΔH_{dis} = D: calor de disociación
$Na(g) \rightarrow Na^+(g)$	EI: energía de ionización
$Cl(g) \rightarrow Cl^-(g)$	AE: afinidad electrónica
$Na^+(g) + Cl^-(g) \rightarrow NaCl(s)$	U: energía reticular

- Si aplicamos la ley de Hess y escribimos las reacciones adecuadamente, se obtiene que, para el NaCl:

$$\Delta H_f = S + \frac{1}{2}\cdot D + EI + AE + U$$

- Esta expresión no es igual siempre, depende de la fórmula del compuesto iónico.

PROBLEMAS Y CUESTIONES DEL ÁTOMO, LA TABLA Y EL ENLACE

2024

1) Dados los iones F^- y O^{2-}, justifique la veracidad o falsedad de las siguientes afirmaciones:
a) Los dos tienen el mismo número de protones.
b) Los dos tienen la misma configuración electrónica.
c) Son isótopos entre sí.

a) Falso. El número de protones viene dado por el número atómico, Z. Para el flúor, Z = 9 y para el oxígeno, Z = 8.

b) Verdadero.

* Configuraciones electrónicas de los átomos neutros: F: $1s^2\ 2s^2\ 2p^5$; O: $1s^2\ 2s^2\ 2p^4$

* Configuraciones electrónicas de los iones: F^-: $1s^2\ 2s^2\ 2p^6$; O^{2-}: $1s^2\ 2s^2\ 2p^6$

Se sigue el orden de llenado de orbitales del diagrama de Möeller.

c) Falso. Son isótopos los átomos del mismo elemento que tienen distinto número de neutrones. Como se trata de elementos distintos (con distinto valor de Z), no pueden ser isótopos.

---

2) Dados tres elementos cuyas configuraciones electrónicas son:

A ($1s^2\ 2s^2\ 2p^2$); B ($1s^2\ 2s^2\ 2p^6\ 3s^1$) y C ($1s^2\ 2s^2\ 2p^6\ 3s^2\ 3p^5$)

a) Explique si es posible que existan las moléculas B_2 y C_2.
b) Justifique el tipo de enlace que se dará entre los elementos B y C.
c) Razone si el compuesto formado por A y C será polar.

a) No es posible la B_2 pero sí la C_2. El elemento B es un alcalino (el Na) y no tiene tendencia a formar especies bimoleculares. El elemento C es un halógeno (el Cl) y sí tiene tendencia a formar especies bimoleculares, compartiendo un electrón cada átomo de Cl para alcanzar la estabilidad.

b) Enlace iónico. Debido a la gran diferencia de electronegatividades entre ambos elementos, el Na le cederá un electrón al cloro y se atrarán electrostáticamente (enlace iónico).

c) Sí, lo será. El elemento A es el carbono y el C es el cloro. Formarán el compuesto AC_4 (CCl_4). La diferencia de electronegatividades no es suficiente para crear un enlace iónico pero sí un enlace covalente polar.

---

3) Conteste de forma razonada a las cuestiones acerca de los elementos A (Z = 19) y B (Z = 34):
a) ¿A qué grupo y a qué período pertenecen?
b) ¿Qué elemento tiene un radio atómico menor?
c) ¿Qué elemento tiene mayor energía de ionización?

a) A es el potasio, K, y B es el selenio, Se.

* Configuraciones electrónicas: K: $1s^2 2s^2 2p^6 3s^2 3p^6 4s^1$; Se: $1s^2 2s^2 2p^6 3s^2 3p^6 4s^2 3d^{10} 4p^4$

Para averiguar el grupo y el período, nos fijamos en el último orbital que se está ocupando: el número nos da el período y la configuración externa nos da el grupo.

K: grupo 1 (alcalinos), cuarto período ; Se: grupo 16 (anfígenos o calcógenos), cuarto período

b) El B, el selenio. Ambos elementos están en el mismo período, luego tienen el mismo número de niveles energéticos; el que tiene mayor Z tiene mayor carga nuclear efectiva y menor tamaño atómico, pues los electrones están más atraídos por el núcleo.

c) El B, el selenio. La energía de ionización es la energía necesaria para arrancar un electrón de un átomo gaseoso. A mayor energía de ionización, mayor dificultad en arrancar ese electrón. Al selenio es más difícil arrancarle un electrón porque tiene menor tamaño y mayor carga nuclear efectiva que el potasio y los electrones están más atraídos por el núcleo.

---

4) a) Justifique si son posibles las siguientes combinaciones de números cuánticos:

(2, 0, 3, -½); (3, 1, -1, -½).

b) Dados los elementos X e Y, cuyos valores de Z son 20 y 25, respectivamente, identifíquelos basándose en sus configuraciones electrónicas.
c) Razone si X tendrá mayor o menor radio atómico que Y.

a) La primera combinación no es posible porque m va desde $-\ell$ a $+\ell$ pasando por cero, luego el único valor de m posible es 0. La segunda combinación sí es posible porque se cumplen las reglas de los números cuánticos: n puede ir de 1 a 7; ℓ puede ir de 0 a n – 1; m puede ir de $-\ell$ a $+\ell$ pasando por cero y s puede valer +1/2 y -1/2 por cada valor de m. Los números cuánticos van en este orden: (n, ℓ, m , s).

b) X es el calcio (Ca) e Y es el manganeso (Mn).

* Configuraciones electrónicas: X: $1s^2 2s^2 2p^6 3s^2 3p^6 4s^2$; Y: $1s^2 2s^2 2p^6 3s^2 3p^6 4s^2 3d^5$

Para averiguar el grupo y el período, nos fijamos en el último orbital que se está ocupando: el número nos da el período y la configuración externa nos da el grupo.

c) X tiene mayor radio atómico que Y. Ambos elementos están en el mismo período, luego tienen el mismo número de niveles energéticos; el que tiene menor Z tiene menor carga nuclear efectiva y mayor tamaño atómico, pues los electrones están menos atraídos por el núcleo.

---

5) Justifique si las siguientes afirmaciones son verdaderas o falsas:
a) Si una molécula es apolar no puede contener enlaces polares.
b) En un sólido metálico los cationes y aniones ocupan posiciones fijas dentro de la red metálica.
c) La molécula de BCl_3 tiene geometría plana triangular.

a) Falso. Una molécula puede tener enlaces polares porque sus elementos tienen distintas electronegatividades y ser apolar porque, gracias a la geometría de la molécula, se compensan los momentos dipolares parciales y dan lugar a un momento dipolar total nulo. Ejemplos: $BeCl_2$ y CCl_4.

$BeCl_2$

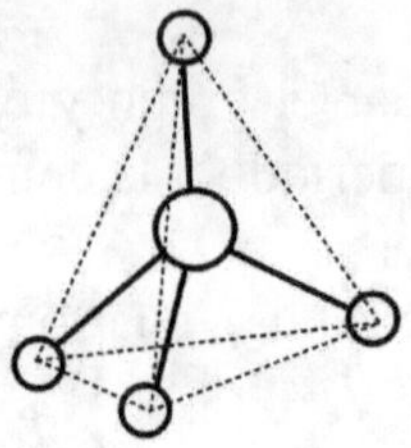

CCl_4

b) Falso. Un sólido metálico tiene enlace metálico. En el enlace metálico, la estructura tridimensional está formada por infinidad de celdas unitarias cuyos vértices están ocupados por cationes metálicos. Algunos electrones giran alrededor de todos los cationes formando el gas electrónico.

c) Verdadero.

* Estructura de Lewis:

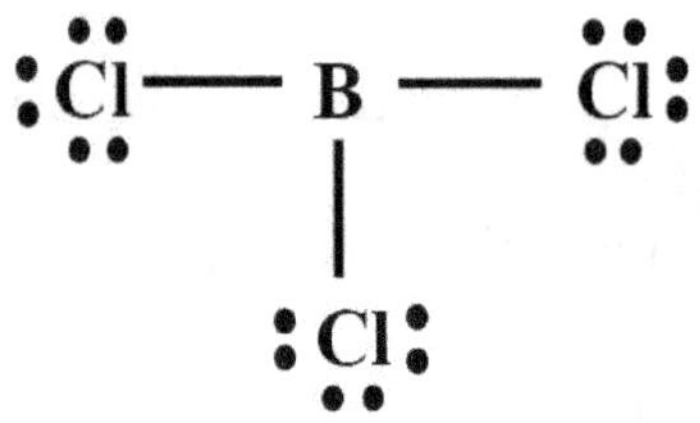

Estructura de Lewis del BCl_3

El BCl_3 es una molécula del tipo AB_3, luego es trigonal plana.

<u>2023</u>

6) a) Razone a qué grupo del sistema periódico pertenecen los elementos cuyo ion más estable es aquel que resulta de la pérdida de un electrón.
b) Indique un conjunto de números cuánticos para un electrón que se encuentra en un orbital 5d.
c) Ordene en orden creciente de energía los orbitales para los siguientes grupos de números cuánticos:

(4,0,0,+1/2), (3,2,1,-1/2), (2,1,0,+1/2), (4,1,0,+1/2)

a) El grupo 1, los alcalinos. Su configuración electrónica externa es ns^1. Según la regla del octeto, cuando se combinan los elementos, tienden a adquirir la configuración del gas noble más cercano, que es muy estable. Cuando un alcalino pierde un electrón, adquiere la configuración externa $ns^2\ np^6$.

b) (5,2,1,+1/2)

* Explicación: los números cuánticos son: (n,ℓ,m,s). El número n corresponde al número del orbital, n = 5. El número ℓ corresponde al orbital d: $\ell = 2$. El número m va desde - ℓ a +ℓ, incluyendo el cero. Por cada valor de m, hay dos posibles de s: +1/2 y -1/2.

c) * Orden pedido: (2,1,0,+1/2), (4,0,0,+1/2), (3,2,1,-1/2) y (4,1,0,+1/2).

El orden creciente de energía de los orbitales viene dado por la regla de Madelung: la energía de un orbital viene dada por la suma de sus números cuánticos $n + \ell$. En caso de empate, el de menor energía es el de menor valor de n.

Electrón	**n**	ℓ	$n + \ell$
(4,0,0,+1/2)	4	0	4
(3,2,1,-1/2)	3	2	5
(2,1,0,+1/2)	2	1	3
(4,1,0,+1/2)	4	1	5

---

7) Razone si las siguientes afirmaciones son verdaderas o falsas:
a) Los elementos del grupo 17 (los halógenos) tienen tendencia a ganar dos o más electrones.
b) El ion Ca^{2+} tiene la configuración electrónica de un gas noble.
c) El radio del ion Br^- es mayor que el del átomo de Br.

a) Falsa. Tienen tendencia a ganar un electrón. Según la regla del octeto, cuando se combinan los elementos, tienden a adquirir la configuración del gas noble más cercano, que es muy estable. En el caso de los halógenos ($ns^2\ np^5$), la configuración de gas noble ($ns^2\ np^6$) más cercano se alcanza ganando en electrón.

b) Verdadera. La configuración del átomo de calcio es: $1s^2\ 2s^2\ 2p^6\ 3s^2\ 3p^6\ 4s^2$, que es la configuración electrónica ordenada por niveles electrónicos. Para obtener la configuración del ion Ca^{2+}, quitamos los dos electrones más externos, es decir, los situados más a la derecha en la configuración:
Ca^{2+}: $1s^2\ 2s^2\ 2p^6\ 3s^2\ 3p^6$, que es la configuración del Ar. Según la regla del octeto, el Ca también tiende a obtener la configuración electrónica del gas noble más cercano.

c) Verdadera. Ambos átomos tienen la misma carga nuclear, pues se trata del mismo elemento y, por tanto, tienen el mismo número de protones. Al tener más electrones el ion bromuro, Br^-, estos electrones estarán menos atraídos por el núcleo y el tamaño del átomo será mayor.

---

8) Para las moléculas OF_2 y BF_3:
a) Justifique la geometría molecular que presentan según la TRPECV.
b) Indique la hibridación del átomo central de cada molécula.
c) Razone si son polares o apolares.

a) * Estructuras de Lewis:

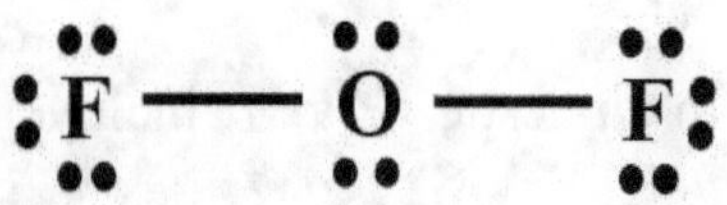

OF$_2$

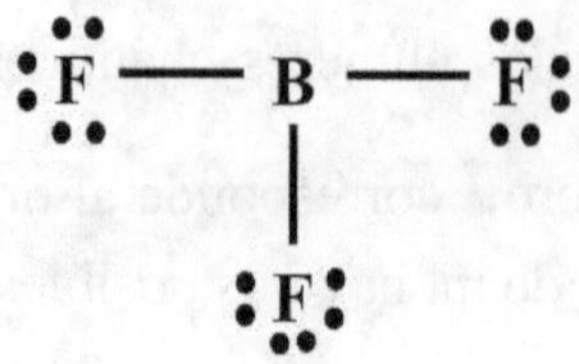

BF$_3$

La molécula OF_2 es del tipo AB_2E_2, luego su geometría es angular. La molécula BF_3 es del tipo AB_3, luego su geometría es trigonal plana.

b) El O tiene hibridación sp^3 y el B tiene hibridación sp^2.

* Configuraciones electrónicas externas de los átomos centrales: O: $ns^2\ np^4$; B: $ns^2\ np^1$
* Diagramas de orbitales:

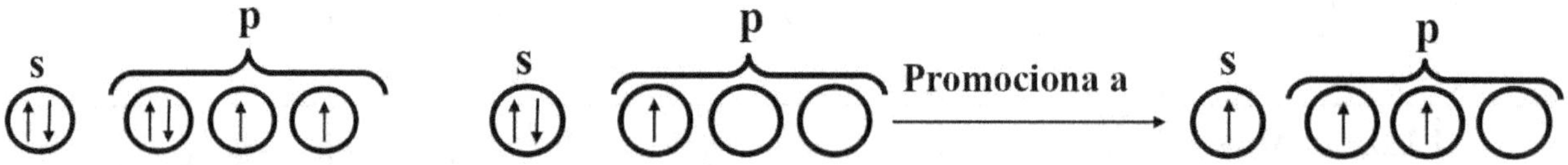

Del O

Del B

* Ecuaciones de hibridación:

Para el O: 1 O.A. s + 3 O.A. p = 4 O.H. Sp^3
Para el B: 1 O.A. s + 2 O.A. p = 3 O.H. sp^2

c) El OF_2 es polar y el BF_3 es apolar. Aunque los enlaces O – F y B – F tienen un momento dipolar parcial, la geometría de la molécula en el BF_3 hace que el momento dipolar total sea nulo y que la molécula sea apolar. El OF_2 tiene un momento dipolar distinto de cero al ser la molécula angular.

---

9) Dadas las configuraciones electrónicas:

$A = 1s^2\ 2s^2\ 2p^5$; $B = 1s^2\ 2s^2\ 2p^6\ 3s^2\ 3p^6\ 3d^5\ 4s^2$; $C = 1s^2\ 2s^2\ 2p^6\ 3s^2$

a) Justifique el grupo y el período de los elementos A y B.
b) Explique el carácter metálico o no metálico de los elementos A y C.
c) Indique los iones más estables de los elementos A y C, escribiendo sus correspondientes configuraciones electrónicas.

a) Si el último orbital es s o p, el período viene dado por el número cuántico principal. Si el último orbital en irse llenando es el d, su configuración externa es (n – 1) d, es decir, al número que acompaña al orbital hay que añadirle una unidad para obtener el número del período. El número de electrones externos nos indica el grupo.

Elemento	Último orbital	Grupo	Período
A	$2p^5$	17, halógenos	Segundo
B	$3d^5$	7, grupo del Mn	Cuarto

b) A es no metálico y C es metálico. Un elemento tiene carácter metálico cuando tiene gran tendencia a perder electrones, es decir, cuando tiene una baja energía de ionización. A tiene tendencia a ganar electrones para conseguir la configuración de gas noble (regla del octeto) y C tiene tendencia a perder electrones por la misma regla.

c) A^-: $1s^2\ 2s^2\ 2p^6$; C^{2+}: $1s^2\ 2s^2\ 2p^6$

---

10) Responda a las siguientes cuestiones de manera razonada:
a) Dados los compuestos CaF_2 y CO_2, identifique el tipo de enlace que predomina en cada uno de ellos.
b) Ordene los compuestos CaF_2, CO_2 y H_2O de menor a mayor punto de ebullición.
c) De los compuestos NaF, KF y LiF, ¿cuál tiene mayor energía reticular?

a) CaF_2: iónico; CO_2: fuerzas de van der Waals. Como el Ca y el F tienen una gran diferencia de electronegatividad, el enlace será iónico, pues el Ca tiene tendencia a darle electrones al F. Como el C y el O tienen poca diferencia de electronegatividad y la geometría molecular anula los momentos dipolares parciales, el enlace intramolecular será covalente apolar y las fuerzas intermoleculares serán fuerzas de dispersión o de London.

b) El orden es: $CO_2 < H_2O < CaF_2$. Cuando una sustancia hierve, se rompen sus fuerzas intermoleculares. A mayor intensidad de las fuerzas intermoleculares, mayor punto de ebullición. Debido a la diferencia de electronegatividad entre los elementos, el CO_2 tiene fuerzas de van der Waals, el H_2O tiene enlace de hidrógeno y el CaF_2 tiene enlace iónico. La intensidad de estos enlaces sigue este orden: van der Waals < enlace de hidrógeno < enlace iónico.

c) El LiF. La energía reticular, U, es proporcional a: $\frac{Q_{catión} \cdot Q_{anión}}{r_{catión} + r_{anión}}$. Los numeradores son iguales para los tres compuestos, pues las cargas son iguales. El radio del anión F^- es igual en los tres casos. La diferencia está en el radio del catión. Como el radio iónico del Li^+ es menor que el del Na^+ y del K^+, el denominador de la energía reticular es menor para el LiBr, por lo que su energía reticular será mayor.

---

11) Dados los elementos F, Cl y Al, indique razonadamente si las siguientes afirmaciones son verdaderas o falsas:
a) El Cl es el elemento que tiene menor energía de ionización.
b) El Al es el elemento que tiene mayor afinidad electrónica.
c) El F es el que tiene menor radio atómico.

a) Falsa, es el Al. La energía de ionización es la energía necesaria para arrancar un electrón de un átomo gaseoso. A menor energía de ionización, menor dificultad en arrancarlo. Es más fácil arrancar un electrón en el Al que en el F y en el Cl porque el Al tiene mayor tamaño. Tiene mayor tamaño que el F porque tiene un nivel electrónico más. Tiene más tamaño que el Cl porque tiene menor carga nuclear al tener menor número atómico.

b) Falsa, es el F. La afinidad electrónica es la energía necesaria para que un átomo gaseoso acepte un electrón. A mayor afinidad electrónica, mayor facilidad en ganar ese electrón. El F tiene mayor afinidad por ser el más pequeño.

c) Verdadera. El F tiene menor radio atómico que el Al y el Cl porque tiene un nivel electrónico menos.

---

12) El ion más estable de un elemento X (Z = 35) es X^-
a) Escriba la configuración electrónica del ion X^-
b) Razone a qué grupo y periodo pertenece X.
c) ¿Cuántos electrones desapareados posee X? Razone la respuesta.

a) * Configuraciones electrónicas:

$$X: 1s^2\,2s^2\,2p^6\,3s^2\,3p^6\,4s^2\,3d^{10}\,4p^5 \quad ; \quad X^-: 1s^2\,2s^2\,2p^6\,3s^2\,3p^6\,4s^2\,3d^{10}\,4p^6$$

b) Observamos el último orbital que se está llenando: $4p^5$. El número 4 indica que pertenece al cuarto período. La configuración p^5 indica que es un halógeno, grupo 17.

c) Tiene un electrón desapareado. El diagrama de orbitales externos de un halógeno es:

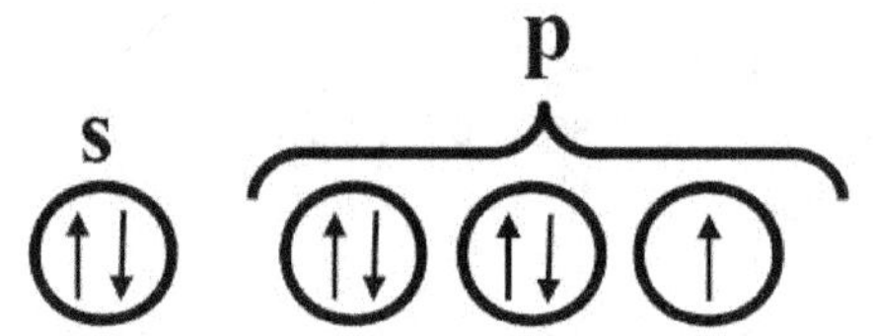

Diagrama de orbitales para la configuración $s^2\,p^5$

---

13) Conteste justificando la respuesta:
a) ¿Qué compuesto tendrá mayor dureza: LiBr o CsI?
b) ¿Qué compuesto tendrá mayor temperatura de ebullición: HI o HF?
c) ¿Qué compuesto tendrá mayor punto de fusión: NaBr o NaI?

a) El LiBr, pues tiene mayor energía reticular. La dureza es la resistencia a ser rayado. La energía reticular es proporcional a $\dfrac{Q_{catión} \cdot Q_{anión}}{r_{catión} + r_{anión}}$. Las cargas del catión y del anión son iguales en ambos compuestos, pues los cuatro elementos tienen valencia uno. La diferencia está en el denominador: Como el Li tiene menos niveles electrónicos que el Cs y el Br tiene menos que el I, el radio iónico del LiBr es menor que en el CsI, luego: $U_{LiBr} > U_{CsI}$.

b) El HF. Cuando una sustancia hierve, se rompen sus fuerzas intermoleculares. Las fuerzas intermoleculares en el HF (enlace de hidrógeno) son más intensas que en el HI (fuerzas de van der Waals), pues el F tiene mucha mayor electronegatividad que el I.

c) El NaBr. Cuando una sustancia se funde, se rompen algunas fuerzas intermoleculares. A mayor intensidad de estas fuerzas, mayor punto de fusión. El que tiene mayor intensidad de estas fuerzas es el de mayor energía reticular. El de mayor energía reticular es el de menor radio iónico. Como el Br tiene menos niveles electrónicos que el I, su radio iónico es menor, luego: $U_{NaBr} > U_{NaI}$.

---

14) Sean dos elementos A y B cuyos números atómicos son 12 y 17, respectivamente. Responda razonadamente a las siguientes cuestiones:
a) ¿Cuál de ellos tiene un radio menor?
b) ¿Qué elemento es más electronegativo?
c) ¿Qué tipo de enlace tiene el compuesto que pueden formar si se combinan entre ellos? Indique la fórmula del compuesto más probable.

a) El B, el cloro.

* Configuración electrónica de A: $1s^2\ 2s^2\ 2p^6\ 3s^2$. Es el Mg.

* Configuración electrónica de B: $1s^2\ 2s^2\ 2p^6\ 3s^2\ 3p^5$. Es el Cl.

Ambos elementos están en el mismo período, luego tienen el mismo número de niveles electrónicos. El cloro tiene mayor número atómico, luego su carga nuclear es mayor y atrae más a los electrones de valencia.

b) El B, el cloro. La electronegatividad es la tendencia a atraer a los electrones de enlace. El cloro tiene mayor electronegatividad porque es más pequeño y su carga nuclear positiva más cercana atrae más a la carga negativa de los electrones.

c) AB_2, o bien, $MgCl_2$. Debido a la gran diferencia de electronegatividades entre ambos elementos, tienden a formar un enlace iónico. Según la regla del octeto, el Mg tiende a perder dos electrones para conseguir la configuración de gas noble y el Cl tiende a ganar un electrón para conseguir la configuración de gas noble.

---

15) Sean los elementos X (Z = 16) e Y (Z = 53):
a) Escriba las configuraciones electrónicas de los dos elementos en estado fundamental.
b) Razone a qué grupo y período del Sistema Periódico pertenecen cada uno de ellos.
c) Justifique para cada uno de los elementos su ion más estable.

a) * Configuración electrónica de X: $1s^2\ 2s^2\ 2p^6\ 3s^2\ 3p^4$. Es el S.

* Configuración electrónica de Y: $1s^2\ 2s^2\ 2p^6\ 3s^2\ 3p^6\ 4s^2\ 3d^{10}\ 4p^6\ 5s^2\ 4d^{10}\ 5p^5$. Es el I.

b) Nos fijamos en el último orbital que se está llenando. El elemento X pertenece al tercer período, como indica su número cuántico principal; la configuración p^4 indica que pertenece al grupo 16, los anfígenos o calcógenos. El elemento Y pertenece al quinto período, como indica su número cuántico principal; la configuración p^5 indica que pertenece al grupo 17, los halógenos.

c) X^{2-} y Y^{-}. Según la regla del octeto, cuando se combinan los elementos tienden a adquirir la configuración electrónica del gas noble más cercano. El azufre (elemento X) la adquiere ganando dos electrones y el yodo (elemento Y) la adquiere ganando uno.

---

16) Los átomos A, B, C y D corresponden a elementos del segundo periodo y tienen 2, 3, 5 y 7 electrones de valencia, respectivamente. Responda razonadamente a las siguientes cuestiones:
a) ¿Qué fórmula tendrá el compuesto formado por A y D?
b) El compuesto formado por C y D ¿presentará enlace iónico o covalente?
c) ¿Qué elemento tiene la energía de ionización más alta?

a) AD_2. En el segundo período se están llenando los orbitales 2s y 2p.

* Configuraciones electrónicas externas: A: $2s^2$; B: $2s^2\,2p^1$; C: $2s^2\,2p^3$; D: $2s^2\,2p^5$

Según la regla del octeto, el elemento A tiene tendencia a perder dos electrones para conseguir la configuración de gas noble y el elemento D tiene tendencia a ganar un electrón para conseguir la configuración de gas noble.

b) Presentará enlace covalente porque la diferencia de electronegatividades entre ambos elementos es inferior a 1'7.

c) El D. La energía de ionización es la energía necesaria para arrancar un electrón de un átomo gaseoso. Cuanto mayor esta energía, mayor dificultad. Es más difícil arrancarle un electrón al átomo D porque es el más pequeño y sus electrones de valencia están más atraídos por el núcleo.

---

17) Responda, razonadamente, la veracidad o falsedad de las siguientes afirmaciones:
a) Los átomos $^{23}_{11}Na$ y $^{25}_{11}Na$ tienen el mismo número de protones y de neutrones aunque distinto número de electrones.
b) Un átomo cuya configuración electrónica es $1s^2\,2s^2\,2p^6\,3s^2\,3p^6\,4s^2\,3d^{10}\,4p^5$ pertenece al grupo 17 del Sistema Periódico.
c) Un posible conjunto para los números cuánticos de un electrón situado en un orbital 5d es (5,3,0,-1/2).

a) Falso. La simbología es $^{A}_{Z}X$. Ambos tienen el mismo número de protones y de electrones, pues tienen igual valor de Z, 11. Ambos tienen distinto número de neutrones, lo que viene dado por: N = A – Z. El primer isótopo tiene 12 y el segundo 14.

b) Verdadero. La configuración externa p^5 corresponde al grupo 17 del sistema periódico, a los halógenos.

c) Falso. Los números cuánticos de un electrón son (n,ℓ,m,s). El cinco del orbital 5d indica que n = 5. La letra d indica que $\ell = 2$ y en el enunciado aparece $\ell = 3$.

---

18) Los elementos Na, Al y Cl tienen números atómicos 11, 13 y 17, respectivamente. Justificando las respuestas:
a) Ordene los elementos de menor a mayor radio.
b) ¿Cuál de ellos tiene la primera energía de ionización más alta?
c) ¿Cuál tiene mayor radio: el Cl^- o el Na^+?

a) Cl < Al < Na. Los tres elementos están en el mismo período, luego tienen el mismo número de niveles electrónicos. A mayor número atómico, la carga nuclear será mayor y los electrones de valencia estarán más atraídos por el núcleo, luego el radio será menor.

b) El cloro. La energía de ionización es la energía necesaria para arrancar un electrón de un átomo gaseoso. Cuanto mayor esta energía, mayor dificultad. Es más difícil arrancarle un electrón al átomo de cloro porque es el más pequeño y sus electrones de valencia están más atraídos por el núcleo.

c) El Cl^-.

* Configuraciones electrónicas:

$$Na: 1s^2\ 2s^2\ 2s^2\ 2p^6\ 3s^1 \quad ; \quad Na^+: 1s^2\ 2s^2\ 2s^2\ 2p^6$$
$$Cl: 1s^2\ 2s^2\ 2s^2\ 2p^6\ 3s^2\ 3p^5 \quad ; \quad Cl^-: 1s^2\ 2s^2\ 2s^2\ 2p^6\ 3s^2\ 3p^6$$

El Cl^- tiene mayor radio porque tiene mayor número de niveles electrónicos.

---

19) Justifique si las siguientes afirmaciones son verdaderas o falsas:
a) En una molécula apolar todos los enlaces son apolares.
b) Una molécula tetraédrica es siempre apolar.
c) Las moléculas $BeCl_2$ y H_2S presentan el mismo ángulo de enlace.

a) Falsa. O mejor dicho, no necesariamente. Todos los enlaces apolares dan lugar a una molécular apolar. Sin embargo, varios enlaces polares pueden dar lugar a una molécula apolar si la geometría molecular hace que se anule el momento dipolar total, que es un vector suma de los momentos dipolares parciales. Ejemplo: el $BeCl_2$ y el CCl_4.

b) Falsa. Si todos los sustituyentes son iguales, la molécula es apolar. Si uno al menos de los sustituyentes es distinto, el momento dipolar total no es cero y la molécula es polar.

c) Falsa.

* Estructuras de Lewis:

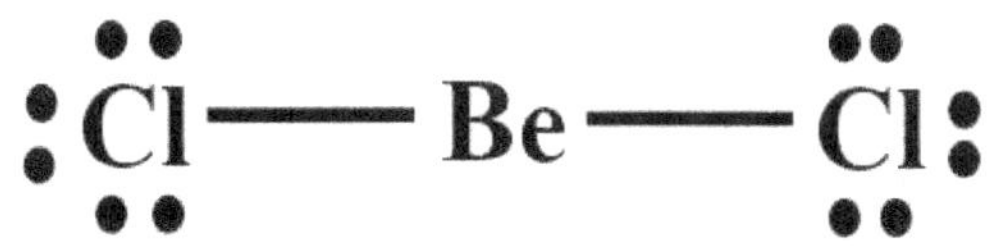

$BeCl_2$

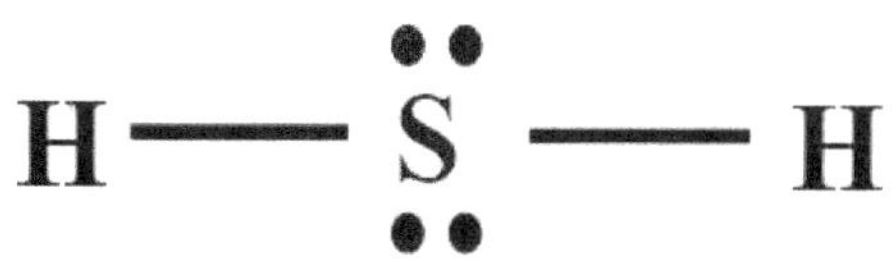

H_2S

El $BeCl_2$ es una molécula del tipo AB_2, luego es lineal y el ángulo de enlace es de 180º. El H_2S es una molécula del tipo AB_2E_2, luego es angular y el ángulo de enlace es de unos 92º.

---

20) Escriba la configuración electrónica y el símbolo del primer elemento del Sistema Periódico con:
a) Los orbitales 2p llenos.
b) Un único electrón en un orbital d.
c) Un único electrón en un orbital p y que tiene los orbitales d llenos.

a) * Configuración electrónica: $1s^2\ 2s^2\ 2p^6$. Se trata del neón, Ne.

b) * Configuración electrónica: $1s^2\ 2s^2\ 2p^6\ 3s^2\ 3p^6\ 4s^2\ 3d^1$. Se trata del escandio, Sc.

c) * Configuración electrónica: $1s^2\ 2s^2\ 2p^6\ 3s^2\ 3p^6\ 4s^2\ 3d^{10}\ 4p^1$. Se trata del galio, Ga.

---

21) Justifique si las siguientes sustancias son conductoras de la electricidad:
a) El agua pura en estado líquido.
b) El cloruro de potasio en estado sólido.
c) El cloruro de sodio en disolución acuosa.

a) No lo es. Aunque el agua se autodisocia según: $2\ H_2O(l) \leftrightarrows H_3O^+(ac) + OH^-(ac)$, la concentración de iones en el agua pura (10^{-7} M) es insuficiente para hacerla conductora.

b) No lo es. El cloruro de potasio (KCl) es una sustancia iónica. En estado sólido, sus electrones están localizados alrededor de cada átomo en la red cristalina, luego la sustancia no es conductora.

c) Sí lo es. En disolución acuosa, el cloruro de sodio se disocia según: $NaCl(s) \Rightarrow Na^+(ac) + Cl^-(ac)$. La libertad de movimiento de los iones en disolución hacen a la sustancia conductora.

---

22) Responda razonadamente si las siguientes afirmaciones son verdaderas o falsas:
a) La carga nuclear efectiva para los elementos de un mismo periodo aumenta cuanto mayor es el número atómico del elemento.
b) El Na^+ tiene menor radio que el Al^{3+}.
c) El Li tiene mayor energía de ionización que el K.

a) Verdadera. La carga nuclear efectiva es la carga nuclear que experimenta un electrón quitándole el efecto del apantallamiento de las capas electrónicas internas. En el mismo período están elementos del mismo nivel electrónico, de la misma capa. Como los electrones de la misma capa no ejercen apantallamiento, al aumentar el número atómico aumenta la carga nuclear efectiva.

b) Falsa. El Al^{3+} tiene menor radio que el Na^+.

* Configuraciones electrónicas:

Na: $1s^2\ 2s^2\ 2p^6\ 3s^1$; Na^+: $1s^2\ 2s^2\ 2p^6$; Al: $1s^2\ 2s^2\ 2p^6\ 3s^2\ 3p^1$; Al^{3+}: $1s^2\ 2s^2\ 2p^6$

El Al^{3+} y el Na^+ son especies isoelectrónicas, es decir, tienen el mismo número de electrones.

Para las especies isoelectrónicas, la de menor radio es la de mayor número atómico puesto que, al tener igual número de electrones y mayor carga nuclear, los electrones están más atraídos por el núcleo.

c) Verdadera. La energía de ionización es la energía necesaria para arrancar un electrón de un átomo gaseoso. Cuanto mayor esta energía, mayor dificultad. Es más difícil arrancarle un electrón al átomo de litio porque, al tener menos niveles electrónicos, es más pequeño y sus electrones de valencia están más atraídos por el núcleo.

2022

23) Conteste las siguientes cuestiones relativas a un átomo con Z = 17 y A = 35.
a) Indique el número de protones, neutrones y electrones.
b) Escriba su configuración electrónica e indique el número de electrones desapareados en su estado fundamental.
c) Indique una posible combinación de números cuánticos que pueda tener el electrón diferenciador de este átomo.

a) Protones = Z = 17; neutrones = A – Z = 35 – 17 = 18; electrones = Z = 17.

b) * Configuración electrónica: $1s^2\ 2s^2\ 2p^6\ 3s^2\ 3p^5$

* Diagrama de orbitales:

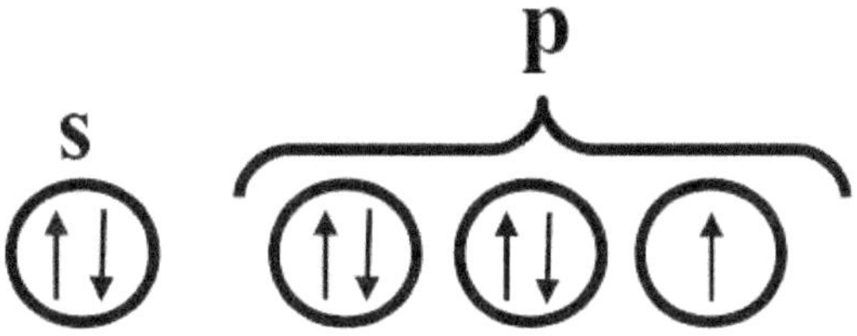

* Número de electrones desapareados: 1

* Explicación: según el principio de máxima multiplicidad, los electrones tienden a situarse en orbitales de la misma energía (s, p, d o f) de tal manera que estén lo más desapareados posible.

c) * Posible combinación de números cuánticos: (3,1,1,1/2)

* Explicación: los números cuánticos son: (n,ℓ,m,s). El número n corresponde al último orbital: $3p^5$. El número ℓ corresponde al orbital p: $\ell = 1$. El número m vale +1 si los orbitales p son -1, 0 y +1. El número s corresponde al representado por la flecha hacia arriba: s = ½.

---

24) Dados los siguientes compuestos: NaF, CH_4 y CH_3OH.
a) Justifique el tipo de enlace interatómico que presentan.
b) Ordénelos razonadamente de menor a mayor punto de ebullición.
c) Justifique la solubilidad de estos compuestos en agua.

a) NaF: enlace iónico, pues está formado por un metal y un no metal y su diferencia de electronegatividades es grande.
CH_4: fuerzas de van der Waals del tipo fuerzas de dispersión de London, pues la molécula es apolar.
CH_3OH: enlace de hidrógeno, pues la molécula tiene un átomo de hidrógeno unido a un átomo muy electronegativo: el oxígeno.

b) El orden pedido es: $CH_4 < CH_3OH < NaF$

Cuando una sustancia hierve, se rompen sus fuerzas intermoleculares. Cuanto mayor sean las fuerzas intermoleculares, mayor será el punto de ebullición. El enlace de hidrógeno del CH_3OH es más fuerte que las fuerzas de van der Waals del CH_4. El enlace iónico del NaF es más fuerte que el enlace de hidrógeno del CH_3OH.

c) Son solubles en agua el NaF y el CH_3OH. El NaF es soluble porque, en agua, la red cristalina se rompe y los iones se solvatan, se rodean de moléculas de agua. El CH_3OH es soluble en agua porque la molécula es polar y el grupo – OH forma un puente de hidrógeno con las moléculas de agua. El CH_4 no se disuelve en agua porque es una molécula apolar y el agua es polar.

---

25) Indique para el isótopo $^{65}_{30}Zn$:

a) El número de protones, electrones y neutrones que tiene.
b) Un conjunto posible de números cuánticos para su electrón diferenciador.
c) El ion más estable que puede formar.

a) Número de protones: Z = 30; número de electrones: Z = 30;
número de neutrones: N = A – Z = 65 – 30 = 35.

b) * Configuración electrónica para Z = 30: $1s^2\ 2s^2\ 2p^6\ 3s^2\ 3p^6\ 4s^2\ 3d^{10}$

Los números cuánticos son: (n,ℓ,m,s). El número n corresponde al período: n = 4. El número ℓ, corresponde al tipo de orbital; para el orbital d: $\ell = 2$. Si tomamos como electrón diferenciador al último que se introduce en los orbitales d, entonces: m = 2. Por cada valor de m, hay dos posibles de s: + ½ y -1/2. Luego las soluciones posibles son: (4,2,2,1/2) y (4,2,2,-1/2).

c) Es el Zn^{2+}. Al ser un metal, el Zn tiene baja energía de ionización, es decir, tiene tendencia a perder electrones. Los dos electrones 4s salen antes que los electrones 3d.

---

26) Razone si las siguientes afirmaciones son verdaderas o falsas:
a) La primera energía de ionización del magnesio es menor que la del sodio.
b) El B^{3+} tiene un radio iónico mayor que el Be^{2+}.
c) Los elementos del grupo 17 (halógenos) tienen poca tendencia a ganar electrones.

a) Falsa. Es mayor. La primera energía de ionización es la energía necesaria para arrancar un electrón de un átomo gaseoso. A mayor energía, mayor dificultad. El Mg y el Na están en el mismo período, luego tienen el mismo número de capas electrónicas. El Mg tiene mayor carga nuclear, pues tiene mayor número atómico. Al tener mayor carga nuclear, sus electrones están más unidos al núcleo, luego es más difícil arrancarlos.

b) Falsa. El B^{3+} tiene un radio iónico menor. El B^{3+} y el Be^{2+} son especies isoelectrónicas, es decir, tienen el mismo número de electrones. En estas especies, la de mayor radio es la de menor número atómico (el Be), pues de esta forma tiene menos carga nuclear y los electrones están menos atraídos por el núcleo.

c) Falsa. Tienen una gran tendencia. La magnitud que mide esta tendencia es la afinidad electrónica: a mayor afinidad electrónica, mayor facilidad en ganar electrones. Los halógenos tienen altas afinidades electrónicas porque, al adquirir un electrón, consiguen la configuración de gas noble, que es muy estable (regla del octeto).

---

27) Dadas las especies químicas H_2S y BCl_3:
a) Represente la estructura de Lewis de cada molécula.
b) Justifique la geometría de cada molécula según la TRPECV.
c) Indique la hibridación que presenta el átomo central de cada una de las especies.

a) * Estructuras de Lewis:

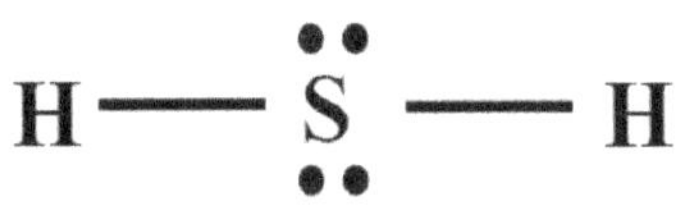

H_2S

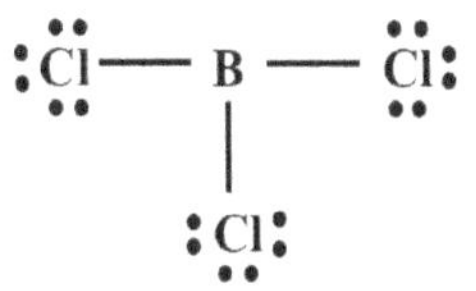

BCl_3

b) A la vista de las estructuras de Lewis, deducimos que:
El H_2S es una molécula del tipo: AB_2E_2, luego su geometría es angular.
El BCl_3 es una molécula del tipo: AB_3, luego su geometría es trigonal plana.

c) * Diagramas de orbitales:

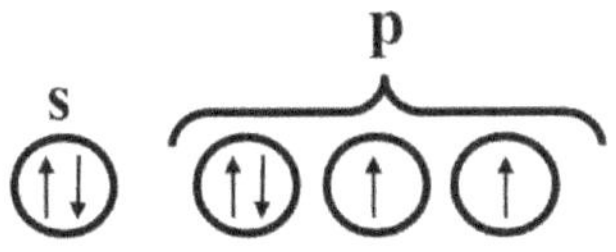

Del S

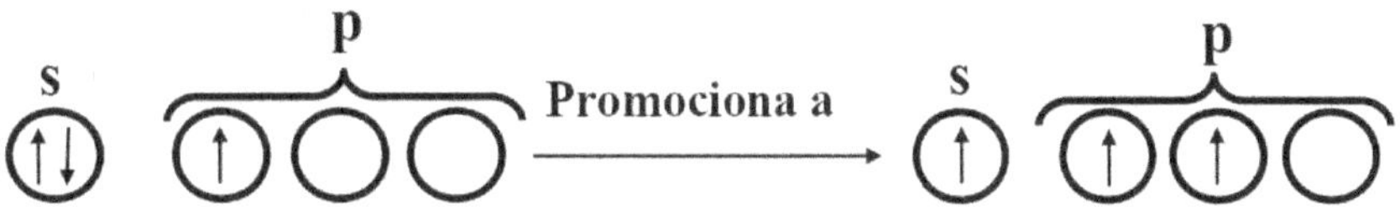

Del B

* Ecuaciones de hibridación:
Para el S: 1 O.A. s + 3 O.A. p = 4 O.H. sp^3
Para el B: 1 O.A. s + 2 O.A. p = 3 O.H. sp^2

---

28) Los elementos A, B, C y D tienen números atómicos 12, 14, 17 y 37, respectivamente.
a) Escriba la configuración electrónica de B y D.
b) Indique los iones más estables de A y C y escriba la configuración electrónica de cada uno de ellos.
c) Indique cuál o cuáles de los elementos tienen electrones desapareados en su estado fundamental.

a) * Configuraciones electrónicas de B y D:

B: $1s^2\ 2s^2\ 2p^6\ 3s^2\ 3p^2$; D: $1s^2\ 2s^2\ 2p^6\ 3s^2\ 3p^6\ 4s^2\ 3d^{10}\ 4p^6\ 5s^1$

b) * Configuraciones electrónicas de A y C:

A: $1s^2\ 2s^2\ 2p^6\ 3s^2$; C: $1s^2\ 2s^2\ 2p^6\ 3s^2\ 3p^5$

* Configuraciones electrónicas de sus iones más estables:

A^{2+}: $1s^2\ 2s^2\ 2p^6$; C^-: $1s^2\ 2s^2\ 2p^6\ 3s^2\ 3p^6$

c) Los que tienen electrones desapareados en su estado fundamental son el B, el C y el D.

* Configuraciones electrónicas de los cuatro elementos:

A: $1s^2\ 2s^2\ 2p^6\ 3s^2$; B: $1s^2\ 2s^2\ 2p^6\ 3s^2\ 3p^2$

C: $1s^2\ 2s^2\ 2p^6\ 3s^2\ 3p^5$; D: $1s^2\ 2s^2\ 2p^6\ 3s^2\ 3p^6\ 4s^2\ 3d^{10}\ 4p^6\ 5s^1$

* Diagramas de orbitales de los elementos:

A

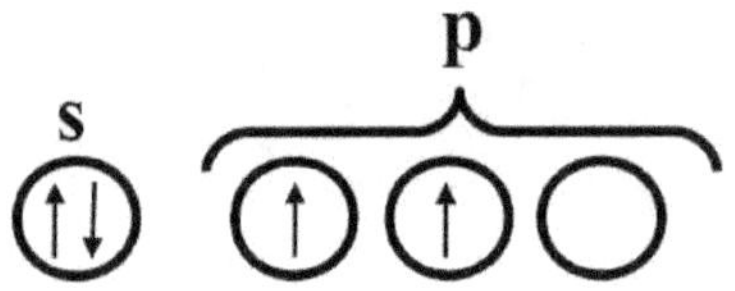

B

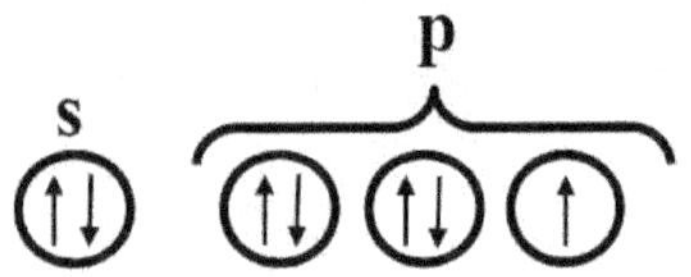

C

D

---

29) Considerando los elementos Mg, Si y Cl, justifique:
a) Cuál de ellos tiene mayor radio.
b) Cuál de ellos tiene mayor tendencia a formar cationes.
c) Cuál presenta mayor número de electrones desapareados.

a) El Mg. Los tres elementos están situados en el mismo período (el 3º), luego tienen el mismo número de niveles electrónicos. Para elementos con el mismo número de niveles electrónicos, el de mayor radio es el de menor número atómico pues, al tener menor carga nuclear, los electrones externos están menos atraídos por el núcleo.

b) El Mg. El de mayor tendencia a formar cationes es el de menor energía de ionización. La energía de ionización mide la dificultad de un átomo gaseoso de perder un electrón. Al ser el átomo de Mg el más grande, su electrón más externo está menos atraído por el núcleo y es más fácil arrancarlo.

c) El Si.

* Configuraciones electrónicas:
Mg: $1s^2\ 2s^2\ 2p^6\ 3s^2$; Si: $1s^2\ 2s^2\ 2p^6\ 3s^2\ 3p^2$; Cl: $1s^2\ 2s^2\ 2p^6\ 3s^2\ 3p^5$

* Diagramas de orbitales de los elementos:

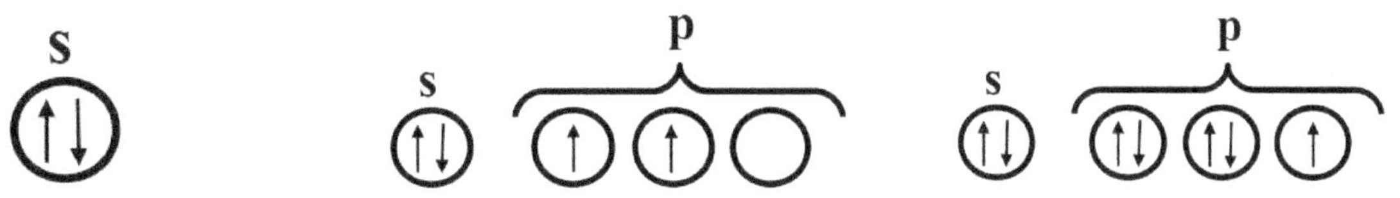

Mg Si Cl

Según el principio de máxima multiplicidad de Hund, los electrones en orbitales del mismo tipo (de la misma energía) tienden a situarse lo más desapareados posible, con sus espines paralelos.

---

30) Justifique:
a) ¿Qué compuesto tendrá mayor dureza, LiBr o KBr?
b) ¿Qué tipo de fuerzas hay que vencer para vaporizar agua?
c) ¿Por qué la longitud del enlace C – C va disminuyendo en la serie etano-eteno-etino?

a) El LiBr. La dureza es la resistencia a ser rayado. Rayar supone romper enlaces superficiales. A mayor energía reticular, mayor fortaleza del enlace y mayor dureza. La energía reticular, U, es proporcional a: $\frac{Q_{catión} \cdot Q_{anión}}{r_{catión} + r_{anión}}$. Como el radio iónico del Li^+ es menor que el del K^+, el denominador de la energía reticular es menor para el LiBr, por lo que su energía reticular será mayor.

b) Enlaces de hidrógeno. Cuando una sustancia se vaporiza, se rompen todas sus fuerzas intermoleculares. En el caso del agua, son enlaces de hidrógeno, pues en su molécula hay hidrógeno unido a un átomo muy electronegativo, el oxígeno.

c) Porque el solapamiento de los orbitales va siendo cada vez mayor. El etano tiene enlace sencillo, el eteno doble y el etino, triple. El etano tiene un enlace sigma formado por solapamiento lineal de dos orbitales p; el eteno, además tiene un enlace pi formado por solapamiento lateral de dos orbitales p y el etino, además, tiene otro enlace pi formado por solapamiento lateral de otros dos orbitales p.

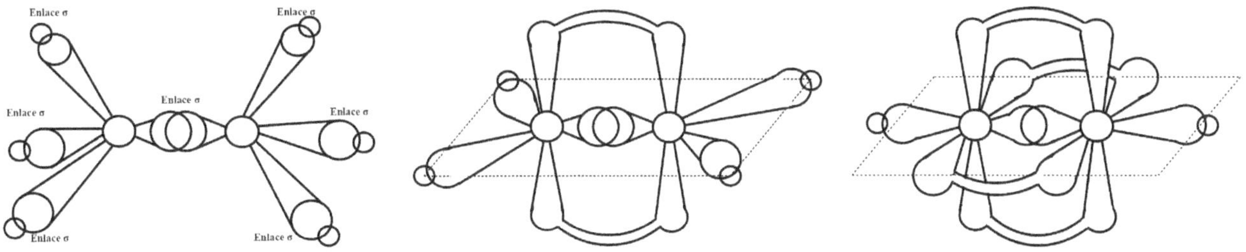

Etano Eteno Etino

---

31) Razone si las siguientes afirmaciones son verdaderas o falsas:
a) Isótopos son átomos de un mismo elemento con diferente número de electrones.
b) La masa atómica relativa de un elemento viene dada por su número total de electrones.
c) El número másico es el número de neutrones presentes en el átomo.

a) Falsa. Los isótopos son átomos del mismo elemento que tienen distinto número másico. Al ser del mismo elemento, tienen igual Z. Al tener distinto número másico, tienen distinto A. El número de neutrones viene dado por: N = A – Z. Si Z es la misma para todos los isótopos y A cambia, también cambiará N. Isótopos son átomos de un mismo elemento con diferente número de neutrones.

b) Falsa. La masa atómica relativa de un elemento viene dada por su número total de nucleones, es decir, de la suma de neutrones más protones. Ésto viene dado por el número másico, A. Los electrones apenas contribuyen a la masa atómica, pues su masa es unas 1800 veces menor que la de los neutrones o de los protones.

c) Falsa. El número másico es la suma del número de neutrones más protones.

---

32) Conteste razonadamente:
a) ¿Presenta enlaces múltiples la molécula de N_2?
b) Según la TRPECV, ¿toda molécula triatómica es lineal?
c) ¿Por qué el punto de fusión del MgO es mayor que el del K_2O?

a) Sí. Tiene un enlace triple. La configuración electrónica del N es: $1s^2\ 2s^2\ 2p^3$. Los orbitales $2p_x$ solapan uno con otro formando un enlace sigma. Los orbitales $2p_y$ y $2p_z$ de un átomo solapan lateralmente con el $2p_y$ y $2p_z$ del otro átomo, formando dos enlaces sigma. Su estructura de Lewis es:

$$:N \equiv N:$$

b) No necesariamente. Las moléculas del tipo AB_2 son lineales, pero las del tipo AB_2E son angulares, pues el par de electrones libres empuja a los orbitales enlazantes hasta convertir a la molécula en angular.

c) Porque tiene mayor energía reticular, U. La energía reticular es proporcional a $\frac{Q_{catión} \cdot Q_{anión}}{r_{catión} + r_{anión}}$. La carga del anión es la misma para ambos compuestos. La carga del catión es el doble en el MgO que en el K_2O. El radio del ion K^+ es mayor que el del ion Mg^{2+}. Al ser el numerador mayor y el denominador menor: $U_{MgO} > U_{K2O}$.

---

33) a) Escriba las configuraciones electrónicas de los elementos de número atómico Z = 7 y Z = 33.
b) Identifique los elementos e indique el grupo y período de la tabla periódica al que pertenece cada uno de ellos.
c) Razone cuál de los dos elementos presenta el valor más bajo de la primera energía de ionización.

a) Z = 7: $1s^2\ 2s^2\ 2p^3$; Z = 33: $1s^2\ 2s^2\ 2p^6\ 3s^2\ 3p^6\ 4s^2\ 3d^{10}\ 4p^3$

b)

Z	**Elemento**	**Grupo**	**Período**
7	Nitrógeno, N	15	2
33	Arsénico, As	15	4

c) El arsénico. La energía de ionización es aquella necesaria para arrancar un electrón externo de un átomo gaseoso. A mayor energía de ionización, mayor dificultad en arrancarlo. Al ser el átomo de As más grande por tener más niveles electrónicos, su electrón externo está menos atraído por el núcleo y es más fácil arrancarlo.

---

34) a) De acuerdo con los postulados del modelo atómico de Bohr, razone si cuando se produce una transición de un electrón de una órbita n a otra n + 1 se absorbe o se emite energía.
b) Justifique a qué grupo pertenece el elemento X si la especie X^{2-} tiene 8 electrones externos.
c) En el átomo con Z = 25, ¿es posible que exista un electrón definido como (3,1,0,-1/2). Justifique la respuesta.

a) Se absorbe energía. Según los postulados de Bohr, cuando un electrón pasa de un órbita a otra más externa, se absorbe energía en forma de fotón de onda electromagnética. La órbita n + 1 es más externa que la órbita n.

b) * Configuración externa del ion X^{2-}: $ns^2\ np^6$

* Configuración externa del elemento X: $ns^2\ np^4$

El grupo del elemento X es el 16, anfígenos o calcógenos, pues $ns^2\ np^4$ es la configuración externa característica de este grupo.

c) * Configuración electrónica: $1s^2\ 2s^2\ 2p^6\ 3s^2\ 3p^6\ 4s^2\ 3d^5$

Los números cuánticos de un electrón son: (n,ℓ,m,s). $\ell = 1$ significa orbital p. Luego (3,1,0,-1/2) corresponde a un orbital 3p, que lo tiene este átomo. Además, este electrón cumple las reglas de los números cuánticos: n puede ir de 1 a 7; ℓ puede ir de 0 a n – 1; m puede ir de $-\ell$ a $+\ell$ pasando por cero y s puede valer +1/2 y -1/2 por cada valor de m.

---

35) Justifique la veracidad o falsedad de las siguientes proposiciones:
a) El compuesto formado al enlazarse los elementos A (Z = 11) y B (Z = 8) es un sólido conductor de la electricidad cuando está fundido.
b) El punto de fusión del NaCl es menor que el del $MgCl_2$.
c) Los siguientes compuestos están ordenados por puntos de fusión decrecientes: NaF > F_2 > HF

a) Verdadero. El elemento A es el sodio (Na) y el elemento B es el oxígeno (O). Cuando dos elementos con una gran diferencia de electronegatividad se unen, forman un compuesto iónico, con enlace iónico. Las sustancias iónicas conducen la electricidad en estado fundido debido a que, cuando pasan de sólido a líquido, la red cristalina se rompe y los aniones y los cationes quedan libres en el medio, posibilitando la libre circulación de cargas.

b) Verdadero. La energía reticular es proporcional a $\dfrac{Q_{catión} \cdot Q_{anión}}{r_{catión} + r_{anión}}$. La carga del anión es la misma para ambos compuestos. La carga del catión es el doble en el $MgCl_2$ que en el NaCl. El radio del ion Na^+ es mayor que el del ion Mg^{2+}. Al ser el numerador mayor y el denominador menor: $U_{MgCl2} > U_{NaCl}$, por lo que el punto de fusión del NaCl es menor.

c) Falso. El orden correcto es: $NaF > HF > F_2$. Cuando una sustancia se funde, se rompen algunas de sus fuerzas intermoleculares. A mayor intensidad de las fuerzas intermoleculares, mayor punto de fusión. El NaF tiene enlace iónico, el HF tiene enlace de hidrógeno y el F_2 tiene fuerzas de dispersión de London. El orden de intensidad decreciente es: enlace iónico > enlace de hidrógeno > fuerzas de van der Waals. A mayor diferencia de electronegatividades, el enlace es más fuerte.

---

36) Sean los elementos de número atómico 11 y 17:
a) Basándose en la configuración electrónica, justifique el grupo y período al que pertenece cada uno.
b) Razone si el primero tiene mayor energía de ionización.
c) Razone cuál de ellos tendrá mayor radio atómico.

a) * Configuración electrónica de Z = 11: $1s^2\ 2s^2\ 2p^6\ 3s^1$

* Configuración electrónica de Z = 17: $1s^2\ 2s^2\ 2p^6\ 3s^2\ 3p^5$

Z	**Elemento**	**Grupo**	**Período**
11	Sodio, Na	1, alcalinos	3
17	Cloro, Cl	17, halógenos	3

El período viene dado por el número cuántico principal, n, del último orbital. El grupo viene dado por la configuración electrónica externa.

b) Falso. El de mayor energía de ionización es el segundo, el cloro. La energía de ionización es aquella necesaria para arrancar un electrón externo de un átomo gaseoso. A mayor energía de ionización, mayor dificultad en arrancarlo. Al cloro es más difícil arrancarle un electrón externo porque el cloro es más pequeño y tiene su electrón externo más atraído por el núcleo.

c) El sodio. Ambos elementos están en el mismo período, luego tienen el mismo número de niveles electrónicos. Como el sodio tiene menor número atómico, tiene menor carga nuclear y atrae menos al último electrón.

---

37) Sean los iones Mn^{2+} (Z = 25) y Fe^{3+} (Z = 26). Justifique la veracidad o falsedad de las siguientes afirmaciones:
a) Ambos tienen el mismo número de electrones.
b) Ambos tienen la misma configuración electrónica.
c) Son isótopos entre sí.

a) Verdadero. Número de electrones del $Mn^{2+} = 25 - 2 = 23$

Número de electrones del $Fe^{3+} = 26 - 3 = 23$

b) Correcto. La configuración electrónica de un catión se obtiene quitando electrones de derecha a izquierda en la configuración electrónica ordenada por capas, es decir, por niveles electrónicos.

* Configuraciones electrónicas de los átomos neutros:

Mn: $1s^2\ 2s^2\ 2p^6\ 3s^2\ 3p^6\ 3d^5\ 4s^2$; Fe: $1s^2\ 2s^2\ 2p^6\ 3s^2\ 3p^6\ 3d^6\ 4s^2$

* Configuraciones electrónicas de los iones:

Mn^{2+}: $1s^2\ 2s^2\ 2p^6\ 3s^2\ 3p^6\ 3d^5$; Fe^{3+}: $1s^2\ 2s^2\ 2p^6\ 3s^2\ 3p^6\ 3d^5$

c) Falso. Los isótopos son átomos que tienen el mismo número atómico, Z, y distinto número másico, A. Los iones Mn^{2+} y Fe^{3+} tienen distinto Z porque pertenecen a distintos elementos. Lo que son es especies isoelectrónicas.

---

38) Para el elemento del grupo 2 (alcalinotérreos) del segundo período y para el primer elemento del grupo 17 (halógenos):
a) Escriba sus configuraciones electrónicas.
b) ¿Qué elemento de los dos indicados tiene menor energía de ionización? Razone la respuesta.
c) Justifique cuál de los dos elementos presenta mayor radio.

a) * Configuración electrónica del alcalinotérreo del segundo período: Be: $1s^2\ 2s^2$

* Configuración electrónica del primer halógeno: F: $1s^2\ 2s^2\ 2p^5$

b) El Be. La energía de ionización es aquella necesaria para arrancar un electrón externo de un átomo gaseoso. A mayor energía de ionización, mayor dificultad en arrancarlo. Ambos elementos pertenecen al mismo período y, por lo tanto, tienen el mismo número de niveles electrónicos. El F atrae con más fuerza al electrón externo por tener mayor carga nuclear.

c) El Be. Al tener menor carga nuclear, el electrón externo está menos atraído por el núcleo y el átomo tiene un mayor tamaño.

---

39) Dadas las moléculas BeF_2 y CH_3Cl:
a) Determine las correspondientes estructuras de Lewis.
b) Prediga la geometría que presentan según la TRPECV.
c) Justifique la polaridad de las moléculas.

a) * Estructuras de Lewis:

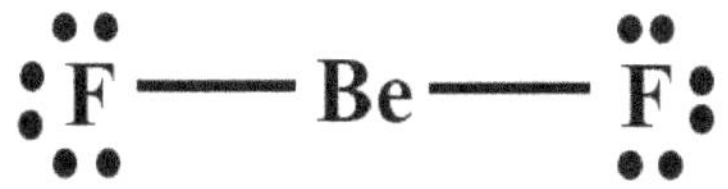

BeF_2

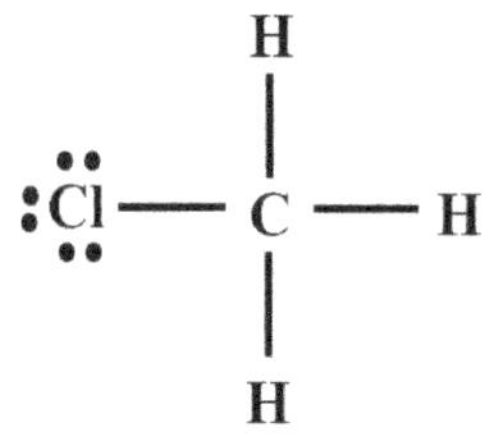

CH_3Cl

b) El BeF_2 es del tipo AB_2, luego es lineal. El CH_3Cl es del tipo AB_4, luego es tetraédrica; será distorsionada porque no son iguales todos los átomos alrededor del átomo central.

Según la teoría TRPECV, los orbitales se disponen alrededor del átomo central de tal manera que la repulsión sea mínima.

c) La molécula de BeF_2 es apolar porque los momentos dipolares parciales se neutralizan por la geometría molecular. La molécula de CH_3Cl es polar porque el átomo de cloro es más electronegativo que el de H, luego los momentos dipolares parciales no se compensan por la geometría molecular.

2021

40) Conteste las siguientes cuestiones relativas a un átomo con Z = 7 y A = 14.
a) Indique el número de protones, neutrones y electrones.
b) Escriba su configuración electrónica e indique el número de electrones desapareados en su estado fundamental.
c) Razone cuál es el número máximo de electrones para los que n = 2, ℓ = 0 y m = 0.

a) Protones = Z = 7; neutrones = A – Z = 14 – 7 = 7; electrones = Z = 7.

b) Configuración electrónica: $1s^2\ 2s^2\ 2p^3$

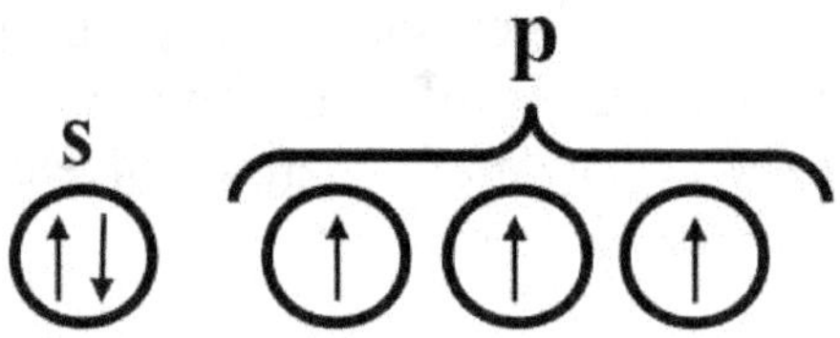

Diagrama de orbitales

El número de electrones desapareados es de 3.

c) El número de electrones viene dado por el cuarteto de números cuánticos: (n,ℓ,m,s). Para cada valor de m, existen dos valores posibles de s: + ½ y – ½. Como nos dan los valores de n, de ℓ y de m, sólo son posibles dos electrones: (2,0,0,+1/2) y (2,0,0,-1/2).

---

41) Sean las moléculas BF_3, PH_3 y CH_4.
a) Razone en cuál de ellas el átomo central presenta algún par de electrones sin compartir.
b) Justifique la geometría que presentan las moléculas BF_3 y PH_3 según la TRPECV.
c) Indique la hibridación que presenta el átomo central en CH_4.

a) En el PH_3. Según las estructuras de Lewis:

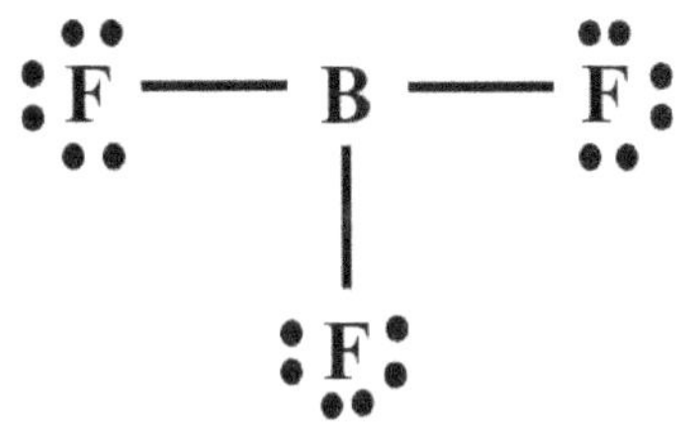

BF_3

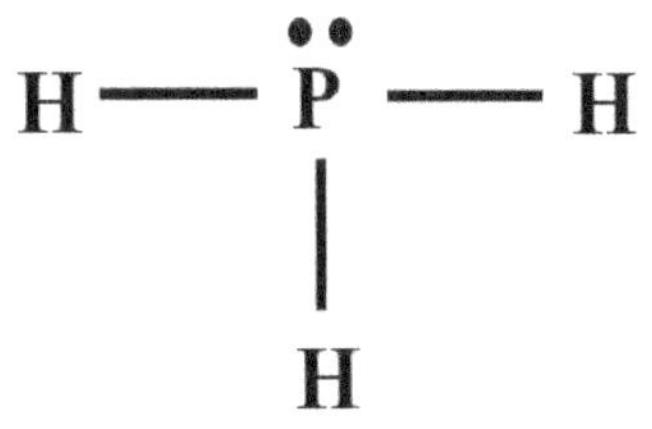

PH_3

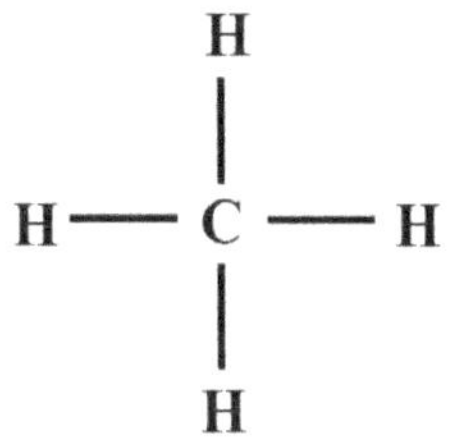

CH_4

* Estructuras electrónicas: B: $2s^2\ 2p^1$; P: $3s^2\ 3p^3$; C: $2s^2\ 2p^2$

En el fósforo, tres de sus cinco electrones externos se utilizan para formar enlaces covalentes con los hidrógenos y al fósforo le queda un par de electrones sin compartir.

b) Según la teoría TRPECV, los átomos se disponen alrededor del átomo central de tal forma que la repulsión entre electrones sea mínima.

El BF_3 es una molécula del tipo AB_3, es decir, tres pares de electrones de enlace y cero pares de electrones libres. Luego la molécula es trigonal plana.

El PH_3 es una molécula del tipo AB_3E, es decir, tres pares de electrones de enlace y un par de electrones libres. Luego la molécula es piramidal trigonal.

c) La hibridación es sp^3. Ecuación de hibridación: 1 O.A. s + 3 O.A. p = 4 O.H. sp^3

---

42) Razone si las siguientes afirmaciones son verdaderas o falsas:
a) La primera energía de ionización del magnesio es menor que la del sodio.
b) En los elementos del grupo 2, el radio iónico es mayor que el radio atómico.
c) En general, los elementos del grupo 1 tienen electronegatividad baja.

a) Falsa. Es mayor. La energía de ionización es aquella necesaria para arrancar un electrón de un átomo gaseoso. A mayor energía de ionización, mayor dificultad en arrancar el electrón. El Na y el Mg están en el mismo período, luego tienen el mismo número de niveles energéticos. El Mg tiene mayor Z, luego tiene más protones y sus electrones externos están más atraídos por el núcleo, luego es más difícil arrancarle un electrón.

b) Falsa. El grupo 2 es el de los alcalinotérreos, que tienen de configuración externa s^2. Según la regla del octeto, tienen tendencia a perder electrones para conseguir la configuración de gas noble. El radio de un catión es menor que el del átomo correspondiente porque la carga nuclear es la misma pero el catión tiene menos electrones, luego hay más fuerza atractiva por cada electrón.

c) Verdadera. El grupo 1 es el de los alcalinos, de configuración externa s^1. La electronegatividad es la tendencia a atraer electrones de enlace. Los alcalinos tienen poca tendencia a atraer electrones de enlace, pues son átomos grandes y la carga positiva del núcleo queda lejos.

---

43) Dados los elementos de números atómicos 19, 25, 30 y 48, indique razonadamente:
a) ¿Cuál o cuáles presentan un electrón desapareado?
b) ¿Cuáles pertenecen al mismo grupo?
c) ¿Cuál podría dar un ion estable de carga + 1?

a) Configuraciones electrónicas:
A (Z = 19, K): $1s^2\ 2s^2\ 2p^6\ 3s^2\ 3p^6\ 4s^1$
B (Z = 25, Mn): $1s^2\ 2s^2\ 2p^6\ 3s^2\ 3p^6\ 4s^2\ 3d^5$
C (Z = 30, Zn): $1s^2\ 2s^2\ 2p^6\ 3s^2\ 3p^6\ 4s^2\ 3d^{10}$
D (Z = 48, Cd): $1s^2\ 2s^2\ 2p^6\ 3s^2\ 3p^6\ 4s^2\ 3d^{10}\ 4p^6\ 5s^2\ 4d^{10}$

Presenta un electrón desapareado el átomo A y cinco el átomo B.
Los diagramas de orbitales correspondientes son:

Átomo A

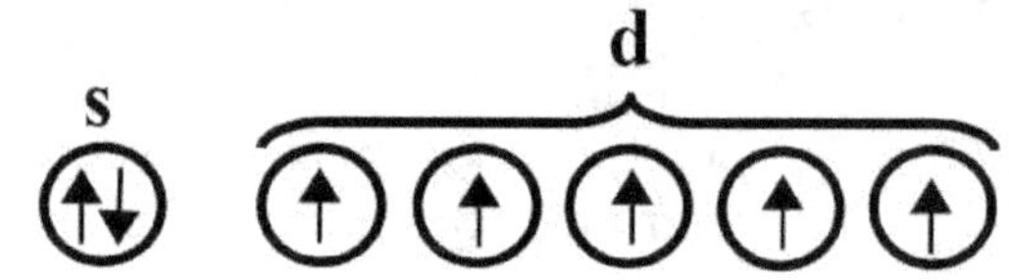

Átomo B

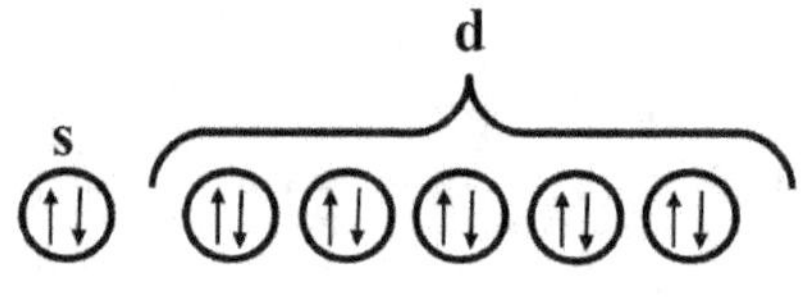

Átomo C

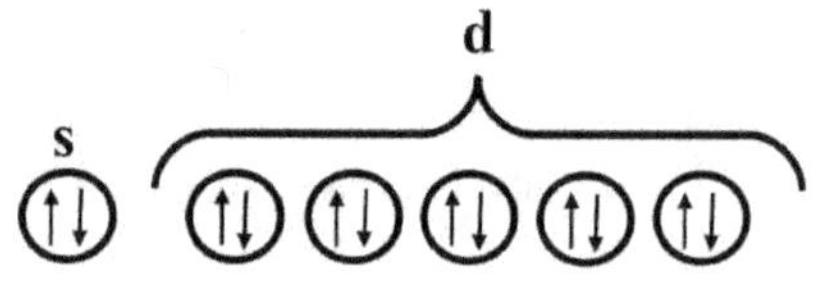

Átomo D

Según el principio de exclusión de Pauli, los electrones tienden a estar lo más desapareados posible dentro de orbitales de la misma energía.

b) El C y el D. Pertenecen al mismo grupo aquellos átomos que tengan la misma configuración electrónica externa. C y D tienen la configuración externa d^{10}, correspondiente al grupo 12.

c) El A. Según la regla del octeto, el elemento A tendería a perder electrones para conseguir la configuración electrónica del gas noble más cercano. Al perder un electrón, se convierte en el ion A^+.

---

44) Justifique la veracidad o falsedad de las siguientes proposiciones:
a) Los enlaces por puente de hidrógeno se forman siempre que la molécula tiene un átomo de hidrógeno.
b) Los puntos de ebullición de los siguientes compuestos: H_2O, H_2S, CH_4 siguen la siguiente secuencia de valores: $CH_4 > H_2S > H_2O$.
c) La temperatura de fusión del dicloro (Cl_2) es mayor que la del cloruro de sodio (NaCl).

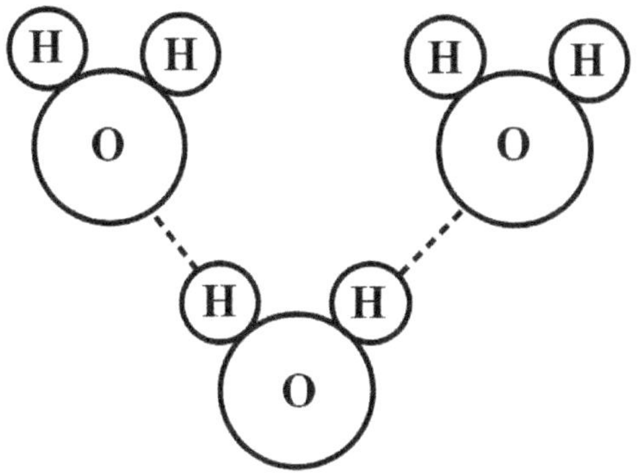

Molécula de agua

a) Falso o incompleto. Es verdad que debe tener un átomo de hidrógeno en la molécula, pero además, el átomo de hidrógeno debe estar unido a un átomo muy electronegativo como el F, el O o el N. El enlace de hidrógeno se establece entre el H de una molécula y el átomo electronegativo de una molécula vecina.

El NaH, por ejemplo, no presenta enlace por puente de hidrógeno.

b) Falso. El orden es: $H_2O > H_2S > CH_4$. Los tres son compuestos moleculares. Cuando un compuesto molecular hierve, se rompen las fuerzas intermoleculares, que pueden ser enlaces de H o fuerzas de van der Waals. A mayor intensidad de fuerzas intermoleculares, mayor punto de fusión. El H_2O tiene fuerzas intermoleculares más intensas que el H_2S porque el H_2O tiene enlace de hidrógeno y el H_2S tiene fuerzas de van der Waals del tipo dipolo-dipolo; las fuerzas intermoleculares en el H_2O son más intensas que en el H_2S porque la electronegatividad del O es mayor que la del S. El CH_4 tiene fuerzas aún más débiles porque son fuerzas de dispersión de London. El C tiene aún menos electronegatividad que el O y el S, pues tiene mayor volumen atómico.

c) Falso. El Cl_2 es una sustancia molecular y el NaCl es iónico. Cuando se funde el Cl_2, se rompen fuerzas de van der Waals de dispersión de London, mucho más débiles que el enlace iónico que une los iones de la red cristalina de un cristal de NaCl.

---

45) Razone si las siguientes afirmaciones son verdaderas o falsas:
a) La primera energía de ionización del Ar es mayor que la del Cl.
b) La afinidad electrónica del Fe es mayor que la del O.
c) El As tiene mayor radio atómico que el Se.
a) Verdadera. La energía de ionización es la energía necesaria para arrancar un electrón de un átomo gaseoso. A mayor energía, mayor dificultad. Es más difícil arrancar un electrón de un gas noble (s^2 p^6) porque su configuración electrónica es la más estable.

b) Falsa. La afinidad electrónica es la energía que se absorbe o se desprende cuando un átomo gaseoso capta un electrón. A mayor afinidad electrónica, mayor facilidad para aceptar ese electrón. El O tiene mayor afinidad electrónica porque, como no metal, tiene tendencia a captar electrones para conseguir la configuración de gas noble. El Fe, como metal, tiene tendencia a perder electrones. Dicho de otra forma: el O es más pequeño porque tiene menos niveles electrónicos; al ser más pequeño, el nuevo electrón está más cerca del núcleo y es atraído con más fuerza.

c) Verdadera. Los dos elementos están en el mismo período, luego tienen los mismos niveles energéticos o electrónicos. Al tener el As menor número atómico, tiene menos protones, tiene menos carga nuclear y atrae menos a los electrones de las mismas capas energéticas, luego es de mayor tamaño.

---

46) Teniendo en cuenta que el elemento Ne precede al Na en la tabla periódica, razone si las siguientes afirmaciones son verdaderas o falsas:
a) El número atómico del ion Na^+ es igual al del átomo de Ne.
b) Los iones Na^+ y los átomos de Ne son isótopos.
c) El número de electrones del ion Na^+ es igual al del átomo de Ne.

a) Falsa. El número atómico es el número de protones. Depende del elemento del que se trate y no de la carga de su ion. El del sodio es 11 y el del neón es 10.

b) Falsa. Los isótopos son átomos del mismo elemento que tienen distinto valor del número másico, es decir, tienen igual Z y distinto A.

c) Verdadera. El Na tiene 11 electrones y el Ne tiene 10. Les separa lo que se llama el electrón diferenciador. Si al Na le arrancamos un electrón, tiene el mismo número que el Ne. El Na^+ y el Ne son especies isoelectrónicas.

---

47) Considerando los elementos Mg, Si y P, justifique:
a) Cuál de ellos tiene mayor radio.
b) Cuál tiene menor valor de la primera energía de ionización.
c) Cuál tiene mayor afinidad electrónica.

* Configuraciones electrónicas:

Mg: $1s^2\ 2s^2\ 2p^6\ 3s^2$ Si: $1s^2\ 2s^2\ 2p^6\ 3s^2\ 3p^2$ P: $1s^2\ 2s^2\ 2p^6\ 3s^2\ 3p^3$

a) El Mg. Todos pertenecen al tercer período, luego tienen el mismo número de niveles electrónicos. Para elementos con el mismo número de niveles electrónicos, el de mayor radio es el de menor carga nuclear, pues de esta forma los electrones están menos atraídos por el núcleo. El de menor carga es el de menor número atómico, el Mg.

b) El Mg. La energía de ionización es la energía necesaria para arrancar un electrón de un átomo gaseoso. A mayor energía de ionización, mayor dificultad de arrancarlo. El Mg tiene menor energía de ionización porque tiene mayor tamaño y los electrones están menos atraídos por la menor carga nuclear, por lo que resulta más fácil arrancarle un electrón.

c) El P. La afinidad electrónica es la energía que se pone en juego cuando un elemento gaseoso gana un electrón. A mayor energía, mayor tendencia a ganar ese electrón. Al ser el más pequeño de los tres, la carga positiva del núcleo atrae más a los nuevos electrones.

---

48) Los datos experimentales muestran que la molécula PF_3 es polar y presenta una geometría de pirámide trigonal:
a) Justifique la geometría observada aplicando la teoría de repulsión de pares de electrones de la capa de valencia (TRPECV).
b) Justifique razonadamente la polaridad observada.
c) ¿Qué diferencias en geometría y polaridad encontraríamos con la molécula BF_3? Razone la respuesta.

a) * Estructura de Lewis del PF_3:

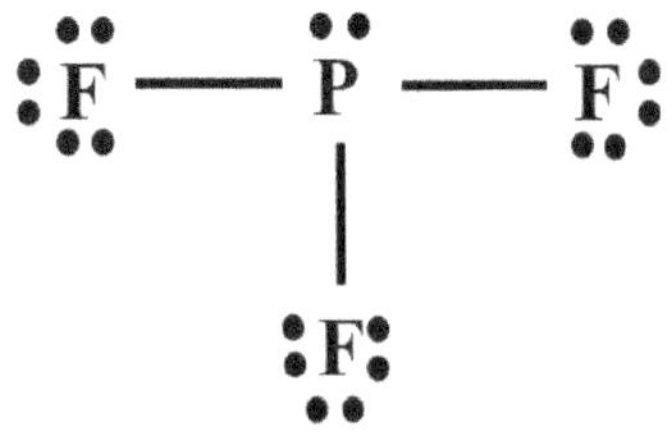

PF_3

Según la teoría TRPECV, los átomos se disponen en el espacio de tal forma que la repulsión entre los orbitales sea mínima. El orden de repulsión es:

Par no enlazante-par no enlazante > Par enlazante-par no enlazante > Par enlazante-par enlazante

La molécula es del tipo: AB_3E, luego es una pirámide trigonal.

b) El enlace P – F es polar y la suma de los tres momentos dipolares parciales da lugar a un momento dipolar total, lo cual hace que la molécula sea polar.

c) * Estructura de Lewis del BF_3:

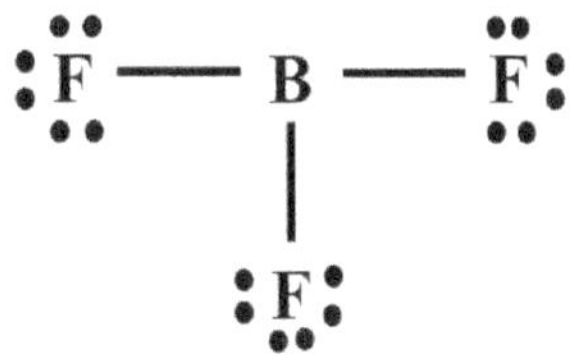

BF_3

La molécula es del tipo AB_3, luego es trigonal plana. La geometría es distinta a la del PF_3 porque el PF_3 tiene un par de electrones de no enlace que empuja a los tres enlaces P – F hacia abajo formando una pirámide trigonal. El enlace B – F es polar pero la molécula de BF_3 es apolar porque la suma de los tres momentos dipolares parciales da lugar a un vector momento dipolar total nulo.

---

49) Dadas las siguientes configuraciones electrónicas de átomos neutros:

A: $1s^2\ 2s^2\ 2p^6$ B: $1s^2\ 2s^2\ 2p^5\ 3s^1$

Razone la veracidad o falsedad de las siguientes afirmaciones:

a) La configuración de B corresponde con un átomo de Na.

b) La configuración de B representa un átomo del tercer período.

c) Las configuraciones de A y B corresponden a diferentes elementos.

a) Falso. Corresponde al Ne, pues tiene 10 electrones. Es la configuración de un átomo excitado: un electrón del orbital 2p ha saltado a un orbital 3s.

b) Falso. Representa un átomo del segundo período. Para ello, hay que fijarse en el último orbital del átomo en el estado fundamental. Su configuración es justamente la A, luego el último orbital es el 2p.

c) Falso. Corresponden al mismo elemento, al Ne. La configuración A es del estado fundamental y la B es la de un átomo excitado.

---

50) a) ¿Qué es la energía reticular? Indique de qué factores depende.
b) Realice un esquema del ciclo de Born-Haber para el NaCl.
c) Calcule la energía reticular del NaCl a partir de los siguientes datos:
Entalpía de sublimación del Na(s) = 109 kJ/ mol; Entalpía de disociación del $Cl_2(g)$ = 242 kJ/ mol; Energía de ionización del Na(g) = 496 kJ/ mol; Afinidad electrónica del Cl(g) = - 348 kJ/ mol; Entalpía de formación del NaCl(s) = - 411 kJ/ mol.

a) Es la energía necesaria para formar un mol de un compuesto iónico a partir de sus iones en estado gaseoso. La energía reticular es proporcional a: $\frac{Q_{catión} \cdot Q_{anión}}{r_{catión} + r_{anión}}$, es decir, es directamente proporcional a la carga del catión y a la carga del anión e inversamente proporcional al radio del catión y al radio del anión.

b)

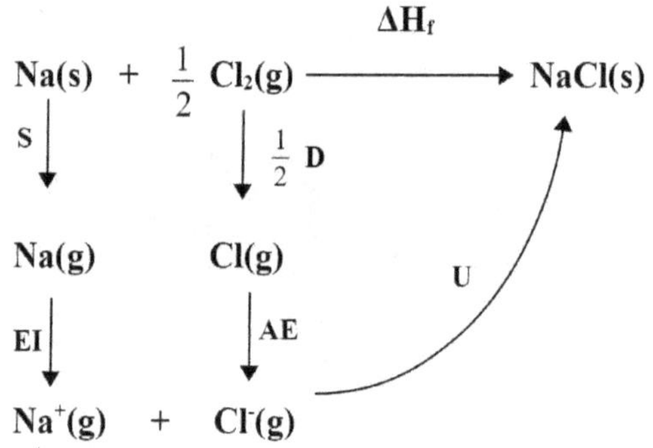

Ciclo de Born-Haber del NaCl

c) $\Delta H_f = S + EI + \frac{1}{2} \cdot D + AE + U \Rightarrow U = \Delta H_f - S - EI - \frac{1}{2} \cdot D - AE =$

$= -411 - 109 - 496 - \frac{1}{2} \cdot 242 - (-348) = \boxed{-789 \text{ kJ/ mol}}$

TEMA 2: CINÉTICA QUÍMICA Y EQUILIBRIO

RESUMEN TEÓRICO Y FORMULARIO

- La velocidad de reacción es: $v = v_{reactivo} = v_{producto}$

Es decir, el producto aparece a la misma velocidad que desaparece el reactivo.

$$v_{reactivo} = -\frac{dc_{reactivo}}{dt} \quad ; \quad v_{producto} = \frac{dc_{producto}}{dt}$$

- Las unidades de la velocidad son: $mol \cdot L^{-1} \cdot s^{-1} = \frac{mol}{L \cdot s} = \frac{M}{s}$

- En la velocidad de una reacción química influyen estos factores:

a) Naturaleza y estado de los reactivos: sólido, líquido, gas, en polvo, en grano, etc.
b) Concentración de los reactivos.
c) Temperatura.
d) Presencia de catalizadores o inhibidores.

- Para esta reacción general: $a\,A + b\,B \rightarrow c\,C + d\,D$, la ecuación de velocidad es:

$$v = k \cdot [A]^{\alpha} \cdot [B]^{\beta}$$

siendo: k: constante de velocidad
α : orden parcial de reacción con respecto al reactivo A.
β : orden parcial de reacción con respecto al reactivo B.

- α puede ser igual a "a" o distinto. β puede ser igual a "b" o distinto. α y β se obtienen experimentalmente.

- El orden de la reacción es la suma de $\alpha + \beta$

- La velocidad de reacción puede definirse ahora así:

$$v_{reacción} = -\frac{1}{a}\frac{dc_A}{dt} = -\frac{1}{b}\frac{dc_B}{dt} = \frac{1}{c}\frac{dc_C}{dt} = \frac{1}{d}\frac{dc_D}{dt}$$

Es decir: $v_{reacción} = \frac{1}{a} \cdot v_A = \frac{1}{b} \cdot v_B = \frac{1}{c} \cdot v_C = \frac{1}{d} \cdot v_D$

- Constante de velocidad:

$k = A \cdot e^{-Ea/RT}$ o bien: $\ln k = \ln A - \frac{E_a}{R \cdot T}$

siendo: A: factor de frecuencia
E_a : energía de activación

- La energía de activación es la energía que deben vencer los reactivos para convertirse en productos.

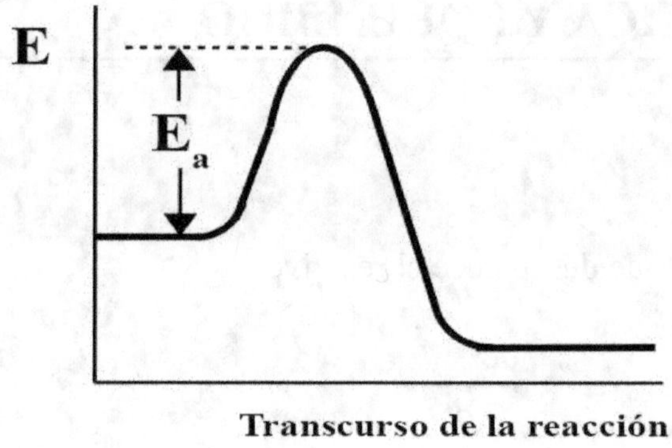

Reacción exotérmica

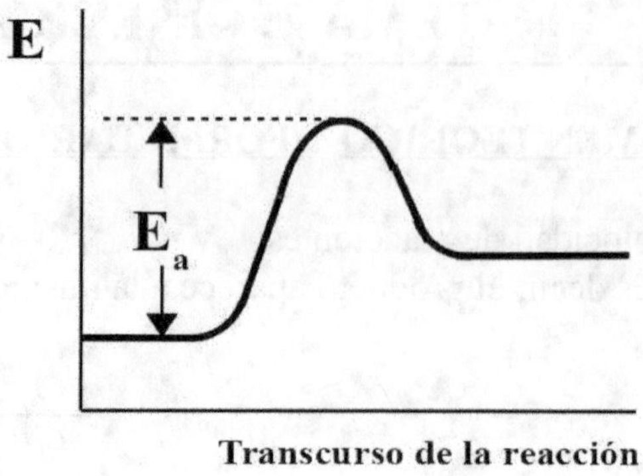

Reacción endotérmica

- Constante de equilibrio de concentraciones para una reacción: a A + b B ⇆ c C + d D

$$K_c = \frac{[C]^c \cdot [D]^d}{[A]^a \cdot [B]^b}$$

- Constante de equilibrio de presiones:

$$K_p = \frac{p_C^c \cdot p_D^d}{p_A^a \cdot p_b^b}$$

- Métodos de resolución de problemas de equilibrio: hay dos métodos: el de la x y el de la α . El de la x es aplicable a todo tipo de equilibrios. El de la α es aplicable sólo a reacciones de descomposición, es decir, del tipo: a A ⇆ b B + c C

* Método de la x: se hace una tabla donde se escriben los moles iniciales, los moles reaccionados, los moles formados y los moles en el equilibrio. Después, se escribe la constante de equilibrio.
Reacción general: a A + b B ⇆ c C + d D

	A	B	C	D
Moles iniciales	a_0	b_0	c_0	d_0
Moles reaccionados	a·x	b·x	0	0
Moles formados	0	0	c·x	d·x
Moles en el equilibrio	$a_0 - a \cdot x$	$b_0 - b \cdot x$	$c_0 + a \cdot x$	$d_0 + a \cdot x$
Concentraciones de equilibrio	$\frac{a_0 - a \cdot x}{V}$	$\frac{b_0 - b \cdot x}{V}$	$\frac{c_0 + a \cdot x}{V}$	$\frac{d_0 + a \cdot x}{V}$

Ejemplo: A + 2 B ⇆ 3 C + 5 D. Moles iniciales: A: 0'5; B: 0'75; C: 1'5; D: 2'5; V = 2 L.

	A	**B**	**C**	**D**
Moles iniciales	0'5	0'75	1'5	2'5
Moles reaccionados	x	2·x	0	0
Moles formados	0	0	3·x	5·x
Moles en el equilibrio	0'5 – x	0'75 – 2·x	1'5 + 3·x	2'5 + 5·x
Concentraciones de equilibrio	$\frac{0'5-x}{2}$	$\frac{0'75-2\cdot x}{2}$	$\frac{1'5+3\cdot x}{2}$	$\frac{2'5+5\cdot x}{2}$

* Método de la α, el grado de disociación. En reacciones de disociación o descomposición, el grado de disociación, α, es la fracción de moles disociados. 0 ≤ α ≤ 1. Se hace una tabla parecida a la del método de la x. Reacción: a A ⇆ b B + c C

	A	**B**	**C**
Moles iniciales	a_0	0	0
Moles reaccionados	$a_0 \cdot \alpha$	0	0
Moles formados	0	$\frac{a_0 \cdot \alpha \cdot b}{a}$	$\frac{a_0 \cdot \alpha \cdot c}{a}$
Moles en el equilibrio	$a_0 - a_0 \cdot \alpha =$ $= a_0 \cdot (1-\alpha)$	$\frac{a_0 \cdot \alpha \cdot b}{a}$	$\frac{a_0 \cdot \alpha \cdot c}{a}$
Concentraciones de equilibrio	$\frac{a_0 \cdot (1-\alpha)}{V}$	$\frac{a_0 \cdot b \cdot \alpha}{a \cdot V}$	$\frac{a_0 \cdot c \cdot \alpha}{a \cdot V}$

Ejemplo: A ⇆ 3 B + 5 C. Moles iniciales: A: 0'5; B: 0; C: 0; V = 2 L; α = 0'07

	A	**B**	**C**
Moles iniciales	0'5	0	0
Moles reaccionados	0'5·0'07	0	0
Moles formados	0	0'5·0'07·3	0'5·0'07·5
Moles en el equilibrio	0'5 – 0'5·0'07	0'5·0'07·3	0'5·0'07·5
Concentraciones de equilibrio	$\frac{0'5-0'5\cdot 0'07}{2}$	$\frac{0'5\cdot 0'07\cdot 3}{2}$	$\frac{0'5\cdot 0'07\cdot 5}{2}$

- Principio de Le Chatelier: cuando se alteran las condiciones de un equilibrio mediante un factor externo, el equilibrio se desplaza de tal forma que se compense el efecto del factor externo.

- Para transformar unidades de cantidad de sustancia:

	$m = d \cdot V$		$n = \dfrac{m}{M}$		$N = n \cdot N_A$	
Volumen	→ / ←	Masa	→ / ←	Moles	→ / ←	Nº partículas
	$V = \dfrac{m}{d}$		$m = n \cdot M$		$n = \dfrac{N}{N_A}$	

siendo: m: masa (g).
d: densidad (g/ml).
V: volumen (ml o cm^3).
n: número de moles.
M: masa atómica o molecular (g/mol).
N: número de partículas (átomos, moléculas).
N_A = número de Avogadro = $6'022 \cdot 10^{23}$

- Formas de expresar la concentración de una disolución:

* Porcentaje en masa o porcentaje en peso o riqueza:

$$\text{Porcentaje en masa} = \frac{m_s \cdot 100}{m_D} \qquad (\,\%\,)$$

siendo: m_s : masa del soluto (g).
m_D : masa de la disolución (g).

* Porcentaje en volumen:

$$\text{Porcentaje en volumen} = \frac{V_s \cdot 100}{V_D} \qquad (\text{ \% volumen o grados })$$

siendo: V_s : volumen de soluto (ml, cm^3, …).
V_D : volumen de disolución (ml, cm^3, …).

* Masa por unidad de volumen:

$$c = \frac{m_s}{V_D} \qquad \left(\frac{g}{l}, \frac{g}{cm^3}\right)$$

siendo: c : concentración.
m_s: masa de soluto (g)
V_D: volumen de disolución (L)

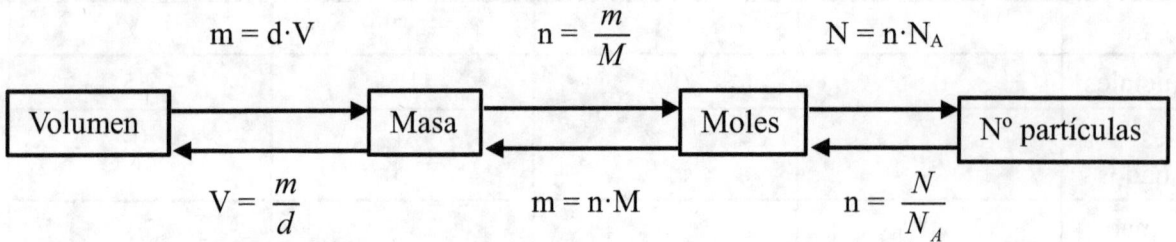

* Molaridad:

$$c_M = M = \frac{n_s}{V_D(litros)} \qquad \left(\frac{mol}{l}, M\right) \quad \text{Se lee molar.}$$

siendo: n_s : número de moles de soluto (moles).
V_D : volumen de disolución (L).

* Molalidad:

$$c_m = m = \frac{n_s}{m_d(kilogramos)} \qquad \left(\frac{mol}{kg}, m\right) \quad \text{Se lee molal.}$$

siendo: n_s : número de moles de soluto (moles).
m_d : masa de disolvente (kg).

* Fracción molar:

$$x_i = \frac{n_i}{n_T} = \frac{n_i}{n_s + n_d} \quad \text{(Sin unidades)}$$

siendo: n_i : número de moles del componente i.
n_s : número de moles de soluto.
n_d : número de moles de disolvente.

- Densidad de una disolución:

$$d_D = \frac{m_D}{V_D} \qquad \left(\frac{g}{l}, \frac{g}{cm^3}\right)$$

siendo: d_D: densidad de la disolución (g/ml)
m_D : masa de la disolución (g)
V_D : volumen de la disolución (ml)

- Gases:

* Ley del gas ideal o del gas perfecto: $P \cdot V = n \cdot R \cdot T$

siendo: P: presión (atm).
V: volumen (L).
n: número de moles (moles).
R : constante de los gases = 0'082 $\frac{atm \cdot L}{mol \cdot K}$
T: temperatura absoluta (K)

* Presión parcial de un gas en una mezcla de gases:

$$p_i = x_i \cdot P_T \quad ; \quad x_i = \frac{n_i}{n_T} \quad ; \quad P_T = p_1 + p_2 + \ldots + p_i$$

siendo: p_i: presión parcial de un componente (atm, mm Hg).
P_T: presión total de la mezcla (atm, mm Hg).
x_i: fracción molar de un componente (–).
n_i: número de moles de un componente (mol).
n_T: número de moles totales (mol).

PROBLEMAS Y CUESTIONES DE CINÉTICA Y EQUILIBRIO

2024

1) El metanol se prepara industrialmente según el proceso siguiente:

$$CO(g) + 2\ H_2(g) \rightleftarrows CH_3OH(g) \quad \Delta H < 0$$

Razone cómo afectaría al rendimiento de la reacción:
a) Aumentar la temperatura.
b) Retirar del reactor el CH_3OH a medida que se vaya produciendo.
c) Aumentar la presión del sistema a temperatura constante.

a) Disminuiría. Según el principio de Le Chatelier, la alteración de las condiciones de un equilibrio mediante un factor externo provoca que el equilibrio se desplace en el sentido en el que se compense al factor externo. Como la reacción es exotérmica ($\Delta H < 0$), se desprende calor; al aumentar la temperatura, el equilibrio tiende a disminuir la temperatura desplazándose hacia la derecha.

b) Aumentaría. Al retirar CH_3OH, el cociente de reacción, Q, sería menor que la constante de equilibrio, K, con lo que el equilibrio se desplazaría hacia la derecha. Visto de otra forma, al disminuir la concentración de CH_3OH, el equilibrio reacciona produciendo CH_3OH para compensar la pérdida, con lo que se desplaza hacia la derecha.

c) Aumentaría. El aumento de la presión provoca que el sistema se desplace en el sentido de menor presión, es decir, hacia el lado con menor número total de moles gaseosos. Eso es hacia la derecha.

---

2) El N_2O_4 se descompone en NO_2, estableciéndose el siguiente equilibrio:

$$N_2O_4(g) \rightleftarrows 2\ NO_2(g)$$

En un recipiente de 0'5 L se introducen 0'025 moles de N_2O_4 a 250 ºC. Una vez alcanzado el equilibrio, la presión total es de 3'86 atm. Calcule:
a) La presión parcial de cada gas en el equilibrio y el valor de K_P a la temperatura dada.
b) El grado de disociación del N_2O_4 y el valor de K_C a la temperatura dada.
Dato: $R = 0'082\ atm \cdot L \cdot mol^{-1} \cdot K^{-1}$

a) * Balance de materia:

	$N_2O_4(g)$	$\rightleftharpoons$	$2\ NO_2(g)$
Moles iniciales	0'025		-
Moles reaccionados	x		-
Moles formados	-		$2 \cdot x$
Moles en el equilibrio	$0'025 - x$		$2 \cdot x$
Concentraciones de equilibrio	$\frac{0'025 - x}{0'5}$		$\frac{2 \cdot x}{0'5}$

* Número de moles totales en el equilibrio: $n_T = 0'025 - x + 2 \cdot x = 0'025 + x$

* Cálculo de x: $P_T \cdot V = n_T \cdot R \cdot T \Rightarrow n_T = \frac{P_T \cdot V}{R \cdot T} = \frac{3'86 \cdot 0'5}{0'082 \cdot 523} = 0'045$ mol

$$0'025 + x = 0'045 \Rightarrow x = 0'045 - 0'025 = 0'02 \text{ mol}$$

* Número de moles de cada gas en el equilibrio:

N_2O_4: $0'025 - x = 0'025 - 0'02 = 5 \cdot 10^{-3}$ mol ; NO_2: $2 \cdot x = 2 \cdot 0'02 = 0'04$ mol

* Fracciones molares en el equilibrio ($x_i = \frac{n_i}{n_T}$): N_2O_4: $\frac{5 \cdot 10^{-3}}{0'045} = 0'111$; NO_2: $\frac{0'04}{0'045} = 0'889$

* Presiones parciales ($p_i = x_i \cdot P_T$): N_2O_4: $0'111 \cdot 3'86 = \boxed{0'429 \text{ atm}}$; NO_2: $0'889 \cdot 3'86 = \boxed{3'43 \text{ atm}}$

* Constante de equilibrio de presiones: $K_p = \frac{p^2_{NO2}}{p_{N2O4}} = \frac{3'43^2}{0'429} = \boxed{27'4}$

b) * Grado de disociación: $x = n_0 \cdot \alpha \Rightarrow \alpha = \frac{x}{n_0} = \frac{0'02}{0'025} = \boxed{0'8}$

* Incremento de moles gaseosos: $\Delta n = 2 - 1 = 1$ mol

* Constante de equilibrio de concentraciones:

$$K_p = K_c \cdot (R \cdot T)^{\Delta n} \Rightarrow K_c = K_p \cdot (R \cdot T)^{-\Delta n} = 27'4 \cdot (0'082 \cdot 523)^{-1} = \boxed{0'639}$$

---

3) La reacción en fase gaseosa: $2 A + B \rightarrow 3 C$ es de orden dos respecto de A y de orden uno respecto de B.
a) Escriba la ecuación de velocidad en función de las concentraciones de A y B e indique el orden total de la reacción.
b) Indique las unidades de la velocidad de reacción y de la constante cinética para esta reacción.
c) Razone cómo afectará a la velocidad de reacción un aumento de la temperatura a volumen constante.

a) * Ecuación de velocidad: $\boxed{v = k \cdot [A]^2 \cdot [B]}$

* Orden total de la reacción: Orden total = 2 + 1 = $\boxed{3}$

b) * Unidades de la velocidad de reacción: $[v] = \frac{M}{s} = M \cdot s^{-1} = \frac{mol}{L \cdot S} = \boxed{mol \cdot L^{-1} \cdot s^{-1}}$

* Unidades de la constante cinética:

$$k = \frac{v}{c_A^2 \cdot c_B} \Rightarrow [k] = \frac{[v]}{[c_A]^2 \cdot [c_B]} = \frac{\frac{M}{s}}{M^2 \cdot M} = \frac{1}{M^2 \cdot s} = M^{-2} \cdot s^{-1} = \frac{L^2}{mol^2 \cdot s} = \boxed{L^2 \cdot mol^{-2} \cdot s^{-1}}$$

c) Aumentará. La velocidad de la reacción aumenta al aumentar la temperatura ya que aumenta el número de choques moleculares efectivos y aumenta el número de moléculas que superan la barrera de activación. Por otra parte, al aumentar la temperatura, aumenta el exponente de la ecuación de Arrhenius: $k = A \cdot \exp(-E_a/R \cdot T)$

---

4) Se introducen 2 g de $CaCO_3$ en un recipiente de 2 L y se calienta a 800 ºC estableciéndose el siguiente equilibrio:

$$CaCO_3(s) \rightleftarrows CaO(s) + CO_2(g)$$

Calcule:

a) Las constantes K_P y K_C a esa temperatura si la presión en el equilibrio es de 0'236 atm.

b) Los gramos de $CaCO_3$ y de CaO que hay en el recipiente después de que se alcance el equilibrio.

Datos: Masas atómicas relativas: Ca = 40; O = 16; C = 12; R= 0'082 $atm \cdot L \cdot mol^{-1} \cdot K^{-1}$.

a) * Constante de equilibrio de presiones parciales: $K_p = p_{CO2} = P_T = \boxed{0'236}$

* Incremento en el número de moles gaseosos: $\Delta n = 1$

* Constante de equilibrio de concentraciones:

$$K_p = K_c \cdot (R \cdot T)^{\Delta n} \Rightarrow K_c = K_p \cdot (R \cdot T)^{-\Delta n} = 0'236 \cdot (0'082 \cdot 1073)^{-1} = \boxed{2'68 \cdot 10^{-3}}$$

b) * Masa molecular del $CaCO_3$: $M = 40 + 12 + 3 \cdot 16 = 100 \ \frac{g}{mol}$

* Moles iniciales de $CaCO_3$: $n = \frac{m}{M} = \frac{2}{100} = 0'02$ mol

* Balance de materia:

	$CaCO_3(s)$	$\rightleftharpoons$	$CaO(s)$	+	$CO_2(g)$
Moles iniciales	0'02		-		-
Moles reaccionados	x		-		-
Moles formados	-		x		x
Moles en el equilibrio	0'02 – x		x		x
Concentraciones de equilibrio	$\frac{0'02-x}{2}$		$\frac{x}{2}$		$\frac{x}{2}$

* Cálculo de x: $K_c = [CO_2] = \frac{x}{2} \Rightarrow x = 2 \cdot K_c = 2 \cdot 2'68 \cdot 10^{-3} = 5'36 \cdot 10^{-3}$

* Masa molecular del CaO: $M = 40 + 16 = 56 \ \frac{g}{mol}$

* Moles de $CaCO_3$ en el equilibrio: $0'02 - x = 0'02 - 5'36 \cdot 10^{-3} = 0'0146$ mol

* Masa de $CaCO_3$ en el equilibrio: $m = n \cdot M = 0'0146 \cdot 100 =$ **1'46 g**

* Moles de CaO en el equilibrio: $x = 5'36 \cdot 10^{-3}$ mol

* Masa de CaO en el equilibrio: $m = n \cdot M = 5'36 \cdot 10^{-3} \cdot 56 =$ **0'3 g**

2023

5) Dado el siguiente equilibrio:

$$2\ SO_2(g) + O_2(g) \rightleftharpoons 2\ SO_3(g)$$

Se introducen 128 g de SO_2 y 64 g de O_2 en un recipiente cerrado de 2 L. Se calienta la mezcla y cuando se ha alcanzado el equilibrio, a 830 ºC, ha reaccionado el 80 % del SO_2 inicial. Calcule:
a) La composición en moles de la mezcla en el equilibrio y el valor de K_c.
b) La presión total de la mezcla en el equilibrio y el valor de K_p.
Datos: Masas atómicas relativas: S = 32, O = 16; R = 0'082 $atm \cdot L \cdot mol^{-1} \cdot K^{-1}$.

a) * Masas moleculares: $M_{SO2} = 32 + 2 \cdot 16 = 64 \ \frac{g}{mol}$; $M_{O2} = 2 \cdot 16 = 32 \ \frac{g}{mol}$

* Moles iniciales: SO_2: $\frac{128}{64} = 2$ mol ; O_2: $\frac{64}{32} = 2$ mol

* Balance de materia:

	$2\ SO_2(g)$	+	$O_2(g)$	$\rightleftharpoons$	$2\ SO_3(g)$
Moles iniciales	2		2		-
Moles reaccionados	$2 \cdot x$		x		-
Moles formados	-		-		$2 \cdot x$
Moles en el equilibrio	$2 - 2 \cdot x = 2 \cdot (1 - x)$		$2 - x$		$2 \cdot x$
Concentraciones de equilibrio	$\frac{2 \cdot (1-x)}{2} = 1 - x$		$\frac{2-x}{2}$		$\frac{2 \cdot x}{2} = x$

* Cálculo de x: $2 \cdot 0'80 = 2 \cdot x \Rightarrow x = \frac{2 \cdot 0'80}{2} = 0'80$ mol

* Composición en moles: $SO_2 : 2 \cdot (1 - x) = 2 \cdot (1 - 0'80) = 2 \cdot 0'20 =$ **0'40 mol**

O_2: $2 - x = 2 - 0'80 =$ **1'20 mol** ; SO_3: $2 \cdot x = 2 \cdot 0'80 =$ **1'60 mol**

* Concentraciones de equilibrio:

SO_2: $\frac{0'40}{2} = 0'20$ M ; O_2: $\frac{1'20}{2} = 0'60$ M ; SO_3: $\frac{1'60}{2} = 0'80$ M

* Valor de K_c: $K_c = \dfrac{[SO_3]^2}{[SO_2]^2 \cdot [O_2]} = \dfrac{0'80^2}{0'20^2 \cdot 0'60} = \boxed{26'7}$

b) * Moles totales en el equilibrio: $n_T = 0'40 + 1'20 + 1'60 = 3'20$ mol

* Presión total en elo equilibrio:

$$P_T \cdot V = n_T \cdot R \cdot T \Rightarrow P_T = \frac{n_T \cdot R \cdot T}{V} = \frac{3'20 \cdot 0'082 \cdot 1103}{2} = \boxed{145}$$

* Valor de K_p: $K_p = K_c \cdot (R \cdot T)^{\Delta n} = 26'7 \cdot (0'082 \cdot 1103)^{2-2-1} = 26'7 \cdot (904)^{-1} = \boxed{0'295}$

---

6) Justifique si las siguientes afirmaciones son verdaderas o falsas:
a) En una reacción entre gases del tipo: A(g) + 2 B(g) $\rightleftharpoons$ 2 C(g); los valores de K_c y K_p son iguales.
b) Para una reacción endotérmica en equilibrio, se produce un incremento en la cantidad de productos al aumentar la temperatura.
c) Cuando una mezcla de reacción alcanza el equilibrio, la formación de productos se detiene.

a) Falsa. La relación entre ambas constantes es:

$$K_p = K_c \cdot (R \cdot T)^{\Delta n} = K_c \cdot (R \cdot T)^{2-1-2} = K_c \cdot (R \cdot T)^{-1} = \frac{K_c}{R \cdot T}$$

b) Verdadera. Según el principio de Le Chatelier, la alteración de las condiciones de un equilibrio mediante un factor externo provoca que el equilibrio se desplace en el sentido en el que se compense al factor externo. Si la reacción es endotérmica, transcurre hacia la derecha con disminución de temperatura. Luego, al aumentar la temperatura, el equilibrio tiende a desplazarse a la derecha para disminuir ese aumento de temperatura.

c) Falsa. Como el equilibrio es dinámico, la velocidad de la reacción hacia la derecha coincide con la velocidad de la reacción hacia la izquierda, pero la reacción se da siempre en ambos sentidos.

---

7) En un recipiente de 2 L se introducen 4'9 g de CuO y se calienta a 1025 ºC, alcanzándose el siguiente equilibrio:

$$4\ CuO(s) \rightleftharpoons 2\ Cu_2O(s) + O_2(g)$$

Si la presión total en el equilibrio es de 0'5 atm, calcule:
a) Los moles de O_2 que se han formado y la masa de CuO que queda sin descomponer.
b) Las constantes K_p y K_c a esa temperatura.
Datos: $R = 0'082\ atm \cdot L \cdot mol^{-1} \cdot K^{-1}$; Masas atómicas relativas: Cu = 63'5; O = 16

a) * Masa molecular del CuO: $M = 63'5 + 16 = 79'5\ \dfrac{g}{mol}$

* Moles iniciales de CuO: $n = \dfrac{m}{M} = \dfrac{4'9}{79'5} = 0'0616$ mol

* Balance de materia:

	$4\ CuO(s)$	$\rightleftharpoons$	$2\ Cu_2O(s)$	$+$	$O_2(g)$
Moles iniciales	0'0616		-		-
Moles reaccionados	4·x		-		-
Moles formados	-		2·x		x
Moles en el equilibrio	0'0616 – 4·x		2·x		x
Concentraciones de equilibrio	$\frac{0'0616-4\cdot x}{2}$		$\frac{2\cdot x}{2}$		$\frac{x}{2}$

* Moles de O_2 que se han formado: $n = \frac{P\cdot V}{R\cdot T} = \frac{0'5\cdot 2}{0'082\cdot 1298} = \boxed{9'40\cdot 10^{-3}\ mol} = x$

* Moles de CuO sin descomponer: $n = 0'0616 - 4\cdot x = 0'0616 - 4\cdot 9'40\cdot 10^{-3} = 0'024$ mol CuO

* Masa de CuO sin descomponer: $m = n\cdot M = 0'024\ mol\cdot 79'5\ \frac{g}{mol} = \boxed{1'99\ g\ CuO}$

b) * Constante de equilibrio de presiones: $K_p = p_{O2} = \boxed{0'5}$

* Constante de equilibrio de concentraciones:

$$K_p = K_c\cdot(R\cdot T)^{\Delta n} \quad \Rightarrow \quad K_c = \frac{K_p}{(R\cdot T)^{\Delta n}} = \frac{0'5}{(0'082\cdot 1298)^1} = \boxed{4'70\cdot 10^{-3}}$$

---

8) La reacción $X + 2Y \rightarrow M$, es de orden dos respecto a Y, de orden cero respecto a X y su constante de velocidad es $0'053\ mol^{-1}\cdot L\cdot s^{-1}$. Justifique:
a) ¿Cuál es el orden total de la reacción?
b) ¿Cuál es la velocidad si las concentraciones iniciales de X y de Y son 0'4 M y 0'5 M, respectivamente?
c) ¿Cómo se modificaría la velocidad si la concentración inicial de X se redujera a la mitad?

a) El orden total es la suma de los órdenes parciales.

* Orden total: Orden total = 2 + 0 = 2

b) * Ecuación de velocidad: $v = k\cdot[Y]^2$

* Velocidad pedida: $v = k\cdot[Y]^2 = 0'053\cdot 0'5^2 = \boxed{0'0132\ mol\cdot L^{-1}\cdot s^{-1}}$

c) No se modificaría, puesto que la velocidad de la reacción es independiente de la concentración de X.

---

9) La constante K_p es 0'24 para la siguiente reacción en equilibrio a 25 ºC:

$$2\ ICl(s) \rightleftarrows I_2(s) + Cl_2(g)$$

En un recipiente de 2 L en el que se ha hecho el vacío se introducen 2 moles de ICl. Calcule:
a) La concentración de Cl_2 cuando se alcance el equilibrio.
b) Los gramos de ICl que quedarán en el equilibrio.
Datos: R= 0'082 atm·L·mol^{-1}·K^{-1}; Masas atómicas relativas: I = 127; Cl = 35'5.

a) * Balance de materia:

	2 ICl(s)	⇌	I_2(s)	+	Cl_2(g)
Moles iniciales	2		-		-
Moles reaccionados	x		-		-
Moles formados	-		x		x
Moles en el equilibrio	2 – x		x		x
Concentraciones de equilibrio	$\frac{2-x}{2}$		$\frac{x}{2}$		$\frac{x}{2}$

* Constante de equilibrio de presiones parciales: $K_p = p_{Cl2} = 0'24$

* Concentración de Cl_2 en el equilibrio:

$$P \cdot V = n \cdot R \cdot T \quad \Rightarrow \quad p_i \cdot V = n_i \cdot R \cdot T \quad \Rightarrow \quad p_i = \frac{n_i}{V} \cdot R \cdot T \quad \Rightarrow \quad p_i = c_i \cdot R \cdot T \quad \Rightarrow$$

$$\Rightarrow \quad c_i = \frac{p_i}{R \cdot T} = \frac{0'24}{0'082 \cdot 298} = \boxed{9'82 \cdot 10^{-3}\ M}$$

b) * Masa molecular del ICl: $M = 127 + 35'5 = 162'5\ \frac{g}{mol}$

* Moles de Cl_2 en el equilibrio: $\frac{x}{2} = 9'82 \cdot 10^{-3} \quad \Rightarrow \quad x = 2 \cdot 9'82 \cdot 10^{-3} = 0'0196$ mol

* Moles de ICl en el equilibrio: n = 2 – x = 2 – 0'0196 = 1'98 mol ICl

* Masa de ICl en el equilibrio: $m = n \cdot M = 1'98 \cdot 162'5 = \boxed{322\ g}$

---

10) Para la reacción A(g) + B(g) → C(g) + D(g), que no es de orden cero, explique de forma razonada si las siguientes afirmaciones son verdaderas o falsas:
a) El reactivo A se consume más rápido que el reactivo B.
b) A temperatura constante, al aumentar la presión aumenta la velocidad de la reacción.
c) Iniciada la reacción, si la temperatura no cambia, su velocidad se mantendrá constante.

a) Falsa. Se consumen a la misma velocidad. La velocidad de reacción de un reactivo es inversamente proporcional al coeficiente estequiométrico de ese reactivo:

$$v_{reacción} = -\frac{1}{a}\frac{dc_A}{dt} = -\frac{1}{b}\frac{dc_B}{dt}$$

Al ser a = 1 y b = 1 $\Rightarrow$ $v_{reacción} = -\frac{dc_A}{dt} = -\frac{dc_B}{dt}$

b) Verdadera. El aumento de presión supone una disminución de volumen y un aumento de concentración. El aumento de concentración incrementa la velocidad de reacción.

c) Falsa. La velocidad de reacción disminuye exponencialmente con el tiempo.

---

11) En un recipiente cerrado de 0'5 L, en el que previamente se ha realizado el vacío, se introducen 1 g de H_2 y 1 g de H_2S. Se eleva la temperatura de la mezcla hasta 1670 K, alcanzándose el equilibrio:

$$2\ H_2S(g) \rightleftarrows 2\ H_2(g) + S_2(g)$$

En el equilibrio, la fracción molar de S_2 en la mezcla gaseosa es 0'015. Calcule:
a) Las presiones parciales de cada especie en el equilibrio.
b) El valor de K_c y K_p a 1670 K.
Datos: R= 0'082 $atm \cdot L \cdot mol^{-1} \cdot K^{-1}$. Masas atómicas relativas: S= 32; H=1

a) * Masas moleculares: $M(H_2) = 2 \cdot 1 = 2\ \frac{g}{mol}$; $M(H_2S) = 2 + 32 = 34\ \frac{g}{mol}$

* Moles iniciales: $n_0(H_2) = \frac{m}{M} = \frac{1}{2} = 0'5$ mol ; $n_0(H_2S) = \frac{m}{M} = \frac{1}{34} = 0'0294$ mol

* Balance de materia:

	$2\ H_2S(g)$	$\rightleftharpoons$	$2\ H_2(g)$	+	$S_2(g)$
Moles iniciales	0'0294		0'5		-
Moles reaccionados	$2 \cdot y$		-		-
Moles formados	-		$2 \cdot y$		y
Moles en el equilibrio	$0'0294 - 2 \cdot y$		$0'5 + 2 \cdot y$		y
Concentraciones de equilibrio	$\frac{0'0294 - 2 \cdot y}{0'5}$		$\frac{0'5 + 2 \cdot y}{0'5}$		$\frac{y}{0'5}$

* Moles totales en el equilibrio: $n_T = 0'0294 - 2 \cdot y + 0'5 + 2 \cdot y + y = 0'5294 + y$

* Fracción molar de S_2 en el equilibrio: $x = \frac{y}{n_T} = \frac{y}{0'5294 + y}$

* Cálculo de y:

$$x = 0'015 \Rightarrow \frac{y}{0'5294+y} = 0'015 \Rightarrow y = 0'015\cdot 0'5294 + 0'015\cdot y \Rightarrow$$

$$\Rightarrow y - 0'015\cdot y = 0'015\cdot 0'5294 \Rightarrow 0'985\cdot y = 7'94\cdot 10^{-3} \Rightarrow y = \frac{7'94\cdot 10^{-3}}{0'985} = 8'06\cdot 10^{-3} \text{ mol}$$

* Moles totales en el equilibrio: $n_T = 0'5294 + y = 0'5294 + 8'06\cdot 10^{-3} = 0'537$ mol

* Fracciones molares en el equilibrio:

$$H_2S: \frac{0'0294-2\cdot y}{n_T} = \frac{0'0294-2\cdot 8'06\cdot 10^{-3}}{0'537} = 0'0247$$

$$H_2: \frac{0'5+2\cdot y}{n_T} = \frac{0'5+2\cdot 8'06\cdot 10^{-3}}{0'537} = 0'961 \quad ; \quad S_2: 0'015$$

* Presión total en el equilibrio: $P_T\cdot V = n_T\cdot R\cdot T \Rightarrow P_T = \dfrac{n_T\cdot R\cdot T}{V} = \dfrac{0'537\cdot 0'082\cdot 1670}{0'5} = 147$ atm

* Presiones parciales en el equilibrio ($p_i = x_i\cdot P_T$):

H_2S: $0'0247\cdot 147 = \boxed{3'63 \text{ atm}}$; H_2: $0'961\cdot 147 = \boxed{141 \text{ atm}}$; S_2: $0'015\cdot 147 = \boxed{2'20 \text{ atm}}$

b) * Constante de equilibrio de presiones parciales: $K_p = \dfrac{p_{S2}\cdot p_{H2}^2}{p_{H2S}^2} = \dfrac{2'20\cdot 141^2}{3'63^2} = \boxed{3319}$

* Incremento en el número de moles gaseosos: $\Delta n = 2 + 1 - 2 = 1$ mol

* Constante de equilibrio de concentraciones:

$$K_p = K_c\cdot (R\cdot T)^{\Delta n} \Rightarrow K_c = \frac{K_p}{(R\cdot T)^{\Delta n}} = \frac{3319}{(0'082\cdot 1670)^1} = \boxed{24'2}$$

---

12) A 200 ºC y presión de 1 atm, el PCl_5 se disocia en PCl_3 y Cl_2 en un 48'5 %, según el siguiente equilibrio:

$$PCl_5(g) \rightleftarrows PCl_3(g) + Cl_2(g)$$

a) Calcule las fracciones molares de todas las especies en el equilibrio.
b) Determine el valor de K_c y de K_p.
Dato: R= 0'082 atm·L·mol^{-1}·K^{-1}

a) * Balance de materia:

	$PCl_5(g)$	$\rightleftharpoons$ $PCl_3(g)$	+ $Cl_2(g)$
Moles iniciales	n_0	-	-
Moles reaccionados	$0'485 \cdot n_0$	-	-
Moles formados	-	$0'485 \cdot n_0$	$0'485 \cdot n_0$
Moles en el equilibrio	$n_0 - 0'485 \cdot n_0 = 0'515 \cdot n_0$	$0'485 \cdot n_0$	$0'485 \cdot n_0$
Concentraciones de equilibrio	$\frac{0'515 \cdot n_0}{V}$	$\frac{n_0 \cdot \alpha}{V}$	$\frac{n_0 \cdot \alpha}{V}$

* Moles en el equilibrio: $n_T = 0'515 \cdot n_0 + 0'485 \cdot n_0 + 0'485 \cdot n_0 = 1'485 \cdot n_0$

* Relación entre n_0 y V: $P_T \cdot V = n_T \cdot R \cdot T \Rightarrow 1 \cdot V = 1'485 \cdot n_0 \cdot 0'082 \cdot 473 \Rightarrow V = 57'6 \cdot n_0$

* Fracciones molares en el equilibrio $\left(x_i = \frac{n_i}{n_T} \right)$:

PCl_5: $\frac{0'515 \cdot n_0}{1'485 \cdot n_0} = \boxed{0'347}$; PCl_3: $\frac{0'485 \cdot n_0}{1'485 \cdot n_0} = \boxed{0'327}$; Cl_2: $\frac{0'485 \cdot n_0}{1'485 \cdot n_0} = \boxed{0'327}$

b) * Presiones parciales de equilibrio ($p_i = x_i \cdot P_T$):

PCl_5: $0'347 \cdot 1 = 0'347$ atm ; PCl_3: $0'327 \cdot 10^{-3} \cdot 1 = 0'327$ atm ; Cl_2: $0'327 \cdot 1 = 0'327$ atm

* Constante de equilibrio de presiones parciales: $K_p = \frac{p_{PCl3} \cdot p_{Cl2}}{p_{PCl5}} = \frac{0'327 \cdot 0'327}{0'347} = \boxed{0'308}$

* Incremento en el número de moles gaseosos: $\Delta n = 1 + 1 - 1 = 1$ mol

* Constante de equilibrio de concentraciones:

$$K_p = K_c \cdot (R \cdot T)^{\Delta n} \Rightarrow K_c = \frac{K_p}{(R \cdot T)^{\Delta n}} = \frac{0'308}{(0'082 \cdot 473)^1} = \boxed{7'94 \cdot 10^{-3}}$$

---

13) En un reactor de 1 L a 1000 K, se establece el siguiente equilibrio:

$$CO(g) + H_2O(g) \rightleftarrows CO_2(g) + H_2(g) \quad \Delta H = 42 \text{ kJ} \cdot \text{mol}^{-1}$$

Explique si la cantidad de H_2 aumenta, disminuye o permanece constante:

a) Tras la adición de catalizador.

b) Al aumentar la temperatura.

c) Al transferir la mezcla a un reactor de 10 L a temperatura constante.

a) Permanece constante. Un catalizador aumenta la velocidad de la reacción si aún no se ha llegado al equilibrio, pero no altera las concentraciones de equilibrio.

b) Aumenta. Según el principio de Le Chatelier, la alteración de las condiciones de un equilibrio mediante un factor externo provoca que el equilibrio se desplace en el sentido en el que se compense al factor externo. Como la reacción es endotérmica (absorbe calor), al aumentar la temperatura, la reacción se desplaza hacia la derecha y se produce más dihidrógeno.

c) Permanece constante. Al aumentar el volumen, disminuye la presión. La presión no afecta al equilibrio porque hay igual número de moles gaseosos totales de reactivos que de productos.

---

14) En un matraz de 1'75 L, en el que previamente se ha hecho el vacío, se introducen 0'1 mol de CO y 1 mol de $COCl_2$. A continuación se establece el siguiente equilibrio a 668 K:

$$CO(g) + Cl_2(g) \rightleftarrows COCl_2(g)$$

Si en el equilibrio la presión parcial de Cl_2 es 10 atm, calcule:

a) Las presiones parciales de CO y $COCl_2$ en el equilibrio.

b) Los valores de K_p y K_c para la reacción a 668 K.

Dato: R= 0'082 atm·L·mol^{-1}·K^{-1}

a) a) * Cociente de reacción: $Q = \dfrac{[COCl_2]}{[CO]\cdot[Cl_2]} = \infty$, ya que: $[Cl_2] = 0$

Ésto significa que la reacción ocurre hacia la izquierda.

* Balance de materia:

	$CO(g)$	+	$Cl_2(g)$	$\rightleftarrows$	$COCl_2(g)$
Moles iniciales	0'1		-		1
Moles reaccionados	x		-		-
Moles formados	-		x		x
Moles en el equilibrio	0'1 + x		x		1 – x
Concentraciones de equilibrio	$\dfrac{0'1-x}{1'75}$		$\dfrac{x}{1'75}$		$\dfrac{1+x}{1'75}$

* Cálculo de x: $P\cdot V = n\cdot R\cdot T \Rightarrow p_i\cdot V = n_i\cdot R\cdot T \Rightarrow p_i = \dfrac{n_i}{V}\cdot R\cdot T \Rightarrow p_i = c_i\cdot R\cdot T \Rightarrow$

$$\Rightarrow\ 10 = \frac{x}{1'75}\cdot 0'082\cdot 668 \Rightarrow x = \frac{10\cdot 1'75}{0'082\cdot 668} = 0'319 \text{ mol}$$

* Moles en el equilibrio:

CO: 0'1 + x = 0'419 mol ; Cl_2: x = 0'319 mol ; $COCl_2$: 1 – x = 1 – 0'319 = 0'681 mol

* Moles totales en el equilibrio: n_T = 0'419 + 0'319 + 0'681 = 1'419 mol

* Fracciones molares en el equilibrio $\left(x_i = \frac{n_i}{n_T}\right)$:

$$\text{CO: } \frac{0'419}{1'419} = 0'295 \quad ; \quad Cl_2\text{: } \frac{0'319}{1'419} = 0'225 \quad ; \quad COCl_2\text{: } \frac{0'681}{1'419} = 0'48$$

* Presión total en el equilibrio:

$$P_T \cdot V = n_T \cdot R \cdot T \quad \Rightarrow \quad P_T = \frac{n_T \cdot R \cdot T}{V} = \frac{1'419 \cdot 0'082 \cdot 668}{1'75} = 44'4 \text{ atm}$$

* Presiones parciales en el equilibrio ($p_i = x_i \cdot P_T$):

$$\text{CO: } 0'295 \cdot 44'4 = \boxed{13'1 \text{ atm}} \quad ; \quad Cl_2\text{: } 0'225 \cdot 44'4 = 10 \text{ atm} \quad ; \quad COCl_2\text{: } 0'48 \cdot 44'4 = \boxed{21'3 \text{ atm}}$$

b) * Constante de equilibrio de presiones parciales: $K_p = \frac{p_{COCl2}}{p_{CO} \cdot p_{Cl2}} = \frac{21'3}{13'1 \cdot 10} = \boxed{0'163}$

* Incremento en el número de moles gaseosos: $\Delta n = 1 - 1 - 1 = -1$ mol

* Constante de equilibrio de concentraciones:

$$K_p = K_c \cdot (R \cdot T)^{\Delta n} \quad \Rightarrow \quad K_c = \frac{K_p}{(R \cdot T)^{\Delta n}} = \frac{0'163}{(0'082 \cdot 668)^{-1}} = \boxed{8'93}$$

2022

15) La reacción A + B $\rightarrow$ C + D es de primer orden con respecto a A y de segundo orden con respecto a B.
a) Escriba la ecuación de velocidad de dicha reacción.
b) Determine el orden total de la reacción.
c) Deduzca las unidades de la constante de velocidad.

a) * Ecuación de velocidad: $v = k \cdot [A] \cdot [B]^2$

b) * Orden total de la reacción = Suma de los órdenes parciales = 1 + 2 = 3

c) $k = \frac{v}{c_A \cdot c_B^2} \quad \Rightarrow \quad [k] = \frac{[v]}{[c_A] \cdot [c_B]^2} = \frac{\frac{M}{s}}{M \cdot M^2} = M^{-2} \cdot s^{-1} = \left(\frac{mol}{L}\right)^{-2} \cdot s^{-1} = \boxed{mol^{-2} \cdot L^2 \cdot s^{-1}}$

---

16) En un matraz de 5 L se introducen 14'5 g de yoduro de amonio (NH_4I) sólido. Cuando se calienta a 650 K, se descompone según la ecuación:

$$NH_4I(s) \rightleftharpoons NH_3(g) + HI(g) \quad K_c = 7'6 \cdot 10^{-5}$$

Calcule una vez alcanzado el equilibrio:

a) El valor de K_p a 650 K y la presión total dentro del matraz.

b) Los moles de NH_4I que quedan en el matraz.

Datos: R = 0'082 atm·L·mol^{-1}·K^{-1}; Masas atómicas relativas: I = 127; N = 14; H = 1.

a) * Incremento de moles gaseosos: $\Delta n = 1 + 1 - 0 = 2$

* Constante de equilibrio K_p: $K_p = K_c \cdot (R \cdot T)^{\Delta n} = 7'6 \cdot 10^{-5} \cdot (0'082 \cdot 650)^2 = \boxed{0'216}$

* Presiones parciales y total: $p_{NH3} = p_{HI} = p_i$; $P_T = p_{NH3} + p_{HI} = p_i + p_i = 2 \cdot p_i$

* Expresión de la constante K_p:

$$K_p = p_{NH3} \cdot p_{HI} = p_i \cdot p_i = p_i^2 \Rightarrow p_i = \sqrt{K_p} = \sqrt{0'216} = 0'465 \text{ atm}$$

* Presión total: $P_T = 2 \cdot p_i = 2 \cdot 0'465 = \boxed{0'93 \text{ atm}}$

b) * Número de moles de cada producto:

$$n_{NH3} = n_{HI} = \frac{p_i \cdot V}{R \cdot T} = \frac{0'465 \cdot 5}{0'082 \cdot 650} = 0'0436 \text{ mol}$$

* Masa molecular del NH_4I: $M = 14 + 4 \cdot 1 + 127 = 145 \ \frac{g}{mol}$

* Moles iniciales de NH_4I: $n_0 = \frac{m_0}{M} = \frac{14'5}{145} = 0'1 \text{ mol}$

* Moles de NH_4I que quedan: $n = 0'1 - 0'0436 = \boxed{0'0564 \text{ mol}}$

---

17) El $SbCl_5$ se descompone un 6'8 % a 190 ºC, de acuerdo con la siguiente ecuación:

$$SbCl_5(g) \rightleftharpoons SbCl_3(g) + Cl_2(g) \quad K_p = 9'3 \cdot 10^{-2}$$

Se introduce una cantidad de $SbCl_5$ en un recipiente cerrado de 0'5 L y se calienta a 190 ºC, calcule:

a) La masa en gramos de $SbCl_5$ que hay inicialmente en el recipiente.

b) Las presiones parciales de todas las especies y la presión total en el equilibrio.

Datos: R = 0'082 atm·L·mol^{-1}·K^{-1}; Masas atómicas: Sb=121'8; Cl=35'5.

a) * Balance de materia:

	$SbCl_5(g)$	$\rightleftharpoons$	$SbCl_3(g)$	+	$Cl_2(g)$
Moles iniciales	n_0		-		-
Moles reaccionados	$n_0\cdot\alpha$		-		-
Moles formados	-		$n_0\cdot\alpha$		$n_0\cdot\alpha$
Moles en el equilibrio	$n_0\cdot(1-\alpha)$		$n_0\cdot\alpha$		$n_0\cdot\alpha$
Concentraciones de equilibrio	$\frac{n_0\cdot(1-\alpha)}{V}$		$\frac{n_0\cdot\alpha}{V}$		$\frac{n_0\cdot\alpha}{V}$
Presiones parciales de equilibrio	$\frac{n_0\cdot(1-\alpha)\cdot R\cdot T}{V}$		$\frac{n_0\cdot\alpha\cdot R\cdot T}{V}$		$\frac{n_0\cdot\alpha\cdot R\cdot T}{V}$

* Número de moles iniciales:

$$K_p = \frac{p_{SbCl3}\cdot p_{Cl2}}{p_{SbCl5}} = \frac{\frac{n_0\cdot\alpha\cdot R\cdot T}{V}\cdot\frac{n_0\cdot\alpha\cdot R\cdot T}{V}}{\frac{n_0\cdot(1-\alpha)\cdot R\cdot T}{V}} = \frac{\frac{n_0^2\cdot\alpha^2\cdot R^2\cdot T^2}{V^2}}{\frac{n_0\cdot(1-\alpha)\cdot R\cdot T}{V}} = \frac{n_0^2\cdot\alpha^2\cdot R^2\cdot T^2\cdot V}{n_0\cdot(1-\alpha)\cdot R\cdot T\cdot V^2} =$$

$$= \frac{n_0\cdot\alpha^2\cdot R\cdot T}{(1-\alpha)\cdot V} \Rightarrow n_0 = \frac{K_p\cdot(1-\alpha)\cdot V}{\alpha^2\cdot R\cdot T} = \frac{0'093\cdot(1-0'068)\cdot 0'5}{0'068^2\cdot 0'082\cdot 463} = 0'247 \text{ mol}$$

* Masa molecular del $SbCl_5$: $M = 121'8 + 5\cdot 35'5 = 299'3 \ \frac{g}{mol}$

* Masa inicial de $SbCl_5$: $m_0 = n_0\cdot M = 0'247 \text{ mol}\cdot 299'3 \ \frac{g}{mol} = \boxed{73'9 \text{ g } SbCl_5}$

b) * Presiones parciales en el equilibrio:

$$p_{SbCl5} = \frac{n_0\cdot(1-\alpha)\cdot R\cdot T}{V} = \frac{0'247\cdot(1-0'068)\cdot 0'082\cdot 463}{0'5} = \boxed{17'5 \text{ atm}}$$

$$p_{SbCl3} = p_{Cl2} = \frac{n_0\cdot\alpha\cdot R\cdot T}{V} = \frac{0'247\cdot 0'068\cdot 0'082\cdot 463}{0'5} = \boxed{1'28 \text{ atm}}$$

* Presión total en el equilibrio: $P_T = p_{SbCl5} + p_{SbCl3} + p_{Cl2} = 17'5 + 1'28 + 1'28 = \boxed{20'1 \text{ atm}}$

---

18) Se introducen 0'035 moles de I_2 en un recipiente de 2 L, se cierra y se calienta a 1000 K. En estas condiciones, el I_2 gaseoso se encuentra en equilibrio según la siguiente ecuación: $I_2(g) \rightleftharpoons 2\ I(g)$. Si la presión total que se alcanza en el equilibrio es de 1'69 atm, calcule:

a) Las concentraciones de las especies en el equilibrio y el grado de disociación del I_2.

b) Los valores de K_c y K_p.

Dato: $R = 0'082 \text{ atm}\cdot\text{L}\cdot\text{mol}^{-1}\cdot\text{K}^{-1}$.

a) * Balance de materia:

	$I_2(g)$	$\rightleftharpoons$	$2\ I(g)$
Moles iniciales	0'035		-
Moles reaccionados	$0'035\cdot\alpha$		-
Moles formados	-		$0'070\cdot\alpha$
Moles en el equilibrio	$0'035\cdot(1-\alpha)$		$0'070\cdot\alpha$
Concentraciones de equilibrio	$\dfrac{0'035\cdot(1-\alpha)}{2}$		$\dfrac{0'070\cdot\alpha}{2}$

* Presiones parciales de equilibrio, $p_i = c_i\cdot R\cdot T$:

$$p_{I2} = \frac{0'035\cdot(1-\alpha)}{2}\cdot 0'082\cdot 1000 = 1'43\cdot(1-\alpha) \quad ; \quad p_I = \frac{0'070\cdot\alpha}{2}\cdot 0'082\cdot 1000 = 2'87\cdot\alpha$$

* Grado de disociación:

$$p_T = p_{I2} + p_I \ \Rightarrow\ 1'69 = 1'43\cdot(1-\alpha) + 2'87\cdot\alpha \ \Rightarrow\ 1'69 = 1'43 - 1'43\cdot\alpha + 2'87\cdot\alpha \ \Rightarrow$$

$$\Rightarrow\ 1'69 - 1'43 = 2'87\cdot\alpha - 1'43\cdot\alpha \ \Rightarrow\ 0'26 = 1'44\cdot\alpha \ \Rightarrow\ \alpha = \frac{0'26}{1'44} = \boxed{0'181}$$

* Concentraciones de las especies en el equilibrio:

$$I_2:\ \frac{0'035\cdot(1-\alpha)}{2} = \frac{0'035\cdot(1-0'181)}{2} = \boxed{0'0143\ M}$$

$$I:\ \frac{0'070\cdot\alpha}{2} = \frac{0'070\cdot 0'181}{2} = \boxed{6'33\cdot 10^{-3}\ M}$$

b) * Constante de equilibrio de concentraciones: $K_c = \dfrac{[I]^2}{[I_2]} = \dfrac{(6'33\cdot 10^{-3})^2}{0'0143} = \boxed{2'80\cdot 10^{-3}}$

* Constante de equilibrio de presiones parciales:

$$K_p = K_c\cdot(R\cdot T)^{\Delta n} = 2'80\cdot 10^{-3}\cdot(0'082\cdot 1000)^{2-1} = \boxed{0'23}$$

---

19) El denominado gas de síntesis (mezcla de CO y H_2) posee muchas aplicaciones en la industria química y puede obtenerse mediante la siguiente reacción:

$$CH_4(g) + H_2O(g) \rightleftharpoons CO(g) + 3\ H_2(g) \quad \Delta H > 0$$

Justifique si las siguientes actuaciones mejorarían el rendimiento de la obtención de gas de síntesis:

a) Aumentar la temperatura a volumen constante.

b) Aumentar la concentración de vapor de agua.

c) Disminuir el volumen del reactor a temperatura constante.

Según el principio de Le Chatelier, la alteración de las condiciones de un equilibrio mediante un factor externo provoca que el equilibrio se desplace en el sentido en el que se compense al factor externo.

a) Mejoraría. La reacción es endotérmica; eso significa que transcurre hacia la derecha con absorción de calor, disminuyendo la temperatura. Si se aumenta la temperatura a volumen constante, el equilibrio tiende a bajar la temperatura desplazándose hacia la derecha.

b) Mejoraría. Como aumenta la concentración de un reactivo, el equilibrio se desplaza a la derecha, en el sentido de consumirlo para mantener constante el valor de la constante de equilibrio.

c) Empeoraría. Disminuir el volumen a temperatura constante supone aumentar la presión, por lo que el equilibrio se desplazaría hacia la izquierda, en el sentido del menor número de moles totales.

---

20) En la reacción: $N_2(g) + 3\ H_2(g) \rightleftharpoons 2\ NH_3(g)$ a 300 ºC, las concentraciones de N_2, H_2 y NH_3 en el equilibrio son, respectivamente, 0'076 M, 0'228 M y 0'084 M.
a) Si la concentración inicial de NH_3 es cero, calcule las concentraciones iniciales de N_2 y H_2.
b) Calcule el valor de K_p y la presión total en el equilibrio, sabiendo que el volumen del recipiente de reacción es de 2 L.
Dato: $R = 0'082\ atm\cdot L\cdot mol^{-1}\cdot K^{-1}$.

a) * Balance de materia:

	$N_2(g)$	+	$3\ H_2(g)$	$\rightleftharpoons$	$2\ NH_3(g)$
Moles iniciales	a		b		0
Concentraciones iniciales	$\frac{a}{V}$		$\frac{b}{V}$		0
Moles reaccionados	x		$3\cdot x$		
Moles formados	-		-		$2\cdot x$
Moles en el equilibrio	$a - x$		$b - 3\cdot x$		$2\cdot x$
Concentraciones de equilibrio	$\frac{a-x}{V}$		$\frac{b-3\cdot x}{V}$		$\frac{2\cdot x}{V}$

* Concentraciones iniciales:

$$\frac{2\cdot x}{V} = 0'084 \Rightarrow \frac{x}{V} = \frac{0'084}{2} = 0'042\ M$$

$$\frac{a-x}{V} = 0'076 \Rightarrow \frac{a}{V} - \frac{x}{V} = 0'076 \Rightarrow \frac{a}{V} = 0'076 + \frac{x}{V} = 0'076 + 0'042 = 0'118\ M$$

$$\frac{b-3\cdot x}{V} = 0'228 \Rightarrow \frac{b}{V} - \frac{3\cdot x}{V} = 0'228 \Rightarrow \frac{b}{V} = 0'228 + \frac{3\cdot x}{V} = 0'228 + 3\cdot 0'042 = 0'354\ M$$

$$[N_2]_0 = \frac{a}{V} = \boxed{0'118\ M} \quad ; \quad [H_2]_0 = \frac{b}{V} = \boxed{0'354\ M}$$

b) * Constante de equilibrio de concentraciones:

$$K_c = \frac{[NH_3]^2}{[N_2]\cdot[H_2]^3} = \frac{0'084^2}{0'076\cdot 0'228^3} = 7'83$$

* Constante de equilibrio de presiones parciales:

$$K_p = K_c\cdot(R\cdot T)^{\Delta n} = 7'83\cdot(0'082\cdot 573)^{2-1-3} = 7'83\cdot(0'082\cdot 573)^{-2} = \boxed{3'55\cdot 10^{-3}}$$

* Concentraciones totales de equilibrio: $c_T = 0'076 + 0'228 + 0'084 = 0'388$ M

* Presión total en el equilibrio: $P_T = c_T\cdot R\cdot T = 0'388\cdot 0'082\cdot 573 = \boxed{18'2\ atm}$

---

21) El hidrogenocarbonato de sodio se descompone según el equilibrio:

$$2\ NaHCO_3(s) \rightleftharpoons Na_2CO_3(s) + CO_2(g) + H_2O(g) \quad \Delta H > 0$$

a) Escriba la expresión de la constante de equilibrio K_p.
b) Justifique cómo afecta al equilibrio la adición de $NaHCO_3$.
c) El hidrogenocarbonato de sodio se usa como impulsor en repostería, ya que las burbujas de CO_2 hacen que suba la masa y sea más esponjosa. Justifique si horneando la masa a mayor temperatura obtendremos un bizcocho más esponjoso.

a) * Constante de equilibrio de presiones parciales: $\boxed{K_p = p_{CO2}\cdot p_{H2O}}$

b) No le afecta. Al ser el equilibrio heterogéneo, la concentración de $NaHCO_3(s)$ no está presente en la constante de equilibrio, luego la adición de $NaHCO_3(s)$ no modifica el equilibrio.

c) Sí, se obtendría un bizcocho más esponjoso. Según el principio de Le Chatelier, la alteración de las condiciones de un equilibrio mediante un factor externo provoca que el equilibrio se desplace en el sentido en el que se compense al factor externo. Como la reacción es endotérmica, transcurre hacia la derecha con absorción de calor. El aumento de calor provoca que el equilibrio intente compensarlo desplazándose hacia la derecha.

---

22) Las erupciones volcánicas emiten dióxido de azufre (SO_2) que, en contacto con el oxígeno de la atmósfera, da lugar a trióxido de azufre, uno de los gases responsables de la lluvia ácida, estableciéndose el siguiente equilibrio: $2\ SO_2(g) + O_2(g) \rightleftharpoons 2\ SO_3(g)$
Se ha realizado un experimento en el laboratorio introduciendo 0'015 moles de SO_2 y el mismo número de moles de O_2 en un matraz de 100 mL. Después de calentarlo a 1000 K, la concentración de SO_3 en equilibrio es de 0'024 M. Calcule:
a) La constante K_c a 1000 K y la fracción molar de SO_3.
b) La presión en el interior del recipiente y el valor de K_p a 1000 K.
Dato: $R = 0'082\ atm\cdot L\cdot mol^{-1}\cdot K^{-1}$.

a) * Balance de materia:

	$2\,SO_2(g)$	+	$O_2(g)$	$\rightleftharpoons$	$2\,SO_3(g)$
Moles iniciales	0'015		0'015		-
Moles reaccionados	2·x		x		-
Moles formados	-		-		2·x
Moles en el equilibrio	0'015 – 2·x		0'015 – x		2·x
Concentraciones de equilibrio	$\frac{0'015-2\cdot x}{0'1}$		$\frac{0'015-x}{0'1}$		$\frac{2\cdot x}{0'1}$

* Cálculo de x: $\frac{2\cdot x}{0'1} = 0'024 \Rightarrow x = \frac{0'024\cdot 0'1}{2} = 1'2\cdot 10^{-3}$

* Concentraciones de equilibrio:

$$[SO_2] = \frac{0'015-2\cdot x}{0'1} = \frac{0'015-2\cdot 1'2\cdot 10^{-3}}{0'1} = 0'126\ M$$

$$[O_2] = \frac{0'015-x}{0'1} = \frac{0'015-1'2\cdot 10^{-3}}{0'1} = 0'138\ M \quad ; \quad [SO_3] = 0'024\ M$$

* Constante de concentraciones:

$$K_c = \frac{[SO_3]^2}{[SO_2]^2\cdot[O_2]} = \frac{0'024^2}{0'126^2\cdot 0'138} = \boxed{0'263}$$

* Moles de SO_3 en el equilibrio: $2\cdot x = 2\cdot 1'2\cdot 10^{-3} = 2'4\cdot 10^{-3}$ mol

* Moles totales en el equilibrio:

$$n_T = 0'015 - 2\cdot x + 0'015 - x + 2\cdot x = 0'030 - x = 0'030 - 1'2\cdot 10^{-3} = 0'0288\ \text{mol}$$

* Fracción molar del SO_3 en el equilibrio: $x_{SO3} = \frac{2'4\cdot 10^{-3}}{0'0288} = \boxed{0'0833}$

b) * Presión en el interior del recipiente: $P_T = \frac{n_T\cdot R\cdot T}{V} = \frac{0'0288\cdot 0'082\cdot 1000}{0'1} = \boxed{23'6\ \text{atm}}$

* Constante de equilibrio de presiones parciales:

$$K_p = K_c\cdot(R\cdot T)^{\Delta n} = 0'263\cdot(0'082\cdot 1000)^{2-2-1} = 0'263\cdot(0'082\cdot 1000)^{-1} = \boxed{3'21\cdot 10^{-3}}$$

---

23) A una cierta temperatura, la velocidad de la reacción: A(g) $\rightarrow$ B(g) es 0'020 $mol \cdot L^{-1} \cdot s^{-1}$ cuando la concentración de A es 0'10 M. Sabiendo que se trata de una reacción de segundo orden con respecto a A:

a) Escriba la ecuación de velocidad de dicha reacción.

b) Calcule el valor de su constante de velocidad, indicando las unidades de ésta.

c) Indique tres factores que pueden modificar la velocidad de reacción.

a) * Ecuación de velocidad: $\boxed{v = k \cdot [A]^2}$

b) * Constante de velocidad: $k = \dfrac{v}{[A]^2} = \dfrac{0'020\, mol \cdot L^{-1} \cdot s^{-1}}{0'10^2 mol^2 \cdot L^{-2}} = \boxed{2\ L \cdot mol^{-1} \cdot s^{-1}}$

c) El aumento de la temperatura, el aumento de la presión y el aumento de la concentración de A. Las tres operaciones anteriores aumentan el número de choques efectivos de las moléculas de A, por lo que aumentará la velocidad de reacción.

---

24) En un recipiente de 2 L se introducen 1 g de de carbono sólido y 0'1 mol de dióxido de carbono gaseoso. Cuando se calienta a 200 ºC se obtiene monóxido de carbono gaseoso, según la siguiente ecuación: $C(s) + CO_2(g) \rightleftharpoons 2\ CO(g) \quad K_c = 0'036$

Calcule:

a) Los moles de CO_2 y CO en el equilibrio.

b) La presión total y la masa de C que no reacciona.

Datos: R = 0'082 $atm \cdot L \cdot mol^{-1} \cdot K^{-1}$; Masa atómica relativa: C = 12.

a) * Moles iniciales de carbono: $n = \dfrac{m}{M} = \dfrac{1}{12} = 0'0833$ mol

* Balance de materia:

	C(s)	+	$CO_2(g)$	$\rightleftharpoons$	2 CO(g)
Moles iniciales	0'0833		0'1		-
Moles reaccionados	x		x		-
Moles formados	-		-		$2 \cdot x$
Moles en el equilibrio	0'0833 – x		0'1 – x		$2 \cdot x$
Concentraciones de equilibrio	$\dfrac{0'0833 - x}{2}$		$\dfrac{0'1 - x}{2}$		$\dfrac{2 \cdot x}{2}$

* Cálculo de x:

$$K_c = \frac{[CO]^2}{[CO_2]} = \frac{x^2}{\frac{0'1 - x}{2}} = \frac{2 \cdot x^2}{0'1 - x} = 0'036 \Rightarrow 2 \cdot x^2 = 3'6 \cdot 10^{-3} - 0'036 \cdot x \Rightarrow$$

$$\Rightarrow 2 \cdot x^2 + 0'036 \cdot x - 3'6 \cdot 10^{-3} = 0 \Rightarrow x = 0'0344$$

* Moles en el equilibrio:

CO_2: 0'1 – x = 0'1 – 0'0344 = $\boxed{0'0656 \text{ mol}}$; CO: 2·x = 2·0'0344 = $\boxed{0'0688 \text{ mol}}$

b) * Moles gaseosos totales en el equilibrio: n_T = 0'0656 + 0'0688 = 0'1345 mol

* Presión total en el equilibrio: $P_T = \dfrac{n_T \cdot R \cdot T}{V} = \dfrac{0'1345 \cdot 0'082 \cdot 473}{2} = \boxed{2'61 \text{ atm}}$

* Moles de carbono sin reaccionar: n = 0'0833 – x = 0'0833 – 0'0344 = 0'0489 mol

* Masa de carbono sin reaccionar: m = n·M = 0'0489·12 = $\boxed{0'587 \text{ g}}$

2021

25) Dada la reacción a 25 ºC y 1 atm de presión: $N_2(g) + O_2(g) \rightleftharpoons 2\ NO(g)$; ΔH = 180'2 kJ, razone si son verdaderas o falsas las siguientes afirmaciones:
a) La constante de equilibrio K_p se duplica si se duplica la presión.
b) El sentido de la reacción se favorece hacia la izquierda si se aumenta la temperatura.
c) El valor de la constante de equilibrio para este proceso depende del catalizador utilizado.

a) Falsa. Las constantes de equilibrio dependen exclusivamente de la temperatura. La presión no afecta a su valor.

b) Falsa. Según el principio de Le Chatelier, la alteración de las condiciones de un equilibrio mediante un factor externo provoca que el equilibrio se desplace en el sentido en el que se compense al factor externo. La reacción es endotérmica; eso significa que transcurre hacia la derecha con absorción de calor, disminuyendo la temperatura. Si se aumenta la temperatura, el equilibrio tiende a bajar la temperatura desplazándose hacia la derecha.

c) Falsa. El valor de la constante de equilibrio es función exclusiva de la temperatura. No se altera ni por la presión ni por la presencia de catalizadores. El catalizador lo que hace es acelerar la velocidad de la reacción y hacer que el equilibrio se alcance antes.

---

26) Para la reacción de disociación del N_2O_4 gaseoso: $N_2O_4(g) \rightleftharpoons 2\ NO_2(g)$, la constante de equilibrio K_p vale 2'49 a 60 ºC.
a) Sabiendo que la presión total en el equilibrio es de 1 atm, calcule el grado de disociación del N_2O_4 a esa temperatura y las presiones parciales de las especies en el equilibrio.
b) Determine el valor de K_c.
Dato: R = 0'082 atm·L·mol^{-1}·K^{-1}.

a) * Constante de equilibrio K_p: $K_p = \dfrac{p^2_{NO2}}{p_{N2O4}}$

* Presiones parciales: $P_T = p_{NO2} + p_{N2O4}$ $\Rightarrow$ $p_{N2O4} = P_T - p_{NO2}$ $\Rightarrow$ $K_p = \dfrac{p^2_{NO2}}{P_T - p_{NO2}}$ $\Rightarrow$

$\Rightarrow$ $2'49 = \dfrac{p^2_{NO2}}{1 - p_{NO2}}$ $\Rightarrow$ $2'49 \cdot (1 - p_{NO2}) = p^2_{NO2}$ $\Rightarrow$ $2'49 - 2'49 \cdot p_{NO2} = p^2_{NO2}$ $\Rightarrow$

$\Rightarrow$ $p^2_{NO2} + 2'49 \cdot p_{NO2} - 2'49 = 0$ $\Rightarrow$ $\boxed{p_{NO2} = 0'765 \text{ atm}}$ $\Rightarrow$ $p_{N2O4} = 1 - p_{NO2} = 1 - 0'765 = \boxed{0'235 \text{ atm}}$

* Balance de materia:

	$N_2O_4(g)$	$\rightleftharpoons$	$2\ NO_2(g)$
Moles iniciales	n_0		-
Moles reaccionados	$n_0 \cdot \alpha$		-
Moles formados	-		$2 \cdot n_0 \cdot \alpha$
Moles en el equilibrio	$n_0 \cdot (1 - \alpha)$		$2 \cdot n_0 \cdot \alpha$
Concentraciones de equilibrio	$\dfrac{n_0 \cdot (1-\alpha)}{V}$		$\dfrac{2 \cdot n_0 \cdot \alpha}{V}$
Presiones parciales en el equilibrio	$p_0 \cdot (1 - \alpha)$		$2 \cdot p_0 \cdot \alpha$

* Grado de disociación:

$p_0 \cdot (1 - \alpha) = 0'235$; $2 \cdot p_0 \cdot \alpha = 0'765$ $\Rightarrow$ $\dfrac{2 \cdot p_0 \cdot \alpha}{p_0 \cdot (1-\alpha)} = \dfrac{0'765}{0'235}$ $\Rightarrow$

$\Rightarrow$ $\dfrac{2 \cdot \alpha}{1-\alpha} = 3'26$ $\Rightarrow$ $2 \cdot \alpha = 3'26 - 3'26 \cdot \alpha$ $\Rightarrow$ $2 \cdot \alpha + 3'26 \cdot \alpha = 3'26$ $\Rightarrow$

$\Rightarrow$ $\alpha = \dfrac{3'26}{5'26} = \boxed{0'62}$

* Incremento de moles gaseosos: $\Delta n = 2 - 1 = 1$

* Constante de equilibrio K_c: $K_c = K_p \cdot (R \cdot T)^{-\Delta n} = 2'49 \cdot (0'082 \cdot 333)^{-1} = \boxed{0'0912}$

---

27) Dado el equilibrio: $N_2F_4(g) \rightleftharpoons 2\ NF_2(g)$, con $\Delta H^0 = 38'5$ kJ, razone los cambios que se producen si:
a) La mezcla de reacción se calienta.
b) El gas NF_2 se elimina de la mezcla de reacción a temperatura y volumen constantes.
c) Se añade helio gaseoso a la mezcla de reacción a temperatura y volumen constantes.

Según el principio de Le Chatelier, la alteración de las condiciones de un equilibrio mediante un factor externo provoca que el equilibrio se desplace en el sentido en el que se compense al factor externo.

a) La reacción se desplaza hacia la derecha y se obtiene más NF_2. La reacción es endotérmica, luego transcurre hacia la derecha absorbiendo energía, enfriándose. Un calentamiento supone que el equilibrio reacciona disminuyendo la temperatura; esto ocurre desplazándose hacia la derecha.

b) La reacción se desplaza hacia la derecha, obteniéndose más NF_2. Como la temperatura es constante, la constante de equilibrio es constante también: $K_c = \dfrac{[NF_2]^2}{[N_2F_4]}$. Si disminuye la concentración de NF_2, para que K_c sea constante tiene que disminuir la concentración de N_2F_4 y aumentar la de NF_2.

c) No ocurre nada. Aunque la presión total aumenta al añadir helio, las concentraciones y las presiones parciales no cambian debido a que el volumen y los moles de reactivo y producto no han cambiado. Si no cambian las concentraciones de ninguno, el equilibrio no se altera.

---

28) En un recipiente de 250 mL se introducen 0'46 g de $N_2O_4(g)$ y se calienta hasta 40 ºC, disociándose el $N_2O_4(g)$ en un 42 % al alcanzar el siguiente equilibrio: $N_2O_4(g) \rightleftharpoons 2\ NO_2(g)$.
a) Calcule la constante K_c de equilibrio.
b) Determine la presión total en el equilibrio y determine el valor de K_p.
Datos: R = 0'082 atm·L·K^{-1}·mol^{-1}. Masas atómicas relativas: O = 16, N = 14.

a) * Masa molecular: $M = 2 \cdot 14 + 4 \cdot 16 = 92\ \dfrac{g}{mol}$

* Número de moles iniciales: $n_0 = \dfrac{m_0}{M} = \dfrac{0'46}{92} = 5 \cdot 10^{-3}$ mol

* Balance de materia:

	$N_2O_4(g)$	$\rightleftharpoons$	$2\ NO_2(g)$
Moles iniciales	n_0		-
Moles reaccionados	$n_0 \cdot \alpha$		-
Moles formados	-		$2 \cdot n_0 \cdot \alpha$
Moles en el equilibrio	$n_0 \cdot (1-\alpha)$		$2 \cdot n_0 \cdot \alpha$
Concentraciones de equilibrio	$\dfrac{n_0 \cdot (1-\alpha)}{V}$		$\dfrac{2 \cdot n_0 \cdot \alpha}{V}$

* Constante de equilibrio K_c:

$$K_c = \frac{[NO_2]^2}{[N_2O_4]} = \frac{\left(\dfrac{2 \cdot n_0 \cdot \alpha}{V}\right)^2}{\dfrac{n_0 \cdot (1-\alpha)}{V}} = \frac{\dfrac{4 \cdot n_0^2 \cdot \alpha^2}{V^2}}{\dfrac{n_0 \cdot (1-\alpha)}{V}} = \frac{4 \cdot n_0 \cdot \alpha^2}{V \cdot (1-\alpha)} = \frac{4 \cdot 5 \cdot 10^{-3} \cdot 0'42^2}{0'25 \cdot (1-0'42)} = \boxed{0'0243}$$

b) * Moles totales en el equilibrio:

$$n_T = n_0 - n_0 \cdot \alpha + 2 \cdot n_0 \cdot \alpha = n_0 + n_0 \cdot \alpha = n_0 \cdot (1 + \alpha) = 5 \cdot 10^{-3} \cdot (1 + 0'42) = 7'1 \cdot 10^{-3} \text{ mol}$$

* Presión total en el equilibrio:

$$P_T \cdot V = n_T \cdot R \cdot T \quad \Rightarrow \quad P_T = \frac{n_T \cdot R \cdot T}{V} = \frac{7'1 \cdot 10^{-3} \cdot 0'082 \cdot 313}{0'25} = \boxed{0'729 \text{ atm}}$$

* Constante de equilibrio K_p: $K_p = K_c \cdot (R \cdot T)^{\Delta n} = 0'0243 \cdot (0'082 \cdot 313)^{2-1} = \boxed{0'624}$

---

29) La reacción: $CO(g) + NO_2(g) \rightarrow CO_2(g) + NO(g)$ tiene la siguiente ley de velocidad, obtenida experimentalmente: $v = k \cdot [NO_2]^2$. Justifique si son verdaderas o falsas las siguientes afirmaciones:
a) La velocidad de desaparición del CO es igual a la velocidad de desaparición del NO_2.
b) La constante de velocidad no depende de la temperatura porque la reacción se produce en fase gaseosa.
c) El orden total de la reacción es 1 porque la velocidad sólo depende de la concentración de NO_2.

a) Verdadera. La velocidad de desaparición de un reactivo depende del coeficiente estequiométrico de la ecuación ajustada. Para el mismo coeficiente estequiométrico, las velocidades de reacción son las mismas:

$$v_{CO} = -\frac{dc_{CO}}{dt} = v_{NO2} = -\frac{dc_{NO2}}{dt}$$

b) Falsa. La constante de velocidad, k, no depende de si se produce en fase gaseosa o no, sino que es una función de la temperatura, como puede observarse en la ecuación de Arrhenius:

$$k = A \cdot \exp\left(-\frac{E_a}{R \cdot T}\right)$$

c) Falsa. El orden total de la reacción es 2 porque es la suma de todos los exponentes de las concentraciones en la ecuación de velocidad.

---

30) La descomposición del cianuro de amonio a 11 ºC en un recipiente de 2 L alcanza una presión total de 0'3 atm cuando se establece el siguiente equilibrio: $NH_4CN(s) \rightleftharpoons NH_3(g) + HCN(g)$
a) Determine K_c y K_p.
b) Si se parte de 1'0 g de cianuro de amonio, calcule la masa que queda sin descomponer en las mismas condiciones de presión y temperatura.
Datos: $R = 0'082 \text{ atm} \cdot L \cdot K^{-1} \cdot mol^{-1}$; Masas atómicas relativas: N = 14; C = 12; H = 1.

a) * Presiones parciales: $p_{NH3} = p_{HCN} = p_i$, pues los coeficientes estequiométricos son iguales.

$$P_T = p_{NH3} + p_{HCN} = p_i + p_i = 2 \cdot p_i = 0'3 \text{ atm} \quad \Rightarrow \quad p_i = p_{NH3} = p_{HCN} = \frac{0'3}{2} = 0'15 \text{ atm}$$

* Constante de equilibrio K_p: $K_p = p_{NH3} \cdot p_{HCN} = 0'15 \cdot 0'15 = \boxed{0'0225}$

* Incremento en el número de moles gaseosos: $\Delta n = 1 + 1 - 0 = 2$

* Constante de equilibrio K_c: $K_c = K_p \cdot (R \cdot T)^{-\Delta n} = 0'0225 \cdot (0'082 \cdot 284)^{-2} = \boxed{4'15 \cdot 10^{-5}}$

b) * Concentraciones de los productos:

$$K_c = [NH_3] \cdot [HCN] = c_i \cdot c_i = c_i^2 = 4'15 \cdot 10^{-5} \Rightarrow c_i = \sqrt{4'15 \cdot 10^{-5}} = 6'44 \cdot 10^{-3} \text{ M}$$

* Número de moles de reactivo: $n_{NH3} = n_{HCN} = n_{NH4CN} = c_i \cdot V = 6'44 \cdot 10^{-3} \cdot 2 = 0'0129$ mol

* Masa molecular del NH_4CN: $M = 14 + 4 + 12 + 14 = 44 \ \frac{g}{mol}$

* Masa descompuesta de reactivo: $m_{descompuesta} = n \cdot M = 0'0129 \cdot 44 = 0'568$ g

* Masa que queda de reactivo: $m_{queda} = m_0 - m_{descompuesta} = 1'0 - 0'568 = \boxed{0'432 \text{ g}}$

---

31) Se introduce cierta cantidad de A(s) en un matraz de 2 L. A 100 ºC, el equilibrio:

$$A(s) \rightleftharpoons B(s) + C(g) + D(g)$$

se alcanza cuando la presión es de 0'962 atm. Calcule:

a) La constante K_p de dicho equilibrio.

b) La masa de A(s) que se descompone.

Datos: $R = 0'082$ atm·L·K^{-1}·mol^{-1}; masa molar de A = 84 g·mol^{-1}.

a) * Presiones parciales:

$$p_C = p_D = p_i \Rightarrow P_T = p_C + p_D = p_i + p_i = 2 \cdot p_i \Rightarrow p_i = \frac{P_T}{2} = \frac{0'962}{2} = 0'481 \text{ atm}$$

* Constante de equilibrio, K_p: $K_p = p_C \cdot p_D = p_i^2 = 0'481^2 = \boxed{0'231}$

b) * Número de moles totales en el equilibrio: $n_T = \frac{P \cdot V}{R \cdot T} = \frac{0'962 \cdot 2}{0'082 \cdot 373} = 0'0629$ mol

* Número de moles: $n_A = n_B = n_C = n_D = \frac{n_T}{2} = \frac{0'0629}{2} = 0'0314$ mol

* Masa de A que se descompone: $m_A = n_A \cdot M_A = 0'0314 \text{ mol} \cdot 84 \ \frac{g}{mol} = \boxed{2'64 \text{ g}}$

---

32) A la temperatura de 400 ºC, cuando la presión total del sistema es de 710 mm Hg, el amoniaco se encuentra disociado un 40 % en nitrógeno e hidrógeno moleculares, según la reacción:

$$2\,NH_3(g) \rightleftharpoons N_2(g) + 3\,H_2(g)$$

Calcule:

a) La presión parcial de cada uno de los productos de reacción en el equilibrio.

b) El valor de las constantes de equilibrio K_p y K_c a dicha temperatura.

Dato: $R = 0'082\ atm \cdot L \cdot K^{-1} \cdot mol^{-1}$.

a) * Balance de materia:

	$2\,NH_3(g)$	$\rightleftharpoons$	$N_2(g)$	+	$3\,H_2(g)$
Moles iniciales	$2 \cdot n_0$		-		-
Moles reaccionados	$2 \cdot n_0 \cdot \alpha$		-		-
Moles formados	-		$n_0 \cdot \alpha$		$3 \cdot n_0 \cdot \alpha$
Moles en el equilibrio	$2 \cdot n_0 \cdot (1-\alpha)$		$n_0 \cdot \alpha$		$3 \cdot n_0 \cdot \alpha$
Concentraciones de equilibrio	$\frac{2 \cdot n_0 \cdot (1-\alpha)}{V}$		$\frac{n_0 \cdot \alpha}{V}$		$\frac{3 \cdot n_0 \cdot \alpha}{V}$

* Número total de moles en el equilibrio:

$$n_T = 2 \cdot n_0 - 2 \cdot n_0 \cdot \alpha + n_0 \cdot \alpha + 3 \cdot n_0 \cdot \alpha = 2 \cdot n_0 + 2 \cdot n_0 \cdot \alpha = 2 \cdot n_0 \cdot (1+\alpha)$$

* Presión total en el equilibrio: $P_T = 710\ mm\ Hg \cdot \frac{1\,atm}{760\,mm\,Hg} = 0'934\ atm$

* Presión parcial de cada producto en el equilibrio: $p_i = x_i \cdot P_T$:

$$p_{N2} = \frac{n_0 \cdot \alpha}{2 \cdot n_0 \cdot (1+\alpha)} \cdot P_T = \frac{\alpha \cdot P_T}{2 \cdot (1+\alpha)} = \frac{0'4 \cdot 0'934}{2 \cdot (1+0'4)} = \boxed{0'133\ atm}$$

$$p_{H2} = \frac{3 \cdot n_0 \cdot \alpha}{2 \cdot n_0 \cdot (1+\alpha)} \cdot P_T = \frac{3 \cdot \alpha \cdot P_T}{2 \cdot (1+\alpha)} = \frac{3 \cdot 0'4 \cdot 0'934}{2 \cdot (1+0'4)} = \boxed{0'4\ atm}$$

b) * Presión parcial del amoniaco: $p_{NH3} = 0'934 - 0'133 - 0'4 = 0'401\ atm$

* Constante de equilibrio de presiones:

$$K_p = \frac{p_{N2} \cdot p_{H2}^3}{p_{NH3}^2} = \frac{0'133 \cdot 0'4^3}{0'401^2} = \boxed{0'0529}$$

* Incremento en el número de moles: $\Delta n = 1 + 3 - 2 = 4 - 2 = 2$ moles

* Constante de equilibrio de concentraciones:

$$K_c = K_p \cdot (R \cdot T)^{-\Delta n} = 0'0529 \cdot (0'082 \cdot 673)^{-2} = \boxed{1'74 \cdot 10^{-5}}$$

---

33) Para la siguiente reacción: $2\ NO(g) + 2\ H_2(g) \rightarrow N_2(g) + 2\ H_2O(g)$, la ecuación de velocidad hallada experimentalmente es: $v = k\cdot[NO]^2\cdot[H_2]$

a) ¿Cuáles son los órdenes parciales de reacción? ¿Y el orden total?

b) Si la constante de velocidad para esta reacción a 1000 K es $6'0\cdot10^4\ L^2\cdot mol^{-2}\cdot s^{-1}$, calcule la velocidad de reacción cuando $[NO] = 0'015$ M y $[H_2] = 0'035$ M.

c) ¿Cómo afectará a la velocidad de reacción un aumento de la presión, si se mantiene constante la temperatura? Justifique la respuesta.

a) Los órdenes parciales son los exponentes de las concentraciones: 2 para el NO, 1 para el H_2 y 3 en total.

b) * Velocidad de reacción:

$$v = k\cdot[NO]^2\cdot[H_2] = 6'0\cdot10^4\ \frac{L^2}{mol^2\cdot s}\cdot 0'015^2\ \frac{mol^2}{L^2}\cdot 0'035\ \frac{mol}{L} = \boxed{0'472\ \frac{mol}{L\cdot s}}$$

c) Al aumentar la presión, aumenta la velocidad de reacción ya que aumentan las concentraciones de los reactivos y los choques moleculares. Al ser las sustancias gaseosas:

$$P\cdot V = n\cdot R\cdot T \ \Rightarrow\ P = \frac{n}{V}\cdot R\cdot T \ \Rightarrow\ P = c\cdot R\cdot T$$

Al aumentar la presión de un gas, aumenta su concentración.

---

34) Se calienta NOCl puro a 240 ºC en un recipiente de 1 L, estableciéndose el siguiente equilibrio:

$$2\ NOCl(g) \rightleftharpoons 2\ NO(g) + Cl_2(g)$$

Sabiendo que la presión total en el equilibrio es de 1 atm y la presión parcial de NOCl es de 0'64 atm:

a) Calcule las presiones parciales de NO y Cl_2 en el equilibrio.

b) Determine K_p y K_c.

Dato: $R = 0'082\ atm\cdot L\cdot K^{-1}\cdot mol^{-1}$.

a) * Presión total en el equilibrio: $P_T = p_{NOCl} + p_{NO} + p_{Cl2}$

* Presiones parciales de los productos en el equilibrio:

$$p_{NO} = 2\cdot p_{Cl2} \ \Rightarrow\ P_T = p_{NOCl} + 2\cdot p_{Cl2} + p_{Cl2} = p_{NOCl} + 3\cdot p_{Cl2} \ \Rightarrow$$

$$\Rightarrow\ p_{Cl2} = \frac{P_T - p_{NOCl}}{3} = \frac{1-0'64}{3} = \frac{0'36}{3} = \boxed{0'12\ atm}$$

$$p_{NO} = 2\cdot p_{Cl2} = 2\cdot 0'12 = \boxed{0'24\ atm}$$

b) * Constante de equilibrio K_p:

$$K_p = \frac{p_{NO}^2\cdot p_{Cl2}}{p_{NOCl}^2} = \frac{0'24^2\cdot 0'12}{0'64^2} = \boxed{0'0169}$$

* Incremento de moles gaseosos: $\Delta n = 2 + 1 - 2 = 1$

* Constante de equilibrio K_c:

$$K_c = K_p \cdot (R \cdot T)^{-\Delta n} = 0'0169 \cdot (0'082 \cdot 513)^{-1} = \boxed{4'02 \cdot 10^{-4}}$$

2020

35) Indique de forma razonada si las siguientes afirmaciones son verdaderas o falsas:
a) La velocidad de una reacción es independiente de la concentración de reactivos.
b) La unidad de la constante de velocidad de una reacción de orden 1 es s^{-1}.
c) El uso de catalizadores aumenta la energía de activación de la reacción.

a) Falsa. Según la definición, la velocidad de reacción es la derivada de la concentración con respecto al tiempo: $v = -\frac{dc}{dt}$, luego depende de ella. Para una reacción del tipo: $a\,A + b\,B \rightarrow c\,C + d\,D$, la ecuación de velocidad es: $v = k \cdot [A]^{\alpha} \cdot [B]^{\beta}$. Es decir, la velocidad es proporcional al producto de las concentraciones. Al aumentar la concentración, aumentan los choques moleculares.

b) Verdadera. Una reacción de orden 1 tiene como ecuación de velocidad: $v = k \cdot c_A$. Es decir, el exponente de la concentración es 1. Luego las unidades de k, la constante de velocidad, son:

$$[k] = \frac{[v]}{[c_A]} = \frac{\frac{M}{s}}{M} = s^{-1}$$

c) Falsa.

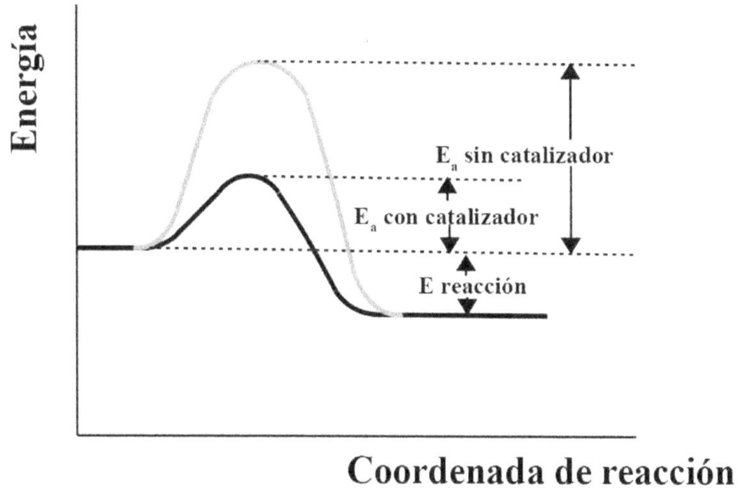

El uso de catalizadores hace justamente lo contrario, disminuir la energía de activación. Esto lo hace disminuyendo la energía del estado de transición. La energía de activación es la diferencia entre la energía del estado de transición y la energía de los reactivos.

---

36) En un recipiente de 5 litros se introducen 2'0 moles de $PCl_5(g)$ y 1'0 mol de $PCl_3(g)$. La temperatura se eleva a 250 ºC, estableciéndose el siguiente equilibrio: $PCl_5(g) \rightleftharpoons PCl_3(g) + Cl_2(g)$. Sabiendo que K_c para la reacción a esa misma temperatura es 0'042, calcule:
a) La concentración de $Cl_2(g)$ en el equilibrio.
b) El valor de K_p a esa misma temperatura y la presión en el recipiente una vez alcanzado el equilibrio.
Datos: $R = 0'082\ atm \cdot L \cdot K^{-1} \cdot mol^{-1}$.

a) * Balance de materia:

	PCl_5	$\rightleftharpoons$	PCl_3	+	Cl_2
Moles iniciales	2		1		0
Moles reaccionados	x		-		-
Moles formados	-		x		x
Moles en el equilibrio	2 – x		1 + x		x
Concentraciones de equilibrio	$\frac{2-x}{5}$		$\frac{1+x}{5}$		$\frac{x}{5}$

* Cálculo de x: $K_c = \frac{[PCl_3]\cdot[Cl_2]}{[PCl_5]} = \frac{\frac{1+x}{5}\cdot\frac{x}{5}}{\frac{2-x}{5}} = \frac{x\cdot(1+x)}{5\cdot(2-x)} = \frac{x+x^2}{10-5\cdot x} = 0'042 \Rightarrow$

$\Rightarrow\ x + x^2 = 0'042\cdot(10 - 5\cdot x) \Rightarrow\ x + x^2 = 0'42 - 0'21\cdot x \Rightarrow\ x^2 + 1'21\cdot x - 0'42 = 0 \Rightarrow$

$\Rightarrow\ x = 0'282$ mol

* Concentración de Cl_2 en el equilibrio: $[Cl_2] = \frac{x}{5} = \frac{0'282}{5} = \boxed{0'0564\ M}$

b) * Constante de equilibrio K_p:

$$K_p = K_c\cdot(R\cdot T)^{\Delta n} = 0'042\cdot(0'082\cdot 523)^{1+1-1} = 0'042\cdot 0'082\cdot 523 = \boxed{1'80}$$

* Número de moles en el equilibrio: $n_T = 2 - x + 1 + x + x = 3 + x = 3 + 0'282 = 3'282$ atm

* Presión total en el equilibrio:

$$P_T\cdot V = n_T\cdot R\cdot T \Rightarrow P_T = \frac{n_T\cdot R\cdot T}{V} = \frac{3'282\cdot 0'082\cdot 523}{5} = \boxed{28'2\ atm}$$

---

37) El cloruro de nitrosilo (NOCl) se forma según la reacción:

$$2\ NO(g) + Cl_2(g) \rightleftharpoons 2\ NOCl(g)$$

cuya $K_c = 4'6\cdot10^4$ a 298 K. En el equilibrio, en un matraz de 1'5 L hay 4'125 moles de NOCl y 0'2215 moles de Cl_2. Calcule:

a) La presión parcial del NO en el equilibrio.

b) El valor de la K_p a esa temperatura y la presión total del matraz en el equilibrio.

Datos: $R = 0'082\ atm\cdot L\cdot K^{-1}\cdot mol^{-1}$.

a) * Presiones parciales: $p_i\cdot V = n_i\cdot R\cdot T \quad \Rightarrow \quad p_i = \dfrac{n_i\cdot R\cdot T}{V}$

$$p_{NOCl} = \frac{n_{NOCl}\cdot R\cdot T}{V} = \frac{4'125\cdot 0'082\cdot 298}{1'5} = 67'2\ atm$$

$$p_{Cl2} = \frac{n_{Cl2}\cdot R\cdot T}{V} = \frac{0'2215\cdot 0'082\cdot 298}{1'5} = 3'61\ atm$$

* Constante de equilibrio K_p:

$$K_p = K_c\cdot(R\cdot T)^{\Delta n} = 4'6\cdot10^4\cdot(0'082\cdot298)^{2-2-1} = \frac{4'6\cdot10^4}{0'082\cdot298} = 1882$$

* Presión parcial del NO en el equilibrio: $K_p = \dfrac{p^2_{NOCl}}{p^2_{NO}\cdot p_{Cl2}} \quad \Rightarrow \quad p_{NO}^2 = \dfrac{p^2_{NOCl}}{K_p\cdot p_{Cl2}} \quad \Rightarrow$

$$\Rightarrow\ p_{NO} = \sqrt{\frac{p^2_{NOCl}}{K_p\cdot p_{Cl2}}} = \frac{p_{NOCl}}{\sqrt{K_p\cdot p_{Cl2}}} = \frac{67'2}{\sqrt{1882\cdot 3'61}} = \boxed{0'815\ atm}$$

b) * Constante de equilibrio K_p:

$$K_p = K_c\cdot(R\cdot T)^{\Delta n} = 4'6\cdot10^4\cdot(0'082\cdot298)^{2-2-1} = \frac{4'6\cdot10^4}{0'082\cdot298} = \boxed{1882}$$

* Presión total en el equilibrio: $P_T = p_{NO} + p_{Cl2} + p_{NOCl} = 0'815 + 3'61 + 67'2 = \boxed{71'6\ atm}$

---

38) En el siguiente equilibrio: $2\ NO_2(g) \rightleftharpoons 2\ NO(g) + O_2(g)$, razone si las siguientes afirmaciones son correctas o no:

a) Un aumento de la presión en el sistema favorece la formación de NO.

b) Un aumento de la concentración de O_2 desplaza el equilibrio a la izquierda.

c) K_p es igual a K_c.

Según el principio de Le Chatelier, la alteración de las condiciones de un equilibrio mediante un factor externo provoca que el equilibrio se desplace en el sentido en el que se compense al factor externo.

a) Incorrecta. Si se aumenta la presión total, el equilibrio tiende a desplazarse en el sentido en el que disminuya la presión total, que es el lado en el que hay menor número de moles gaseosos. Hay 2 moles a la izquierda y 3 a la derecha, luego se desplaza hacia la izquierda y no se favorece la formación de NO, sino su eliminación.

b) Correcta. La expresión de la constante de equilibrio es: $K_c = \dfrac{[NO]^2 \cdot [O_2]}{[NO_2]^2}$. Como la temperatura no cambia, K_c no cambia. Si aumenta la concentración de O_2, debe aumentar la concentración de NO_2 para que K_c permanezca constante. Esto se consigue desplazándose a la izquierda y produciendo más NO_2.

c) Incorrecta. La relación entre ambas es: $K_p = K_c \cdot (R \cdot T)^{\Delta n}$; $\Delta n = 2 + 1 - 2 = 1 \Rightarrow K_p = K_c \cdot R \cdot T$

---

39) En un recipiente de 10 L se introducen 0'61 moles de CO_2 y 0'39 moles de H_2 calentando hasta 1250 ºC. Una vez alcanzado el equilibrio según la reacción: $CO_2(g) + H_2(g) \rightleftharpoons CO(g) + H_2O(g)$, se analiza la mezcla de gases, encontrándose 0'35 moles de CO_2.
a) Calcule la presión total en el equilibrio.
b) Calcule el valor de K_c y K_p a esa temperatura.
Datos: $R = 0'082\ atm \cdot L \cdot K^{-1} \cdot mol^{-1}$.

a) * Balance de materia:

	$CO_2(g)$ +	$H_2(g)$ $\rightleftharpoons$	$CO(g)$ +	$H_2O(g)$
Moles iniciales	0'61	0'39	-	-
Moles reaccionados	x	x	-	-
Moles formados	-	-	x	x
Moles en el equilibrio	0'61 – x	0'39 – x	x	x
Concentraciones de equilibrio	$\frac{0'61-x}{10}$	$\frac{0'39-x}{10}$	$\frac{x}{10}$	$\frac{x}{10}$

* Cálculo de x: $0'61 - x = 0'35 \Rightarrow x = 0'61 - 0'35 = 0'26$ mol

* Número total de moles en el equilibrio: $n_T = 0'61 - x + 0'39 - x + x + x = 1$ mol

* Presión total en el equilibrio: $P_T = \dfrac{n_T \cdot R \cdot T}{V} = \dfrac{1 \cdot 0'082 \cdot 1523}{10} = \boxed{12'5\ atm}$

b) * Concentraciones de equilibrio: $[CO_2] = \dfrac{0'61-x}{10} = \dfrac{0'61-0'26}{10} = 0'035$ M

$[H_2] = \dfrac{0'39-x}{10} = \dfrac{0'39-0'26}{10} = 0'013$ M ; $[CO] = [H_2O] = \dfrac{x}{10} = \dfrac{0'26}{10} = 0'026$ M

* Constante de equilibrio K_c:

$$K_c = \frac{[CO]\cdot[H_2O]}{[CO_2]\cdot[H_2]} = \frac{0'026\cdot 0'026}{0'035\cdot 0'013} = \boxed{1'49}$$

* Constante de equilibrio K_p: $K_p = K_c\cdot(R\cdot T)^{\Delta n} = 1'49\cdot(0'082\cdot 1523)^{1+1-1-1} = \boxed{1'49}$

---

40) El cloruro de amonio se descompone según la reacción:

$$NH_4Cl(s) \rightleftharpoons HCl(g) + NH_3(g)$$

En un recipiente de 5 L, en el que previamente se ha hecho el vacío, se introducen 2'5 g de cloruro de amonio y se calienta a 300 ºC hasta alcanzar el equilibrio. Si el valor de $K_p = 1'2\cdot 10^{-3}$, calcule:
a) La presión total de la mezcla en el equilibrio.
b) La masa de cloruro de amonio sólido que queda en el recipiente.
Datos: $R = 0'082$ atm·L·K^{-1}·mol^{-1}. Masas atómicas relativas: H = 1, N = 14, Cl = 35'5.

a) * Moles iniciales de NH_4Cl: $n = \dfrac{m}{M} = \dfrac{2'5}{53'5} = 0'0469$ mol

* Presiones parciales: $K_p = p_{HCl}\cdot p_{NH3}$; $p_{HCl} = p_{NH3}$ $\Rightarrow$ $K_p = p_{HCl}^2 = p_{NH3}^2$ $\Rightarrow$

$\Rightarrow$ $p_{HCl} = p_{NH3} = \sqrt{K_p} = \sqrt{1'2\cdot 10^{-3}} = 0'0346$ atm

* Presión total: $P_T = p_{HCl} + p_{NH3} = 0'0346 + 0'0346 = \boxed{0'0692 \text{ atm}}$

b) * Balance de materia:

	NH_4Cl (s)	$\rightleftharpoons$ HCl (g)	+ NH_3 (g)
Moles iniciales	0'0469	-	-
Moles reaccionados	x	-	-
Moles formados	-	x	x
Moles en el equilibrio	0'0469 – x	x	x
Concentraciones de equilibrio	$\frac{0'0469-x}{5}$	$\frac{x}{5}$	$\frac{x}{5}$

* Moles de productos formados: $p_i\cdot V = n_i\cdot R\cdot T$ $\Rightarrow$ $n_i = \dfrac{p_i\cdot V}{R\cdot T}$

HCl: $n_{HCl} = \dfrac{p_{HCl}\cdot V}{R\cdot T} = \dfrac{0'0346\cdot 5}{0'082\cdot 573} = 3'68\cdot 10^{-3}$ mol = x

NH_3: $n_{NH3} = \dfrac{p_{NH3}\cdot V}{R\cdot T} = \dfrac{0'0346\cdot 5}{0'082\cdot 573} = 3'68\cdot 10^{-3}$ mol = x

* Moles de NH_4Cl en el equilibrio: $n = 0'0469 - x = 0'0469 - 3'68\cdot 10^{-3} = 0'0432$ mol

* Masa de NH_4Cl en el equilibrio: $m = n \cdot M = 0'0432\ mol \cdot \frac{53'5\ g}{1\ mol} = \boxed{2'31\ g}$

---

41) Justifique la veracidad o falsedad de las siguientes afirmaciones:
a) Para un equilibrio, K_p nunca puede ser más pequeña que K_c.
b) Para aumentar la concentración de NO_2 en el equilibrio: $N_2O_4(g) \rightleftharpoons 2\ NO_2(g)$, $\Delta H = +\ 58'2$ kJ/mol, tendremos que calentar el sistema.
c) Un incremento de presión en el equilibrio: $2\ C(s) + 2\ H_2O(g) \rightleftharpoons CO_2(g) + CH_4(g)$ aumenta la producción de metano gaseoso.

a) Falso. Ocurre cuando $\Delta n < 0$. La relación entre ambas constantes es: $K_p = K_c \cdot (R \cdot T)^{\Delta n}$, siendo Δn el incremento en el número de moles gaseosos. Hay tres casos:
i) $K_p = K_c$ cuando $\Delta n = 0$.
ii) $K_p > K_c$ cuando $\Delta n > 0$.
iii) $K_p < K_c$ cuando $\Delta n < 0$.

b) Verdadero. Según el principio de Le Chatelier, la alteración de las condiciones de un equilibrio mediante un factor externo provoca que el equilibrio se desplace en el sentido en el que compense al factor externo. Al ser $\Delta H > 0$, la reacción es endotérmica, es decir, transcurre hacia la derecha con enfriamiento, con bajada de la temperatura. Si calentamos el sistema, el equilibrio tenderá a bajar la temperatura desplazándose hacia la derecha.

c) Falso. Según el principio de Le Chatelier, la alteración de las condiciones de un equilibrio mediante un factor externo provoca que el equilibrio se desplace en el sentido en el que compense al factor externo. El aumento de la presión no altera el estado de equilibrio, pues el número de moles gaseosos en los reactivos (dos) es igual al número de moles gaseosos en los productos (dos).

---

42) En un recipiente cerrado y vacío de 5 L de capacidad, a 727 ºC, se introducen 1 mol de selenio y 1 mol de dihidrógeno, alcanzándose el equilibrio siguiente: $Se(g) + H_2(g) \rightleftharpoons H_2Se(g)$. Cuando se alcanza el equilibrio, se observa que la presión en el interior del recipiente es de 18'1 atm. Calcule:
a) Las concentraciones de cada una de las especies en el equilibrio.
b) El valor de K_p y de K_c.
Dato: $R = 0'082\ atm \cdot L \cdot mol^{-1} \cdot K^{-1}$.

a) * Balance de materia:

	$Se(g)$	+	$H_2(g)$	$\rightleftharpoons$	$H_2Se(g)$
Moles iniciales	1		1		-
Moles reaccionados	x		x		-
Moles formados	-		-		x
Moles en el equilibrio	1 – x		1 – x		x
Concentraciones de equilibrio	$\frac{1-x}{5}$		$\frac{1-x}{5}$		$\frac{x}{5}$

* Número de moles totales en el equilibrio: $n_T = 1 - x + 1 - x + x = 2 - x$

* Cálculo de x: $P_T \cdot V = n_T \cdot R \cdot T \Rightarrow n_T = \frac{P_T \cdot V}{R \cdot T} = \frac{18'1 \cdot 5}{0'082 \cdot 1000} = 1'1$

Al ser: $n_T = 2 - x = 1'1 \Rightarrow x = 2 - 1'1 = 0'9$ mol

* Concentraciones de equilibrio:

Se(g): $\frac{1-x}{5} = \frac{1-0'9}{5} = \frac{0'1}{5} = \boxed{0'02 \text{ M}}$

H_2(g): $\frac{1-x}{5} = \frac{1-0'9}{5} = \frac{0'1}{5} = \boxed{0'02 \text{ M}}$

H_2Se(g): $\frac{x}{5} = \frac{0'9}{5} = \boxed{0'18 \text{ M}}$

b) * Constante de equilibrio K_c:

$$K_c = \frac{[H_2Se]}{[Se]\cdot[H_2]} = \frac{0'18}{0'02 \cdot 0'02} = \boxed{450}$$

* Incremento en el número de moles gaseosos: $\Delta n = 1 - 1 - 1 = -1$

* Constante de equilibrio K_p:

$$K_p = K_c \cdot (R \cdot T)^{\Delta n} = 450 \cdot (0'082 \cdot 1000)^{-1} = \boxed{5'49}$$

---

43) La reacción: A + 2 B → C es de orden cero con respecto a A, de orden 2 respecto a B y su constante de velocidad vale 0'053 $mol^{-1} \cdot L \cdot s^{-1}$.
a) ¿Cuál es el orden total de la reacción?
b) ¿Cuál es la velocidad si las concentraciones iniciales de A y de B son 0'48 M y 0'35 M, respectivamente?
c) ¿Cómo se modifica la velocidad si la concentración inicial de A se reduce a la mitad?

a) El orden total es la suma de los órdenes parciales:

* Orden total de la reacción = 0 + 2 = $\boxed{2}$

b) * Velocidad: $v = k \cdot [A]^0 \cdot [B]^2 = k \cdot [B]^2 = 0'053 \cdot 0'35^2 = 6'49 \cdot 10^{-3} \frac{M}{s} = \boxed{6'49 \cdot 10^{-3} \text{ mol} \cdot L^{-1} \cdot s^{-1}}$

c) No se modifica, pues la concentración de A no forma parte de la ecuación de velocidad.

---

44) Para el equilibrio: $SnO_2(s) + 2\ H_2(g) \rightleftharpoons Sn(s) + 2\ H_2O(g)$ a 750 ºC, la presión total del sistema es de 32 mm Hg y la presión parcial del agua es 23'7 mm Hg. Calcule:
a) El valor de K_p para dicha reacción a 750 ºC.
b) Los moles de agua y de dihidrógeno presentes en el equilibrio, sabiendo que el volumen del reactor es de 2 L.
Dato: $R = 0'082\ atm \cdot L \cdot mol^{-1} \cdot K^{-1}$.

a) * Presión parcial del hidrógeno: $P_T = p_{H2O} + p_{H2} \Rightarrow p_{H2} = P_T - p_{H2O} = 32 - 23'7 = 8'3$ mm Hg

* Presiones parciales en atmósferas: H_2O: $\frac{23'7}{760} = 0'0312$ atm ; H_2: $\frac{8'3}{760} = 0'0109$ atm

* Constante de equilibrio K_p: $K_p = \frac{p^2_{H2O}}{p^2_{H2}} = \frac{0'0312^2}{0'0109^2} = \boxed{8'19}$

b) * Moles de agua en el equilibrio: $n_{H2O} = \frac{p_{H2O} \cdot V}{R \cdot T} = \frac{0'0312 \cdot 2}{0'082 \cdot 1023} = \boxed{7'44 \cdot 10^{-4}\ mol}$

* Moles de dihidrógeno en el equilibrio: $n_{H2} = \frac{p_{H2} \cdot V}{R \cdot T} = \frac{0'0109 \cdot 2}{0'082 \cdot 1023} = \boxed{2'6 \cdot 10^{-4}\ mol}$

2019

45) Uno de los métodos utilizados industrialmente para la obtención de dihidrógeno consiste en hacer pasar una corriente de vapor de agua sobre carbón al rojo, según la reacción:

$$C(s) + H_2O(g) \rightleftharpoons CO(g) + H_2(g) \qquad \Delta H = +\ 131'2\ kJ \cdot mol^{-1}$$

Explique cómo afectan los siguientes cambios al rendimiento de producción de H_2:
a) La adición de C(s).
b) El aumento de temperatura.
c) La reducción de volumen del recipiente.

Según el principio de Le Chatelier, la alteración de las condiciones de un equilibrio mediante un factor exterior provoca que el equilibrio se desplace en el sentido en el que compense al factor exterior.

a) No le afecta. La adición de C(s) no afecta al equilibrio pues, al ser un equilibrio heterogéneo, el C(s) no interviene en la constante de equilibrio:

$$K_p = \frac{p_{CO} \cdot p_{H2}}{p_{H2O}} \quad ; \quad K_c = \frac{[CO] \cdot [H_2]}{[H_2O]}$$

b) Aumenta el rendimiento. Como la reacción es endotérmica ($\Delta H < 0$), la reacción se enfría al transcurrir hacia la derecha. Cuando calentamos, el equilibrio tiende a enfriarse desplazándose hacia la derecha.

c) Disminuye el rendimiento. Reducir el volumen equivale a aumentar la presión. En los reactivos hay 1 mol gaseoso y en los productos hay 2 moles gaseosos, luego la reacción aumenta la presión al transcurrir hacia la derecha. Si disminuimos el volumen, aumenta la presión y el equilibrio tiende a desplazarse hacia la izquierda, disminuyendo así la presión.

---

46) Un recipiente de 2 L contiene 1'37 moles de $FeBr_3$, 2'42 moles de $FeBr_2$ y 1'34 moles de Br_2. A una temperatura dada. Sabiendo que para la reacción:

$$2\ FeBr_3(s) \rightleftharpoons 2\ FeBr_2(g) + Br_2(g)$$

la constante de equilibrio, K_c, a esa temperatura, vale 0'683, responda razonadamente a las siguientes ecuaciones:

a) ¿Se encuentra el sistema en equilibrio?

b) Si no lo está, ¿en qué sentido evolucionará?

c) Una vez en equilibrio, ¿qué ocurrirá si aumentamos el volumen del recipiente?

a) * Concentraciones de las especies: $c = \dfrac{n}{V}$

$$FeBr_3:\ \frac{1'37}{2} = 0'685\ M \quad ; \quad FeBr_2:\ \frac{2'42}{2} = 1'21\ M \quad ; \quad Br_2:\ \frac{1'34}{2} = 0'67\ M$$

* Cociente de reacción: $Q = [FeBr_2]^2 \cdot [Br_2] = 1'21^2 \cdot 0'67 = 0'981$

Como $Q = 0'981 \neq K_c = 0'683$, el sistema no está en equilibrio.

b) Como $Q > K_c$, hay exceso de productos, luego el sistema evolucionará hacia la izquierda.

c) El equilibrio se desplazará hacia la derecha. Según el principio de Le Chatelier, la alteración de las condiciones de un equilibrio mediante un factor externo provoca que el equilibrio se desplace en el sentido en el que compense al factor externo. Aumentar el volumen del recipiente equivale a disminuir la presión. Al transcurrir hacia la derecha, aumenta el número de moles gaseosos, luego aumenta la presión. Esto significa que, si aumentamos el volumen, la presión disminuirá y el sistema se desplazará en el sentido de aumentar la presión, es decir, hacia la derecha.

---

47) La obtención de dicloro mediante el proceso Deacon tiene lugar por medio de la siguiente reacción:

$$4\ HCl(g) + O_2(g) \rightleftharpoons 2\ Cl_2(g) + 2\ H_2O(g)$$

Si a 390 ºC se mezclan 0'08 moles de HCl y 0'1 moles de O_2, se forman, a la presión total de 1 atmósfera, $3'32 \cdot 10^{-2}$ moles de Cl_2. Calcule:

a) El volumen del recipiente que contiene la mezcla.

b) El valor de K_p a esa temperatura.

Datos: $R = 0'082\ atm \cdot L \cdot mol^{-1} \cdot K^{-1}$.

a) * Balance de materia:

	$4\,HCl$	+	O_2	$\rightleftharpoons$	$2\,Cl_2$	+	$2\,H_2O$
Moles iniciales	0'08		0'1		-		-
Moles reaccionados	4·x		x		-		-
Moles formados	-		-		2·x		2·x
Moles en el equilibrio	0'08 – 4·x		0'1 – x		2·x		2·x
Concentraciones de equilibrio	$\frac{0'08-4\cdot x}{V}$		$\frac{0'1-x}{V}$		$\frac{2\cdot x}{V}$		$\frac{2\cdot x}{V}$

* Cálculo de x: $0'0332 = 2\cdot x \Rightarrow x = \frac{0'0332}{2} = 0'0166$ mol

* Moles en el equilibrio:

HCl: $0'08 - 4\cdot x = 0'08 - 4\cdot 0'0166 = 0'0136$ mol ; O_2 : $0'1 - x = 0'1 - 0'0166 = 0'0834$ mol

H_2O : $2\cdot x = 2\cdot 0'0166 = 0'0332$ mol ; Cl_2 : $2\cdot x = 2\cdot 0'0166 = 0'0332$ mol

* Moles totales en el equilibrio: $n_T = 0'0136 + 0'0834 + 0'0332 + 0'0332 = 0'163$ mol

* Volumen del recipiente: $V = \frac{n_T\cdot R\cdot T}{P} = \frac{0'163\cdot 0'082\cdot 663}{1} = \boxed{8'86\ L}$

b) * Concentraciones de equilibrio:

HCl: $\frac{0'0136}{8'86} = 1'54\cdot 10^{-3}$ M ; O_2 : $\frac{0'0834}{8'86} = 9'41\cdot 10^{-3}$ M

H_2O : $\frac{0'0332}{8'86} = 3'75\cdot 10^{-3}$ M ; Cl_2 : $\frac{0'0332}{8'86} = 3'75\cdot 10^{-3}$ M

* Constante de concentraciones: $K_c = \frac{[Cl_2]^2\cdot[H_2O]^2}{[HCl]^4\cdot[O_2]} = \frac{(3'75\cdot 10^{-3})^2\cdot(3'75\cdot 10^{-3})^2}{(1'54\cdot 10^{-3})^4\cdot 9'41\cdot 10^{-3}} = 3738$

* Constante de presiones parciales:

$$K_p = K_c\cdot(R\cdot T)^{\Delta n} = 3738\cdot(0'082\cdot 663)^{2+2-4-1} = 3738\cdot(54'4)^{-1} = \boxed{68'8}$$

---

48) En un recipiente de 2 L se introducen 0'043 moles de NOCl(g) y 0'01 moles de Cl_2(g). Se cierra, se calienta hasta una temperatura de 30 ºC y se deja que alcance el equilibrio:

$$2\,NOCl(g) \rightleftharpoons Cl_2(g) + 2\,NO(g)$$

Calcule: a) El valor de K_c sabiendo que en el equilibrio se encuentran 0'031 moles de NOCl(g).
b) La presión total y las presiones parciales de cada gas en el equilibrio.
Datos: $R = 0'082$ atm·L·mol^{-1}·K^{-1}.

a) * Balance de materia:

	$2\ NOCl(g)$	$\rightleftharpoons$	$Cl_2(g)$	+	$2\ NO(g)$
Moles iniciales	0'043		0'01		-
Moles reaccionados	$2\cdot x$		-		-
Moles formados	-		x		$2\cdot x$
Moles en el equilibrio	$0'043 - 2\cdot x$		$0'01 + x$		$2\cdot x$
Concentraciones de equilibrio	$\frac{0'043-2\cdot x}{2}$		$\frac{0'01+x}{2}$		$\frac{2\cdot x}{2}$

* Cálculo de x: $0'043 - 2\cdot x = 0'031 \Rightarrow 0'043 - 0'031 = 2\cdot x \Rightarrow x = \frac{0'0332}{2} = 6\cdot 10^{-3}$ mol

* Concentraciones de equilibrio:

$$\text{NOCl: } \frac{0'043-2\cdot x}{2} = \frac{0'043-2\cdot 6\cdot 10^{-3}}{2} = 0'0155\ M$$

$$Cl_2\text{: } \frac{0'01+x}{2} = \frac{0'01+6\cdot 10^{-3}}{2} = 8\cdot 10^{-3}\ M \ ; \ \text{NO: } x = 6\cdot 10^{-3}\ M$$

* Constante de equilibrio de concentraciones:

$$K_c = \frac{[Cl_2]\cdot[NO]^2}{[NOCl]^2} = \frac{8\cdot 10^{-3}\cdot(6\cdot 10^{-3})^2}{0'0155^2} = \boxed{1'2\cdot 10^{-3}}$$

b) * Moles totales en el equilibrio:

$$n_T = 0'043 - 2\cdot x + 0'01 + x + 2\cdot x = 0'053 + x = 0'053 + 6\cdot 10^{-3} = 0'059\ mol$$

* Presión total en el equilibrio: $P_T = \frac{n_T\cdot R\cdot T}{V} = \frac{0'059\cdot 0'082\cdot 303}{2} = \boxed{0'733\ atm}$

* Moles en el equilibrio:

$$\text{NOCl: } 0'043 - 2\cdot x = 0'043 - 2\cdot 6\cdot 10^{-3} = 0'031\ mol \ ; \ Cl_2\text{: } 0'01 + x = 0'01 + 6\cdot 10^{-3} = 0'016\ mol$$

$$\text{NO: } 2\cdot x = 2\cdot 6\cdot 10^{-3} = 0'012\ mol$$

* Presiones parciales en el equilibrio: $p_i = \frac{n_i}{n_T}\cdot P_T$

$$\text{NOCl: } \frac{0'031\cdot 0'733}{0'059} = \boxed{0'385\ atm} \ ; \ Cl_2\text{: } \frac{0'016\cdot 0'733}{0'059} = \boxed{0'199\ atm}$$

$$\text{NO: } \frac{0'012 \cdot 0'733}{0'059} = \boxed{0'149 \text{ atm}}$$

---

49) La reacción elemental A + B $\rightarrow$ C es de orden 1 para cada reactivo.
a) Escriba la ecuación de velocidad correspondiente a dicha reacción.
b) A una determinada temperatura la velocidad inicial es de 6'8 mol·L^{-1}·s^{-1} y las concentraciones de A y B son 0'17 mol·L^{-1}, calcule la constante de velocidad indicando sus unidades.
c) Justifique qué le ocurriría a la velocidad de la reacción si se adiciona un catalizador.

a) v = k·[A]·[B]

$$\text{b) } [k] = \frac{[v]}{[c_A]\cdot[c_B]} = \frac{\frac{mol}{L\cdot s}}{\frac{mol}{L}\cdot\frac{mol}{L}} = \text{L·mol}^{-1}\text{·s}^{-1}$$

$$k = \frac{v}{c_A \cdot c_B} = \frac{6'8}{0'17\cdot 0'17} = \boxed{235 \text{ L·mol}^{-1}\text{·s}^{-1}}$$

c) Aumentaría la velocidad de reacción. Un catalizador es una sustancia que acelera la velocidad de una reacción química y que, después de la reacción química, se recupera con la misma composición inicial. Un catalizador ejerce su función disminuyendo la energía de activación de la reacción o modificando el mecanismo de reacción.

---

50) En un matraz de 5 L se introduce una mezcla de 0'92 moles de N_2 y 0'51 moles de O_2. Se calienta la mezcla hasta 2200 K, estableciéndose el equilibrio $N_2(g) + O_2(g) \rightleftarrows 2\ NO(g)$. Teniendo en cuenta que en estas condiciones reacciona el 1'09 % del N_2 inicial con el O_2 correspondiente, calcule:
a) La concentración de todos los compuestos en el equilibrio a 2200 K.
b) El valor de las constantes K_C y K_P a esa temperatura.
Datos: R = 0'082 atm·L·mol^{-1}·K^{-1}.

a) * Balance de materia:

	$N_2(g)$	+	$O_2(g)$	$\rightleftharpoons$ 2 NO(g)
Moles iniciales	0'92		0'51	-
Moles reaccionados	x		x	-
Moles formados	-		-	2·x
Moles en el equilibrio	0'92 – x		0'51 – x	2·x
Concentraciones de equilibrio	$\frac{0'92-x}{5}$		$\frac{0'51-x}{5}$	$\frac{2\cdot x}{5}$

$$\text{* Cálculo de x: } x = \frac{0'92\cdot 1'09}{100} = 0'01$$

* Concentraciones de equilibrio:

$$N_2: \frac{0'92-x}{5} = \frac{0'92-0'01}{5} = \boxed{0'182\ M}$$

$$O_2: \frac{0'51-x}{5} = \frac{0'51-0'01}{5} = \boxed{0'1\ M}$$

$$NO: \frac{2\cdot x}{5} = \frac{2\cdot 0'01}{5} = \boxed{4\cdot 10^{-3}\ M}$$

b) * Constante de equilibrio de concentraciones:

$$K_c = \frac{[NO]^2}{[N_2]\cdot[O_2]} = \frac{(4\cdot 10^{-3})^2}{0'182\cdot 0'1} = \boxed{8'79\cdot 10^{-4}}$$

* Constante de equilibrio de presiones parciales:

$$K_p = K_c\cdot(R\cdot T)^{\Delta n} = 8'79\cdot 10^{-4}\cdot(0'082\cdot 2200)^{2-2} = \boxed{8'79\cdot 10^{-4}}$$

TEMA 3: TERMOQUÍMICA

RESUMEN TEÓRICO Y FORMULARIO

Conceptos previos

- La Termoquímica es la rama de la Química que estudia los intercambios de energía en las reacciones químicas.
- La energía se puede medir en julio (J), kilojulios (kJ), calorías (cal) y kilocalorías (kcal). La equivalencia fundamental es: 1 cal = 4'18 J
- Desde el punto de vista energético, las reacciones pueden ser endotérmicas o exotérmicas.
- Una reacción endotérmica es aquella que transcurre con absorción de calor. Resultado: el recipiente de reacción se enfría o la reacción no ocurre hasta que se calienta el recipiente.
- Una reacción exotérmica es aquella que transcurre con desprendimiento de calor. Resultado: el recipiente de reacción se calienta.
- Si la energía de los reactivos es mayor que la de los productos, se desprende calor. Si la energía de los productos es mayor que la de los reactivos, se absorbe calor.

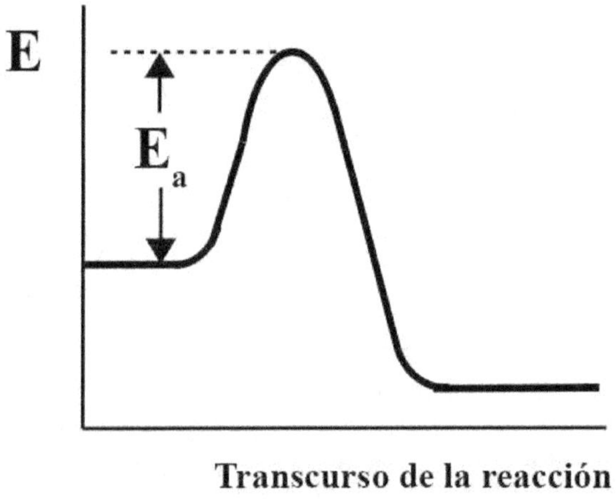

Reacción exotérmica

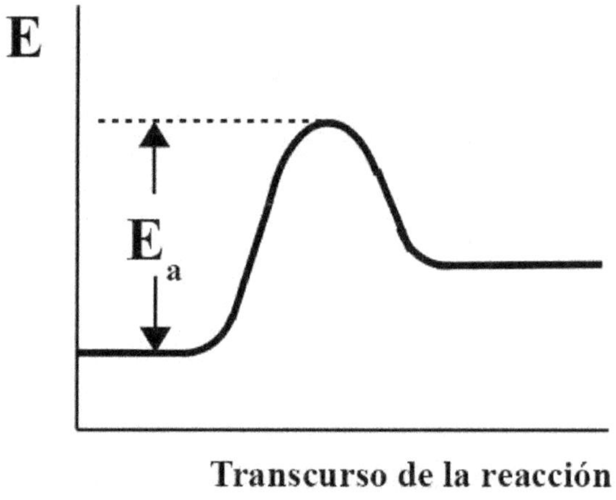

Reacción endotérmica

- Las reacciones que más aparecen en Termoquímica son de combustión y de síntesis o formación.
- En las ecuaciones termoquímicas, sí pueden aparecer coeficientes fraccionarios. La regla es que el coeficiente de la sustancia principal debe ser uno.

Ejemplo 1: escribe las siguientes ecuaciones:
a) Formación del butano. b) Combustión del butano.

a) $4\ C(s) + 5\ H_2(g) \rightarrow C_4H_{10}(g)$ b) $C_4H_{10}(g) + \frac{13}{2}\ O_2(g) \rightarrow 4\ CO_2(g) + 5\ H_2O(l)$

Cálculo de funciones de estado

- Existen muchas magnitudes termodinámicas. Hay dos tipos: las funciones de estado y las magnitudes que no son función de estado.
- Una magnitud es función de estado cuando su cambio sólo depende de los estado inicial y final.
- Las principales magnitudes que son función de estado son: la entalpía (H), la energía interna (U), la entropía (S) y la energía libre de Gibbs (G).
- La entalpía, H, representa el calor de reacción (absorbido o desprendido) a presión constante.
- La energía interna, U, representa el calor de reacción (absorbido o desprendido) a volumen constante.
- La entropía, S, es una magnitud termodinámica relacionada con el desorden del sistema.
- La energía libre de Gibbs, G, es una magnitud termodinámica que nos indica si un proceso o reacción química es espontáneo o no. Espontáneo significa posible en determinadas condiciones de P y T, es decir, que ocurre por sí solo, sin la intervención de agentes externos.
- De las funciones de estado no se suelen medir sus valores absolutos, sino que se miden sus incrementos: ΔH, ΔU, ΔS y ΔG.
- Las condiciones estándar en Termoquímica son 25 ºC y 1 atm. Llamamos estado normal o estándar de un elemento o compuesto a la forma física más estable del elemento o compuesto en condiciones estándar.
- La entalpía estándar de formación de un elemento en su estado habitual es cero.
- Las funciones de estado estándar se representan con el superíndice cero: ΔH^0, ΔU^0, ΔS^0 y ΔG^0.
- Las funciones de estado se calculan de esta forma:

$$\Delta H = \sum n \cdot H_{productos} - \sum n \cdot H_{reactivos}$$

$$\Delta S = \sum n \cdot S_{productos} - \sum n \cdot S_{reactivos}$$

$$\Delta G = \sum n \cdot G_{productos} - \sum n \cdot G_{reactivos}$$

Ejemplo 2: las plantas verdes sintetizan glucosa mediante la fotosíntesis según la reacción:

$$6\,CO_2(g) + 6\,H_2O(l) \rightarrow C_6H_{12}O_6(s) + 6\,O_2(g)$$

a) Calcula la entalpía de reacción estándar, a 25ºC, indicando si es exotérmica o endotérmica.
b) ¿Qué energía se desprende cuando se forman 500 g de glucosa a partir de sus elementos?
$\Delta H_f^o\,[C_6H_{12}O_6(s)] = -\,673'6\ kJ\cdot mol^{-1}$; $\Delta H_f^o[CO_2(g)] = -\,393'5\ kJ\cdot mol^{-1}$;
$\Delta H_f^o[H_2O(l)] = -\,285'8\ kJ\cdot mol^{-1}$.

a) $\Delta H = \sum n \cdot H_{productos} - \sum n \cdot H_{reactivos} = 1\cdot(-\,673'6) + 6\cdot 0 - 6\cdot(-\,393'5) - 6\cdot(-\,285'8) =$

= + 3402 kJ/mol. Es endotérmica, pues el signo es positivo.

b) $E = -\,673'6\ \frac{kJ}{mol\ glucosa} \cdot \frac{1\,mol\ glucosa}{180\,g\ glucosa} \cdot 500\ g\ glucosa = -\,1871\ kJ$

- La energía de enlace es la energía necesaria para romper un enlace químico.
- La entalpía también puede calcularse a partir de las energías de enlace.

$$\Delta H = \sum n \cdot E_{rotos} - \sum n \cdot E_{formados} = \sum n \cdot E_{reactivos} - \sum n \cdot E_{productos}$$

Ejemplo 3: calcula la entalpía estándar de formación del HCl a partir de las energías de enlace:
E (H-H) = 436 kJ, E (Cl-Cl) = 244 kJ, E (H-Cl) = 430 kJ

La reacción es: H_2 (g) + Cl_2 (g) $\rightarrow$ 2 HCl (g)

$$\Delta H = \sum n \cdot E_{rotos} - \sum n \cdot E_{formados} = \sum n \cdot E_{reactivos} - \sum n \cdot E_{productos} =$$

$$= 436 + 244 - 2 \cdot 430 = 680 - 860 = -180 \text{ kJ}$$

$$\Delta H_f = \frac{\Delta H}{2} = \frac{-180}{2} = -90 \ \frac{kJ}{mol}$$

- Una ecuación termoquímica es una reacción del tipo:

N_2 (g) + 3 H_2 (g) $\rightarrow$ 2 NH_3 (g) $\Delta H = -$ 22'0 Kcal

- Cuando a una ecuación química se le da la vuelta, el signo de la entalpía cambia:

2 NH_3 (g) $\rightarrow$ N_2 (g) + 3 H_2 (g) $\Delta H = +$ 22'0 Kcal

- Las reacciones químicas pueden ser: exotérmicas/endotérmicas, reversibles/irreversibles, posibles/imposibles o lo que es lo mismo espontánea/no espontánea.
- Dependiendo del tipo de reacción, las entalpías pueden ser: de formación, de combustión, etc.

Ejemplo 4: la entalpía de formación estándar del agua líquida es la correspondiente a este proceso:

$$H_2(g) + \frac{1}{2} O_2(g) \Rightarrow H_2O(l) \qquad \Delta H_f^0 = -285'8 \text{ KJ}$$

- Y la del vapor de agua:

$$H_2(g) + \frac{1}{2} O_2(g) \Rightarrow H_2O(g) \qquad \Delta H_f^0 = -241'9 \text{ KJ}$$

Ley de Hess

- Ley de Hess: La variación de entalpía que tiene lugar en una reacción química es siempre la misma, tanto si la reacción se lleva a cabo en una etapa, como si transcurre en varias.
- Según esta ley, podemos combinar varias ecuaciones termoquímicas para obtener la entalpía desconocida de una determinada reacción.

Ejemplo 5: calcula la entalpía estándar de formación del CO a partir de estos datos:
ΔH_c^0 (grafito) = $-$ 94'05 kcal, ΔH_c^0 (CO) = $-$ 67'63 kcal
El proceso que nos piden es:
C (grafito) + ½ O_2 (g) $\rightarrow$ CO (g)
Y los datos que nos dan son:
a) C (grafito) + O_2 (g) $\rightarrow$ CO_2 (g) $\Delta H^0 = -$ 94' 05 kcal
b) CO (g) + ½ O_2 (g) $\rightarrow$ CO_2 (g) $\Delta H^0 = -$ 67'63 kcal
Si la primera reacción la dejamos igual y a la segunda le damos la vuelta:
C (grafito) + O_2 (g) $\rightarrow$ CO_2 (g) $\Delta H^0 = -$ 94'05 kcal
CO_2 (g) $\rightarrow$ CO (g) + ½ O_2 (g) $\Delta H^0 = +$ 67'63 kcal
Y si sumamos las dos:
C (grafito) + ½ O_2 (g) $\rightarrow$ CO (g) $\Delta H^0 = -$ 94'05 + 67'63 = $-$ 26'42 kcal

- Hay que saber predecir el signo de la entropía de reacciones. La regla general es que:

$$S_{gases} > S_{líquidos} > S_{sólidos}$$

Si la reacción tiene sólidos, líquidos y gases, nos fijamos en los números de moles de las sustancias en estado gaseoso:

$$\text{Si } \Delta n > 0 \Rightarrow \Delta S > 0$$
$$\text{Si } \Delta n < 0 \Rightarrow \Delta S < 0$$

Espontaneidad de las reacciones químicas

- Una reacción química es espontánea cuando su $\Delta G < 0$.

$$\Delta G = \Delta H - T \cdot \Delta S$$

Es decir, el signo de ΔG depende de los signos de ΔH y de ΔS.
- Estudio teórico de la espontaneidad de las reacciones:

ΔH	**ΔS**	**ΔG**	**Proceso**
Negativo	Positivo	Siempre negativo	Siempre espontáneo
Negativo	Negativo	Negativo a baja T Positivo a alta T	Espontáneo a baja T
Positivo	Positivo	Negativo a alta T Positivo a baja T	Espontáneo a alta T
Positivo	Negativo	Siempre positivo	Nunca es espontáneo

Ejemplo 6: una reacción libera 3200 kJ y su variación de entropía es – 4'2 kJ. Calcula a qué temperaturas la reacción es espontánea.

$$\Delta G = \Delta H - T \cdot \Delta S = -3200 - T \cdot (-4'2) < 0 \Rightarrow 4'2 \cdot T < 3200 \Rightarrow$$

$$\Rightarrow T < \frac{3200}{4'2} = 762 \text{ K} = 489 \text{ °C}$$

Formulario

- Entalpía de reacción o calor a presión constante: $\Delta H = \sum (n \cdot H)_{productos} - \sum (n \cdot H)_{reactivos}$

$$\Delta H = \sum (n \cdot E)_{rotos} - \sum (n \cdot E)_{formados} = \sum (n \cdot E)_{reactivos} - \sum (n \cdot E)_{productos}$$

- Energía interna o calor a volumen constante: $\Delta U = \Delta H - R \cdot T \cdot \Delta n$

- Entropía: $\Delta S = \sum (n \cdot S)_{productos} - \sum (n \cdot S)_{reactivos}$

- Energía libre de Gibbs: $\Delta G = \sum (n \cdot G)_{productos} - \sum (n \cdot G)_{reactivos}$; $\Delta G = \Delta H - T \cdot \Delta S$

PROBLEMAS Y CUESTIONES DE TERMOQUÍMICA

2024

1) Para la siguiente reacción:

$$4NH_3(g) + 3\,O_2(g) \rightarrow 6\,H_2O(l) + 2\,N_2(g)$$

Calcule:
a) La entalpía de reacción estándar.
b) La variación de energía interna (calor a volumen constante) a 25 ºC.
Datos: R = 8'31 $J \cdot mol^{-1} \cdot K^{-1}$.

Enlace	N – H	O = O	N ≡ N	O – H
Energía ($kJ \cdot mol^{-1}$)	390	499	946	460

a) * Reacción con fórmulas desarrolladas: 4 H – N – H + 3 O = O → 6 H – O – H + 2 N ≡ N (con un H unido al N en el NH_3)

* Entalpía de reacción estándar:

$$\Delta H = \sum (n \cdot E)_{rotos} - \sum (n \cdot E)_{formados} = \sum (n \cdot E)_{reactivos} - \sum (n \cdot E)_{productos} =$$

$$= 4 \cdot 3 \cdot E\,(N - H) + 3 \cdot E\,(O = O) - 6 \cdot 2 \cdot E\,(O - H) - 2 \cdot E\,(N \equiv N) =$$

$$= 12 \cdot 390 + 3 \cdot 499 - 12 \cdot 460 - 2 \cdot 946 = \boxed{-1235 \text{ kJ}}$$

b) * Incremento en el número de moles gaseosos: $\Delta n = 2 - 4 - 3 = 2 - 7 = -5$ moles

* Variación de energía interna:

$$\Delta U = \Delta H - R \cdot T \cdot \Delta n = -1235 - 8'31 \cdot 10^{-3} \cdot 298 \cdot (-5) = \boxed{-1223 \text{ kJ}}$$

2016

2) Dada la siguiente ecuación termoquímica: $2\,H_2(g) + O_2(g) \Rightarrow 2\,H_2O(g)$ $\Delta H = -483'6$ kJ
Justifique cuáles de las siguientes afirmaciones son verdaderas y cuáles falsas:
a) Al formarse 18 g de agua en esas condiciones se desprenden 483'6 kJ.
b) Dado que $\Delta H < 0$, la formación de agua es un proceso espontáneo.
c) La reacción de formación del agua será muy rápida.
Masas atómicas: H = 1; O = 16.

a) Falsa. El signo negativo indica ciertamente que se desprende calor. Sin embargo, se desprenden 483'6 kJ por cada dos moles de agua, que son: $m = n \cdot M = 2 \cdot 18 = 36$ g. Luego por cada 18 g de agua se desprenden $\frac{483'6}{2} = 241'8$ kJ.

b) Falsa. La espontaneidad de una reacción no depende del signo de la entalpía, sino de la energía libre de Gibbs. Una reacción es espontánea si: $\Delta G < 0$. Al ser $\Delta n < 0 \Rightarrow \Delta S < 0 \Rightarrow$ la reacción es espontánea a bajas temperaturas, ya que: $\Delta G = \Delta H - T \cdot \Delta S$

c) Falsa. La cinética de una reacción no tiene nada que ver con el valor de su entalpía.

---

3) a) En la reacción de combustión de 1 mol de propano (C_3H_8), a 127°C y presión constante, se desprenden 2200 kJ. Calcule el calor de reacción a volumen constante a la misma temperatura, considerando que todas las especies están en estado gaseoso.
b) Calcule la entalpía estándar de combustión del propano, a 25°C, conocidas las energías medias de los enlaces : (C – C): 347; (C – H): 414; (O = O): 498'7; (C = O): 745; (O – H): 460 (kJ/mol).
R = 0'082 atm·L/(mol·K)

a) * Reacción de combustión del propano: $C_3H_8(g) + 5\,O_2(g) \Rightarrow 3\,CO_2(g) + 4\,H_2O(g)$

* Entalpía de combustión: $\Delta H = -2200$ kJ. El signo es negativo porque el calor se desprende.

* Incremento en el número de moles: $\Delta n = 3 + 4 - 1 - 5 = 7 - 6 = 1$ mol

* Calor de reacción a volumen constante:

$\Delta H = \Delta U + \Delta n \cdot R \cdot T \Rightarrow \Delta U = \Delta H - \Delta n \cdot R \cdot T =$

$= -2200 \text{ kJ} - 1 \text{ mol} \cdot 8'31 \dfrac{J}{mol \cdot K} \cdot (127+273) \text{ K} \cdot \dfrac{1\,kJ}{1000\,J} = \boxed{-2203 \text{ kJ}}$

b) * Reacción de combustión del propano con fórmulas desarrolladas:

$$\begin{array}{c}
\text{H H H}\\
\text{| | |}\\
\text{H}-\text{C}-\text{C}-\text{C}-\text{H} + 5\,\text{O}=\text{O} \rightarrow 3\,\text{O}=\text{C}=\text{O} + 4\,\text{H}-\text{O}-\text{H}\\
\text{| | |}\\
\text{H H H}
\end{array}$$

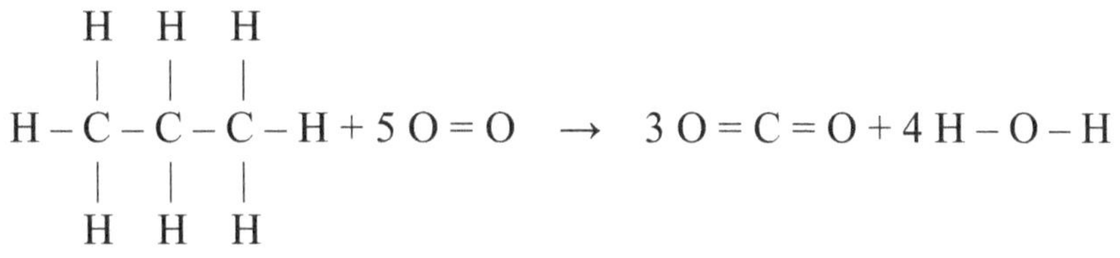

* Entalpía estándar de combustión del propano:

$\Delta H = \sum (n \cdot E)_{rotos} - \sum (n \cdot E)_{formados} = \sum (n \cdot E)_{reactivos} - \sum (n \cdot E)_{productos} =$

$= 8 \cdot E(C-H) + 2 \cdot E(C-C) + 5 \cdot E(O=O) - 6 \cdot E(C=O) - 8 \cdot E(O-H) =$

$= 8 \cdot 414 + 2 \cdot 347 + 5 \cdot 498'7 - 6 \cdot 745 - 8 \cdot 460 = \boxed{-1650 \text{ kJ}}$

---

4) a) La reacción: $CuO(s) + H_2(g) \rightarrow Cu(s) + H_2O(l)$, en condiciones estándar y a 25°C, ¿es exotérmica o endotérmica? Justifique la respuesta.
Datos: $\Delta H_f^0 [CuO(s)] = -161'1$ kJ/mol ; $\Delta H_f^0 [H_2O(l)] = -285'8$ kJ/mol.
b) Dibuje el diagrama entálpico correspondiente.
c) Razone cuál será el signo de la ΔS^0 para dicha reacción.

a) * Entalpía de la reacción:

$$\Delta H = \sum (n \cdot \Delta H)_{productos} - \sum (n \cdot \Delta H)_{reactivos} = \Delta H[Cu(s)] + \Delta H[H_2O(l)] - \Delta H[CuO(s)] - \Delta H[H_2(g)] =$$

$$= +0 - 285'8 - (-161'1) - 0 = \boxed{-124'7\ kJ}$$

Las entalpías de formación de los elementos en sus estados estándar valen cero.

b) Se trata de una reacción exotérmica, luego la energía de los reactivos es mayor que la de los productos:

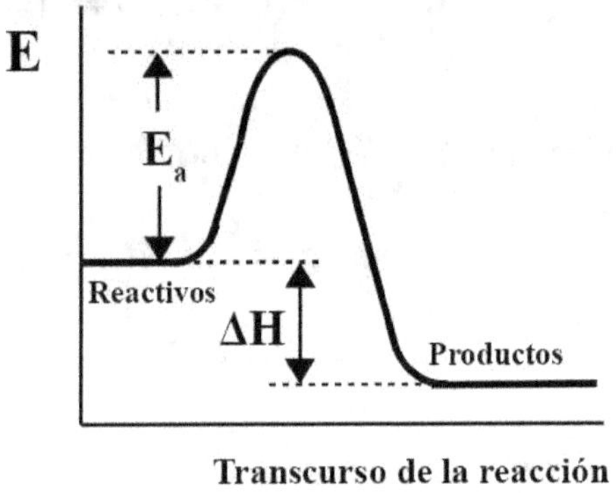

Reacción exotérmica

c) Será negativo, pues el incremento en el número de moles gaseosos es negativo:

$$\Delta n = 0 + 0 - 0 - 1 = -1$$

Ésto significa que disminuye el desorden, luego disminuye la entropía.

---

5) a) Determine el calor de formación del $C_4H_{10}(g)$ utilizando los datos de entalpías que se dan.
b) Para fundir una determinada cantidad de sodio se necesitan $1'98 \cdot 10^5$ kJ. ¿Cuántos kg de gas butano serán necesarios quemar para conseguir fundir el sodio?
Datos: $\Delta H_f^0\ [CO_2(g)] = -393'5$ kJ/mol ; $\Delta H_f^0\ [H_2O(l)] = -285'8$ kJ/mol;
$\Delta H^0_{combustión}\ [C_4H_{10}(g)] = -2878'6$ kJ/mol; Masas atómicas: C: 12; H : 1.

a) * Reacción de formación del butano: $4\ C(s) + 5\ H_2(g) \rightarrow C_4H_{10}(g)$ (1)

* Reacción de formación del dióxido de carbono: $C(s) + O_2(g) \rightarrow CO_2(g)$ (2)

* Reacción de formación del agua líquida: $H_2(g) + \frac{1}{2}\ O_2(g) \rightarrow H_2O(l)$ (3)

* Reacción de combustión del butano: $C_4H_{10}(g) + \frac{13}{2}\ O_2(g) \rightarrow 4\ CO_2(g) + 5\ H_2O(l)$ (4)

Aplicamos la ley de Hess: disponemos las reacciones (2), (3) y (4) de tal forma que obtengamos la primera:

$4\ CO_2(g) + 5\ H_2O(l) \rightarrow C_4H_{10}(g) + \frac{13}{2}\ O_2(g)$ La (4) al revés

$5\ H_2(g) + \frac{5}{2}\ O_2(g) \rightarrow 5\ H_2O(l)$ 5 veces la (3)

$4\ C(s) + 4\ O_2(g) \rightarrow 4\ CO_2(g)$ 4 veces la (2)

* Entalpía de formación del butano:

$\Delta H_f^0\ [C_4H_{10}(g)] = -\Delta H^0_c\ [C_4H_{10}(g)] + 5\cdot\Delta H_f^0\ [H_2O(l)] + 4\cdot\Delta H_f^0\ [CO_2(g)] =$

$= -(-2878'6) + 5\cdot(-285'8) + 4\cdot(-393'5) = \boxed{-124'4\ kJ}$

b) * Masa molecular del butano: $M = 4\cdot 12 + 10 = 58\ \frac{g}{mol}$

* Masa de butano necesaria:

$$m = 1'98\cdot 10^5\ kJ\cdot \frac{1\,mol\,C_4H_{10}}{2878'6\,kJ}\ \frac{58\,g\,C_4H_{10}}{1\,mol\,C_4H_{10}}\cdot\frac{1\,kg\,C_4H_{10}}{1000\,g\,C_4H_{10}} = \boxed{3'99\ kg\ C_4H_{10}}$$

---

6) Para la reacción: $2\ H_2S(g) + SO_2(g) \rightarrow 2\ H_2O(l) + 3\ S(s)$, a 25ºC:
a) Determine ΔH^0 y ΔS^0.
b) Prediga si es espontánea o no, a esa temperatura.
Datos a 25ºC: ΔH_f^0 (kJ/mol): $H_2S(g)$: – 20'6; $SO_2(g)$: – 296'8 ; $H_2O(l)$: – 285'8.
S^0 ($J\cdot mol^{-1}\cdot K^{-1}$): $H_2S(g)$: 205'8; $SO_2(g)$: 248'2; $H_2O(l)$: 69'9; $S(s)$: 31'8.

a) * Entalpía de la reacción:

$$\Delta H^0 = \sum (n\cdot\Delta H^0)_{productos} - \sum (n\cdot\Delta H^0)_{reactivos} =$$

$= 2\cdot\Delta H^0[H_2O(l)] + 3\cdot\Delta H^0[S(s)] - 2\cdot\Delta H^0[H_2S(g)] - \Delta H^0[SO_2(g)] =$

$= 2\cdot(-285'8) + 3\cdot 0 - 2\cdot(-20'6) - (-296'8) = \boxed{-233'6\ kJ}$

* Entropía de la reacción:

$\Delta S^0 = \sum (n\cdot S^0)_{productos} - \sum (n\cdot S^0)_{reactivos} = 2\cdot S^0[H_2O(l)] + 3\cdot S^0[S(s)] - 2\cdot S^0[H_2S(g)] - S^0[SO_2(g)] =$

$= 2\cdot 69'9 + 3\cdot 31'8 - 2\cdot 205'8 - 248'2 = -424'6\ J = \boxed{-0'4246\ kJ/K}$

b) * Energía libre de Gibbs: $\Delta G^0 = \Delta H^0 - T\cdot\Delta S^0 = -233'6 - 298\cdot(-0'4246) = -107'1$ kJ

La reacción es espontánea a esa temperatura puesto que $\Delta G^0 < 0$.

---

7) a) Calcule el calor de formación del metano a presión constante, en condiciones estándar y a 25ºC, a partir de los siguientes datos:

$$C(s) + O_2(g) \rightarrow CO_2(g) \quad \Delta H^0 = -393'5 \text{ kJ/mol} \quad (1)$$

$$H_2(g) + \frac{1}{2} O_2(g) \rightarrow H_2O(l) \quad \Delta H^0 = -285'8 \text{ kJ/mol} \quad (2)$$

$$CH_4(g) + 2\,O_2(g) \rightarrow CO_2(g) + H_2O(l) \quad \Delta H^0 = -890'4 \text{ kJ/mol} \quad (3)$$

b) Calcule el calor producido cuando se queman 10 m^3 de metano medidos a 1 atm de presión y a 25ºC. Datos: R = 0'082 atm·L/(mol·K).

a) * Reacción de formación del metano: $C(s) + 2\,H_2(g) \Rightarrow CH_4(g)$ (4)

Aplicamos la ley de Hess: disponemos las reacciones (1), (2) y (3) de tal forma que obtengamos la (4):

$C(s) + O_2(g) \rightarrow CO_2(g)$ — La (1) tal cual

$CO_2(g) + H_2O(l) \rightarrow CH_4(g) + 2\,O_2(g)$ — La (3) al revés

$2\,H_2(g) + O_2(g) \rightarrow 2\,H_2O(l)$ — La (2) multiplicada por 2

* Entalpía de formación del metano:

$$\Delta H^0 = \Delta H_1^0 - \Delta H_3^0 + 2\cdot\Delta H_2^0 = -393'5 - (-890'4) + 2\cdot(-285'8) = \boxed{-74'7 \text{ kJ}}$$

b) * Moles de metano: $P\cdot V = n\cdot R\cdot T \Rightarrow n = \dfrac{P\cdot V}{R\cdot T} = \dfrac{1\cdot 10000}{0'082\cdot 298} = 409$ mol

* Calor producido en la combustión: $Q = -890'4\ \dfrac{kJ}{mol}\cdot 409 \text{ mol} = \boxed{-3'64\cdot 10^5 \text{ kJ}}$

2015

8) Las plantas verdes sintetizan glucosa mediante la fotosíntesis según la reacción:

$$6\,CO_2(g) + 6\,H_2O(l) \rightarrow C_6H_{12}O_6(s) + 6\,O_2(g)$$

a) Calcule la entalpía de reacción estándar, a 25ºC, indicando si es exotérmica o endotérmica.
b) ¿Qué energía se desprende cuando se forman 500 g de glucosa a partir de sus elementos?.
Datos: ΔH_f^0 [$C_6H_{12}O_6(s)$] = – 673'3 kJ/mol; ΔH_f^0 [$CO_2(g)$] = – 393'5 kJ/mol; ΔH_f^0 [$H_2O(l)$] = – 285'8 kJ/mol. Masas atómicas: C: 12; H: 1; O: 16.

a) * Entalpía de reacción estándar:

$\Delta H^0 = \sum (n \cdot \Delta H^0)_{productos} - \sum (n \cdot \Delta H^0)_{reactivos} =$

$= \Delta H^0[C_6H_{12}O_6(s)] + 6 \cdot \Delta H^0[O_2(g)] - 6 \cdot \Delta H^0[CO_2(g)] - 6 \cdot \Delta H^0[H_2O(l)] =$

$= -673'3 + 6 \cdot 0 - 6 \cdot (-393'5) - 6 \cdot (-285'8) = \boxed{+3402'5 \text{ kJ}}$

La reacción es endotérmica puesto que $\Delta H^0 > 0$.

b) * Masa molecular de la glucosa: $M = 6 \cdot 12 + 12 + 6 \cdot 16 = 180 \ \frac{g}{mol}$

* Energía que se desprende: $Q = -673'3 \ \frac{kJ}{mol} \cdot \frac{1\,mol}{180\,g} \cdot 500 \text{ g} = \boxed{-1870'3 \text{ kJ}}$

---

9) Dado el siguiente proceso de disolución:

$$NaCl(s) + H_2O(l) \rightarrow Na^+(aq) + Cl^-(aq) \quad \Delta H = 1'7 \text{ kJ}$$

Indique razonadamente si las siguientes afirmaciones son verdaderas o falsas:
a) El proceso es exotérmico.
b) Se produce un aumento de la entropía.
c) El proceso es siempre espontáneo.

a) Falsa. El proceso es endotérmico puesto que $\Delta H > 0$.

b) Verdadera. Al aumentar el número de iones en disolución, aumenta el desorden y aumenta la entropía por consiguiente.

c) Falsa. El proceso es espontáneo cuando la energía libre de Gibbs es negativa: $\Delta G < 0$. Al ser:

$\Delta G = \Delta H - T \cdot \Delta S$; $\Delta H > 0$; $\Delta S > 0$ $\Rightarrow$ ΔG será negativa a altas temperaturas, luego la reacción será espontánea a altas temperaturas.

---

10) A partir de las siguientes ecuaciones termoquímicas:

$$N_2(g) + 2\,O_2(g) \rightarrow 2\,NO_2(g) \quad \Delta H^0 = 67'6 \text{ kJ} \quad (1)$$

$$2\,NO(g) + O_2(g) \rightarrow 2\,NO_2(g) \quad \Delta H^0 = -112'8 \text{ kJ} \quad (2)$$

a) Calcule la entalpía de formación estándar, a 25ºC, del monóxido de nitrógeno.
b) Calcule los litros de aire necesarios para convertir en dióxido de nitrógeno 50 L de monóxido de nitrógeno, todos ellos medidos en condiciones normales.
Datos: Composición volumétrica del aire: 21% O_2 y 79% N_2.

a) * Reacción de formación del monóxido de nitrógeno: $\frac{1}{2} \ N_2(g) + \frac{1}{2} \ O_2(g) \Rightarrow NO(g) \quad (3)$

Aplicamos la ley de Hess: disponemos las reacciones (1) y (2) de tal forma que obtengamos la (3):

$\frac{1}{2}$ $N_2(g) + O_2(g) \rightarrow NO_2(g)$ La (1) dividida por 2

$NO_2(g) \rightarrow NO(g) + \frac{1}{2} O_2(g)$ La (2) al revés y dividida entre 2

* Entalpía de formación estándar del NO:

$$\Delta H^0 = \frac{\Delta H_1^0}{2} - \frac{\Delta H_2^0}{2} = \frac{67'6}{2} - \frac{-112'8}{2} = \boxed{+90'2 \text{ kJ}}$$

b) * Volumen de aire necesario: $V = 50\ L\ NO \cdot \frac{1\,L\,O_2}{2\,L\,NO} \cdot \frac{100\,L\,aire}{21\,L\,O_2} = \boxed{119\ L\ aire}$

---

11) a) Calcule la entalpía de formación estándar, a 25ºC, de la sacarosa ($C_{12}H_{22}O_{11}$).
b) Si nuestros músculos convierten en trabajo sólo el 30% de la energía producida en la combustión de la sacarosa, determine el trabajo muscular que podemos realizar al metabolizar 1 g de sacarosa.
Datos: $\Delta H^0_{combustión}$ $[C_{12}H_{22}O_{11}]$ = – 5650 kJ/mol; ΔH_f^0 $[CO_2(g)]$ = – 393'5 kJ/mol;
ΔH_f^0 $[H_2O(l)]$ = – 285'8 kJ/mol;
Masas atómicas: C: 12; O: 16; H: 1.

a) * Reacción de formación de la sacarosa:

$$12\ C(s) + 11\ H_2(g) + \frac{11}{2}\ O_2(g) \rightarrow C_{12}H_{22}O_{11}(s) \quad (1)$$

* Reacción de combustión de la sacarosa:

$$C_{12}H_{22}O_{11}(s) + 12\ O_2(g) \rightarrow 12\ CO_2(g) + 11\ H_2O(l) \quad (2)$$

* Reacción de formación del dióxido de carbono: $C(s) + O_2(g) \rightarrow CO_2(g)$ (3)

* Reacción de formación del agua: $H_2(g) + \frac{1}{2}\ O_2(g) \rightarrow H_2O(l)$ (4)

Aplicamos la ley de Hess: disponemos las reacciones (2), (3) y (4) de tal forma que obtengamos la (1):

$12\ CO_2(g) + 11\ H_2O(l) \rightarrow C_{12}H_{22}O_{11}(s) + 12\ O_2(g)$ La (2) al revés

$12\ C(s) + 12\ O_2(g) \rightarrow 12\ CO_2(g)$ La (3) multiplicada por 12

$11\ H_2(g) + \frac{11}{2}\ O_2(g) \rightarrow 11\ H_2O(l)$ La (4) multiplicada por 11

* Entalpía de formación de la sacarosa:

$$\Delta H^0 = -\Delta H_2^0 + 12\cdot\Delta H_3^0 + 11\cdot\Delta H_4^0 = -(-5650) + 12\cdot(-393'5) + 11\cdot(-285'8) = \boxed{-2215'8\ kJ}$$

b) * Masa molecular de la sacarosa: $M = 12\cdot 12 + 22 + 11\cdot 16 = 342\ \frac{g}{mol}$

* Trabajo muscular:

$$W = 1\ g\ sacarosa\cdot \frac{1\ mol\ sacarosa}{342\ g\ sacarosa}\cdot\frac{5650\ kJ}{1\ mol\ sacarosa}\cdot\frac{30}{100} = \boxed{4'96\ kJ}$$

---

12) El propano (C_3H_8) es uno de los combustibles fósiles más utilizados.
a) Formule y ajuste su reacción de combustión y calcule la entalpía estándar de combustión.
b) Calcule los litros de dióxido de carbono que se obtienen, medidos a 25ºC y 760 mmHg, si la energía intercambiada ha sido de 5990 kJ.
Datos: R = 0'082 atm·L/(mol·K).
Energías medias de enlace (kJ/mol): (C – C) = 347; (C – H) = 415; (O – H) = 460;
(O = O) = 494; (C = O) = 730.

a) * Reacción de combustión del propano: $C_3H_8(g) + 5\ O_2(g) \Rightarrow 3\ CO_2(g) + 4\ H_2O(l)$

* Reacción de combustión del propano con fórmulas desarrolladas:

```
     H   H   H
     |   |   |
 H – C – C – C – H + 5 O = O   →   3 O = C = O + 4 H – O – H
     |   |   |
     H   H   H
```

* Entalpía estándar de combustión del propano:

$$\Delta H = \sum (n\cdot E)_{rotos} - \sum (n\cdot E)_{formados} = \sum (n\cdot E)_{reactivos} - \sum (n\cdot E)_{productos} =$$

$$= 8\cdot E(C-H) + 2\cdot E(C-C) + 5\cdot E(O=O) - 6\cdot E(C=O) - 8\cdot E(O-H) =$$

$$= 8\cdot 415 + 2\cdot 347 + 5\cdot 494 - 6\cdot 730 - 8\cdot 460 = \boxed{-1576\ kJ}$$

b) * Moles de dióxido de carbono: $n = 5990\ kJ\cdot \frac{3\ mol\ CO_2}{1576\ kJ} = 11'4\ mol\ CO_2$

* Volumen de dióxido de carbono: $P\cdot V = n\cdot R\cdot T \Rightarrow V = \frac{n\cdot R\cdot T}{P} = \frac{11'4\cdot 0'082\cdot 298}{1} = \boxed{279\ L}$

---

13) Teniendo en cuenta que las entalpias estándar de formación a 25ºC del butano (C_4H_{10}), dióxido de carbono y agua líquida son, respectivamente, – 125'7, – 393'5 y – 285'5 kJ/mol, calcula el calor de combustión estándar del butano a esa temperatura:
a) A presión constante.
b) A volumen constante.
Dato: R = 8'31 J/(mol·K).

a) * Reacción de combustión del butano: $C_4H_{10}(g) + \frac{13}{2}\ O_2(g) \rightarrow 4\ CO_2(g) + 5\ H_2O(l)$

* Calor a presión constante:

$$\Delta H^0 = \sum (n \cdot \Delta H^0)_{productos} - \sum (n \cdot \Delta H^0)_{reactivos} =$$

$$= 4 \cdot \Delta H^0[CO_2(g)] + 5 \cdot \Delta H^0[H_2O(l)] - \Delta H^0[C_4H_{10}(g)] - \frac{13}{2} \cdot \Delta H^0[O_2(g)] =$$

$$= 4 \cdot (-393'5) + 5 \cdot (-285'8) - (-125'7) - \frac{13}{2} \cdot 0 = \boxed{-2877'3\ kJ}$$

b) * Incremento de moles gaseosos: $\Delta n = 4 - 1 - \frac{13}{2} = 3 - \frac{13}{2} = -\frac{7}{2} = -3'5\ mol$

* Calor a volumen constante:

$$\Delta U = \Delta H - R \cdot T \cdot \Delta n = -2877'3\ kJ - 8'31 \cdot 10^{-3}\ \frac{kJ}{mol \cdot K} \cdot 298\ K \cdot (-3'5\ mol) = \boxed{-2868'6\ kJ}$$

2014

14) Para la obtención del tetracloruro de carbono según:

$$CS_2(l) + 3\ Cl_2(g) \rightarrow CCl_4(l) + S_2Cl_2(l)$$

a) Calcule el calor de reacción, a presión constante, a 25ºC y en condiciones estándar.
b) ¿Cuál es la energía intercambiada en la reacción anterior, en las mismas condiciones, cuando se forma un litro de tetracloruro de carbono cuya densidad es 1'4 g/mL.
Datos: ΔH_f^0 [$CS_2(l)$] = 89'70 kJ/mol; ΔH_f^0 [$CCl_4(l)$] = – 135'40 kJ/mol;
ΔH_f^0 [$S_2Cl_2(l)$] = – 59'80 kJ/mol;
Masas atómicas: C: 12; Cl: 35'5.

a) * Calor de reacción a presión constante:

$$\Delta H^0 = \sum (n \cdot \Delta H^0)_{productos} - \sum (n \cdot \Delta H^0)_{reactivos} =$$

$$= \Delta H^0[CCl_4(l)] + \Delta H^0[S_2Cl_2(l)] - \Delta H^0[CS_2(l)] - 3 \cdot \Delta H^0[Cl_2(g)] =$$

$$= -135'40 - 59'80 - 89'70 - 3 \cdot 0 = \boxed{-284'9\ kJ}$$

b) * Masa molecular del CCl_4: M = 12 + 4·35'5 = 154 $\frac{g}{mol}$

* Energía intercambiada:

$$Q = 1\ L\ CCl_4 \cdot \frac{1000\ mL\ CCl_4}{1\ L\ CCl_4} \cdot \frac{1'4\ g\ CCl_4}{1\ mL\ CCl_4} \cdot \frac{1\ mol\ CCl_4}{154\ g\ CCl_4} \cdot \frac{-284'9\ kJ}{1\ mol\ CCl_4} = \boxed{-2590\ kJ}$$

---

15) Cuando se queman 2'35 g de benceno líquido (C_6H_6) a volumen constante y a 25ºC se desprenden 98'53 kJ . Sabiendo que el agua formada se encuentra en estado líquido, calcule:
a) El calor de combustión del benceno a volumen constante y a esa misma temperatura.
b) El calor de combustión del benceno a presión constante y a esa misma temperatura.
Datos: R = 8'31 J/(mol·K); Masas atómicas: C: 12; H: 1.

a) * Reacción de combustión del benceno: $C_6H_6(l) + \frac{15}{2}\ O_2(g) \rightarrow 6\ CO_2(g) + 3\ H_2O(l)$

* Masa molecular del benceno: M = 6·12 + 6 = 78 $\frac{g}{mol}$

* Calor de combustión a volumen constante (energía interna):

$$\Delta U = \frac{-98'53\ kJ}{2'35\ g\ benceno} \cdot \frac{78\ g\ benceno}{1\ mol\ benceno} = \boxed{-3270'4\ \frac{kJ}{mol}}$$

b) * Incremento en el número de moles gaseosos: $\Delta n = 6 - \frac{15}{2} = -\frac{3}{2} = -1'5$ mol

* Calor de combustión a presión constante (entalpía):

$$\Delta H = \Delta U + R \cdot T \cdot \Delta n = -3270'4\ kJ + 8'31 \cdot 10^{-3}\ \frac{kJ}{mol \cdot K} \cdot 298\ K \cdot (-1'5\ mol) = \boxed{-3274'1\ \frac{kJ}{mol}}$$

---

16) a) Razone si las reacciones con valores positivos de ΔS^0 siempre son espontáneas a alta temperatura.
b) La siguiente reacción (sin ajustar) es exotérmica:

$$C_3H_8O(l) + O_2(g) \rightarrow CO_2(g) + H_2O(g)$$

Justifique si a presión constante se desprende más, igual o menos calor que a volumen constante.
c) Razone si en un proceso exotérmico la entalpía de los reactivos es siempre menor que la de los productos.

a) No siempre. Una reacción es espontánea cuando $\Delta G^0 < 0$.

Al ser: $\Delta G^0 < 0$; $\Delta S^0 > 0$ y $\Delta G^0 = \Delta H^0 - T \cdot \Delta S^0 \Rightarrow \Delta H^0 - T \cdot \Delta S^0 < 0 \Rightarrow \Delta H^0 < T \cdot \Delta S^0$

La reacción será espontánea para entalpías negativas (reacciones exotérmicas) y para reacciones endotérmicas que cumplan que: $\Delta H^0 < T\cdot\Delta S^0$, es decir, a altas temperaturas.

b) * Reacción ajustada: $2\ C_3H_8O(l) + 9\ O_2(g) \rightarrow 6\ CO_2(g) + 8\ H_2O(g)$

* Incremento de número de moles gaseosos: $\Delta n = 6 + 8 - 9 = 14 - 9 = 5$ mol

* Calor de combustión a presión constante (entalpía):

$$\Delta H = \Delta U + R\cdot T\cdot\Delta n = \Delta U + R\cdot T\cdot 5 = \Delta U + 5\cdot R\cdot T$$

A presión constante se desprende más calor que a volumen constante, puesto que el término $R\cdot T\cdot\Delta n$ es positivo.

c) Es siempre mayor. En un proceso exotérmico se desprende calor porque los reactivos tienen más energía que los productos. La diferencia se desprende en forma de calor.

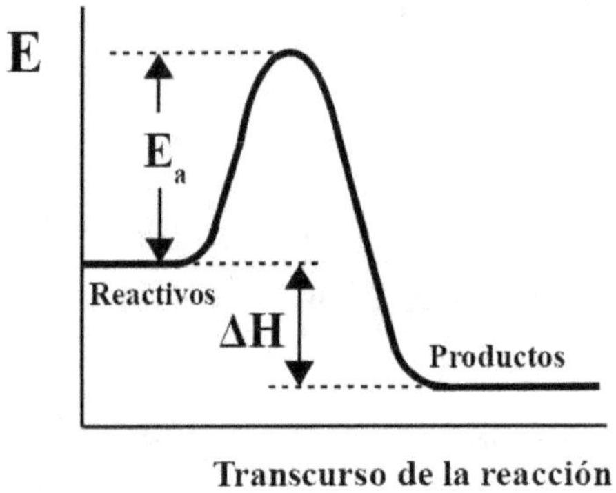

Reacción exotérmica

---

17) A 291 K, las entalpías de formación del amoniaco en los estados gaseoso y líquido son – 46'05 y – 67'27 kJ/mol, respectivamente. Calcule:
a) La entalpía de vaporización del amoniaco.
b) La energía que se desprende cuando se forman $1'5\cdot 10^{22}$ moléculas de amoniaco líquido a 291 K.

a) * Vaporización del amoniaco: $NH_3(l) \rightarrow NH_3(g)$

* Entalpía de vaporización:

$$\Delta H^0 = \sum (n\cdot\Delta H^0)_{productos} - \sum (n\cdot\Delta H^0)_{reactivos} = \Delta H^0[NH_3(g)] - \Delta H^0[NH_3(l)] =$$

$$= -46'05 - (-67'27) = \boxed{21'22\ \frac{kJ}{mol}}$$

b) * Energía que se desprende:

$$Q = -67'27\ \frac{kJ}{mol} \cdot \frac{1\,mol}{6'022\cdot 10^{23}\,moléculas} \cdot 1'5\cdot 10^{22}\ \text{moléculas} = \boxed{-1'68\ \text{kJ}}$$

---

18) Sin efectuar cálculo alguno justifique, para cada uno de los siguientes procesos, si será siempre espontáneo, si no lo será nunca o si lo será dependiendo de la temperatura:

a) $H_2(g) + CO(g) \rightarrow HCHO(g)$ $\quad \Delta H^0 > 0$

b) $2\ Fe_2O_3(s) + 3\ C(s) \rightarrow 4\ Fe(s) + 3\ CO_2(g)$ $\quad \Delta H^0 > 0$

c) $4\ NH_3(g) + 5\ O_2(g) \rightarrow 4\ NO(g) + 6\ H_2O(g)$ $\quad \Delta H^0 < 0$

Un proceso es espontáneo cuando su energía libre de Gibbs es negativa: $\Delta G^0 < 0$.

Al ser: $\Delta G^0 = \Delta H^0 - T\cdot\Delta S^0$, la espontaneidad puede depender de la temperatura.

a) Nunca será espontáneo.

* Incremento en el número de moles gaseosos: $\Delta n = 1 - 1 - 1 = -1 \quad \Rightarrow \quad \Delta S^0 < 0$

Como $\Delta H^0 > 0$ y $\Delta S^0 < 0$, los términos ΔH^0 y $-T\cdot\Delta S^0$ son siempre positivos y ΔG^0 es siempre positivo.

b) Será espontáneo a altas temperaturas.

* Incremento en el número de moles gaseosos: $\Delta n = 3 \quad \Rightarrow \quad \Delta S^0 > 0$

Como $\Delta H^0 > 0$ y $\Delta S^0 > 0$, ΔG^0 será negativo cuando $T\cdot\Delta S^0 > \Delta H^0$, es decir, a altas temperaturas.

c) Será espontáneo siempre.

* Incremento en el número de moles gaseosos: $\Delta n = 4 + 6 - 4 - 5 = 10 - 9 = 1 \quad \Rightarrow \quad \Delta S^0 > 0$

Como $\Delta H^0 < 0$ y $\Delta S^0 > 0$, los términos ΔH^0 y $-T\cdot\Delta S^0$ son siempre negativos y ΔG^0 es siempre negativo.

---

19) A partir de los siguientes valores de energías de enlace en kJ/mol:

C = O (707) ; O = O (498) ; H – O (464) ; C – H (414), calcule:

a) La variación de entalpía para la reacción: $CH_4(g) + 2\ O_2(g) \rightarrow CO_2(g) + 2\ H_2O(g)$.

b) ¿Qué energía se desprende al quemar $CH_4(g)$ con 10'5 L de O_2 medidos a 1 atm y 125ºC?

Dato: R = 0'082 atm·L/(mol·K).

a) * Combustión del metano con fórmulas desarrolladas:

$$\begin{array}{c} H \\ | \\ H - C - H \\ | \\ H \end{array} + 2\ O = O \ \rightarrow\ O = C = O + 2\ H - O - H$$

* Variación de entalpía:

$$\Delta H = \sum (n\cdot E)_{rotos} - \sum (n\cdot E)_{formados} = \sum (n\cdot E)_{reactivos} - \sum (n\cdot E)_{productos} =$$

$$= 4\cdot E(C - H) + 2\cdot E(O = O) - 2\cdot E(C = O) - 4\cdot E(O - H) =$$

$$= 4\cdot 414 + 2\cdot 498 - 2\cdot 707 - 4\cdot 464 = \boxed{-618\ \text{kJ}}$$

b) * Moles de dioxígeno: P·V = n·R·T ⇒ $n = \frac{P \cdot V}{R \cdot T} = \frac{1 \cdot 10'5}{0'082 \cdot 398}$ = 0'322 mol O_2

* Energía que se desprende: $E = \frac{-618\, kJ}{2\, mol\, O_2} \cdot 0'322 \text{ mol } O_2 = \boxed{-99'5 \text{ kJ}}$

---

20) Determine:
a) La entalpía de la reacción en la que se forma 1 mol de $N_2O_5(g)$ a partir de los elementos que lo integran. Utilice los siguientes datos:

$N_2(g) + 3\,O_2(g) + H_2(g) \rightarrow 2\,HNO_3(aq) \quad \Delta H^0 = -414'7 \text{ kJ} \quad (1)$

$N_2O_5(g) + H_2O(l) \rightarrow 2\,HNO_3(aq) \quad \Delta H^0 = -140'2 \text{ kJ} \quad (2)$

$2\,H_2(g) + O_2(g) \rightarrow 2\,H_2O(l) \quad \Delta H^0 = -571'7 \text{ kJ} \quad (3)$

b) La energía necesaria para la formación de 50 L de $N_2O_5(g)$ a 25ºC y 1 atm de presión a partir de los elementos que lo integran.
Dato: R = 0'082 atm·L/(mol·K).

a) * Reacción de formación del $N_2O_5(g)$: $N_2(g) + \frac{5}{2}\,O_2(g) \rightarrow N_2O_5(g)$ (4)

Aplicamos la ley de Hess: disponemos las reacciones (1), (2) y (3) de tal forma que obtengamos la (4):

$2\,HNO_3(aq) \rightarrow N_2O_5(g) + H_2O(l)$ La (2) al revés

$N_2(g) + 3\,O_2(g) + H_2(g) \rightarrow 2\,HNO_3(aq)$ La (1) tal cual

$H_2O(l) \rightarrow H_2(g) + \frac{1}{2}\,O_2(g)$ La (3) al revés y dividida por 2

* Entalpía de reacción:

$$\Delta H^0 = -\Delta H_2^0 + \Delta H_1^0 - \frac{\Delta H_3}{2} = -(-140'2) + (-414'7) - \frac{-571'7}{2} = \boxed{11'35\ \frac{kJ}{mol}}$$

b) * Moles de N_2O_5: P·V = n·R·T ⇒ $n = \frac{P \cdot V}{R \cdot T} = \frac{1 \cdot 50}{0'082 \cdot 298}$ = 2'05 mol N_2O_5

* Energía necesaria: $E = 11'35\ \frac{kJ}{mol} \cdot 2'05 \text{ mol} = \boxed{23'27 \text{ kJ}}$

2013

21) En la reacción del oxígeno molecular gaseoso con el cobre para formar óxido de cobre(II) se desprenden 2'30 kJ por cada gramo de cobre que reacciona, a 298 K y 760 mmHg. Calcule:
a) La entalpía de formación del óxido de cobre(II).
b) El calor desprendido a presión constante cuando reaccionan 100 L de oxígeno, medidos a 1'5 atm y 27ºC.
Datos: R = 0'082 atm·L/(mol·K); masa atómica del cobre: 63'5.

a) * Reacción de formación del CuO: $Cu(s) + \frac{1}{2} O_2(g) \rightarrow CuO(s)$

* Entalpía de formación del CuO(s): $\Delta H = \frac{-2'30\,kJ}{1\,g\,Cu} \cdot \frac{63'5\,g\,Cu}{1\,mol\,Cu} \cdot \frac{1\,mol\,Cu}{1\,mol\,CuO} = \boxed{-146\ \frac{kJ}{mol}}$

b) * Número de moles de oxígeno: $P \cdot V = n \cdot R \cdot T \Rightarrow n = \frac{P \cdot V}{R \cdot T} = \frac{1'5 \cdot 100}{0'082 \cdot 300} = 6'10\ mol\ O_2$

* Calor desprendido: $Q = -146\ \frac{kJ}{mol\,CuO} \cdot \frac{1\,mol\,CuO}{0'5\,mol\,O_2} \cdot 6'10\ mol\ O_2 = \boxed{-1781\ kJ}$

---

22) a) La entalpía de formación del $NH_3(g)$ a 298 K es $\Delta H_f^0 = -46'11$ kJ/mol. Escriba la ecuación química a la que se refiere este valor.
b) ¿Cuál es la variación de energía interna (ΔU) de un sistema si absorbe un calor de 67 J y realiza un trabajo de 67 J? Razone la respuesta.
c) ¿Puede una reacción exotérmica no ser espontánea? Razone la respuesta.

a) * Ecuación química de formación del $NH_3(g)$: $\frac{1}{2} N_2(g) + \frac{3}{2} H_2(g) \rightarrow NH_3(g)$

b) Según el primer principio de la termodinámica: $\Delta U = Q + W = 67 + (-67) = \boxed{0\ J}$

El calor absorbido por el sistema es positivo y el trabajo realizado por el sistema es negativo.

c) Sí, puede serlo si la temperatura es alta y la entropía es negativa. Para que una reacción sea no espontánea, debe ser: $\Delta G > 0$, es decir: $\Delta G = \Delta H - T \cdot \Delta S > 0$. Como la reacción es exotérmica: $\Delta H < 0$. La única posibilidad de que ΔG sea positiva es que $-T \cdot \Delta S$ sea positivo y mayor que $|\Delta H|$.

---

23) Tanto el etanol (C_2H_5OH) como la gasolina (supuestamente octano puro, (C_8H_{18}) se usan como combustibles para automóviles.
a) Escriba las reacciones de combustión de ambos compuestos y calcule las entalpías de combustión estándar del etanol y de la gasolina.
b) ¿Qué volumen de etanol es necesario para producir la misma energía que 1 L de octano?
Datos: Densidades (g/mL) etanol = 0'7894; octano = 0'7025; ΔH_f^0 (kJ/mol): etanol: – 277'0; octano: – 249'9; CO_2 = – 393'5; H_2O: – 285'8; masas atómicas: H = 1; C = 12; O = 16.

a) * Reacción de combustión del etanol: $C_2H_5OH(l) + 3\ O_2(g) \rightarrow 2\ CO_2(g) + 3\ H_2O(l)$

* Reacción de combustión del octano: $C_8H_{18}(l) + \frac{25}{2}\ O_2(g) \rightarrow 8\ CO_2(g) + 9\ H_2O(l)$

* Entalpía de combustión estándar del etanol:

$$\Delta H^0 = \sum (n \cdot \Delta H^0)_{productos} - \sum (n \cdot \Delta H^0)_{reactivos} =$$

$$= 2 \cdot \Delta H^0[CO_2(g)] + 3 \cdot \Delta H^0[H_2O(l)] - \Delta H^0[C_2H_5OH(l)] - 3 \cdot \Delta H^0[O_2(g)] =$$

$$= 2 \cdot (-393'5) + 3 \cdot (-285'8) - (-277'0) - 3 \cdot 0 = \boxed{-1367\ kJ}$$

* Entalpía de combustión estándar de la gasolina:

$$\Delta H^0 = \sum (n \cdot \Delta H^0)_{productos} - \sum (n \cdot \Delta H^0)_{reactivos} =$$

$$= 8 \cdot \Delta H^0[CO_2(g)] + 9 \cdot \Delta H^0[H_2O(l)] - \Delta H^0[C_8H_{18}(l)] - \frac{25}{2} \cdot \Delta H^0[O_2(g)] =$$

$$= 8 \cdot (-393'5) + 9 \cdot (-285'8) - (-249'9) - \frac{25}{2} \cdot 0 = \boxed{-5470\ kJ}$$

b) * Masa molecular del octano: $M = 8 \cdot 12 + 18 = 114\ \frac{g}{mol}$

* Masa molecular del etanol: $M = 2 \cdot 12 + 6 + 16 = 46\ \frac{g}{mol}$

* Energía producida por 1 L de octano:

$$E = -5470\ \frac{kJ}{mol\ octano} \cdot \frac{1\ mol\ octano}{114\ g\ octano} \cdot \frac{0'7025\ g\ octano}{1\ mL\ octano} \cdot \frac{1000\ mL}{1\ L} \cdot 1\ L = -3'37 \cdot 10^4\ kJ$$

* Volumen de etanol necesario:

$$V = \frac{1\ mol\ etanol}{-1367\ kJ} \cdot (-3'37 \cdot 10^4\ kJ) \cdot \frac{46\ g\ etanol}{1\ mol\ etanol} \cdot \frac{1\ mL\ etanol}{0'7894\ g\ etanol} \cdot \frac{1\ L}{1000\ mL} = \boxed{1'44\ L}$$

---

24) Cuando se quema 1 g de gas propano en presencia de un exceso de oxígeno en un calorímetro manteniendo constante el volumen a 25°C, se desprenden 52'50 kJ de calor y se produce gas CO_2 y agua en estado líquido. Calcule:
a) El calor de la reacción a volumen constante.
b) El calor de la reacción a presión constante.
Datos: $R = 8'31\ J \cdot K^{-1} \cdot mol^{-1}$; masas atómicas: C = 12; H = 1.

a) * Reacción de combustión del propano: $C_3H_8(g) + 5\ O_2(g) \rightarrow 3\ CO_2(g) + 4\ H_2O(l)$

* Masa molecular del propano: $M = 3 \cdot 12 + 8 = 44\ \frac{g}{mol}$

* Calor de reacción a volumen constante (energía interna):

$$\Delta U = \frac{-52'50\,kJ}{1\,g\,C_3H_8} \cdot \frac{44\,g\,C_3H_8}{1\,mol\,C_3H_8} = \boxed{-2310\ \frac{kJ}{mol}}$$

b) * Incremento de moles gaseosos: $\Delta n = 3 - 1 - 5 = 3 - 6 = -3$ mol

* Calor de reacción a presión constante (entalpía):

$$\Delta H = \Delta U + R \cdot T \cdot \Delta n = -2310\ kJ + 8'31 \cdot 10^{-3}\ \frac{kJ}{mol \cdot K} \cdot 298\ K \cdot (-3\ mol) = \boxed{-2317\ \frac{kJ}{mol}}$$

---

25) Sabemos que 25 ºC las entalpías de combustión estándar del hexano líquido, carbono sólido e hidrógeno gas son – 4192'0 kJ/mol, – 393'5 kJ/mol y – 285'8 kJ/mol, respectivamente.
Calcule:
a) La entalpía de formación del hexano líquido a 25°C.
b) El número de moles de hidrógeno gaseoso consumidos en la formación del hexano líquido cuando se han liberado 30 kJ.

a) * Reacción de combustión del hexano: $C_6H_{14}(l) + \frac{19}{2}\ O_2(g) \rightarrow 6\ CO_2(g) + 7\ H_2O(l)$ (1)

* Reacción de combustión del carbono: $C(s) + O_2(g) \rightarrow CO_2(g)$ (2)

* Reacción de combustión del hidrógeno: $H_2(g) + \frac{1}{2}\ O_2(g) \rightarrow H_2O(l)$ (3)

* Reacción de formación del hexano: $6\ C(s) + 7\ H_2(g) \rightarrow C_6H_{14}(l)$

Aplicamos la ley de Hess: disponemos las reacciones (1), (2) y (3) de tal forma que obtengamos la (4):

$6\ CO_2(g) + 7\ H_2O(l) \rightarrow C_6H_{14}(l) + \frac{19}{2}\ O_2(g)$ La (1) al revés

$6\ C(s) + 6\ O_2(g) \rightarrow 6\ CO_2(g)$ La (2) multiplicada por 6

$7\ H_2(g) + \frac{7}{2}\ O_2(g) \rightarrow 7\ H_2O(l)$ La (3) multiplicada por 7

* Entalpía de formación del hexano:

$$\Delta H^0 = -\Delta H_1^0 + 6\cdot\Delta H_2^0 + 7\cdot\Delta H_3^0 = -(-4192'0) + 6\cdot(-393'5) + 7\cdot(-285'8) = \boxed{-169'6\ \frac{kJ}{mol}}$$

b) * Número de moles de hidrógeno gaseoso:

$$n = \frac{1\,mol\,C_6H_{14}(l)}{-169'6\,kJ}\cdot(-30\text{ kJ})\cdot\frac{7\,mol\,H_2(g)}{1\,mol\,C_6H_{14}} = \boxed{1'24\text{ mol }H_2(g)}$$

---

26) Para la reacción siguiente: $2\ C_2H_6(g) + 7\ O_2(g) \rightarrow 4\ CO_2(g) + 6\ H_2O(g)$ $\Delta H < 0$
Razone:
a) Si a una misma temperatura, el calor desprendido a volumen constante es mayor, menor o igual que el desprendido si la reacción tuviera lugar a presión constante.
b) Si la entropía en la reacción anterior aumenta o disminuye.
c) Si la reacción será espontánea a cualquier temperatura

a) Es menor. La relación entre el calor a volumen constante (energía interna) y el calor a presión constante (entalpía) es: $\Delta U = \Delta H - R\cdot T\cdot\Delta n$

* Incremento en el número de moles gaseosos: $\Delta n = 4 + 6 - 2 - 7 = 10 - 9 = 1$ mol

* Calor a volumen constante: $\Delta U = \Delta H - R\cdot T\cdot\Delta n = \Delta H - 0'5\cdot R\cdot T$

Como a la entalpía se le resta una cierta cantidad, el calor a volumen constante es menor que a presión constante.

b) Aumenta. Al ser $\Delta n > 0$, aumenta el desorden y, por consiguiente, aumenta la entropía: $\Delta S > 0$.

c) Correcto, será espontánea a cualquier temperatura. Una reacción es espontánea cuando la energía libre de Gibbs, ΔG, es negativa. Al ser: $\Delta G = \Delta H - T\cdot\Delta S$

Como $\Delta H < 0$ y $T > 0;\ \Delta S > 0;\ T\cdot\Delta S > 0;\ -T\cdot\Delta S < 0 \Rightarrow \Delta H - T\cdot\Delta S < 0 \Rightarrow \Delta G < 0$

2012

27) Dadas las siguientes ecuaciones termoquímicas:
i) $2\ H_2O_2(l) \rightarrow 2\ H_2O(l) + O_2(g)$ $\Delta H = -196$ kJ
ii) $N_2(g) + 3\ H_2(g) \rightarrow 2\ NH_3(g)$ $\Delta H = -92'4$ kJ
Justifique:
a) El signo que probablemente tendrá la variación de entropía en cada caso.
b) El proceso que será siempre espontáneo.
c) El proceso que dependerá de la temperatura para ser espontáneo.

a) Positivo en la primera y negativo en la segunda.

* Incremento en el número de moles gaseosos de la reacción i): $\Delta n_1 = 1 \Rightarrow \Delta S_1 > 0$

* Incremento en el número de moles gaseosos de la reacción ii): $\Delta n_2 = 2 - 1 - 3 = -2 \Rightarrow \Delta S_2 < 0$

b) El proceso i) será espontáneo siempre, pues tiene $\Delta H < 0$ y $\Delta S > 0$, luego será siempre: $\Delta G < 0$, ya que: $\Delta G = \Delta H - T\cdot\Delta S$

c) El proceso ii) depende de la temperatura para ser espontáneo. Al ser: $\Delta S < 0$, el término: $-T\cdot\Delta S > 0$, luego ΔG será negativo cuando: $|\Delta H| > T\cdot\Delta S$, es decir, a temperaturas bajas.

---

28) Dada la ecuación termoquímica a 25ºC:

$$N_2(g) + 3\,H_2(g) \rightarrow 2\,NH_3(g) \quad \Delta H = -92'3\text{ kJ}$$

Calcule:
a) El calor de la reacción a volumen constante.
b) La energía libre de Gibbs a la temperatura de 25ºC.
Datos: $S^0[NH_3(g)] = 192'3$ J/(mol·K); $S^0[N_2(g)] = 191$ J/(mol·K); $S^0[H_2(g)] = 130'8$ J/(mol·K); $R = 8'31\ J\cdot mol^{-1}\cdot K^{-1}$.

a) * Incremento en el número de moles gaseosos: $\Delta n = 2 - 1 - 3 = -2$ mol

* Calor de reacción a volumen constante (energía interna):

$$\Delta U^0 = \Delta H^0 - R\cdot T\cdot\Delta n = -92'3\text{ kJ} - 8'31\cdot 10^{-3}\ \frac{kJ}{mol\cdot K}\ \cdot 298\text{ K}\cdot(-2\text{ mol}) = \boxed{-87'3\text{ kJ}}$$

b) * Entropía de la reacción:

$$\Delta S^0 = \sum(n\cdot S^o)_{productos} - \sum(n\cdot S^o)_{reactivos} = 2\cdot S^o[NH_3(g)] - S^o[N_2(g)] - 3\cdot S^o[H_2(g)] =$$

$$= 2\cdot 192'3 - 191 - 3\cdot 130'8 = -198'8\text{ J} = -0'1988\text{ kJ}$$

* Energía libre de Gibbs: $\Delta G^o = \Delta H^o - T\cdot\Delta S^o = -92'3 - 298\cdot(-0'1988) = \boxed{-33'1\text{ kJ}}$

---

29) Indique razonadamente si las siguientes afirmaciones son verdaderas o falsas:
a) Toda reacción exotérmica es espontánea.
b) En toda reacción química espontánea la variación de entropía es positiva.
c) En el cambio de estado: $H_2O(l) \rightarrow H_2O(g)$ se produce un aumento de entropía.

a) Falso. Será espontánea siempre que: $|\Delta H| > |T\cdot\Delta S|$. Una reacción es espontánea cuando su energía libre de Gibbs, ΔG, es negativa: $\Delta G = \Delta H - T\cdot\Delta S < 0 \Rightarrow \Delta H < T\cdot\Delta S$. Como la reacción es exotérmica: $\Delta H = -|\Delta H| \Rightarrow -|\Delta H| < T\cdot\Delta S \Rightarrow |\Delta H| > -T\cdot\Delta S$, o bien: $|\Delta H| > |T\cdot\Delta S|$

b) Falso. En toda reacción espontánea, la variación de energía libre es negativa. Una reacción química de entropía positiva es espontánea si la reacción es exotérmica o bien si es endotérmica y: $| T\cdot\Delta S | > | \Delta H |$

c) Verdadero. Como incrementa el número de moles gaseosos, aumenta el desorden y, por consiguiente, aumenta la entropía.

---

30) Las entalpías estándar de combustión a 25 ºC del C (grafito), y del CO gaseoso son respectivamente –393 kJ/mol y –283 kJ/mol.
a) Calcule la entalpía estándar, a 25 ºC, de formación del CO gaseoso.
b) Si se hace reaccionar a presión constante 140 g de CO con exceso de O_2 para formar CO_2 gaseoso ¿Qué cantidad de calor se desprenderá en esa reacción?
Masas atómicas: C=12; O=16.

a) * Reacción de combustión del grafito: $C(s) + O_2(g) \rightarrow CO_2(g)$ (1)

* Reacción de combustión del CO(g): $CO(g) + \frac{1}{2} O_2(g) \rightarrow CO_2(g)$ (2)

* Reacción de formación del CO(g): $C(s) + \frac{1}{2} O_2(g) \rightarrow CO(g)$ (3)

Aplicamos la ley de Hess: disponemos las reacciones (1) y (2) de tal forma que obtengamos la (3).

$C(s) + O_2(g) \rightarrow CO_2(g)$ La (1) tal cual

$CO_2(g) \rightarrow CO(g) + \frac{1}{2} O_2(g)$ La (2) al revés

* Entalpía estándar de formación del CO(g): $\Delta H^o = \Delta H^o_1 - \Delta H^o_2 = -393 - (-283) = \boxed{-110 \text{ kJ}}$

b) * Masa molecular del CO: $M = 12 + 16 = 28 \frac{g}{mol}$

* Número de moles de CO: $n = \frac{m}{M} = \frac{140}{28} = 5$ mol CO

* Calor que se desprenderá: $Q = \frac{-283\,kJ}{1\,mol\,CO} \cdot 5$ mol CO $= \boxed{-1415 \text{ kJ}}$

---

31) En las condiciones adecuadas el cloruro de amonio sólido se descompone en amoniaco gaseoso y cloruro de hidrógeno gaseoso. Calcule:
a) La variación de entalpía de la reacción de descomposición en condiciones estándar.
b) ¿Qué cantidad de calor, se absorberá o se desprenderá en la descomposición del cloruro de amonio contenido en una muestra de 87 g de una riqueza del 79 %?
Datos: ΔH_f^0 (kJ/mol): $NH_4Cl(s)$: – 315'4; $NH_3(g)$: – 46'3; $HCl(g)$: – 92'3.
Masas atómicas: H: 1; N: 14; Cl: 35'5.

a) * Reacción de descomposición: $NH_4Cl(s) \rightarrow NH_3(g) + HCl(g)$

* Variación de entalpía:

$$\Delta H^o = \sum (n \cdot H^o)_{productos} - \sum (n \cdot H^o)_{reactivos} = \Delta H_f^o[NH_3(g)] + \Delta H_f^o[HCl(g)] - \Delta H_f^o[NH_4Cl(s)] =$$

$$= -46'3 + (-92'3) - (-315'4) = \boxed{+176'8\ kJ}$$

b) * Masa molecular del cloruro de amonio: $M = 14 + 4 + 35'5 = 53'5\ \frac{g}{mol}$

* Número de moles de cloruro de amonio:

$$n = 87\ g\ muestra \cdot \frac{79\,g\,NH_4Cl}{100\,g\,muestra} \cdot \frac{1\,mol\,NH_4Cl}{53'5\,g\,NH_4Cl} = 1'28\ mol\ NH_4Cl$$

* Cantidad de calor que se absorberá: $Q = 176'8\ \frac{kJ}{mol\,NH_4Cl} \cdot 1'28\ mol\ NH_4Cl = \boxed{+226'3\ kJ}$

---

32) La reacción de la hidracina, N_2H_4, con el peróxido de hidrógeno se usa en la propulsión de cohetes, según la siguiente ecuación termoquímica:

$$N_2H_4(l) + 2\ H_2O_2(l) \rightarrow N_2(g) + 4\ H_2O(g) \quad \Delta H^0 = -642'2\ kJ$$

a) Calcula la entalpía de formación estándar de la hidracina.
b) Calcula el volumen en litros de los gases formados al reaccionar 320 g de hidracina con la cantidad adecuada de peróxido de hidrógeno a 600 ºC y 650 mm de Hg.
Datos: $\Delta H_f^0\ [H_2O_2(l)] = -187'8$ kJ/mol; $\Delta H_f^0\ [H_2O(g)] = -241'8$ kJ/mol; R = 0'082 atm·L/(mol·K)
Masas atómicas: H= 1; N=14.

a) * Entalpía de formación estándar de la hidracina:

$$\Delta H_R^o = \sum (n \cdot H^o)_{productos} - \sum (n \cdot H^o)_{reactivos} =$$

$$= \Delta H_f^o[N_2(g)] + 4 \cdot \Delta H_f^o[H_2O(g)] - \Delta H_f^o[N_2H_4(l)] - 2 \cdot \Delta H_f^o[H_2O_2(l)] \quad \Rightarrow$$

$$\Rightarrow \quad \Delta H_f^o[N_2H_4(l)] = \Delta H_f^o[N_2(g)] + 4 \cdot \Delta H_f^o[H_2O(g)] - 2 \cdot \Delta H_f^o[H_2O_2(l)] - \Delta H_R^o =$$

$$= 0 + 4 \cdot (-241'8) - 2 \cdot (-187'8) - (-642'2) = \boxed{50'6\ \frac{kJ}{mol}}$$

b) * Masa molecular de la hidracina: $M = 2\cdot 14 + 4 = 32 \ \frac{g}{mol}$

* Moles de gases formados: $n = 320\ g\ N_2H_4 \cdot \frac{1\,mol\ N_2H_4}{32\,g\ N_2H_4} \cdot \frac{5\ moles\ gases}{1\,mol\ N_2H_4} = 50$ moles gases

* Conversiones de unidades: $T_K = T_C + 273 = 600 + 273 = 873$ K ; $P = \frac{650}{760} = 0'855$ atm

* Volumen de los gases formados:

$$P\cdot V = n\cdot R\cdot T \ \Rightarrow \ V = \frac{n\cdot R\cdot T}{P} = \frac{50\cdot 0'082\cdot 873}{0'855} = \boxed{4186\ L}$$

---

33) a) Calcule la variación de entalpía de formación del amoniaco, a partir de los siguientes datos de energías de enlace: E(H – H) = 436 kJ/mol; E(N – H) = 389 kJ/mol; E(N ≡ N) = 945 kJ/mol.
b) Calcule la variación de energía interna en la formación del amoniaco a la temperatura de 25° C.
Dato: $R = 8'31\ J\cdot mol^{-1}\cdot K^{-1}$.

a) * Reacción de formación del amoniaco: $\frac{1}{2}\ N_2(g) + \frac{3}{2}\ H_2(g) \ \rightarrow \ NH_3(g)$

* Reacción de formación del amoniaco con fórmulas desarrolladas:

$$\frac{1}{2}\ N\equiv N + \frac{3}{2}\ H-H \ \rightarrow \ \begin{matrix} H-N-H \\ | \\ H \end{matrix}$$

* Variación de entalpía de la formación del amoniaco:

$$\Delta H = \sum (n\cdot E)_{rotos} - \sum (n\cdot E)_{formados} = \sum (n\cdot E)_{reactivos} - \sum (n\cdot E)_{productos} =$$

$$= \frac{1}{2}\cdot E(N\equiv N) + \frac{3}{2}\cdot E(H-H) - 3\cdot E(N-H) = 945 + 3\cdot 436 - 6\cdot 389 = \boxed{-49\ \frac{kJ}{mol}}$$

b) * Incremento del número de moles gaseosos: $\Delta n = 1 - \frac{1}{2} - \frac{3}{2} = 1 - 2 = -1$

* Variación de energía interna:

$$\Delta U = \Delta H - R\cdot T\cdot \Delta n = -49\ kJ - 8'31\cdot 10^{-3}\ \frac{kJ}{mol\cdot K}\cdot 298\ K\cdot(-1\ mol) = \boxed{-38'0\ \frac{kJ}{mol}}$$

---

34) En una reacción endotérmica: a) Dibuja el diagrama entálpico de la reacción. b) ¿Cuál es mayor, la energía de activación directa o la inversa? c) ¿Cómo afectará al diagrama anterior la adición de un catalizador?

a) * Diagrama entálpico de la reacción:

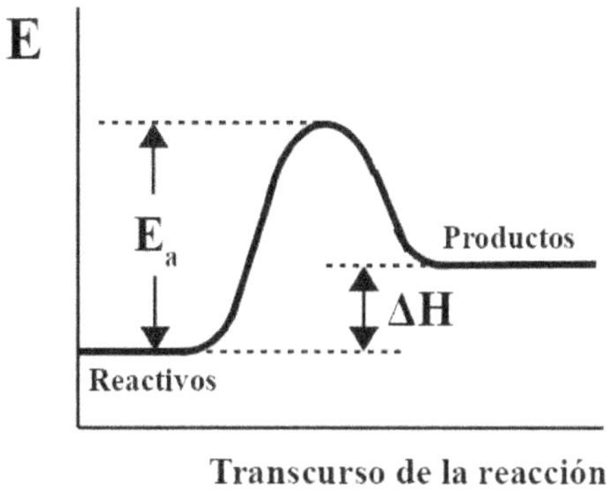

Reacción endotérmica sin catalizador

b) Es mayor la de la reacción directa, pues desde la energía de los reactivos al pico hay mayor altura que desde la energía de los productos al pico.

c) Disminuirá la energía de activación.

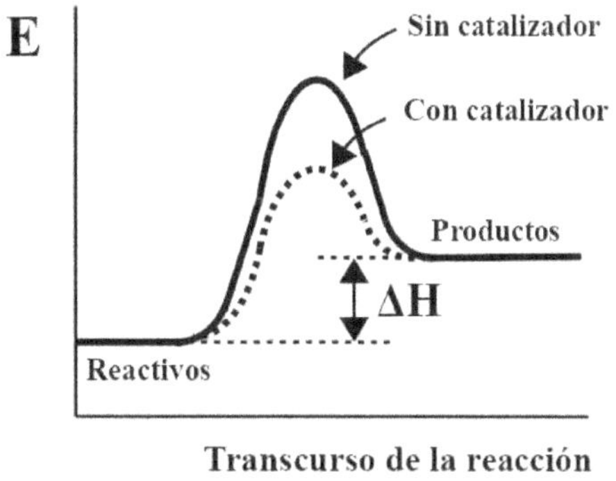

Reacción endotérmica con catalizador

2011

35) La reacción utilizada para la soldadura aluminotérmica es:

$$Fe_2O_3(s) + 2\ Al(s) \quad \rightarrow \quad Al_2O_3(s) + 2\ Fe(s)$$

a) Calcule el calor a presión constante y el calor a volumen constante intercambiados en condiciones estándar y a la temperatura de la reacción.
b) ¿Cuántos gramos de Al_2O_3 se habrán obtenido cuando se desprendan 10.000 kJ en la reacción?
Datos: ΔH_f^0 [$Al_2O_3(s)$]= – 1675'7 kJ/mol; ΔH_f^0 [$Fe_2O_3(s)$]= – 824'2 kJ/mol;
Masas atómicas: Al: 27; O: 16.

a) * Calor a presión constante (entalpía):

$$\Delta H^o = \sum (n \cdot H^o)_{productos} - \sum (n \cdot H^o)_{reactivos} =$$

$= \Delta H_f^o[Al_2O_3(s)] + 2 \cdot \Delta H_f^o[Fe(s)] - \Delta H_f^o[Fe_2O_3(s)] - 2 \cdot \Delta H_f^o[Al(s)] =$

$= -1675'7 + 2 \cdot 0 - (-824'2) - 2 \cdot 0 =$ $\boxed{-851'5 \ \frac{kJ}{mol}}$

* Incremento de número de moles gaseosos: $\Delta n = 0$

* Calor a volumen constante (energía interna): $\Delta U = \Delta H - R \cdot T \cdot \Delta n = -851'5 - 0 =$ $\boxed{-851'5 \ \frac{kJ}{mol}}$

b) * Masa molecular del Al_2O_3: $M = 2 \cdot 27 + 3 \cdot 16 = 102 \ \frac{g}{mol}$

* Masa de Al_2O_3 obtenida: $m = -\ 10.000 \ kJ \cdot \frac{1 \, mol \, Al_2O_3}{-851'5 \, kJ} \cdot \frac{102 \, g \, Al_2O_3}{1 \, mol \, Al_2O_3} =$ $\boxed{1198 \text{ g } Al_2O_3}$

---

36) Dada la reacción: $2\ H_2S(g) + SO_2(g) \ \rightarrow \ 2\ H_2O(l) + 3\ S(s)$.
a) Calcule la entalpía de esta reacción a 25 ºC, en condiciones estándar.
b) En estas condiciones, determine si la reacción es espontánea
Datos: ΔH_f^0 [$H_2S(g)$] = – 20'63 kJ/mol; ΔH_f^0 [$SO_2(g)$] = – 296'8 kJ/mol;
ΔH_f^0 [$H_2O(l)$] = – 285'8 kJ/mol; S^0 [$H_2S(g)$] = 205'8 $J \cdot mol^{-1} \cdot K^{-1}$;
S^0 [$SO_2(g)$] = 248'2 $J \cdot mol^{-1} \cdot K^{-1}$; S^0 [$H_2O(l)$] = 69'9 $J \cdot mol^{-1} \cdot K^{-1}$; S^0 [$S(s)$] = 31'8 $J \cdot mol^{-1} \cdot K^{-1}$.

a) * Entalpía de la reacción:

$$\Delta H^o = \sum (n \cdot H^o)_{productos} - \sum (n \cdot H^o)_{reactivos} =$$

$= 2 \cdot \Delta H_f^o[H_2O(l)] + 3 \cdot \Delta H_f^o[S(s)] - 2 \cdot \Delta H_f^o[H_2S(g)] - \Delta H_f^o[SO_2(g)] =$

$= 2 \cdot (-285'8) + 3 \cdot 0 - 2 \cdot (-20'63) - (-296'8) =$ $\boxed{-233'5 \ \frac{kJ}{mol}}$

b) * Entropía de la reacción:

$$\Delta S^o = \sum (n \cdot S^o)_{productos} - \sum (n \cdot S^o)_{reactivos} =$$

$= 2 \cdot S^o[H_2O(l)] + 3 \cdot S^o[S(s)] - 2 \cdot S^o[H_2S(g)] - S^o[SO_2(g)] =$

$= 2 \cdot 69'9 + 3 \cdot 31'8 - 2 \cdot 205'8 - 248'2 = -424'6 \ J = -0'4246 \ kJ$

* Energía libre de Gibbs: $\Delta G^o = \Delta H^o - T \cdot \Delta S^o = -233'5 - 298 \cdot (-0'4246) = -107 \ kJ$

La reacción es espontánea, puesto que $\Delta G^o < 0$.

---

37) Dada la reacción: 2 H(g) $\rightarrow$ $H_2(g)$, conteste de forma razonada:
a) ¿Cuánto vale ΔH de la reacción si la energía de enlace H – H es 436 kJ/mol?
b) ¿Qué signo tiene la variación de entropía de esta reacción?
c) ¿Cómo afecta la temperatura a la espontaneidad de la reacción?

a) * Reacción con fórmulas desarrolladas: 2 H(g) $\Rightarrow$ H – H (g)

* Entalpía de la reacción:

$$\Delta H = \sum (n \cdot E)_{rotos} - \sum (n \cdot E)_{formados} = \sum (n \cdot E)_{reactivos} - \sum (n \cdot E)_{productos} =$$

$$= 0 - E(H - H) = \boxed{-436\ \frac{kJ}{mol}}$$

Cuando se destruyen enlaces (en los reactivos), se aplica energía. Cuando se forman enlaces (en los productos), se desprende energía.

b) Negativo.

* Incremento del número de moles gaseosos: $\Delta n = 1 - 2 = -1$ mol

Al disminuir el número de moles de sustancias gaseosas, disminuye la entropía, pues disminuye el desorden: $\Delta S < 0$.

c) La reacción es espontánea a temperaturas bajas. Una reacción es espontánea cuando la energía libre de Gibbs, ΔG, es negativa:

Al ser: $\Delta G = \Delta H - T\cdot\Delta S$; $\Delta H < 0$; $\Delta S < 0$ $\Rightarrow$ Tiene que ser: $\Delta H - T\cdot\Delta S < 0$ $\Rightarrow$

$\Rightarrow$ $\Delta H < T\cdot\Delta S$ $\Rightarrow$ $-|\Delta H| < -|T\cdot\Delta S|$ $\Rightarrow$ $|\Delta H| > |T\cdot\Delta S|$

---

38) Para la reacción: $CH_4(g) + 2\ O_2(g) \rightarrow CO_2(g) + 2\ H_2O(l)$
a) Calcule la variación de entalpía y de la entropía de la reacción en condiciones estándar a 25 ºC.
b) Indique razonadamente si el proceso es espontáneo a 100 ºC.
Datos: $\Delta H_f^0\ [CH_4(g)] = -74'8$ kJ/mol; $\Delta H_f^0\ [CO_2(g)] = -393'5$ kJ/mol;
$\Delta H_f^0\ [H_2O(l)] = -285'8$ kJ/mol; $S^0\ [CH_4(g)] = 186'3\ J\cdot mol^{-1}\cdot K^{-1}$;
$S^0\ [O_2(g)] = 205'1\ J\cdot mol^{-1}\cdot K^{-1}$; $S^0\ [CO_2(g)] = 213'7\ J\cdot mol^{-1}\cdot K^{-1}$; $S^0\ [H_2O(l)] = 69'9\ J\cdot mol^{-1}\cdot K^{-1}$.

a) * Entalpía de la reacción:

$$\Delta H^o = \sum (n \cdot H^o)_{productos} - \sum (n \cdot H^o)_{reactivos} =$$

$$= \Delta H_f^o[CO_2(g)] + 2\cdot\Delta H_f^o[H_2O(l)] - \Delta H_f^o[CH_4(g)] - 2\cdot\Delta H_f^o[O_2(g)] =$$

$$= -393'5 + 2\cdot(-285'8) - (-74'8) - 2\cdot 0 = \boxed{-890'3\ \frac{kJ}{mol}}$$

* Entropía de la reacción:

$$\Delta S^o = \sum (n \cdot S^o)_{productos} - \sum (n \cdot S^o)_{reactivos} =$$

$$= S^o[CO_2(g)] + 2 \cdot S^o[H_2O(l)] - S^o[CH_4(g)] - 2 \cdot S^o[O_2(g)] =$$

$$= 213'7 + 2 \cdot 69'9 - 186'3 - 2 \cdot 205'1 = -243 \ \frac{J}{mol} = \boxed{-0'243 \ \frac{kJ}{mol}}$$

b) * Energía libre de Gibbs a 100 ºC: $\Delta G^o = \Delta H^o - T \cdot \Delta S^o = -890'3 - 373 \cdot (-0'243) = -799'7$ kJ

La reacción es espontánea a 100 ºC puesto que $\Delta G^o < 0$.

---

39) Dada la reacción: $2\ H_2(g) + O_2(g) \rightarrow 2\ H_2O(g) \quad \Delta H^0 = -483'6$ kJ
Razone sobre la veracidad o falsedad de las siguientes afirmaciones:
a) Al formarse 18 g de agua en condiciones estándar se desprenden 483'6 kJ.
b) Dado que $\Delta H^0 < 0$, la formación de agua es un proceso espontáneo.
c) La reacción de formación de agua es un proceso exotérmico.
Masas atómicas: H = 1; O = 16.

a) Falso. El signo negativo indica ciertamente que se desprende calor. Sin embargo, se desprenden 483'6 kJ por cada dos moles de agua, que son: $m = n \cdot M = 2 \cdot 18 = 36$ g. Luego por cada 18 g de agua se desprenden $\frac{483'6}{2} = 241'8$ kJ.

b) Falso. La espontaneidad de una reacción no depende del signo de la entalpía, sino de la energía libre de Gibbs. Una reacción es espontánea si: $\Delta G < 0$. Al ser $\Delta n < 0 \Rightarrow \Delta S < 0 \Rightarrow$ la reacción es espontánea a bajas temperaturas, ya que: $\Delta G = \Delta H - T \cdot \Delta S$

c) Verdadero. Las reacciones exotérmicas, es decir, las que desprenden calor tienen la entalpía negativa.

---

40) En Andalucía se encalan las casas con cal, que se obtiene por el apagado de la cal viva con agua, según la reacción: $CaO(s) + H_2O(l) \rightarrow Ca(OH)_2(s)$
a) Calcule la entalpía de reacción en condiciones estándar, a 25ºC.
b) ¿Cuánto calor se desprende a presión constante al apagar 250 kg de cal viva del 90 % de riqueza en óxido de calcio?
Datos: Masas atómicas: Ca: 40; O: 16.
ΔH_f^0 [CaO(s)] = – 635'1 kJ/mol; ΔH_f^0 [H_2O(l)] = – 285'8 kJ/mol; ΔH_f^0 [$Ca(OH)_2$(s)] = – 986'0 kJ/mol.

a) * Entalpía estándar de la reacción:

$$\Delta H^o = \sum (n \cdot H^o)_{productos} - \sum (n \cdot H^o)_{reactivos} =$$

$$= \Delta H_f^o[Ca(OH)_2(s)] - \Delta H_f^o[CaO(s)] - \Delta H_f^o[H_2O(l)] = -986'0 - (-635'1) - (-285'8) = \boxed{-65'1 \ \frac{kJ}{mol}}$$

b) * Masa molecular del CaO: $M = 40 + 16 = 56\ \frac{g}{mol}$

* Calor que se desprende:

$$Q = 250\ \text{kg cal viva}\cdot \frac{90\,kg\,CaO}{100\,kg\,cal\,viva}\cdot\frac{1000\,g\,CaO}{1\,kg\,CaO}\cdot\frac{1\,mol\,CaO}{56\,g\,CaO}\cdot\frac{-65'1\,kJ}{1\,mol\,CaO} =$$

$$= \boxed{-2'62\cdot 10^5\ \text{kJ}}$$

---

41) La reacción de hidrogenación del buta-1,3-dieno para dar butano es:

$$C_4H_6(g) + 2\ H_2(g) \rightarrow C_4H_{10}(g)$$

Calcule la entalpía de la reacción a 25°C y en condiciones estándar:
a) A partir de la entalpía de formación del agua y de las entalpías de combustión del buta-1,3-dieno y del butano.
b) A partir de las entalpías de enlace.
Datos: $\Delta H_c^0\ [C_4H_6(g)] = -2540'2$ kJ/mol; $\Delta H_c^0\ [C_4H_{10}(g)] = -2877'6$ kJ/mol;
$\Delta H_f^0\ [H_2O(l)] = -285'6$ kJ/mol.
Entalpías de enlace en kJ/mol:
(C – C) = 348'2; (C = C) = 612'9; (C – H) = 415'3; (H – H) = 436'4.

a) * Reacción de formación del agua: $H_2(g) + \frac{1}{2}\ O_2(g) \rightarrow H_2O(l)$ (1)

* Reacción de combustión del buta-1,3-dieno: $C_4H_6(g) + \frac{11}{2}\ O_2(g) \rightarrow 4\ CO_2(g) + 3\ H_2O(l)$ (2)

* Reacción de combustión del butano: $C_4H_{10}(g) + \frac{13}{2}\ O_2(g) \rightarrow 4\ CO_2(g) + 5\ H_2O(l)$ (3)

* Reacción de hidrogenación del buta-1,3-dieno: $C_4H_6(g) + 2\ H_2(g) \rightarrow C_4H_{10}(g)$ (4)

Aplicamos la ley de Hess: disponemos las reacciones (1), (2) y (3) de tal forma que obtengamos la (4).

$C_4H_6(g) + \frac{11}{2}\ O_2(g) \rightarrow 4\ CO_2(g) + 3\ H_2O(l)$ La (2) tal cual

$2\ H_2(g) + O_2(g) \rightarrow 2\ H_2O(l)$ La (1) multiplicada por 2

$4\ CO_2(g) + 5\ H_2O(l) \rightarrow C_4H_{10}(g) + \frac{13}{2}\ O_2(g)$ La (3) al revés

* Entalpía de la reacción:

$$\Delta H^o = \Delta H^o_2 + 2\cdot\Delta H^o_1 - \Delta H^o_3 = -2540'2 + 2\cdot(-285'6) - (-2877'6) = \boxed{-233'8\ \frac{kJ}{mol}}$$

b) * Reacción de hidrogenación del buta-1,3-dieno con fórmulas desarrolladas:

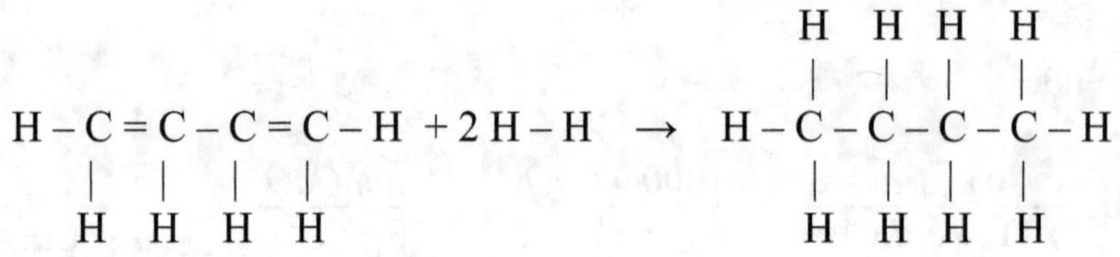

* Entalpía de la reacción en función de las energías de enlace:

$$\Delta H = \sum (n \cdot E)_{rotos} - \sum (n \cdot E)_{formados} = \sum (n \cdot E)_{reactivos} - \sum (n \cdot E)_{productos} =$$

$$= 2 \cdot E(C = C) + E(C - C) + 6 \cdot E(C - H) + 2 \cdot E(H - H) - 3 \cdot E(C - C) - 10 \cdot E(C - H) =$$

$$= 2 \cdot 612'9 + 348'2 + 6 \cdot 415'3 + 2 \cdot 436'4 - 3 \cdot 348'2 - 10 \cdot 415'3 = \boxed{-259 \ \frac{kJ}{mol}}$$

2010

42) Razone si las siguientes afirmaciones son verdaderas o falsas:
a) La entalpía de formación estándar del mercurio líquido, a 25ºC, es cero.
b) Todas las reacciones químicas en que $\Delta G < 0$ son muy rápidas.
c) A – 273 º C la entropía de una sustancia cristalina pura es cero.

a) Verdadera. Las entalpías de los elementos puros en sus estados estándar valen cero, pues su formación no supone ningún aporte ni gasto energético.

b) Falsa. Todas las reacciones químicas en que $\Delta G < 0$ son espontáneas. La velocidad de una reacción química depende de otros factores como: la naturaleza de la propia reacción, la concentración de los reactivos, el estado de agregación de los reactivos, la temperatura, la presión, etc.

c) Verdadera. A esa temperatura, los átomos no se mueven en la red cristalina y el desorden es nulo.

---

43) Para la reacción: $CH_4(g) + Cl_2(g) \rightarrow CH_3Cl(g) + HCl(g)$
a) Calcule la entalpía de reacción estándar a 25ºC, a partir de las entalpías de enlace y de las entalpías de formación en las mismas condiciones de presión y temperatura.
b) Sabiendo que el valor de ΔS^0 de la reacción es 11'1 J/(mol·K) y utilizando el valor de ΔH^0 de la reacción obtenido a partir de los valores de las entalpías de formación, calcule el valor de ΔG^0.
Datos: ΔH_c^0 [$CH_4(g)$] = – 74'8 kJ/mol; ΔH_c^0 [$CH_3Cl(g)$] = – 82'0 kJ/mol;
ΔH_f^0 [HCl(g)] = – 92'3 kJ/mol.
Entalpías de enlace en kJ/mol: (C – H) = 414; (Cl – Cl) = 243; (C – Cl) = 339; (H – Cl) = 432.

a) * Reacción en función de las fórmulas desarrolladas:

$$\begin{array}{ccc} \mathrm{H} & & \mathrm{H} \\ | & & | \\ \mathrm{H-C-H+Cl-Cl} & \rightarrow & \mathrm{H-C-H+H-Cl} \\ | & & | \\ \mathrm{H} & & \mathrm{Cl} \end{array}$$

* Entalpía de la reacción en función de las energías de enlace:

$$\Delta H^o = \sum (n \cdot E)_{rotos} - \sum (n \cdot E)_{formados} = \sum (n \cdot E)_{reactivos} - \sum (n \cdot E)_{productos} =$$

$$= 4 \cdot E(C-H) + E(Cl-Cl) - 3 \cdot E(C-H) - E(C-Cl) - E(Cl-H) =$$

$$= 4 \cdot 414 + 243 - 3 \cdot 414 - 339 - 432 = \boxed{-114 \ \frac{kJ}{mol}}$$

* Entalpía de la reacción en función de las entalpías de formación:

$$\Delta H^o = \sum (n \cdot H^o)_{productos} - \sum (n \cdot H^o)_{reactivos} =$$

$$= \Delta H_f^o[CH_3Cl(g)] + \Delta H_f^o[HCl(g)] - \Delta H_f^o[CH_4(g)] - \Delta H_f^o[Cl_2(g)] =$$

$$= -82'0 + (-92'3) - (-74'8) - 0 = \boxed{-99'5 \ \frac{kJ}{mol}}$$

b) * Energía libre de Gibbs estándar:

$$\Delta G^o = \Delta H^o - T \cdot \Delta S^o = -99'5 - 298 \cdot 11'1 \cdot 10^{-3} = \boxed{-103 \ \frac{kJ}{mol}}$$

---

44) Dada la reacción: $2\ SO_2(g) + O_2(g) \rightarrow 2\ SO_3(g)$ $\quad \Delta H = -198'2$ kJ.
a) Indique razonadamente el signo de la variación de entropía.
b) Justifique por qué la disminución de la temperatura favorece la espontaneidad de dicho proceso.

a) Negativo. El incremento en el número de moles gaseosos es negativo, luego disminuye el desorden y, por consiguiente, disminuye la entropía: $\Delta S < 0$

* Incremento en el número de moles gaseosos: $\Delta n = 2 - 2 - 1 = -1$ mol

b) Un proceso es espontáneo cuando $\Delta G < 0$.

Al ser: $\Delta G = \Delta H - T \cdot \Delta S \quad \Rightarrow \quad \Delta H - T \cdot \Delta S < 0 \quad \Rightarrow \quad \Delta H < T \cdot \Delta S$
Al ser: $\Delta H < 0$ y $\Delta S < 0 \quad \Rightarrow \quad \Delta H = -|\Delta H| \quad ; \quad \Delta S = -|\Delta S|$
Luego: $\Delta H < T \cdot \Delta S \quad \Rightarrow \quad -|\Delta H| < T \cdot (-|\Delta S|) \quad \Rightarrow \quad |\Delta H| > T \cdot |\Delta S|$
Lo cual ocurre a bajas temperaturas.

---

45) Para la fabricación industrial del ácido nítrico, se parte de la oxidación catalítica del amoniaco, según: $4\ NH_3(g) + 5\ O_2(g) \rightarrow 6\ H_2O(l) + 4\ NO(g)$
a) Calcule la entalpía de esta reacción a 25 ºC, en condiciones estándar.
b) ¿Qué volumen de NO, medido en condiciones normales, se obtendrá cuando reaccionan 100 g de amoniaco con exceso de oxígeno?
Datos: ΔH_f^0 [$H_2O(l)$] = – 285'8 kJ/mol; ΔH_f^0 [$NH_3(g)$] = – 46'1 kJ/mol; ΔH_f^0 [NO(g)] = 90'25 kJ/mol.
Masas atómicas: N: 14; H: 1.

a) * Entalpía de la oxidación catalítica del amoniaco:

$$\Delta H^o = \sum (n \cdot H^o)_{productos} - \sum (n \cdot H^o)_{reactivos} =$$

$$= 6 \cdot \Delta H_f^o[H_2O(l)] + 4 \cdot \Delta H_f^o[NO(g)] - 4 \cdot \Delta H_f^o[NH_3(g)] - 5 \cdot \Delta H_f^o[O_2(g)] =$$

$$= 6 \cdot (-285'8) + 4 \cdot 90'25 - 4 \cdot (-46'1) - 5 \cdot 0 = \boxed{-1169\ \frac{kJ}{mol}}$$

b) * Masa molecular del NH_3: $M = 14 + 3 = 17\ \frac{g}{mol}$

* Volumen de NO obtenido:

$$V = 100\ g\ NH_3 \cdot \frac{1\,mol\,NH_3}{17\,g\,NH_3} \cdot \frac{4\,mol\,NO}{4\,mol\,NH_3} \cdot \frac{22'4\,L\,NO}{1\,mol\,NO} = \boxed{132\ L\ NO}$$

---

46) En la oxidación catalítica a 400 ºC del dióxido de azufre se obtiene trióxido de azufre según:

$$2\ SO_2(g) + O_2(g) \rightarrow 2\ SO_3(g) \qquad \Delta H = -198'2\ kJ$$

Calcule la cantidad de energía que se desprende en la oxidación de 60'2 g de dióxido de azufre si:
a) La reacción se realiza a presión constante.
b) La reacción tiene lugar a volumen constante.
Datos: $R = 8'31\ J \cdot mol^{-1} \cdot K^{-1}$; masas atómicas: S: 32; O: 16.

a) * Masa molecular del SO_2: $M = 32 + 2 \cdot 16 = 64\ \frac{g}{mol}$

* Número de moles de SO_2: $n = \frac{m}{M} = \frac{60'2}{64} = 0'941\ mol\ SO_2$

* Energía desprendida a presión constante: $E = \Delta H \cdot n = \frac{-198'2\,kJ}{2\,mol\,SO_2} \cdot 0'941\ mol\ SO_2 = \boxed{-93'3\ kJ}$

b) * Incremento en el número de moles gaseosos: $\Delta n = 2 - 2 - 1 = -1\ mol$

* Calor a volumen constante (energía interna):

$$\Delta U = \Delta H - R \cdot T \cdot \Delta n = -198'2\ kJ - 8'31 \cdot 10^{-3}\ \frac{kJ}{mol \cdot K} \cdot 673\ K \cdot (-1\ mol) = -192'6\ kJ$$

* Energía desprendida a volumen constante: $E = \Delta U \cdot n = \dfrac{-192'6\,kJ}{2\,mol\,SO_2} \cdot 0'941\,mol\,SO_2 = \boxed{-90'6\,kJ}$

---

47) Para la obtención del tetracloruro de carbono según:
$$CS_2(l) + 3\,Cl_2(g) \rightarrow CCl_4(l) + S_2Cl_2(l)$$
a) Calcule el calor de reacción, a presión constante, a 25°C y en condiciones estándar.
b) ¿Cuál es la energía intercambiada en la reacción anterior, en las mismas condiciones, cuando se forma un litro de tetracloruro de carbono cuya densidad es 1'4 g/mL?
Datos: $\Delta H_f^0\,[CS_2(l)] = 89'70\,kJ/mol$; $\Delta H_f^0\,[CCl_4(l)] = -135'4\,kJ/mol$; $\Delta H_f^0\,[S_2Cl_2(l)] = -59'8\,kJ/mol$.
Masas atómicas: C: 12; Cl: 35'5.

a) * Calor de reacción a presión constante (entalpía):

$$\Delta H^o = \sum (n \cdot H^o)_{productos} - \sum (n \cdot H^o)_{reactivos} =$$

$$= \Delta H_f^o[CCl_4(l)] + \Delta H_f^o[S_2Cl_2(l)] - \Delta H_f^o[CS_2(l)] - 3\cdot \Delta H_f^o[Cl_2(g)] =$$

$$= -135'4 + (-59'8) - 89'70 - 3\cdot 0 = \boxed{-284'9\,\dfrac{kJ}{mol}}$$

b) * Masa molecular del CCl_4: $M = 12 + 4\cdot 35'5 = 154\,\dfrac{g}{mol}$

* Energía intercambiada:

$$E = -284'9\,\dfrac{kJ}{mol\,CCl_4} \cdot \dfrac{1\,mol\,CCl_4}{154\,g\,CCl_4} \cdot \dfrac{1'4\,g\,CCl_4}{1\,mL\,CCl_4} \cdot \dfrac{1000\,mL\,CCl_4}{1\,L\,CCl_4} \cdot 1\,L\,CCl_4 = \boxed{-2590\,kJ}$$

---

48) Considere la reacción de hidrogenación del propino:
$$CH_3C\equiv CH + 2\,H_2 \rightarrow CH_3CH_2CH_3$$
a) Calcule la entalpía de reacción, a partir de las energías medias de enlace.
b) Determine la cantidad de energía que habrá que proporcionar a 100 g de hidrógeno molecular para disociarlo completamente en sus átomos.
Datos: Masa atómica: H=1. Entalpías de enlace en kJ/mol:
(C – C) = 347; (C ≡ C) = 830; (C – H) = 415; (H – H) = 436.

a) * Reacción con fórmulas desarrolladas:

$$\begin{array}{c}
\text{H} \\
| \\
\text{H} - \text{C} - \text{C} \equiv \text{C} - \text{H} + 2\,\text{H} - \text{H} \\
| \\
\text{H}
\end{array}
\quad \rightarrow \quad
\begin{array}{c}
\text{H} \quad \text{H} \quad \text{H} \\
| \quad\; | \quad\; | \\
\text{H} - \text{C} - \text{C} - \text{C} - \text{H} \\
| \quad\; | \quad\; | \\
\text{H} \quad \text{H} \quad \text{H}
\end{array}$$

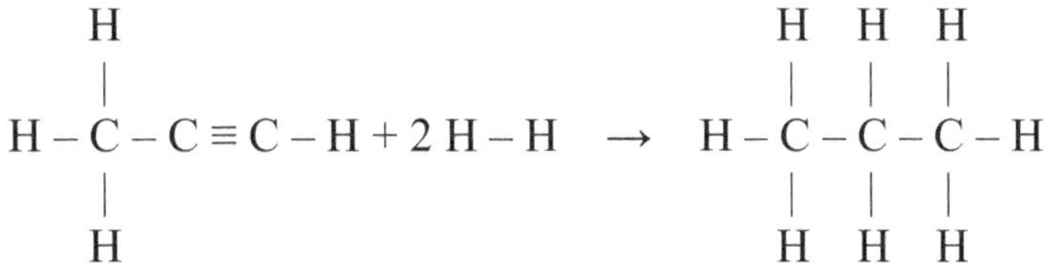

* Entalpía de reacción:

$$\Delta H^o = \sum (n \cdot E)_{rotos} - \sum (n \cdot E)_{formados} = \sum (n \cdot E)_{reactivos} - \sum (n \cdot E)_{productos} =$$

$$= 4 \cdot E(C-H) + E(C-C) + E(C \equiv C) + 2 \cdot E(H-H) - 2 \cdot E(C-C) - 8 \cdot E(C-H) =$$

$$= 4 \cdot 415 + 347 + 830 + 2 \cdot 436 - 2 \cdot 347 - 8 \cdot 415 = \boxed{-305 \ \frac{kJ}{mol}}$$

b) * Disociación del hidrógeno molecular: $H_2(g) \rightarrow 2\ H(g)$

* Reacción de disociación con fórmulas desarrolladas: $H-H \rightarrow 2\ H$

* Entalpía de reacción:

$$\Delta H^o = \sum (n \cdot E)_{rotos} - \sum (n \cdot E)_{formados} = \sum (n \cdot E)_{reactivos} - \sum (n \cdot E)_{productos} = 436 \ \frac{kJ}{mol}$$

* Masa molecular del hidrógeno molecular: $M = 2 \cdot 1 = 2 \ \frac{g}{mol}$

* Energía para la disociación: $E = 436 \ \frac{kJ}{mol\, H_2} \cdot \frac{1\, mol\, H_2}{2\, g\, H_2} \cdot 100\ g\ H_2 = \boxed{2'18 \cdot 10^4\ kJ}$

2009

49) Calcule:
a) La entalpía de combustión estándar del octano líquido, sabiendo que se forman CO_2 y H_2O gaseosos.
b) La energía que necesita un automóvil por cada kilómetro si consume 5 L de octano por cada 100 km.
Datos: Densidad del octano líquido = 0'8 kg/L. Masas atómicas: H: 1; C: 12.
$\Delta H_f^0\ [H_2O(g)] = -241'8$ kJ/mol; $\Delta H_f^0\ [CO_2(g)] = -393'5$ kJ/mol; $\Delta H_f^0\ [C_8H_{18}(l)] = -250'0$ kJ/mol.

a) * Reacción de combustión del octano líquido: $C_8H_{18}(l) + \frac{25}{2}\ O_2(g) \rightarrow 8\ CO_2(g) + 9\ H_2O(g)$

* Entalpía de combustión estándar del octano:

$$\Delta H^o = \sum (n \cdot H^o)_{productos} - \sum (n \cdot H^o)_{reactivos} =$$

$$= 8 \cdot \Delta H_f^o[CO_2(g)] + 9 \cdot \Delta H_f^o[H_2O(g)] - \Delta H_f^o[C_8H_{18}(l)] - \frac{25}{2} \cdot \Delta H_f^o[O_2(g)] =$$

$$= 8 \cdot (-393'5) + 9 \cdot (-241'8) - (-250'0) - \frac{25}{2} \cdot 0 = \boxed{-5074 \ \frac{kJ}{mol}}$$

b) * Masa molecular del octano: $M = 8 \cdot 12 + 18 = 114 \ \frac{g}{mol}$

* Energía que necesita el automóvil:

$$E = -5074 \ \frac{kJ}{mol\, C_8H_{18}} \cdot \frac{1\, mol\, C_8H_{18}}{114\, g\, C_8H_{18}} \cdot \frac{1000\, g\, C_8H_{18}}{1\, kg\, C_8H_{18}} \cdot \frac{0'8\, kg\, C_8H_{18}}{1\, L\, C_8H_{18}} \cdot \frac{5\, L\, C_8H_{18}}{100\, km} =$$

$$= \boxed{-1780 \ \frac{kJ}{km}}$$

---

50) Considere la reacción de combustión del etanol.
a) Escriba la reacción ajustada y calcule la entalpía de reacción en condiciones estándar.
b) Determine la cantidad de calor, a presión constante, que se libera en la combustión completa de 100 g de etanol, en las mismas condiciones de presión y temperatura.
Datos: masas atómicas: C: 12; O: 16; H: 1.
$\Delta H_f^0[C_2H_5OH(l)] = -277'7$ kJ/mol; $\Delta H_f^0[CO_2(g)] = -393'5$ kJ/mol; $\Delta H_f^0[H_2O(l)] = -285'8$ kJ/mol.

a) * Reacción ajustada: $\boxed{C_2H_5OH(l) + 3\, O_2(g) \ \rightarrow \ 2\, CO_2(g) + 3\, H_2O(l)}$

* Entalpía de reacción estándar:

$$\Delta H = \sum (n \cdot H)_{productos} - \sum (n \cdot H)_{reactivos} =$$

$$= 2 \cdot \Delta H_f^0[CO_2(g)] + 3 \cdot \Delta H_f^0[H_2O(l)] - \Delta H_f^0[C_2H_5OH(l)] - 3 \cdot \Delta H_f^0[O_2] =$$

$$= 2 \cdot (-393'5) + 3 \cdot (-285'8) - (-277'7) - 3 \cdot 0 = \boxed{-1367 \ \frac{kJ}{mol}}$$

b) * Masa molecular del etanol: $M = 2 \cdot 12 + 6 \cdot 1 + 16 = 46 \ \frac{g}{mol}$

* Moles de etanol: $n = \frac{m}{M} = \frac{100}{46} = 2'17$ mol

* Calor que se libera: $Q = n \cdot \Delta H = 2'17\ mol \cdot (-1367) \ \frac{kJ}{mol} = \boxed{-2966\ kJ}$

TEMA 4: ÁCIDOS Y BASES

RESUMEN TEÓRICO Y FORMULARIO

- Teoría de Arrhenius: un ácido es una sustancia que, en disolución acuosa, genera iones hidrógeno, es decir, protones, H^+. Ejemplo: escribe las disociaciones de estos ácidos según Arrhenius:
HCl (fuerte), HNO_3 (fuerte), H_3PO_4 (débil).

$$HCl \Rightarrow H^+ + Cl^- \quad ; \quad HNO_3 \Rightarrow H^+ + NO_3^- \quad ; \quad H_3PO_4 \rightleftharpoons 3\,H^+ + PO_4^{3-}$$

- Teoría de Brönsted-Lowry: un ácido es una sustancia que tiende a ceder protones y una base es una sustancia que tiende a aceptar protones.

- Reacción de neutralización de Brönsted-Lowry: $\text{ácido}_1 + \text{base}_2 \rightleftharpoons \text{base}_1 + \text{ácido}_2$

- Las parejas $\text{ácido}_1/\text{base}_1$ y $\text{ácido}_2/\text{base}_2$ son lo que se llama parejas ácido-base conjugadas. Se diferencian en un protón o en un OH^-.
Ejemplo: escribe las disociaciones de estos ácidos según Brönsted-Lowry:
HNO_3 (fuerte), H_3PO_4 (débil).

$$HNO_3 + H_2O \Rightarrow H_3O^+ + NO_3^- \quad ; \quad H_3PO_4 + 3\,H_2O \rightleftharpoons 3\,H_3O^+ + PO_4^{3-}$$

- Una sustancia anfótera o un anfótero es una sustancia que puede comportarse como ácido o como base dependiendo de con qué sustancia reaccione.

- Las reacciones ácido-base también se llaman reacciones de transferencia de protones.

- Si el ácido o la base es fuerte, se disocia en agua totalmente. Se utiliza una flecha ($\Rightarrow$).

- Si el ácido o la base es débil, se disocia en agua parcialmente. Se utiliza una doble flecha ($\rightleftharpoons$), pues se trata de un equilibrio ácido-base.

- Ejemplos de ácidos fuertes: HCl, HNO_3, $HClO_4$, HBr, H_2SO_4.

- Ejemplo de ácidos débiles: CH_3-COOH, HSO_4^-, H_2CO_3.

- Ejemplo de bases fuertes: $NaOH$, KOH, cualquier hidróxido alcalino o alcalinotérreo.

- Ejemplos de bases débiles: NH_3

- Equilibrio de disociación de un ácido y constante de acidez, K_a: $HA + H_2O \rightleftharpoons A^- + H_3O^+$

$$K_a = \frac{[A^-]\cdot[H_3O^+]}{[HA]}$$

- Equilibrio de disociación de una base y constante de basicidad, K_b: $BOH + H_2O \rightleftharpoons B^+ + OH^-$

$$K_b = \frac{[B^+]\cdot[OH^-]}{[BOH]}$$

- En las constantes de acidez y de basicidad nunca aparecen la concentración del agua.

- El pH es una magnitud que mide el grado de acidez o de basicidad de una disolución.

- Se calcula así: $pH = -\log [H_3O^+]$ o también: $pH = -\log [H^+]$

- La escala del pH va de 0 a 14:

$pH = 7$ ⇒ Disolución neutra, pH neutro
$pH < 7$ ⇒ Disolución ácida, pH ácido
$pH > 7$ ⇒ Disolución básica, pH básico

- Y más detalladamente:

Disolución	**pH**	**pOH**	**$[H_3O^+]$**	**$[OH^-]$**
Ácida	De 0 a 7	De 7 a 14	$> 10^{-7}$ M	$< 10^{-7}$ M
Neutra	En torno a 7	En torno a 7	10^{-7} M	10^{-7} M
Básica	De 7 a 14	De 0 a 7	$< 10^{-7}$ M	$> 10^{-7}$ M

- Otras fórmulas de interés:

$$pOH = -\log [OH^-] \quad ; \quad pH + pOH = 14 \quad ; \quad pK_a = -\log K_a \quad ; \quad pK_b = -\log K_b$$

* Ionización del agua: $2\,H_2O \rightleftharpoons H_3O^+ + OH^-$

* Producto de ionización del agua: $K_w = [H_3O^+]\cdot[OH^-] = 10^{-14}$
* Relación entre el pH y $[H_3O^+]$ y entre el pOH y $[OH^-]$:

$$[H_3O^+] = 10^{-pH} \quad ; \quad [OH^-] = 10^{-pOH}$$

- Hidrólisis de sales: una sal es un compuesto que tiene un metal y uno o varios no metales. Ejemplo: NaCl, Na_2SO_4 .

- La hidrólisis consiste en la reacción de una sustancia con el agua.

- Cuando una sal soluble se disuelve en agua, se disocia en cationes y aniones. Estos iones pueden hidrolizarse y darle carácter ácido o básico a la disolución, dependiendo de si liberan H^+ u OH^-.

- Recordemos que, según Brönsted-Lowry, a un ácido fuerte le corresponde una base conjugada débil y al contrario. A una base fuerte le corresponde un ácido conjugado débil y al contrario.

Ejemplo: NaCl → Na^+ + Cl^-
Electrólito fuerte — ácido débil — base débil

Ninguno de estos dos iones se hidrolizará, pues son débiles. La disolución será neutra.

Ejemplo: $CH_3 - COONa \rightarrow CH_3 - COO^- + Na^+$
electrolito fuerte base fuerte ácido débil

Se hidrolizará el ion acetato de esta forma:

$$CH_3 - COO^- + H_2O \rightleftharpoons CH_3 - COOH + OH^-$$

Es decir, las disoluciones de $CH_3 - COONa$ tienen carácter básico.

Tipo de sal	Ejemplo	Disolución
De ácido fuerte y base fuerte	NaCl	Neutra
De ácido fuerte y base débil	NH_4Cl	Ácida
De ácido débil y base fuerte	$CH_3 - COONa$	Básica
De ácido débil y base débil	$CH_3 - COONH_4$	Ácida o básica

- Disoluciones amortiguadoras: también se llaman disoluciones reguladoras, disoluciones buffer o disoluciones tampón.

- Se definen como aquellas disoluciones que varían muy poco su pH cuando se diluyen o cuando se les añade un reactivo.

- Hay dos tipos:

Tipo	Ejemplo
Ácido débil + sal de ácido débil	$CH_3 - COOH + CH_3 - COONa$
Base débil + sal de base débil	$NH_3 + NH_4Cl$

- Para transformar unidades de cantidad de sustancia:

$$m = d \cdot V \qquad n = \frac{m}{M} \qquad N = n \cdot N_A$$

$$V = \frac{m}{d} \qquad m = n \cdot M \qquad n = \frac{N}{N_A}$$

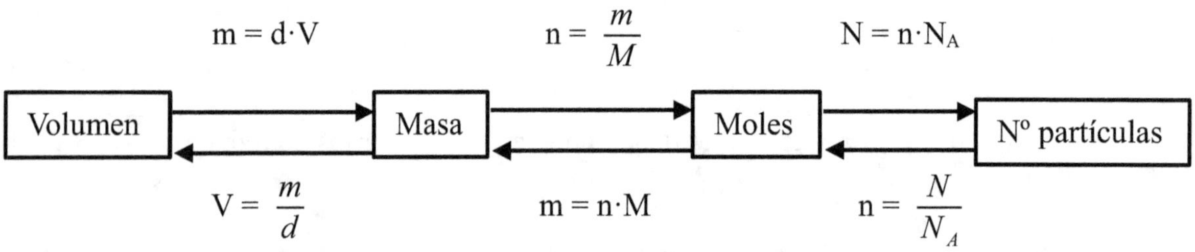

siendo: m: masa (g).
d: densidad (g/ml).
V: volumen (ml o cm³).
n: número de moles.
M: masa atómica o molecular (g/mol).
N: número de partículas (átomos, moléculas).
N_A = número de Avogadro = $6'022 \cdot 10^{23}$

- Formas de expresar la concentración de una disolución:

* Porcentaje en masa o porcentaje en peso o riqueza:

$$\text{Porcentaje en masa} = \frac{m_s \cdot 100}{m_D} \qquad (\,\%\,)$$

siendo: m_s : masa del soluto (g).
m_D : masa de la disolución (g).

* Porcentaje en volumen:

$$\text{Porcentaje en volumen} = \frac{V_s \cdot 100}{V_D} \qquad (\,\%\text{ volumen o grados}\,)$$

siendo: V_s : volumen de soluto (ml, cm^3, …).
V_D : volumen de disolución (ml, cm^3, …).

* Masa por unidad de volumen:

$$c = \frac{m_s}{V_D} \qquad \left(\frac{g}{l}, \frac{g}{cm^3}\right)$$

siendo: c : concentración.
m_s: masa de soluto (g)
V_D: volumen de disolución (L)

* Molaridad:

$$c_M = M = \frac{n_s}{V_D(litros)} \qquad \left(\frac{mol}{l}, M\right) \quad \text{Se lee molar.}$$

siendo: n_s : número de moles de soluto (moles).
V_D : volumen de disolución (L).

* Molalidad:

$$c_m = m = \frac{n_s}{m_d(kilogramos)} \qquad \left(\frac{mol}{kg}, m\right) \quad \text{Se lee molal.}$$

siendo: n_s : número de moles de soluto (moles).
m_d : masa de disolvente (kg).

* Fracción molar:

$$x_i = \frac{n_i}{n_T} = \frac{n_i}{n_s + n_d} \quad \text{(Sin unidades)}$$

siendo: n_i : número de moles del componente i.
n_s : número de moles de soluto.
n_d : número de moles de disolvente.

- Densidad de una disolución:

$$d_D = \frac{m_D}{V_D} \qquad \left(\frac{g}{l}, \frac{g}{cm^3}\right)$$

siendo: d_D: densidad de la disolución (g/ml)
m_D : masa de la disolución (g)
V_D : volumen de la disolución (ml)

- Diluciones: una dilución consiste en añadir disolvente puro a una disolución ya preparada. Al diluir, disminuye la concentración del soluto. La cantidad de soluto se conserva, luego:

$$c_{M1} \cdot V_{D1} = c_{M2} \cdot V_{D2}$$

- El reactivo limitante: es aquel que está en defecto. Si nos dan cantidades de dos o más reactivos, hay que averiguar cuál es el limitante. En los cálculos estequiométricos interviene el reactivo limitante. Hay dos formas de determinar el reactivo limitante:
a) Método 1: comparación de la cantidad teórica de reactivo con la cantidad real.

b) Método 2: método del número de equivalentes.

$$\text{Número de equivalentes} = \frac{\textit{Número de moles reales}}{\textit{Número de moles de la ecuación química}}$$

El reactivo que tenga menor número de equivalentes es el limitante.

Ejemplo: $2\ H_2 + O_2 \Rightarrow 2\ H_2O$
Si tenemos 3 moles de H_2 y 2 moles de O_2, ¿cuál es el limitante? ¿Cuántos gramos de agua se obtienen?
a) Método 1:

$$\frac{2\,mol\,H_2}{1\,mol\,O_2} = \frac{3\,mol\,H_2}{x} \Rightarrow x = \frac{3}{2} = 1'5 \text{ mol } H_2 \text{ reaccionarían} < 2 \text{ mol } O_2 \Rightarrow$$

$\Rightarrow$ El O_2 está en exceso y el H_2 es el limitante.

$$M_{H2O} = 3 \text{ mol } H_2 \cdot \frac{2\,mol\,H_2O}{2\,mol\,H_2} \cdot \frac{18\,g\,H_2O}{1\,mol\,H_2O} = 54 \text{ g } H_2O$$

b) Método 2:

$$H_2: \frac{\textit{Moles reales}}{\textit{Moles de la reacción}} = \frac{3}{2} = 1'5 \quad ; \quad O_2: \frac{\textit{Moles reales}}{\textit{Moles de la reacción}} = \frac{2}{1} = 2$$

El limitante es el H_2.

$$M_{H2O} = 3 \text{ mol } H_2 \cdot \frac{2\,mol\,H_2O}{2\,mol\,H_2} \cdot \frac{18\,g\,H_2O}{1\,mol\,H_2O} = 54 \text{ g } H_2O$$

PROBLEMAS Y CUESTIONES DE ÁCIDOS Y BASES

2024

1) Justifique si las siguientes afirmaciones son verdaderas o falsas:
a) En una disolución diluida de un ácido fuerte HX hay mayor proporción de HX que de X^- .
b) Cuando se disuelve CH_3COONa en agua se producen iones OH^- .
c) El pH de una disolución 0'1 M de HCl es menor que el de una disolución 0'1 M de CH_3COOH (K_a = $1'75\cdot 10^{-5}$).

a) Falsa. La disociación de un ácido fuerte es prácticamente total: $HX + H_2O \rightarrow H_3O^+ + X^-$, por lo que la proporción de HX es muy pequeña o nula y la de X^- es mucho mayor. La concentración de X^- es prácticamente igual a la inicial de HX.

b) Verdadera. El CH_3COONa es un electrólito fuerte que se disocia según:

$$CH_3COONa \rightarrow CH_3COO^- + Na^+$$

El Na^+ es un ácido débil por provenir de una base fuerte (el NaOH), luego no se hidroliza. El CH_3COO^- es una base fuerte por provenir de un ácido débil (el CH_3COOH), luego se hidroliza según:

$$CH_3COO^- + H_2O \rightleftharpoons CH_3COOH + OH^-$$

Luego se producen iones OH^-.

c) Verdadera. Cuanto más pequeño el pH, mayor será la acidez de la disolución. Como el Hcl es un ácido fuerte y el CH_3COOH es un ácido débil, a igualdad de concentraciones iniciales, la disolución de Hcl tendrá mayor acidez y, por tanto, menor pH que la de CH_3COOH.

---

2) Se preparan 10 L de una disolución de ácido metanoico (HCOOH) disolviendo 23 g en agua. Teniendo en cuenta que el pH de la disolución es 3, calcule:
a) El grado de disociación del ácido.
b) El valor de la constante de disociación.
Datos: Masas atómicas relativas: C = 12; O = 16; H = 1.

a) * Masa molecular del HCOOH: $M = 2\cdot 1 + 12 + 2\cdot 16 = 46 \ \frac{g}{mol}$

* Concentración inicial de ácido: $c_0 = \frac{n_0}{V_D} = \frac{m_0}{M\cdot V_D} = \frac{23}{46\cdot 10} = 0'05$ M

* Disociación del HCOOH:

	HCOOH	+	H_2O	$\rightleftharpoons$	$HCOO^-$	+	H_3O^+
Concentraciones de equilibrio	$0'05\cdot(1-\alpha)$				$0'05\cdot\alpha$		$0'05\cdot\alpha$

* Concentración de iones oxonio: $[H_3O^+] = 10^{-pH} = 10^{-3}$ M

* Grado de disociación: $[H_3O^+] = c_0\cdot\alpha \Rightarrow \alpha = \frac{[H_3O^+]}{c_0} = \frac{10^{-3}}{0'05} = \boxed{0'02}$

b) * Constante de disociación:

$$K_a = \frac{[HCOO^-]\cdot[H_3O^+]}{[HCOOH]} = \frac{c_0\cdot\alpha\cdot c_0\cdot\alpha}{c_0\cdot(1-\alpha)} = \frac{c_0\cdot\alpha^2}{1-\alpha} = \frac{0'05\cdot 0'02^2}{1-0'02} = \boxed{2'04\cdot 10^{-5}}$$

---

3) Justifique, escribiendo las correspondientes reacciones químicas, si el pH de las siguientes disoluciones acuosas es ácido, básico o neutro:
a) Disolución de NH_3 cuya constante de equilibrio es $K_b = 1'8\cdot 10^{-5}$.
b) Disolución de NaBrO, teniendo en cuenta que la constante de equilibrio del HBrO es $K_a = 2'3\cdot 10^{-9}$.
c) Disolución resultante de la mezcla de 100 mL de disolución de HCl 0'2 M y de 150 mL de disolución de NaOH 0'2 M.

a) Básico. El NH_3 es una base débil que se disocia según: $NH_3 + H_2O \rightleftharpoons NH_4^+ + OH^-$
Como se producen iones hidróxido, OH^-, la disolución es básica.

b) Básica. El NaBrO es un electrólito fuerte que se disocia según:

$$NaBrO + H_2O \rightarrow \underset{\text{Ácido débil}}{Na^+} + \underset{\text{Base fuerte}}{BrO^-}$$

El Na^+ es un ácido débil por provenir de una base fuerte (el NaOH). El BrO^- es una base fuerte por provenir de un ácido débil (el HBrO). Luego el BrO^- se hidroliza y produce una disolución básica por producir iones hidróxido: $BrO^- + H_2O \rightleftharpoons HBrO + OH^-$

c) * Reacción de neutralización: $HCl + NaOH \rightarrow NaCl + H_2O$

* Moles de HCl: $n = c_a\cdot V_a = 0'2\cdot 0'1 = 0'02$ mol HCl

* Moles de NaOH: $n = c_b\cdot V_b = 0'2\cdot 0'15 = 0'03$ mol NaOH

Como el NaOH está en exceso, la disolución resultante tendrá pH básico por la producción de iones hidróxido: $NaOH + H_2O \rightarrow Na^+ + OH^-$

---

4) Se disuelven 0'2 g de $Ca(OH)_2$ en agua, hasta un volumen final de 250 mL. Basándose en la reacción de disociación correspondiente, calcule:
a) La molaridad de la disolución y su pH.
b) El pH de una disolución obtenida al diluir 15 mL de la disolución del enunciado en agua hasta un volumen de 100 mL.
Datos: Masas atómicas relativas: Ca = 40; O = 16; H = 1.

a) * Masa molecular del $Ca(OH)_2$: $M = 40 + 2\cdot 16 + 2\cdot 1 = 74\ \frac{g}{mol}$

* Concentración inicial de $Ca(OH)_2$: $c_0 = \frac{n_0}{V_D} = \frac{m_0}{M\cdot V_D} = \frac{0'2}{74\cdot 0'25} = \boxed{0'0108\ M}$

* Disociación del $Ca(OH)_2$:

$$\begin{array}{lccccc} & Ca(OH)_2 & + & H_2O \rightarrow & Ca^{2+} & + & 2\ OH^- \\ \text{Concentraciones de equilibrio} & & & & c_0 & & 2 \cdot c_0 \end{array}$$

* Concentración de iones hidróxido: $[OH^-] = 2 \cdot c_0 = 2 \cdot 0'0108 = 0'0216$ M

* Cálculo del pH:

$$pOH = -\log [OH^-] = -\log 0'0216 = 1'67 \quad ; \quad pH + pOH = 14 \Rightarrow pH = 14 - pOH = 14 - 1'67 = \boxed{12'3}$$

b) * Concentración de la disolución final:

$$c_1 \cdot V_1 = c_2 \cdot V_2 \quad \Rightarrow \quad c_2 = \frac{c_1 \cdot V_1}{V_2} = \frac{0'0108 \cdot 15}{100} = 1'62 \cdot 10^{-3} \text{ M}$$

* Nueva concentración de iones hidróxido: $[OH^-] = 2 \cdot c_2 = 2 \cdot 1'62 \cdot 10^{-3} = 3'24 \cdot 10^{-3}$ M

* Nuevo pH: $pOH = -\log [OH^-] = -\log 3'24 \cdot 10^{-3} = 2'49$

$$pH + pOH = 14 \quad \Rightarrow \quad pH = 14 - pOH = 14 - 2'49 = \boxed{11'5}$$

2023

5) La metilamina, CH_3NH_2, es una base débil de acuerdo con la teoría de Brönsted-Lowry.
a) Escriba su equilibrio de disociación acuosa.
b) Escriba la expresión de su constante de basicidad K_b.
c) ¿Podría una disolución acuosa de metilamina tener un pH = 5? Razone la respuesta.

a) * Equilibrio de disociación acuosa: $CH_3NH_2 + H_2O \rightleftharpoons CH_3NH_3^+ + OH^-$

b) * Expresión de la constante de basicidad: $K_b = \dfrac{[CH_3NH_3^+] \cdot [OH^-]}{[CH_3NH_2]}$

c) No. Porque un pH = 5 corresponde a una disolución ácida y las disoluciones de metilamina dan lugar a pH básico, debido a la mayor concentración de iones OH^-.

---

6) Una disolución acuosa de ácido hipocloroso (HClO), tiene un valor de pH = 5'5. Basándose en la reacción que tiene lugar, calcule:
a) La concentración inicial del ácido hipocloroso.
b) El pH de la disolución si se diluye a la mitad.
Dato: $K_a(HClO) = 3'2 \cdot 10^{-8}$.

a) * Disociación del HClO:

$$\begin{array}{lccccccccc} & HClO & + & H_2O & \rightleftharpoons & ClO^- & + & H_3O^+ \\ \text{Equilibrio} & c_0 - x & & & & x & & x \end{array}$$

* Cálculo de x: $x = [H_3O^+] = 10^{-pH} = 10^{-5'5} = 3'16 \cdot 10^{-6}$ M

* Concentración inicial de ácido: $K_a = \dfrac{[ClO^-]\cdot[H_3O^+]}{[HClO]} = \dfrac{x \cdot x}{c_0 - x} = \dfrac{x^2}{c_0 - x}$

Al ser $K_a < 10^{-4}$, podemos aproximar: $K_a = \dfrac{x^2}{c_0 - x} \approx \dfrac{x^2}{c_0} \Rightarrow$

$$\Rightarrow c_0 = \frac{x^2}{K_a} = \frac{(3'16 \cdot 10^{-6})^2}{3'2 \cdot 10^{-8}} = \boxed{3'12 \cdot 10^{-4}\ M}$$

b) * Nueva concentración inicial: $c_o = \dfrac{3'12 \cdot 10^{-4}}{2} = 1'56 \cdot 10^{-4}$ M

* Nueva concentración de iones oxonio:

$$K_a = \frac{x^2}{c_0 - x} \approx \frac{x^2}{c_0} \Rightarrow x^2 = K_a \cdot c_0 \Rightarrow x = \sqrt{K_a \cdot c_0} = \sqrt{3'2 \cdot 10^{-8} \cdot 1'56 \cdot 10^{-4}} = 2'23 \cdot 10^{-6}\ M$$

* Cálculo del pH: $pH = -\log [H_3O^+] = -\log (2'23 \cdot 10^{-6}) = \boxed{5'65}$

---

7) Justifique si el valor del pH aumenta o disminuye cuando:
a) Se añade CH_3COONa a una disolución de CH_3COOH.
b) Se añade HCl a una disolución de NaCl.
c) Se añaden 10 mL de KCl 0'1 M a 20 mL de disolución 0'1 M de HNO_3.

a) * Reacciones: $CH_3COOH + H_2O \rightleftharpoons CH_3COO^- + H_3O^+$; $CH_3COONa \rightarrow CH_3COO^- + Na^+$

El CH_3COO^- es una base fuerte, por provenir de un ácido débil. Tiende a hidrolizarse:

$$CH_3COO^- + H_2O \rightleftharpoons CH_3COOH + OH^-$$

La obtención de iones hidroxilo, OH^-, tiende a alcalinizar la disolución, luego el pH subirá.

b) * Reacciones: $HCl + H_2O \Rightarrow H_3O^+ + Cl^-$

$$\begin{array}{cccccccc} NaCl & + & H_2O & \Rightarrow & Na^+ & + & Cl^- \\ & & & & \text{Ácido débil} & & \text{Base débil} \end{array}$$

Las disoluciones de NaCl son neutras porque sus iones no tienden a hidrolizarse, ya que provienen de una base fuerte y de un ácido fuerte. La obtención de iones oxonio, H_3O^+, provenientes del HCl tiende a acidificar la disolución, luego el pH bajará.

c) * Reacciones: $HNO_3 + H_2O \rightarrow H_3O^+ + NO_3^-$

$$\begin{array}{ccccc} KCl + H_2O & \rightarrow & K^+ & + & Cl^- \\ & & \text{Ácido débil} & & \text{Base débil} \end{array}$$

Las disoluciones de NaCl son neutras porque sus iones no tienden a hidrolizarse, ya que provienen de una base fuerte y de un ácido fuerte. El HNO_3 daba un pH ácido, pero la adición de una sal neutra no altera el pH.

---

8) La etiqueta de una botella de HNO_3 indica que la densidad es 1'014 $g \cdot L^{-1}$ y la riqueza en masa es 2'42 %. Calcule:
a) La molaridad y el pH de la disolución de HNO_3.
b) El volumen de $Ba(OH)_2$ 0'1 M necesario para neutralizar 10 mL de ese ácido.
Datos: Masas atómicas relativas: N = 14; O = 16; H = 1.

a) * Masa molecular del HNO_3: M = 1 + 14 + 3·16 = 63

* Molaridad de la disolución:

$$c_M = \frac{2'42\,g\,HNO_3}{100\,g\,disolución} \cdot \frac{1\,mol\,HNO_3}{63\,g\,HNO_3} \cdot \frac{1'014\,g\,disolución}{1\,L\,disolución} = \boxed{3'90 \cdot 10^{-4}\ M}$$

* Reacción:

$$\begin{array}{ccccc} HNO_3 + H_2O & \rightarrow & H_3O^+ & + & NO_3^- \\ 3'90\cdot 10^{-4}\ M & & 3'90\cdot 10^{-4}\ M & & 3'90\cdot 10^{-4}\ M \end{array}$$

* Cálculo del pH: $pH = -\log [H_3O^+] = -\log (3'90 \cdot 10^{-4}) = \boxed{3'41}$

b) * Reacción: $2\ HNO_3 + Ba(OH)_2 \rightarrow Ba(NO_3)_2 + 2\ H_2O$

* Volumen de base necesaria:

$$v_a \cdot c_{Ma} \cdot V_a = v_b \cdot c_{Mb} \cdot V_b \quad \Rightarrow \quad V_b = \frac{v_a \cdot c_{Ma} \cdot V_a}{v_b \cdot c_{Mb}} = \frac{1 \cdot 3'90 \cdot 10^{-4} \cdot 10}{2 \cdot 0'1} = \boxed{0'0195\ mL}$$

---

9) El ácido glucónico es un compuesto empleado en la industria alimentaria para la producción de aditivos alimentarios. Es un ácido orgánico monoprótico que puede ser representado por R-COOH, cuya masa molar es 196'16 $g \cdot mol^{-1}$. Es comercializado en disoluciones al 50 % de riqueza en masa y densidad 1'2 $g \cdot mL^{-1}$. Si su pH es 2'2; determine:
a) El grado de disociación del ácido en la disolución comercial y la concentración de todas las especies presentes.
b) La constante de equilibrio del ácido y la de su base conjugada.

a) * Disociación del ácido:

$$\begin{array}{lccccccc} & \text{R-COOH} & + & H_2O & \rightleftharpoons & \text{R-COO}^- & + & H_3O^+ \\ \text{Equilibrio} & c_0\cdot(1-\alpha) & & & & c_0\cdot\alpha & & c_0\cdot\alpha \end{array}$$

* Concentración inicial del ácido:

$$c_0 = \frac{50\,g\,R-COOH}{100\,g\,disolución} \cdot \frac{1'2\,g\,disolución}{1\,mL\,disolución} \cdot \frac{1000\,mL\,disolución}{1\,L\,disolución} \cdot \frac{1\,mol\,R-COOH}{196'16\,g\,R-COOH} =$$

$= 3'06$ M

* Concentración de iones hidronio: $[H_3O^+] = 10^{-pH} = 10^{-2'2} = 6'31\cdot 10^{-3}$ M

* Grado de disociación: $[H_3O^+] = c_0\cdot\alpha \;\Rightarrow\; \alpha = \dfrac{[H_3O^+]}{c_0} = \dfrac{6'31\cdot 10^{-3}}{3'06} = \boxed{2'06\cdot 10^{-3}}$

* Concentraciones de todas las especies presentes:

$$[\text{R-COOH}] = c_0\cdot(1-\alpha) = 3'06\cdot(1 - 2'06\cdot 10^{-3}) = \boxed{3'05\text{ M}}$$

$$[\text{R-COO}^-] = [H_3O^+] = c_0\cdot\alpha = \boxed{6'31\cdot 10^{-3}\text{ M}}$$

b) * Constante de equilibrio del ácido:

$$K_a = \frac{[R-COO^-]\cdot[H_3O^+]}{[R-COOH]} = \frac{6'31\cdot 10^{-3}\cdot 6'31\cdot 10^{-3}}{3'05} = \boxed{1'31\cdot 10^{-5}}$$

* Equilibrio de la base conjugada: $\text{R-COO}^- + H_2O \rightleftharpoons \text{R-COOH} + OH^-$

* Constante de equilibrio de la base conjugada:

$$K_b = \frac{[R-COOH]\cdot[OH^-]}{[R-COO^-]} = \frac{[R-COOH]\cdot[OH^-]}{[R-COO^-]} \cdot \frac{[H_3O^+]}{[H_3O^+]} = \frac{[OH^-]\cdot[H_3O^+]}{\dfrac{[R-COO^-]\cdot[H_3O^+]}{[OH^-]}} =$$

$$= \frac{K_w}{K_a} = \frac{10^{-14}}{1'31\cdot 10^{-5}} = \boxed{7'63\cdot 10^{-10}}$$

---

10) En dos disoluciones de la misma concentración de dos ácidos monopróticos HA y HB, se comprueba que $[A^-]$ es mayor que $[B^-]$. Justifique la veracidad o falsedad de las siguientes afirmaciones:

a) El ácido HA es más fuerte que el ácido HB.

b) El pH de la disolución del ácido HA es mayor que el pH de la disolución del ácido HB.

c) Si se añade agua a dichas disoluciones su valor de pH no cambiará.

a) Verdad. Un ácido es tanto más fuerte cuanto más disociado está. A mayor grado de disociación, mayor es la concentración de su base conjugada. Como: $[A^-] > [B^-]$, el ácido HA está más disociado que el HB y, por consiguiente, el HA es más fuerte.

* Equilibrios de disociación: $HA + H_2O \rightleftharpoons A^- + H_3O^+$; $HB + H_2O \rightleftharpoons B^- + H_3O^+$

b) Falso. Cuanto más fuerte es un ácido, más bajo es su pH y más cercano a cero: $pH = -\log [H_3O^+]$

c) Falso. Sí cambiará. Su pH subirá y tenderá a acercarse al pH del agua pura, siete. La concentración de iones oxonio disminuye y el pH aumenta.

---

11) El ácido pirúvico ($CH_3COCOOH$, ácido orgánico monoprótico del tipo R-COOH) se emplea en el "peeling químico" para tratar problemas en la piel. Con tal fin, se disuelven 0'9 g de ácido pirúvico en agua hasta un volumen final de 100 mL, resultando una disolución de pH= 1'2. Calcule:
a) El grado de disociación y la constante de acidez (K_a) del ácido pirúvico.
b) El pH de una disolución obtenida si 10 mL de la disolución del enunciado se diluyen con agua hasta un volumen de 200 mL.
Datos: Masas atómicas relativas: C = 12; H = 1; O = 16

a) * Disociación del ácido:

	R-COOH	+	H_2O	$\rightleftharpoons$	R-COO$^-$	+	H_3O^+
Equilibrio	$c_0\cdot(1-\alpha)$				$c_0\cdot\alpha$		$c_0\cdot\alpha$

* Masa molecular del ácido pirúvico ($C_3H_4O_3$): $M = 3\cdot 12 + 4 + 3\cdot 16 = 88\ \frac{g}{mol}$

* Concentración inicial del ácido: $c_0 = \frac{n}{V} = \frac{m}{M\cdot V} = \frac{0'9}{88\cdot 0'1} = 0'102$ M

* Concentración de iones hidronio: $[H_3O^+] = 10^{-pH} = 10^{-1'2} = 0'0631$ M

* Grado de disociación: $[H_3O^+] = c_0\cdot\alpha \Rightarrow \alpha = \frac{[H_3O^+]}{c_0} = \frac{0'0631}{0'102} = \boxed{0'619}$

* Constante de acidez:

$$K_a = \frac{[R-COO^-]\cdot[H_3O^+]}{[R-COOH]} = \frac{c_0\cdot\alpha\cdot c_0\cdot\alpha}{c_0\cdot(1-\alpha)} = \frac{c_0\cdot\alpha^2}{1-\alpha} = \frac{0'102\cdot 0'619^2}{1-0'619} = \boxed{0'103}$$

b) * Nueva concentración: $c_{01}\cdot V_1 = c_{02}\cdot V_2 \Rightarrow c_{02} = \frac{c_{01}\cdot V_1}{V_2} = \frac{0'102\cdot 0'010}{0'200} = 5'1\cdot 10^{-3}$ M

* Nuevo grado de disociación:

$$K_a = \frac{c_0 \cdot \alpha^2}{1-\alpha} \Rightarrow 0'103 = \frac{5'1 \cdot 10^{-3} \cdot \alpha^2}{1-\alpha} \Rightarrow 0'103 - 0'103 \cdot \alpha = 5'1 \cdot 10^{-3} \cdot \alpha^2 \Rightarrow$$

$$\Rightarrow 5'1 \cdot 10^{-3} \cdot \alpha^2 + 0'103 \cdot \alpha - 0'103 = 0 \Rightarrow \alpha = 0'955$$

* Nueva concentración de iones hidronio: $[H_3O^+] = c_0 \cdot \alpha = 5'1 \cdot 10^{-3} \cdot 0'955 = 4'87 \cdot 10^{-3}$ M

* Nuevo pH: $pH = -\log [H_3O^+] = -\log (4'87 \cdot 10^{-3}) = \boxed{2'31}$

---

12) Justifique si las siguientes afirmaciones son verdaderas o falsas:
a) Un ácido y su base conjugada reaccionan para formar sal y agua.
b) La base conjugada de un ácido débil como el ácido benzoico ($K_a = 6'5 \cdot 10^{-5}$) es una base fuerte.
c) La base conjugada del H_3O^+ es el OH^- .

a) Falsa. Un ácido y su base conjugada establecen un equilibrio de pérdida de un protón:

$$HA + H_2O \rightleftharpoons A^- + H_3O^+$$

Si se añade la base conjugada, A^-, al equilibrio anterior, no se forma sal y agua, sino que el equilibrio se desplaza a la izquierda.

b) Falsa. En principio, a un ácido débil le corresponde una base conjugada fuerte, pero si calculamos su constante de basicidad:

$$K_b = \frac{K_w}{K_a} = \frac{10^{-14}}{6'5 \cdot 10^{-5}} = 1'54 \cdot 10^{-10}$$

Resulta un valor pequeño, luego es una base débil también.

c) Falsa. Es el agua. La diferencia entre un ácido y su base conjugada es un protón. Si al ion oxonio, H_3O^+, le quitamos un protón, H^+, se obtiene la molécula de agua, H_2O.

---

13) Para una reacción de síntesis química de un antibiótico se necesita preparar 25 mL de una disolución de ácido acético (CH_3COOH) de concentración 1 M. Se dispone en el laboratorio de una disolución comercial de ácido acético concentrado cuya etiqueta indica una densidad de 1'05 $g \cdot mL^{-1}$ y una riqueza en masa del 80 %. Calcule:
a) La concentración molar de la disolución comercial de ácido acético y el volumen necesario de ésta para preparar la disolución requerida en la síntesis del antibiótico.
b) El grado de disociación del ácido acético empleado en la síntesis del antibiótico y el pH de la disolución.
Datos: Masas atómicas relativas: C = 12; H = 1; O = 16; $K_a = 1'8 \cdot 10^{-5}$

a) * Masa molecular del ácido acético (CH_3COOH): $M = 2\cdot 12 + 4 + 2\cdot 16 = 60\ \frac{g}{mol}$

* Concentración molar de la disolución comercial de ácido acético:

$$c_{M1} = \frac{80\,g\,CH_3-COOH}{100\,g\,disolución}\cdot\frac{1\,mol\,CH_3-COOH}{60\,g\,CH_3-COOH}\cdot\frac{1'05\,g\,disolución}{1\,mL\,disolución}\cdot\frac{1000\,mL\,disolución}{1\,L\,disolución} =$$

$$= \boxed{14\text{ M}}$$

* Volumen necesario de disolución comercial:

$$c_{M1}\cdot V_1 = c_{M2}\cdot V_2 \Rightarrow V_1 = \frac{c_{M2}\cdot V_2}{c_{M1}} = \frac{1\cdot 25}{14} = \boxed{1'79\text{ mL}}$$

b) * Disociación del ácido acético:

	CH_3COOH	+	H_2O	$\rightleftharpoons$	CH_3COO^-	+	H_3O^+
Equilibrio	$c_0\cdot(1-\alpha)$				$c_0\cdot\alpha$		$c_0\cdot\alpha$

* Constante de acidez: $K_a = \frac{[CH_3COO^-]\cdot[H_3O^+]}{[CH_3COOH]} = \frac{c_0\cdot\alpha\cdot c_0\cdot\alpha}{c_0\cdot(1-\alpha)} = \frac{c_0\cdot\alpha^2}{1-\alpha}$

* Grado de disociación:

$$1'8\cdot 10^{-5} = \frac{1\cdot\alpha^2}{1-\alpha} \approx \alpha^2\text{, pues la } K_a \text{ es muy pequeña} \Rightarrow \alpha = \sqrt{1'8\cdot 10^{-5}} = \boxed{4'24\cdot 10^{-3}}$$

* Concentración de iones oxonio: $[H_3O^+] = c_0\cdot\alpha = 1\cdot 4'24\cdot 10^{-3} = 4'24\cdot 10^{-3}$ M

* Cálculo del pH: $pH = -\log[H_3O^+] = -\log(4'24\cdot 10^{-3}) = \boxed{2'37}$

---

14) Para la determinación de metales pesados en agua de río, se requiere emplear una disolución ácida de $pH \leq 1$. En el laboratorio se dispone de una disolución acuosa de HNO_3 comercial, cuya etiqueta indica una densidad de $1'12\ g\cdot mL^{-1}$ y un 80 % de riqueza en masa. Se toman 5 mL de esta disolución y se diluye con agua hasta un volumen final de 250 mL.
a) Justifique, mediante los cálculos correspondientes, si se podrá emplear dicha disolución de ácido diluido para la determinación de los metales pesados en el agua de río.
b) Determine el volumen de una disolución de $2'9\ g\cdot L^{-1}$ de $Mg(OH)_2$ necesario para neutralizar los 250 mL de la disolución diluida de HNO_3.
Datos: Masas atómicas relativas: Mg = 24'3; N = 14; H = 1; O = 16.

a) * Masa molecular del HNO_3: $M = 1 + 14 + 3\cdot 16 = 63\ \frac{g}{mol}$

* Concentración del ácido comercial:

$$c_{M1} = \frac{80\,g\,HNO_3}{100\,g\,disolución} \cdot \frac{1\,mol\,HNO_3}{63\,g\,HNO_3} \cdot \frac{1'12\,g\,disolución}{1\,mL\,disolución} \cdot \frac{1000\,mL\,disolución}{1\,L\,disolución} =$$

= 14'2 M

* Concentración del ácido diluido: $c_{M1} \cdot V_1 = c_{M2} \cdot V_2 \Rightarrow c_{M2} = \frac{c_{M1} \cdot V_1}{V_2} = \frac{14'2 \cdot 5}{250} = 0'284\ M$

* Reacción de disociación del HNO_3:

	HNO_3	+	H_2O	→	H_3O^+	+	NO_3^-
Equilibrio	c_{M2}				c_{M2}		c_{M2}

* Cálculo del pH de la disolución diluida:

$pH = -\log [H_3O^+] = -\log c_{M2} = -\log 0'284 = 0'547 \Rightarrow$ **Se podrá emplear al ser pH < 1**

b) * Reacción de neutralización: $2\ HNO_3 + Mg(OH)_2 \rightarrow Mg(NO_3)_2 + 2\ H_2O$

* Masa molecular del $Mg(OH)_2$: $M = 24'3 + 2 \cdot 16 + 2 \cdot 1 = 58'3\ \frac{g}{mol}$

* Concentración de la disolución de base: $c_b = [Mg(OH)_2] = 2'9\ \frac{g}{L} \cdot \frac{1\,mol}{58'3\,g} = 0'0497\ M$

* Volumen necesario de la disolución de base:

$$v_a \cdot c_a \cdot V_a = v_b \cdot c_b \cdot V_b \Rightarrow V_b = \frac{v_a \cdot c_a \cdot V_a}{v_b \cdot c_b} = \frac{1 \cdot 0'284 \cdot 250}{2 \cdot 0'0497} = \boxed{714\ mL}$$

2022

15) Responda razonadamente a las siguientes cuestiones:
a) ¿Cómo será el pH de una disolución acuosa de NH_4Cl?
b) En el equilibrio: $HSO_4^- + H_2O \rightleftharpoons SO_4^{2-} + H_3O^+$, la especie HSO_4^- ¿actúa como un ácido o una base según la teoría de Brönsted-Lowry?
c) ¿Qué le ocurre al pH de una disolución de NH_3 si se le añade agua?

a) Será ácido. El NH_4Cl es una sal soluble que se disocia así:

NH_4Cl	+	H_2O	→	NH_4^+	+	Cl^-
				Ácido fuerte		Base débil

Según Brönsted-Lowry, a un ácido fuerte le corresponde una base conjugada débil y al contrario. Como el NH_3 es débil, su ácido conjugado (el NH_4^+) es fuerte.

Se hidrolizan los iones fuertes:

$$NH_4^+ \quad + \quad H_2O \quad \rightleftharpoons \quad NH_3 \quad + \quad H_3O^+$$

Los iones oxonio, H_3O^+, dan a la disolución un carácter ácido.

b) Actúa como un ácido de Brönsted-Lowry, pues le cede un protón al H_2O.

c) Que disminuye, acercándose a 7. El NH_3 se disocia así: $NH_3 + H_2O \rightleftharpoons NH_4^+ + OH^-$

La presencia de iones hidróxido, OH^-, le da carácter básico a la disolución. Si se añade agua, el pH de la disolución se acerca al del agua pura, que es 7.

---

16) Se tiene una disolución de KOH de 2'4 % de riqueza en masa y 1'05 $g\cdot mL^{-1}$ de densidad. Basándose en las reacciones químicas correspondientes, calcule:
a) La molaridad y el pH de la disolución.
b) Los gramos de KOH que se necesitan para neutralizar 20 mL de una disolución de H_2SO_4 0'5 M.
Datos: Masas atómicas relativas: H = 1; K = 39; O = 16.

a) * Masa molecular del KOH: $M = 39 + 16 + 1 = 56 \ \frac{g}{mol}$

* Molaridad de la disolución:

$$c_M = 2'4 \ \frac{g\ KOH}{100\ g\ disolución} \cdot \frac{1\ mol\ KOH}{56\ g\ KOH} \cdot \frac{1'05\ g\ disolución}{1\ mL\ disolución} \cdot \frac{1000\ mL\ disolución}{1\ L\ disolución} = \boxed{0'45\ M}$$

* Disociación de la base:

$$\begin{array}{ccccccccc} KOH & + & H_2O & \rightarrow & K^+ & + & OH^- \\ 0'45\ M & & & & 0'45\ M & & 0'45\ M \end{array}$$

* Cálculo del pH:

$$pOH = -\log [OH^-] = -\log 0'45 = 0'347 \ \Rightarrow \ pH = 14 - pOH = 14 - 0'347 = \boxed{13'65}$$

b) * Reacción de neutralización: $H_2SO_4 + 2\ KOH \Rightarrow K_2SO_4 + 2\ H_2O$

* Moles de H_2SO_4: $n = c_M \cdot V = 0'5 \ \frac{mol}{L} \cdot 0'020\ L = 0'010\ mol\ H_2SO_4$

* Gramos de KOH que se necesitan:

$$m_{KOH} = 0'010\ mol\ H_2SO_4 \cdot \frac{2\ mol\ KOH}{1\ mol\ H_2SO_4} \cdot \frac{56\ g\ KOH}{1\ mol\ KOH} = \boxed{1'12\ g\ KOH}$$

---

17) Justifique si son verdaderas o falsas las siguientes afirmaciones:
a) El par H_3O^+/ OH^- es un par conjugado ácido/ base.
b) Al diluir con agua una disolución acuosa de un ácido fuerte, no se modifica el valor del pH.
c) El pH neutro de una disolución acuosa de NaCl no se modifica al adicionar KCl.

a) Falsa. Un par conjugado ácido base se diferencian en un protón (H^+). Si al H_3O^+ le quitamos un protón, se obtiene el H_2O. Si al OH^- se le añade un protón, se obtiene el H_2O. Entonces, las parejas ácido/ base correctas serían: H_3O^+/H_2O y H_2O/ OH^-.

b) Falsa. El pH aumenta, acercándose a 7.

* Reacción de disociación de un ácido fuerte:

	HA	+	H_2O	→	H_3O^+	+	A^-
Equilibrio	c				c		c

* Cálculo del pH: $pH = -\log [H_3O^+] = -\log c$

Al diluir, c disminuye y su antilogaritmo aumenta.

c) Verdadera. El NaCl y el KCl tienen iones con comportamiento ácido-base débil, luego no se hidrolizan y el pH no se altera.

* Reacciones de disociación:

NaCl	+	H_2O	→	Na^+	+	Cl^-
				Ácido débil		Base débil
KCl	+	H_2O	→	K^+	+	Cl^-
				Ácido débil		Base débil

---

18) En una disolución acuosa 0'03 M de amoniaco (NH_3), éste se encuentra disociado en un 2'4 %. Basándose en la reacción química correspondiente, calcule:
a) El pH de la disolución y el valor de la constante de basicidad del amoniaco.
b) La molaridad que debe tener una disolución de amoniaco para que su pH sea 11.

a) * Disociación del amoniaco:

	NH_3	+	H_2O	⇌	NH_4^+	+	OH^-
Equilibrio	$c_0\cdot(1-\alpha)$				$c_0\cdot\alpha$		$c_0\cdot\alpha$

* Concentración de OH^-: $[OH^-] = c_0\cdot\alpha = 0'03\cdot 0'024 = 7'2\cdot 10^{-4}$ M

* Cálculo del pH: $pOH = -\log [OH^-] = -\log 7'2\cdot 10^{-4} = 3'14 \Rightarrow pH = 14 - pOH = 14 - 3'14 = \boxed{10'86}$

* Constante de basicidad del amoniaco:

$$K_b = \frac{[NH_4^+]\cdot[OH^-]}{[NH_3]} = \frac{c_0\cdot\alpha\cdot c_0\cdot\alpha}{c_0\cdot(1-\alpha)} = \frac{c_0\cdot\alpha^2}{1-\alpha} = \frac{0'03\cdot 0'024^2}{1-0'024} = \boxed{1'77\cdot 10^{-5}}$$

b) * Disociación del amoniaco:

	NH_3	+	H_2O	⇌	NH_4^+	+	OH^-
Equilibrio	$c_0 - x$				x		x

* Cálculo del pOH: pOH = 14 – 11 = 3

* Concentración del ion hidróxido: $[OH^-] = 10^{-pOH} = 10^{-3}$ M = x

* Concentración inicial de amoniaco:

$$K_b = \frac{[NH_4^+]\cdot[OH^-]}{[NH_3]} = \frac{x^2}{c_0-x} \Rightarrow c_0 - x = \frac{x^2}{K_b} \Rightarrow c_0 = x + \frac{x^2}{K_b} = 10^{-3} + \frac{(10^{-3})^2}{1'77\cdot 10^{-5}} =$$

$$= \boxed{0'0575\ M}$$

---

19) Se prepara una disolución tomando 2 mL de ácido nítrico (HNO_3) 15 M y añadiendo agua hasta un volumen total de 0'5 L. Basándose en las reacciones químicas correspondientes, calcule:
a) La concentración y el pH de la disolución diluida.
b) ¿Qué volumen de una disolución de hidróxido de potasio (KOH), del 40 % de riqueza en masa y una densidad de 1'51 g/mL, será necesario para neutralizar 20 mL de la disolución de ácido nítrico 15 M?
Datos: Masas atómicas relativas: K = 39'1; O = 16; H = 1.
a) * Concentración de la disolución diluida:

$$c_{M1}\cdot V_{D1} = c_{M2}\cdot V_{D2} \Rightarrow c_{M2} = \frac{c_{M1}\cdot V_{D1}}{V_{D2}} = \frac{15\cdot 2}{500} = \boxed{0'06\ M}$$

* Disociación del ácido nítrico:

	HNO_3	+	H_2O	→	NO_3^-	+	H_3O^+
Equilibrio	0'06 M				0'06 M		0'06 M

* Cálculo del pH: $pH = -\log [H_3O^+] = -\log 0'06 = \boxed{1'22}$

b) * Masa molecular del KOH: $M = 39'1 + 16 + 1 = 56'1\ \frac{g}{mol}$

* Concentración molar de la disolución de KOH:

$$c_{Mb} = \frac{40\,g\,KOH}{100\,g\,disolución}\cdot\frac{1\,mol\,KOH}{56'1\,g\,KOH}\cdot\frac{1'51\,g\,disolución}{1\,mL\,disolución}\cdot\frac{1000\,mL\,disolución}{1\,L\,disolución} = 10'8\ M$$

* Volumen necesario de base:

$$v_a \cdot c_{Ma} \cdot V_a = v_b \cdot c_{Mb} \cdot V_b \;\Rightarrow\; V_b = \frac{v_a \cdot c_{Ma} \cdot V_a}{v_b \cdot c_{Mb}} = \frac{1 \cdot 15 \cdot 20}{1 \cdot 10'8} = \boxed{27'8\ \text{mL}}$$

---

20) Las constantes de acidez de los ácidos HClO y HCN son $K_a = 4 \cdot 10^{-8}$ y $K_a = 7'25 \cdot 10^{-10}$, respectivamente.
a) Escriba las reacciones químicas de disociación correspondientes, indicando los pares conjugados ácido/base.
b) Justifique cuál de las dos bases conjugadas tiene la mayor constante de basicidad.
c) Justifique si a igual concentración sus disoluciones tienen el mismo valor del pH.

a) * Disociación del HClO: $HClO + H_2O \rightleftharpoons ClO^- + H_3O^+$

* Disociación del HCN: $HCN + H_2O \rightleftharpoons CN^- + H_3O^+$

Los pares conjugados ácido base son: $HClO/\ ClO^-$ y $HCN/\ CN^-$

b) El CN^-, porque la constante de basicidad es inversamente proporcional a la constante de acidez:

$$K_b(ClO^-) = \frac{K_w}{K_a(HClO)} = \frac{10^{-14}}{4 \cdot 10^{-8}} = 2'5 \cdot 10^{-7}$$

$$K_b(CN^-) = \frac{K_w}{K_a(HCN)} = \frac{10^{-14}}{7'25 \cdot 10^{-10}} = 1'38 \cdot 10^{-5}$$

c) Falso. A pesar de la igualdad de concentraciones iniciales, el pH no puede ser el mismo porque las constantes de acidez son distintas, por lo que las fortalezas de los ácidos también son distintas. El que tiene mayor K_a, el HClO, se disocia más, da lugar a una mayor concentración de iones oxonio, H_3O^+, y da lugar a un pH más bajo, pues el pH se calcula así: $pH = -\log [H_3O^+]$

---

21) Una disolución acuosa de amoniaco (NH_3) tiene una concentración 2 M. Basándose en las reacciones químicas correspondientes, calcule:
a) El grado de disociación del NH_3 y el pH de la disolución.
b) Los gramos de hidróxido de sodio (NaOH) necesarios para preparar 1 L de una disolución con el mismo pH que la disolución de NH_3 anterior.
Dato: $K_b(NH_3) = 1'8 \cdot 10^{-5}$. Masas atómicas relativas: Na = 23; O = 16; H = 1.

a) * Disociación del amoniaco:

	NH_3	+	H_2O	$\rightleftharpoons$	NH_4^+	+	OH^-
Equilibrio	$c_0 \cdot (1-\alpha)$				$c_0 \cdot \alpha$		$c_0 \cdot \alpha$

* Grado de disociación: $K_b = \dfrac{[NH_4^+] \cdot [OH^-]}{[NH_3]} = \dfrac{c_0 \cdot \alpha \cdot c_0 \cdot \alpha}{c_0 \cdot (1-\alpha)} = \dfrac{c_0 \cdot \alpha^2}{1-\alpha} \;\Rightarrow\; 1'8 \cdot 10^{-5} = \dfrac{2 \cdot \alpha^2}{1-\alpha}$

Al ser $K_b \leq 10^{-4}$: $1 - \alpha \approx 1 \Rightarrow 1'8 \cdot 10^{-5} = 2 \cdot \alpha^2 \Rightarrow \alpha = \sqrt{\frac{1'8 \cdot 10^{-5}}{2}} = \boxed{3 \cdot 10^{-3}}$

* Concentración de OH^-: $[OH^-] = c_0 \cdot \alpha = 2 \cdot 3 \cdot 10^{-3} = 6 \cdot 10^{-3}$ M

* Cálculo del pH:

$$pOH = -\log [OH^-] = -\log (6 \cdot 10^{-3}) = 2'22 \Rightarrow pH = 14 - pOH = 14 - 2'22 = \boxed{11'78}$$

b) * Disociación del hidróxido de sodio:

	$NaOH$	+	H_2O	$\rightarrow$	Na^+	+	OH^-
Equilibrio	c_0				c_0		c_0

* Concentración inicial del NaOH: $[NaOH] = [OH^-] = 6 \cdot 10^{-3}$ M

* Masa molecular del NaOH: $M = 23 + 16 + 1 = 40 \ \frac{g}{mol}$

* Masa de NaOH necesaria:

$$[NaOH] = \frac{n}{V_D} = \frac{m}{M \cdot V_D} \Rightarrow m = [NaOH] \cdot M \cdot V_D = 6 \cdot 10^{-3} \ \frac{mol}{L} \cdot 40 \ \frac{g}{mol} \cdot 1 \text{ L} = \boxed{0'24 \text{ g}}$$

---

22) Justifique el pH de las disoluciones acuosas de las siguientes sales:
a) $NaNO_3$. b) NaCN. c) NH_4Cl.

a) $NaNO_3 \rightarrow Na^+ + NO_3^-$

Como el Na^+ es un ácido débil y el NO_3^- es una base débil, ninguno de los dos iones se hidroliza. Luego la disolución final es neutra, pH = 7.

b) $NaCN \rightarrow Na^+ + CN^-$

Como el Na^+ es un ácido débil, no se hidroliza. Como el CN^- es una base fuerte por provenir de un ácido débil, se hidroliza según:

$$CN^- + H_2O \rightleftharpoons HCN + OH^-$$

Como se obtienen iones hidróxido, OH^-, la disolución acuosa tiene carácter básico, pH > 7.

c) $NH_4Cl \rightarrow NH_4^+ + Cl^-$

El Cl^- es una base débil por provenir de ácido fuerte, luego no se hidroliza. El NH_4^+ es un ácido fuerte por provenir de base débil y se hidroliza:

$$NH_4^+ + H_2O \rightleftharpoons NH_3 + H_3O^+$$

Como se obtienen iones oxonio, H_3O^+, la disolución acuosa tiene carácter ácido, pH < 7.

---

23) Una disolución acuosa de cianuro de hidrógeno (HCN) 0'01 M tiene un pH de 5'6. Basándose en la reacción química correspondiente, calcule:
a) La concentración molar de todas las especies químicas presentes en el equilibrio.
b) El grado de disociación del HCN y el valor de su constante de acidez.

a) * Disociación del cianuro de hidrógeno:

	HCN	+	H_2O	$\rightleftharpoons$	H_3O^+	+	CN^-
Equilibrio	$c_0 - x$				x		x

* Concentraciones de equilibrio:

$$[H_3O^+] = [CN^-] = x = 10^{-pH} = 10^{-5'6} = \boxed{2'51 \cdot 10^{-6}\ M} \ ; \ [HCN] = c_0 - x = 0'01 - 2'51 \cdot 10^{-6} \approx \boxed{0'01\ M}$$

b) * Grado de disociación: $x = c_0 \cdot \alpha \Rightarrow \alpha = \dfrac{x}{c_0} = \dfrac{2'51 \cdot 10^{-6}}{0'01} = \boxed{2'51 \cdot 10^{-4}}$

* Constante de acidez:

$$K_a = \frac{[H_3O^+] \cdot [CN^-]}{[HCN]} = \frac{x \cdot x}{c_0 - x} = \frac{x^2}{c_0 - x} = \frac{(2'51 \cdot 10^{-6})^2}{0'01 - 2'51 \cdot 10^{-6}} = \boxed{6'30 \cdot 10^{-10}}$$

---

24) Se disuelven 27'05 g de ácido metanoico (HCOOH) en agua hasta 1 L de disolución. Si el pH de la disolución obtenida es 2, basándose en la reacción química correspondiente, calcule:
a) El grado de disociación y el valor de la constante de disociación del ácido.
b) El pH de una disolución del mismo ácido de concentración 0'2 M
Datos: Masas atómicas relativas: H = 1; C = 12; O = 16.

a) * Masa molecular del ácido metanoico: $M = 2 + 12 + 2 \cdot 16 = 46 \ \dfrac{g}{mol}$

* Concentración inicial de ácido: $c_0 = \dfrac{n}{V_D} = \dfrac{m}{M \cdot V_D} = \dfrac{27'05}{46 \cdot 1} = 0'588\ M$

* Disociación del ácido metanoico:

	$HCOOH$	+	H_2O	$\rightleftharpoons$	H_3O^+	+	$HCOO^-$
Equilibrio	$c_0 \cdot (1 - \alpha)$				$c_0 \cdot \alpha$		$c_0 \cdot \alpha$

* Concentración de iones oxonio: $[H_3O^+] = 10^{-pH} = 10^{-2} = 0'01\ M$

* Grado de disociación: $[H_3O^+] = c_0 \cdot \alpha \Rightarrow \alpha = \dfrac{[H_3O^+]}{c_0} = \dfrac{0'01}{0'588} = \boxed{0'017}$

* Constante de disociación:

$$K_a = \frac{[H_3O^+]\cdot[HCOO^-]}{[HCOOH]} = \frac{c_0\cdot\alpha\cdot c_0\cdot\alpha}{c_0\cdot(1-\alpha)} = \frac{c_0\cdot\alpha^2}{1-\alpha} = \frac{0'588\cdot 0'017^2}{1-0'017} = \boxed{1'73\cdot 10^{-4}}$$

b) * Disociación del ácido metanoico:

	HCOOH	+	H_2O	⇌	H_3O^+	+	$HCOO^-$
Equilibrio	$c_0 - x$				x		x

* Cálculo de x:

$$K_a = \frac{[H_3O^+]\cdot[HCOO^-]}{[HCOOH]} = \frac{x\cdot x}{c_0-x} = \frac{x^2}{c_0-x} \Rightarrow 1'73\cdot 10^{-4} = \frac{x^2}{0'2-x} \Rightarrow$$

$$\Rightarrow 1'73\cdot 10^{-4}\cdot 0'2 - 1'73\cdot 10^{-4}\cdot x = x^2 \Rightarrow x^2 + 1'73\cdot 10^{-4}\cdot x - 3'46\cdot 10^{-5} = 0 \Rightarrow x = 5'8\cdot 10^{-3}$$

* Cálculo del pH: $pH = -\log [H_3O^+] = -\log (5'8\cdot 10^{-3}) = \boxed{2'24}$

2021

25) Entre las disoluciones de las siguientes sustancias: NH_3, NaCl, NaOH y NH_4Cl, todas ellas de igual concentración, justifique:
a) Cuál de ellas tendrá el pH más alto.
b) Cuál de ellas tendrá una $[OH^-] < 10^{-7}$ M.
c) En cuál de ellas: $[OH^-] = [H_3O^+]$

* Reacciones de disociación: $NH_3 + H_2O \rightleftharpoons NH_4^+ + OH^-$; $NaCl \rightarrow Na^+ + Cl^-$

$NaOH \rightarrow Na^+ + OH^-$; $NH_4Cl \rightarrow NH_4^+ + Cl^-$; $NH_4^+ + H_2O \rightleftharpoons NH_3 + H_3O^+$

a) La disolución de NaOH. Un pH alto significa alta concentración de OH^-. Las dos sustancias que dan lugar a iones OH^- son NH_3 y NaOH. El NH_3 es una base débil y el NaOH es una base fuerte. Luego el NaOH dará lugar a un pH más alto, pues está más disociado.

b) La disolución de NH_4Cl. El ion amonio, NH_4^+, se hidroliza, dando lugar a iones oxonio, H_3O^+. Ésto supone que la concentración de iones hidróxido, OH^-, va a ser menor que la correspondiente al agua pura, 10^{-7} M.

c) La disolución de NaCl. Los iones Na^+ y Cl^- son débiles, luego no se hidrolizan. Ésto supone que la disolución es neutra, luego: $[H_3O^+] = [OH^-] = 10^{-7}$ M y pH = pOH = 7.

---

26) Se preparan 250 mL de una disolución acuosa de HCl a partir de 2 mL de una disolución de HCl comercial de densidad 1'38 $g\cdot mL^{-1}$ y 33 % de riqueza en masa.
a) ¿Cuál es la molaridad y el pH de la disolución que se ha preparado?
b) ¿Qué volumen de una disolución de $Ca(OH)_2$ 0'02 M es necesario añadir para neutralizar 100 mL de la disolución que se ha preparado?
Datos: Masas atómicas relativas: Cl: 35'5, H: 1.

a) * Concentración de la disolución concentrada:

$$c_{M1} = \frac{33\,g\,HCl}{100\,g\,disolución} \cdot \frac{1\,mol\,HCl}{36'5\,g\,HCl} \cdot \frac{1'38\,g\,disolución}{1\,mL\,disolución} \cdot \frac{1000\,mL\,disolución}{1\,L\,disolución} = 12'5\text{ M}$$

* Concentración de la disolución diluida:

$$c_{M1}\cdot V_{D1} = c_{M2}\cdot V_{D2} \Rightarrow c_{M2} = \frac{c_{M1}\cdot V_{D1}}{V_{D2}} = \frac{12'5\cdot 2}{250} = \boxed{0'1\text{ M}}$$

* Reacción de disociación:

	HCl	+	H_2O	→	H_3O^+	+	Cl^-
Equilibrio	0'1 M				0'1 M		0'1 M

* Cálculo del pH: $pH = -\log\,[H_3O^+] = -\log 0'1 = \boxed{1}$

b) * Reacción de neutralización: $HCl + Ca(OH)_2 \Rightarrow CaCl_2 + H_2O$

* Volumen de disolución de $Ca(OH)_2$:

$$v_a\cdot c_a\cdot V_a = v_b\cdot c_b\cdot V_b \Rightarrow V_b = \frac{v_a\cdot c_a\cdot V_a}{v_b\cdot c_b} = \frac{1\cdot 0'1\cdot 100}{2\cdot 0'02} = \boxed{250\text{ mL}}$$

---

27) Justifique si son verdaderas o falsas las siguientes afirmaciones:
a) En una disolución acuosa básica, no existe la especie H_3O^+.
b) Al disminuir la concentración de un ácido en disolución acuosa, aumenta el pH.
c) Al mezclar 100 mL de una disolución acuosa 1 M de HCl con 200 mL de otra disolución acuosa de NaOH 0'5 M, el pH de la disolución resultante es básico.

a) Falsa. En todas las disoluciones acuosas existen los iones H_3O^+ y OH^- provenientes de la disociación iónica del agua: $2\,H_2O \rightleftharpoons H_3O^+ + OH^-$. Lo que ocurre es que en las disoluciones básicas, la concentración de OH^- es superior a la de H_3O^+.

b) Verdadera. Cuando disminuye la concentración de ácido, disminuye la concentración de iones H_3O^+. Como el $pH = -\log\,[H_3O^+]$, al disminuir la concentración de H_3O^+, aumenta el valor del pH.

c) Falsa.

* Reacción de neutralización: $HCl + NaOH \rightarrow NaCl + H_2O$

* Moles iniciales:

$$HCl:\ n = c \cdot V = 1\ \frac{mol}{L} \cdot 0'1\ L = 0'1\ mol \quad ; \quad NaOH:\ n = c \cdot V = 0'5\ \frac{mol}{L} \cdot 0'2\ L = 0'1\ mol$$

Como el HCl y el NaOH reaccionan estequiométricamente, no hay exceso ni defecto de ningún reactivo. Como el NaCl formado no se hidroliza, el pH final es neutro.

---

28) Una disolución 0'1 M de un ácido débil monoprótico (HA) tiene el mismo pH que una disolución de HCl $5'49 \cdot 10^{-3}$ M. Calcule:
a) El pH de la disolución y el grado de disociación del ácido débil.
b) La constante de ionización del ácido débil.

a) * Reacción de disociación del HCl:

	HCl	+	H_2O	$\rightarrow$	H_3O^+	+	Cl^-
Equilibrio	$5'49 \cdot 10^{-3}$ M				$5'49 \cdot 10^{-3}$ M		$5'49 \cdot 10^{-3}$ M

* Disociación del ácido débil:

	HA	+	H_2O	$\rightleftharpoons$	H_3O^+	+	A^-
Equilibrio	$c_0 \cdot (1 - \alpha)$				$c_0 \cdot \alpha$		$c_0 \cdot \alpha$

* Cálculo del pH: $pH = -\log [H_3O^+] = -\log 5'49 \cdot 10^{-3} = \boxed{2'26}$

* Grado de disociación: $c_0 \cdot \alpha = [H_3O^+] \Rightarrow \alpha = \dfrac{[H_3O^+]}{c_0} = \dfrac{5'49 \cdot 10^{-3}}{0'1} = \boxed{0'0549}$

b) * Constante de disociación del ácido:

$$K_a = \frac{[H_3O^+] \cdot [A^-]}{[HA]} = \frac{c_0 \cdot \alpha \cdot c_0 \cdot \alpha}{c_0 \cdot (1-\alpha)} = \frac{c_0 \cdot \alpha^2}{1-\alpha} = \frac{0'1 \cdot (0'0549)^2}{1-0'0549} = \boxed{3'19 \cdot 10^{-4}}$$

---

29) Se disuelven 20 L de $NH_3(g)$, medidos a 10 ºC y 2 atm de presión, en una cantidad de agua suficiente para preparar 4'5 L de disolución. Calcule:
a) El grado de disociación del amoníaco en disolución.
b) Si a 200 mL de dicha disolución se le añaden 300 mL de agua, calcule el pH de la disolución resultante.
Datos: $R = 0'082\ atm \cdot L \cdot K^{-1} \cdot mol^{-1}$; $K_b(NH_3) = 1'78 \cdot 10^{-5}$.

a) * Masa molecular del NH_3: $M = 14 + 3 \cdot 1 = 17\ \dfrac{g}{mol}$

* Número de moles de NH_3: $n = \frac{P \cdot V}{R \cdot T} = \frac{2 \cdot 20}{0'082 \cdot 283} = 1'72$ mol NH_3

* Molaridad de la disolución inicial: $c_0 = \frac{n}{V} = \frac{1'72}{4'5} = 0'382$ M

* Disociación del amoniaco:

	NH_3	+	H_2O	$\rightleftharpoons$	NH_4^+	+	OH^-
Equilibrio	$c_0 \cdot (1 - \alpha)$				$c_0 \cdot \alpha$		$c_0 \cdot \alpha$

* Constante de disociación:

$$K_b = \frac{[NH_4^+] \cdot [OH^-]}{[NH_3]} = \frac{c_0 \cdot \alpha \cdot c_0 \cdot \alpha}{c_0 \cdot (1-\alpha)} = \frac{c_0 \cdot \alpha^2}{1-\alpha}$$

* Grado de disociación: como K_b es muy pequeño:

$$\frac{c_0 \cdot \alpha^2}{1-\alpha} \approx c_0 \cdot \alpha^2 = K_b \Rightarrow \alpha = \sqrt{\frac{K_b}{c_0}} = \sqrt{\frac{1'78 \cdot 10^{-5}}{0'382}} = \boxed{6'83 \cdot 10^{-3}}$$

b) * Nueva concentración tras la dilución:

$$c_{M1} \cdot V_1 = c_{M2} \cdot V_2 \Rightarrow c_{M2} = \frac{c_{M1} \cdot V_1}{V_2} = \frac{0'382 \cdot 200}{500} = 0'153 \text{ M}$$

* Disociación del amoniaco:

	NH_3	+	H_2O	$\rightleftharpoons$	NH_4^+	+	OH^-
Equilibrio	$c_0 - x$				x		x

* Cálculo de x:

$$K_b = \frac{[NH_4^+] \cdot [OH^-]}{[NH_3]} = \frac{x^2}{c_0 - x}$$

Como K_b es muy pequeño:

$$\frac{x^2}{c_0 - x} \approx \frac{x^2}{c_0} = K_b \Rightarrow x = \sqrt{K_b \cdot c_0} = \sqrt{1'78 \cdot 10^{-5} \cdot 0'153} = 1'65 \cdot 10^{-3} \text{ M}$$

* Cálculo del pH: $[OH^-] = x = 1'65 \cdot 10^{-3}$ M $\Rightarrow$ pOH = – log $[OH^-]$ = – log $[1'65 \cdot 10^{-3}]$ = 2'78 $\Rightarrow$

$\Rightarrow$ pH = 14 – pOH = 14 – 2'78 = $\boxed{11'22}$

---

30) Razone si las siguientes afirmaciones son verdaderas o falsas:
a) El pH de una disolución de NH_4NO_3 es mayor que 7.
b) Si el pH de una disolución de un ácido fuerte monoprótico (HA) es 2'17 su concentración está comprendida entre 0'001 M y 0'0001 M.
c) Una disolución de $NaNO_3$ tiene un pH menor que una de CH_3COONa de la misma concentración.

a) Falsa. Es menor que 7. Según la teoría de ácidos y bases de Brönsted-Lowry, a un ácido fuerte le corresponde una base conjugada débil y a un ácido débil le corresponde una base conjugada fuerte. El NH_4^+ es un ácido fuerte pues proviene de una base débil, el NH_3. El NO_3^- es una base débil pues proviene de un ácido fuerte, el HNO_3. El NH_4^+ se hidroliza y da lugar a iones oxonio, H_3O^+, responsables del carácter ácido.

$$NH_4^+ + H_2O \rightleftharpoons NH_3 + H_3O^+$$

b) Falsa. Está comprendido entre 10^{-2} y 10^{-3}.

* Disociación de un ácido fuerte monoprótico:

	HA	+	H_2O	$\rightarrow$	H_3O^+	+	A^-
Equilibrio	c_0				c_0		c_0

* Concentración de ion oxonio: $[H_3O^+] = 10^{-pH} = 10^{-2'17} = 6'76 \cdot 10^{-3}$ M $= c_0$

c) Verdadera. El $NaNO_3$ tiene una disolución neutra (pH = 7), pues el ion Na^+ es ácido débil y el NO_3^- es base débil. Sin embargo, el CH_3COO^- es una base fuerte, pues proviene de un ácido débil, el CH_3COOH. El CH_3COO^- se hidroliza y da lugar a iones hidróxido, OH^-, responsables del carácter ácido (pH > 7).

$$CH_3COO^- + H_2O \rightleftharpoons CH_3COOH + OH^-$$

---

31) Se disuelven 3'568 g de ácido yódico (HIO_3) en 250 mL de agua, resultando una disolución de pH = 1'22.
a) Calcule la constante de disociación (K_a).
b) Si se mezclan 50 mL de la disolución de HIO_3 del enunciado con 50 mL de agua, ¿cuál será el pH de esta disolución diluida? ¿Y el grado de disociación del ácido en dicha disolución?
Datos: Masas atómicas relativas: I = 127; O = 16; H = 1.

a) * Masa molecular del HIO_3: $M = 1 + 127 + 16 \cdot 3 = 176 \ \frac{g}{mol}$

* Molaridad inicial de la disolución: $c_0 = \frac{n}{V} = \frac{m}{M \cdot V} = \frac{3'568}{176 \cdot 0'25} = 0'0811$ M

* Disociación del HIO_3:

	HIO_3	+	H_2O	$\rightleftharpoons$	H_3O^+	+	IO_3^-
Equilibrio	$c_0 - x$				x		x

* Cálculo de x: $x = [H_3O^+] = 10^{-pH} = 10^{-1'22} = 0'0603$ M

* Constante de disociación:

$$K_a = \frac{[H_3O^+]\cdot[IO_3^-]}{[HIO_3]} = \frac{x\cdot x}{c_0 - x} = \frac{x^2}{c_0 - x} = \frac{0'0603^2}{0'0811 - 0'0603} = \boxed{0'175}$$

b) * Concentración de la disolución diluida:

$$c_{M1}\cdot V_1 = c_{M2}\cdot V_2 \;\Rightarrow\; c_{M2} = \frac{c_{M1}\cdot V_1}{V_2} = \frac{0'0811\cdot 50}{100} = 0'0405 \text{ M}$$

* Disociación del HIO_3:

	HIO_3	+	H_2O	⇌	H_3O^+	+	IO_3^-
Equilibrio	$c_0\cdot(1 - \alpha)$				$c_0\cdot\alpha$		$c_0\cdot\alpha$

* Grado de disociación:

$$K_a = \frac{[R-COO^-]\cdot[H_3O^+]}{[R-COOH]} = \frac{c_0\cdot\alpha\cdot c_0\cdot\alpha}{c_0\cdot(1-\alpha)} = \frac{c_0\cdot\alpha^2}{1-\alpha} \;\Rightarrow\; c_0\cdot\alpha^2 = K_a - K_a\cdot\alpha \;\Rightarrow$$

$$\Rightarrow\; c_0\cdot\alpha^2 + K_a\cdot\alpha - K_a = 0 \;\Rightarrow\; 0'0405\cdot\alpha^2 + 0'175\cdot\alpha - 0'175 = 0 \;\Rightarrow\; \boxed{\alpha = 0'838}$$

* Cálculo del pH: $[H_3O^+] = c_0\cdot\alpha = 0'0405\cdot 0'838 = 0'0339$ M

$$pH = -\log[H_3O^+] = -\log[0'0339] = \boxed{1'47}$$

---

32) Se ha preparado una disolución acuosa 0'1 M de ácido butanoico (ácido débil monoprótico, R-COOH), cuya constante de disociación es $1'52\cdot 10^{-5}$ a 25 ºC.
a) Calcule las concentraciones de todas las especies químicas en el equilibrio y el grado de disociación.
b) Si se mezclan 250 mL de la disolución anterior del ácido con 250 mL de agua, ¿cuál será el pH de la disolución y el grado de disociación del ácido?

a) * Disociación del ácido:

	R-COOH	+	H_2O	⇌	H_3O^+	+	$R-COO^-$
Equilibrio	$c_0\cdot(1 - \alpha)$				$c_0\cdot\alpha$		$c_0\cdot\alpha$

* Constante de disociación:

$$K_a = \frac{[H_3O^+]\cdot[R-COO^-]}{[R-COOH]} = \frac{c_0\cdot\alpha\cdot c_0\cdot\alpha}{c_0\cdot(1-\alpha)} = \frac{c_0\cdot\alpha^2}{1-\alpha}$$

* Grado de disociación: como K_a es pequeño:

$$\frac{c_0 \cdot \alpha^2}{1-\alpha} \approx c_0 \cdot \alpha^2 = K_a \Rightarrow \alpha = \sqrt{\frac{K_a}{c_0}} = \sqrt{\frac{1'52 \cdot 10^{-5}}{0'1}} = \boxed{0'0123}$$

* Concentraciones de equilibrio:

$$[R\text{-}COOH] = c_0 \cdot (1 - \alpha) = 0'1 \cdot (1 - 0'0123) = \boxed{0'0988\ M}$$

$$[H_3O^+] = [R\text{-}COO^-] = c_0 \cdot \alpha = 0'1 \cdot 0'0123 = \boxed{1'23 \cdot 10^{-3}\ M}$$

b) * Nueva concentración tras la dilución:

$$c_{M1} \cdot V_1 = c_{M2} \cdot V_2 \Rightarrow c_{M2} = \frac{c_{M1} \cdot V_1}{V_2} = \frac{0'1 \cdot 250}{500} = 0'05\ M$$

* Grado de disociación: como K_a es pequeño:

$$\frac{c_0 \cdot \alpha^2}{1-\alpha} \approx c_0 \cdot \alpha^2 = K_a \Rightarrow \alpha = \sqrt{\frac{K_a}{c_0}} = \sqrt{\frac{1'52 \cdot 10^{-5}}{0'05}} = \boxed{0'0174}$$

* Cálculo del pH:

$$[H_3O^+] = c_0 \cdot \alpha = 0'05 \cdot 0'0174 = 8'7 \cdot 10^{-4}\ M \Rightarrow pH = -\log [H_3O^+] = -\log 8'7 \cdot 10^{-4} = \boxed{3'06}$$

---

33) Justifique, haciendo uso de las reacciones químicas correspondientes:
a) Si el amoniaco (NH_3) es una base según la teoría de Brönsted-Lowry.
b) Si una disolución acuosa de acetato de sodio (CH_3COONa) tiene un pH mayor de 7.
c) Cuál es la base conjugada del anión HCO_3^-.

a) Correcto, sí lo es. Según Brönsted-Lowry, una base es una sustancia que acepta protones. El equilibrio ácido-base de Brönsted-Lowry sería:

$$\text{ácido}_1 + \text{base}_2 \rightleftharpoons \text{base}_1 + \text{ácido}_2$$

Y para el amoníaco sería:

$$H_2O + NH_3 \rightleftharpoons OH^- + NH_4^+$$

El NH_3 acepta el protón que le da el H_2O.

b) Correcto. El CH_3COONa es una sal soluble, es decir, un electrólito fuerte que se disocia en:

CH_3COONa	+	H_2O	$\rightarrow$	Na^+	+	CH_3COO^-
				Ácido débil		Base fuerte

El ion fuerte se hidroliza: $CH_3COO^- + H_2O \rightleftharpoons CH_3COOH + OH^-$

Como se obtienen iones hidróxido, OH^-, la disolución es básica y el pH es mayor que 7.

c) El ion carbonato, CO_3^{2-}. Según Brönsted-Lowry, cuando un ácido se transforma en su base conjugada, ha perdido un protón. Si el HCO_3^- pierde un protón, se convierte en el CO_3^{2-}.

---

34) a) ¿Qué masa de NaOH hay que añadir a 500 mL de agua para obtener una disolución de pH = 11'5?
b) ¿Qué volumen de disolución comercial de HCl de 35'2 % de riqueza en masa y 1'175 $g \cdot mL^{-1}$ de densidad se necesitan para neutralizar la disolución anterior?
Datos: Masas atómicas relativas: Na = 23; Cl = 35'5, O = 16; H = 1.

a) * Disociación del NaOH: $NaOH + H_2O \rightarrow Na^+ + OH^-$

* Concentración de NaOH:

$$pOH = 14 - pH = 14 - 11'5 = 2'5 \Rightarrow [NaOH] = [OH^-] = 10^{-2'5} = 3'16 \cdot 10^{-3}\ M$$

* Masa molecular del NaOH: $M = 23 + 16 + 1 = 40\ \frac{g}{mol}$

* Masa de NaOH correspondiente:

$$c = \frac{n}{V} = \frac{m}{M \cdot V} \Rightarrow m = c \cdot M \cdot V = 3'16 \cdot 10^{-3}\ \frac{mol}{L} \cdot 40\ \frac{g}{mol} \cdot 0'5\ L = \boxed{0'0632\ g}$$

b) * Masa molecular del HCl: $M = 35'5 + 1 = 36'5\ \frac{g}{mol}$

* Molaridad de la disolución de HCl:

$$c_{Ma} = \frac{35'2\ g\ HCl}{100\ g\ disolución} \cdot \frac{1\ mol\ HCl}{36'5\ g\ HCl} \cdot \frac{1'175\ g\ disolución}{1\ mL\ disolución} \cdot \frac{1000\ mL\ disolución}{1\ L\ disolución} = 11'3\ M$$

* Volumen de ácido:

$$v_a \cdot c_{Ma} \cdot V_a = v_b \cdot c_{Mb} \cdot V_b \Rightarrow V_a = \frac{v_b \cdot c_{Mb} \cdot V_b}{v_a \cdot c_{Ma}} = \frac{1 \cdot 3'16 \cdot 10^{-3} \cdot 500}{1 \cdot 11'3} = \boxed{0'14\ mL}$$

2020

35) En dos disoluciones de la misma concentración de dos ácidos débiles monopróticos HA y HB, se comprueba que $[A^-]$ es mayor que $[B^-]$. Justifique la veracidad o falsedad de las afirmaciones siguientes:
a) El ácido HA es más fuerte que el ácido HB.
b) El valor de la constante de disociación del ácido HA es menor que el valor de la constante de disociación del ácido HB.
c) El pH de la disolución del ácido HA es mayor que el pH de la disolución del ácido HB.

a) Verdadera.

* Reacciones de disociación: $HA + H_2O \rightleftharpoons H_3O^+ + A^-$; $HB + H_2O \rightleftharpoons H_3O^+ + B^-$

Cuanto más fuerte es un ácido, más disociado estará en disolución acuosa. Si la concentración de A^- es mayor que la de B^-, esto significa que el ácido HA está más disociado que el HB, luego HA es más fuerte.

b) Falso.

* Constantes de disociación:

$$K_a(HA) = \frac{[H_3O^+]\cdot[A^-]}{[HA]} \quad ; \quad K_a(HB) = \frac{[H_3O^+]\cdot[B^-]}{[HB]}$$

Al ser la concentración de A^- mayor que la de B^- y al ser iguales los denominadores, la constante de disociación del ácido HA es mayor que la del ácido HB.

c) Falso. Para las mismas concentraciones iniciales, un ácido fuerte da un pH más bajo que un ácido más débil.

---

36) Las disoluciones de ácido fórmico (HCOOH) pueden producir dolorosas quemaduras en la piel y, de hecho, algunas hormigas utilizan este ácido como mecanismo de defensa. Calcule:
a) Las concentraciones de todas las especies en el equilibrio y el pH de una disolución de ácido fórmico que se ha preparado disolviendo 1'2 g de HCOOH en 250 mL de agua.
b) El grado de disociación de la disolución de ácido fórmico y la constante de ionización (K_b) de la base conjugada.
Datos: $K_a(HCOOH) = 1'8\cdot10^{-4}$. Masas atómicas relativas: C = 12, O = 16, H = 1.

a) * Número de moles: $n_s = \frac{m}{M} = \frac{1'2}{46} = 0'0261$ mol

* Concentración inicial: $c_0 = \frac{n_s}{V_D} = \frac{0'0261}{0'25} = 0'104$ M

* Disociación del ácido fórmico:

	HCOOH	+	H_2O	$\rightleftharpoons$	H_3O^+	+	$HCOO^-$
Equilibrio	$c_0 - x$				x		x

* Cálculo de x:

$$K_a = \frac{[H_3O^+]\cdot[HCOO^-]}{[HCOOH]} = \frac{x\cdot x}{c_0 - x} = \frac{x^2}{c_0 - x} = \frac{x^2}{0'104 - x} = 1'8\cdot 10^{-4} \Rightarrow$$

$$\Rightarrow x^2 = 1'8\cdot 10^{-4}\cdot(0'104 - x) = 1'87\cdot 10^{-5} - 1'8\cdot 10^{-4}\cdot x \quad \Rightarrow x^2 + 1'8\cdot 10^{-4}\cdot x - 1'87\cdot 10^{-5} = 0 \Rightarrow$$

$$\Rightarrow x = 4'24\cdot 10^{-3}$$

* Concentraciones de equilibrio:

$$[H_3O^+] = [HCOO^-] = x = \boxed{4'24\cdot 10^{-3}\ M} \ ; \ [HCOOH] = c_0 - x = 0'104 - 4'24\cdot 10^{-3} = \boxed{0'0998\ M}$$

* pH de la disolución: $pH = -\log [H_3O^+] = -\log 4'24\cdot 10^{-3} = \boxed{2'37}$

b) * Grado de disociación: $x = c_0\cdot\alpha \Rightarrow \alpha = \frac{x}{c_0} = \frac{4'24\cdot 10^{-3}}{0'104} = \boxed{0'0408}$

* Disociación de la base conjugada: $HCOO^- + H_2O \rightleftharpoons HCOOH + OH^-$

* Constante de disociación:

$$K_b = \frac{[HCOOH]\cdot[OH^-]}{[HCOO^-]} = \frac{[HCOOH]\cdot[OH^-]}{[HCOO^-]} \cdot \frac{K_w}{[H_3O^+]\cdot[OH^-]} =$$

$$= \frac{[HCOOH]}{[HCOO^-]\cdot[H_3O^+]} \cdot K_w = \frac{1}{K_a}\cdot K_w = \frac{K_w}{K_a} = \frac{10^{-14}}{1'8\cdot 10^{-4}} = \boxed{5'56\cdot 10^{-11}}$$

---

37) Una disolución comercial de hidróxido de potasio (KOH) indica en su etiqueta una composición de un 40 % de riqueza y densidad de 1'51 g/mL. Calcule:
a) El volumen de la disolución de KOH comercial necesario para preparar 10 L de una disolución diluida de KOH 0'5 M y el pH de dicha disolución.
b) El volumen de una disolución acuosa de ácido sulfúrico (H_2SO_4) 0'25 M necesaria para neutralizar 100 mL de una disolución de KOH diluida.
Datos: Masas atómicas relativas: K = 39, O = 16, H = 1.

a) * Concentración de la disolución comercial:

$$c_{M1} = \frac{40\,g\,KOH}{100\,g\,disolución} \cdot \frac{1\,mol\,KOH}{56\,g\,KOH} \cdot \frac{1'51\,g\,disolución}{1\,mL\,disolución} \cdot \frac{1000\,mL\,disolución}{1\,L\,disolución} = 10'8\ M$$

* Volumen de la disolución comercial:

$$c_{M1} \cdot V_{D1} = c_{M2} \cdot V_{D2} \quad \Rightarrow \quad V_{D1} = \frac{c_{M2} \cdot V_{D2}}{c_{M1}} = \frac{0'5 \cdot 10}{10'8} = 0'463 \text{ L} = \boxed{463 \text{ mL}}$$

* Disociación del hidróxido de potasio:

	KOH	+	H_2O	$\rightarrow$	K^+	+	OH^-
Equilibrio	0'5 M				0'5 M		0'5 M

* pOH de la disolución diluida: $pOH = -\log [OH^-] = -\log 0'5 = 0'301$

* pH de la disolución diluida: $pH + pOH = 14 \Rightarrow pH = 14 - pOH = 14 - 0'301 = \boxed{13'7}$

b) * Reacción de neutralización: $2\ KOH + H_2SO_4 \Rightarrow K_2SO_4 + 2\ H_2O$

* Volumen de la disolución de ácido:

$$v_a \cdot c_a \cdot V_a = v_b \cdot c_b V_b \quad \Rightarrow \quad V_a = \frac{v_b \cdot c_b \cdot V_b}{v_a \cdot c_a} = \frac{1 \cdot 0'5 \cdot 100}{2 \cdot 0'25} = \boxed{100 \text{ mL}}$$

---

38) De los ácidos débiles, benzoico (C_6H_5COOH) y cianhídrico (HCN), el primero es más fuerte que el segundo.
a) Escriba sus reacciones de disociación en agua indicando cuáles son sus bases conjugadas.
b) Razone cuál de las dos bases conjugadas es la más fuerte.
c) A igual molaridad, justifique cuál es la disolución que tiene menor pH.

a) * Reacciones de disociación:

$$C_6H_5COOH + H_2O \rightleftharpoons C_6H_5COO^- + H_3O^+ \quad ; \quad HCN + H_2O \rightleftharpoons CN^- + H_3O^+$$

La base conjugada del C_6H_5COOH es el $C_6H_5COO^-$ y la del HCN es el CN^-.

b) Según la teoría de Brönsted-Lowry, a un ácido fuerte le corresponde una base conjugada débil y a un ácido débil le corresponde una base conjugada fuerte. Como el ácido benzoico es más fuerte que el cianhídrico, entonces la base conjugada CN^- es más fuerte que $C_6H_5COO^-$.

c) La de ácido benzoico.

* Disociación de un ácido débil: $HA + H_2O \rightleftharpoons H_3O^+ + A^-$

Según la definición de pH: $pH = -\log [H_3O^+]$

Cuanto más fuerte es el ácido, mayor es la concentración de iones H_3O^+ y menor es el pH. Tendrá menor pH la disolución de ácido benzoico.

---

39) El ácido benzoico es un ácido monoprótico débil (R-COOH). Se prepara una disolución acuosa de ácido benzoico 0'75 M con un valor de pH de 2'17. Calcule:
a) El grado de disociación y el valor de K_a del ácido benzoico.
b) El valor del pH y el grado de disociación si a 100 mL de la disolución de ácido benzoico se le añade agua hasta un volumen de 0'5 L.

a) * Disociación del ácido:

	R-COOH	+	H_2O	$\rightleftharpoons$	H_3O^+	+	R-COO$^-$
Equilibrio	$c_0\cdot(1-\alpha)$				$c_0\cdot\alpha$		$c_0\cdot\alpha$

* Concentración del ion oxonio: $[H_3O^+] = 10^{-pH} = 10^{-2'17} = 6'76\cdot10^{-3}$ M

* Grado de disociación: $[H_3O^+] = c_0\cdot\alpha \;\Rightarrow\; \alpha = \dfrac{[H_3O^+]}{c_0} = \dfrac{6'76\cdot10^{-3}}{0'75} = \boxed{9'01\cdot10^{-3}}$

* Constante de disociación:

$$K_a = \frac{[R-COO^-]\cdot[H_3O^+]}{[R-COOH]} = \frac{c_0\cdot\alpha\cdot c_0\cdot\alpha}{c_0\cdot(1-\alpha)} = \frac{c_0\cdot\alpha^2}{1-\alpha} = \frac{0'75\cdot(9'01\cdot10^{-3})^2}{1-9'01\cdot10^{-3}} = \boxed{6'14\cdot10^{-5}}$$

b) * Concentración de la disolución diluida:

$$c_{M1}\cdot V_{D1} = c_{M2}\cdot V_{D2} \;\Rightarrow\; c_{M2} = \frac{c_{M1}\cdot V_{D1}}{V_{D2}} = \frac{0'75\cdot100}{500} = 0'15\text{ M}$$

* Nuevo grado de disociación:

$$K_a = \frac{c_0\cdot\alpha^2}{1-\alpha} \;\Rightarrow\; 6'14\cdot10^{-5} = \frac{0'15\cdot\alpha^2}{1-\alpha} \;\Rightarrow\; 6'14\cdot10^{-5}\cdot(1-\alpha) = 0'15\cdot\alpha^2 \;\Rightarrow$$

$$\Rightarrow\; 6'14\cdot10^{-5} - 6'14\cdot10^{-5}\cdot\alpha = 0'15\cdot\alpha^2 \;\Rightarrow\; 0'15\cdot\alpha^2 + 6'14\cdot10^{-5}\cdot\alpha - 6'14\cdot10^{-5} = 0 \;\Rightarrow$$

$$\Rightarrow\; \boxed{\alpha = 0'02}$$

* Concentración de ion oxonio: $[H_3O^+] = c_0\cdot\alpha = 0'15\cdot0'02 = 3\cdot10^{-3}$ M

* pH de la disolución diluida: $pH = -\log[H_3O^+] = -\log 3\cdot10^{-3} = \boxed{2'52}$

---

40) En base a las reacciones correspondientes, justifique el carácter ácido, básico o neutro de las disoluciones de las siguientes bases: a) KNO_3. b) NH_4Cl. c) Na_2CO_3.

Las tres son sales solubles, que son electrólitos fuertes.

a) $KNO_3 \rightarrow K^+ + NO_3^-$

Como el K^+ es un ácido débil y el NO_3^- es una base débil, ninguno de los dos iones se hidroliza. Luego la disolución final es neutra.

b) $NH_4Cl \rightarrow NH_4^+ + Cl^-$

El Cl^- es una base débil, luego no se hidroliza. El NH_4^+ es un ácido fuerte y se hidroliza:

$NH_4^+ + H_2O \rightleftharpoons NH_3 + H_3O^+$

Como se obtienen iones oxonio, H_3O^+, la disolución acuosa tiene carácter ácido.

c) $Na_2CO_3 \rightarrow 2\ Na^+ + CO_3^{2-}$

El Na^+ es un ácido débil, luego no se hidroliza. El ion CO_3^{2-} es una base fuerte, luego se hidroliza:

$CO_3^{2-} + H_2O \rightleftharpoons HCO_3^- + OH^-$

Como se obtienen iones hidróxido, OH^-, la disolución acuosa tiene carácter básico.

---

41) Se han preparado dos disoluciones, una que contiene 22 g/L de NaOH y otra que contiene 26 g/L de H_2SO_4.

a) ¿Qué volumen de la disolución de H_2SO_4 será necesario añadir para neutralizar 25 mL de la disolución de NaOH?

b) ¿Qué pH tendrá la disolución obtenida al mezclar 50 mL de cada una de ellas?

Datos: Masas atómicas relativas: S = 32, O = 16, H = 1.

a) * Concentración de la disolución de NaOH: $c_b = \dfrac{22\ g\ NaOH}{L} \cdot \dfrac{1\ mol\ NaOH}{40\ g\ NaOH} = 0'55\ M$

* Concentración de la disolución de H_2SO_4: $c_a = \dfrac{26\ g\ H_2SO_4}{L} \cdot \dfrac{1\ mol\ H_2SO_4}{98\ g\ H_2SO_4} = 0'265\ M$

* Volumen de ácido necesario:

$$v_a \cdot c_a \cdot V_a = v_b \cdot c_b V_b \Rightarrow V_a = \frac{v_b \cdot c_b \cdot V_b}{v_a \cdot c_a} = \frac{1 \cdot 0'55 \cdot 25}{2 \cdot 0'265} = \boxed{25'9\ mL}$$

b) * Número de moles de NaOH: $n = c \cdot V = 0'55\ \dfrac{mol}{L} \cdot 0'050\ L = 0'0275\ mol$

* Número de moles de H_2SO_4: $n = c \cdot V = 0'265\ \dfrac{mol}{L} \cdot 0'050\ L = 0'01325\ mol$

* Reacción de neutralización: $2\ NaOH + H_2SO_4 \Rightarrow Na_2SO_4 + 2H_2O$

* Determinación del limitante:

$$\text{NaOH: } \frac{0'0275}{2} = 0'0137 \ ; \ H_2SO_4\text{: } \frac{0'0133}{1} = 0'0132 \ \Rightarrow \text{ El limitante es el } H_2SO_4$$

* Moles en exceso de NaOH: $n = 0'0275 - 2\cdot 0'01325 = 10^{-3}$ mol

* Concentración de NaOH: $c = \frac{n}{V} = \frac{10^{-3}}{0'1} = 10^{-2}$ M

* Disociación del NaOH:

$$\begin{array}{ccccccc} NaOH & + & H_2O & \rightarrow & Na^+ & + & OH^- \\ 10^{-2}\ M & & & & 10^{-2}\ M & & 10^{-2}\ M \end{array}$$

* pOH de la disolución: $pOH = -\log [OH^-] = -\log 10^{-2} = 2$

* pH de la disolución: $pH + pOH = 14 \Rightarrow pH = 14 - pOH = 14 - 2 = \boxed{12}$

---

42) De acuerdo con la teoría de Brönsted-Lowry, justifique con las reacciones correspondientes, cuáles de las siguientes especies: HSO_4^-, HNO_3, S^{2-}, NH_3, H_2O y H_3O^+:
a) Actúan sólo como ácido. b) Actúan sólo como base. c) Actúan como ácido y base.

a) Sólo como ácido: HNO_3, H_3O^+
b) Sólo como base: S^{2-}, NH_3
c) Como ácido y como base: HSO_4^-, H_2O

Según la teoría de Brönsted-Lowry, un ácido es una sustancia que tiende a ceder protones y una base es una sustancia que tiende a aceptar protones. A cada ácido le corresponde una base conjugada al perder un protón o al ganar un OH^-; a cada base le corresponde un ácido conjugado al ganar un protón o al perder un OH^-. La reacción ácido-base de Brönsted-Lowry es: $\text{ácido}_1 + \text{base}_2 \rightleftharpoons \text{base}_1 + \text{ácido}_2$

* Reacciones de ácidos: $HNO_3 + H_2O \Rightarrow NO_3^- + H_3O^+$; $H_3O^+ + H_2O \rightarrow H_2O + H_3O^+$

* Reacciones de bases: $H_2O + S^{2-} \rightleftharpoons OH^- + HS^-$; $H_2O + NH_3 \rightleftharpoons OH^- + NH_4^+$

* Reacciones de anfóteros: $HSO_4^- + H_2O \rightleftharpoons SO_4^{2-} + H_3O^+$; $H_2O + HSO_4^- \rightleftharpoons OH^- + H_2SO_4$

$$H_2O + H_2O \rightleftharpoons OH^- + H_3O^+$$

---

43) Se quiere preparar 500 mL de disolución acuosa de amoniaco (NH_3) 0'1 M a partir de amoniaco comercial de 25 % de riqueza y una densidad de 0'9 g/mL.
a) Determine el volumen de amoniaco comercial necesario para preparar dicha disolución.
b) Calcule el pH de la disolución de amoniaco 0'1 M y el grado de disociación.
Datos: $K_b(NH_3) = 1'8\cdot 10^{-5}$; masas atómicas relativas: H = 1, N = 14.

a) * Concentración molar de la disolución concentrada:

$$c_{M1} = \frac{25\,g\,NH_3}{100\,g\,disolución} \cdot \frac{1\,mol\,NH_3}{17\,g\,NH_3} \cdot \frac{0'9\,g\,disolución}{1\,ml\,disolución} \cdot \frac{1000\,ml\,disolución}{1\,L\,disolución} = 13'2\text{ M}$$

* Volumen necesario de amoniaco comercial:

$$c_{M1} \cdot V_1 = c_{M2} \cdot V_2 \quad \Rightarrow \quad V_1 = \frac{c_{M2} \cdot V_2}{c_{M1}} = \frac{0'1 \cdot 500}{13'2} = \boxed{3'79\text{ mL}}$$

b) * Reacción de disociación:

	NH_3	+	H_2O	$\rightleftharpoons$	NH_4^+	+	OH^-
Equilibrio	$c_0 \cdot (1 - \alpha)$				$c_0 \cdot \alpha$		$c_0 \cdot \alpha$

* Constante de disociación:

$$K_b = \frac{[NH_4^+] \cdot [OH^-]}{[NH_3]} = \frac{c_0 \cdot \alpha \cdot c_0 \cdot \alpha}{c_0 \cdot (1-\alpha)} = \frac{c_0 \cdot \alpha^2}{1-\alpha}$$

* Grado de disociación: para $K_b < 10^{-4}$, aproximadamente, se puede aproximar:

$$K_b = \frac{c_0 \cdot \alpha^2}{1-\alpha} \approx c_0 \cdot \alpha^2 \quad \Rightarrow \quad \alpha = \sqrt{\frac{K_b}{c_0}} = \sqrt{\frac{1'8 \cdot 10^{-5}}{0'1}} = \boxed{0'0134}$$

* Cálculo del pH: $[OH^-] = c_0 \cdot \alpha = 0'1 \cdot 0'0134 = 1'34 \cdot 10^{-3}\text{ M} \quad \Rightarrow$

$\Rightarrow \quad pOH = -\log[OH^-] = -\log 1'34 \cdot 10^{-3} = 2'87 \quad \Rightarrow \quad pH = 14 - pOH = 14 - 2'87 = \boxed{11'13}$

---

44) Un vinagre comercial indica en su etiqueta un contenido de 6 g de ácido acético (CH_3COOH) por cada 100 mL de vinagre.
a) Calcule la concentración de las especies en el equilibrio y el pH del vinagre comercial.
b) ¿Qué volumen de agua es necesario añadir a 10 mL de vinagre para obtener una disolución de pH = 2'88?
Datos: $K_a(CH_3COOH) = 1'8 \cdot 10^{-5}$, masas atómicas relativas: O = 16, C = 12, H = 1.

a) * Masa molecular: $M = 12 + 3 + 12 + 16 \cdot 2 + 1 = 60 \ \frac{g}{mol}$

* Reacción de disociación:

	CH_3COOH	+	H_2O	$\rightleftharpoons$	CH_3COO^-	+	H_3O^+
Equilibrio	$c_0 - x$				x		x

* Concentración inicial de ácido: $c_0 = \frac{n_0}{V_D} = \frac{m_0}{M \cdot V_D} = \frac{6}{60 \cdot 0'1} = 1$ M

* Constante de disociación:

$$K_b = \frac{[CH_3{-}COO^-]\cdot[H_3O^+]}{[CH_3{-}COOH]} = \frac{x^2}{c_0 - x}$$

* Cálculo de x: para $K_a < 10^{-4}$, aproximadamente, se puede aproximar:

$$K_a = \frac{x^2}{c_0 - x} \approx \frac{x^2}{c_0} \Rightarrow x = \sqrt{K_a \cdot c_0} = \sqrt{1'8 \cdot 10^{-5} \cdot 1} = 4'24 \cdot 10^{-3}$$

* Concentraciones de equilibrio: $[CH_3 - COO^-] = [H_3O^+] = x =$ $\boxed{4'24 \cdot 10^{-3}\ M}$

$$[CH_3COOH] = c_0 - x = 1 - 4'24 \cdot 10^{-3} = \boxed{0'996\ M}$$

* Cálculo del pH: $pH = -\log [H_3O^+] = -\log 4'24 \cdot 10^{-3} = \boxed{2'37}$

b) * Nueva concentración de H_3O^+: $[H_3O^+] = 10^{-pH} = 10^{-2'88} = 1'32 \cdot 10^{-3}$

* Nueva concentración inicial: $K_a = \frac{x^2}{c_0 - x} \approx \frac{x^2}{c_0} \Rightarrow c_0 = \frac{x^2}{K_a} = \frac{(1'32 \cdot 10^{-3})^2}{1'8 \cdot 10^{-5}} = 0'0968$ M

* Volumen final de disolución: $c_{M1} \cdot V_1 = c_{M2} \cdot V_2 \Rightarrow V_2 = \frac{c_{M1} \cdot V_1}{c_{M2}} = \frac{1 \cdot 10}{0'0968} = 103$ ml

* Volumen de agua que hay que añadir: $V = V_2 - V_1 = 103 - 10 =$ $\boxed{93\ mL}$

2019

45) Razone si son ciertas o falsas las siguientes afirmaciones:
a) En disolución acuosa, cuanto más fuerte es una base, más fuerte es su ácido conjugado.
b) En una disolución acuosa de una base, el pOH es menor que 7.
c) El ion $H_2PO_4^-$ es una sustancia anfótera en disolución acuosa, según la teoría de Brönsted-Lowry.

a) Falsa. Según la teoría de Brönsted-Lowry, un ácido es una sustancia que tiende a ceder protones y una base es una sustancia que tiende a aceptar protones. A cada ácido le corresponde una base conjugada al perder un protón o al ganar un OH^-; a cada base le corresponde un ácido conjugado al ganar un protón o al perder un OH^- .

La reacción para una base sería: $B - OH + H_2O \rightleftharpoons B^+ + OH^-$

Cuanto más fuerte es una base, más débil es su ácido conjugado. Si la base es fuerte, el enlace B – OH es débil y la especie B^+ tiene poca tendencia a unirse al OH^-.

b) Cierta. Producto iónico del agua: $K_w = [H_3O^+] \cdot [OH^-] = 10^{-14}$

En una disolución neutra: $[H_3O^+] = [OH^-] = 10^{-7}$ M

En una disolución básica: $[OH^-] > 10^{-7}$ M $\Rightarrow \log [OH^-] > -7 \Rightarrow -\log [OH^-] < 7 \Rightarrow pOH < 7$

c) Cierta. Una sustancia anfótera, según Brönsted-Lowry, es una sustancia que puede comportarse como ácido o como base, es decir, que puede ceder o aceptar un protón, respectivamente, dependiendo de la otra sustancia con la que reaccione:

Como ácido: $H_2PO_4^- + H_2O \rightleftharpoons HPO_4^{2-} + H_3O^+$

Como base: $H_2PO_4^- + H_2O \rightleftharpoons H_3PO_4 + OH^-$

---

46) a) Calcule la concentración de una disolución de ácido benzoico (C_6H_5COOH) de pH = 2'3.
b) Determine la masa de $Ba(OH)_2$ necesaria para neutralizar 25 ml de una disolución comercial de HNO_3 del 58 % de riqueza y densidad 1'356 g·ml^{-1}.
Datos: K_a (C_6H_5COOH) = 6'31·10^{-5}. Masas atómicas relativas: H: 1, O: 16, Ba: 137'3, N: 14.

* Concentraciones de equilibrio para el equilibrio del ácido benzoico:

	C_6H_5COOH	+	H_2O	$\rightleftharpoons$	H_3O^+	+	$C_6H_5COO^-$
Concentración	$c_0 - x$				x		x

* Constante de disociación: $K_a = \frac{[H_3O^+]\cdot[A^-]}{[HA]} = \frac{x\cdot x}{c_0 - x} = \frac{x^2}{c_o - x}$

* Cálculo de x: $x = [H_3O^+] = 10^{-pH} = 10^{-2'3} = 5'01\cdot10^{-3}$ M

* Concentración inicial: $c_0 = \frac{x^2}{K_a} + x = \frac{(5'01\cdot10^{-3})^2}{6'31\cdot10^{-5}} + 5'01\cdot10^{-3} = \boxed{0'403\ M}$

b) * Reacción de neutralización: $Ba(OH)_2 + 2\ HNO_3 \rightarrow Ba(NO_3)_2 + 2\ H_2O$

* Masa de $Ba(OH)_2$ necesaria:

$$m = 25\ ml\ disolución\ HNO_3 \cdot \frac{1'356\ g\ disolución\ HNO_3}{1\ ml\ disolución\ HNO_3} \cdot \frac{58\ g\ HNO_3}{100\ g\ disolución\ HNO_3} \cdot$$

$$\cdot \frac{1\ mol\ HNO_3}{63\ g\ HNO_3} \cdot \frac{1\ mol\ Ba(OH)_2}{2\ mol\ HNO_3} \cdot \frac{171'3\ g\ Ba(OH)_2}{1\ mol\ Ba(OH)_2} = \boxed{26'7\ g\ Ba(OH)_2}$$

---

47) A partir de los siguientes datos:
$K_a(HF) = 3'6\cdot10^{-4}$, K_a ($CH_3 - COOH$) = 1'8·10^{-5} y K_a (HCN) = 4'9·10^{-10}
a) Indique razonadamente qué ácido es más fuerte.
b) Escriba los equilibrios de disociación del CH_3COOH y del HCN, indicando cuáles serán sus bases conjugadas.
c) Deduzca el valor de K_b de la base conjugada del HF.

a) El HF, el de mayor constante de disociación. Según la teoría de Brönsted-Lowry, un ácido es una sustancia que tiende a ceder protones y una base es una sustancia que tiende a aceptar protones. Un ácido será tanto más fuerte cuanto más disociado esté, es decir, cuanto mayor sea su constante de disociación: $HA + H_2O \rightleftharpoons A^- + H_3O^+$; $K_a = \dfrac{[A^-]\cdot[H_3O^+]}{[HA]}$

b) * Reacción de disociación de Brönsted-Lowry: $\text{ácido}_1 + \text{base}_2 \rightleftharpoons \text{base}_1 + \text{ácido}_2$

$$CH_3-COOH + H_2O \rightleftharpoons CH_3-COO^- + H_3O^+ \quad ; \quad HCN + H_2O \rightleftharpoons CN^- + H_3O^+$$

* Base conjugada del CH_3-COOH: CH_3-COO^-

* Base conjugada del HCN: CN^-

c) La base conjugada del HF es el F^-.

* Hidrólisis del F^-: $F^- + H_2O \rightleftharpoons HF + OH^-$

* Constante de basicidad:

$$K_b = \frac{[HF]\cdot[OH^-]}{[F^-]} = \frac{[HF]\cdot[OH^-]}{[F^-]} \cdot \frac{K_w}{[H_3O^+]\cdot[OH^-]} = \frac{[HF]}{[F^-]\cdot[H_3O^+]}\cdot K_w = \frac{K_w}{K_a} =$$

$$= \frac{10^{-14}}{3'6\cdot10^{-4}} = \boxed{2'78\cdot10^{-11}}$$

---

48) Una botella de ácido fluorhídrico (HF) indica en su etiqueta que la concentración del ácido es 2'22 M. Sabiendo que la constante de acidez es $7'2\cdot10^{-4}$, determine:
a) Las concentraciones de H_3O^+ y OH^- presentes.
b) El grado de ionización del ácido y el pH.

a) * Disociación del HF:

	HF	+	H_2O	$\rightleftharpoons$	H_3O^+	+	F^-
Equilibrio	$c_0 - x$				x		x

* Cálculo de x:

$$K_a = \frac{[H_3O^+]\cdot[F^-]}{[HF]} = \frac{x^2}{c_0-x} = \frac{x^2}{2'22-x} = 7'2\cdot10^{-4} \Rightarrow x^2 = 7'2\cdot10^{-4}\cdot(2'22-x) \Rightarrow$$

$$\Rightarrow x^2 = 1'6\cdot10^{-3} - 7'2\cdot10^{-4}\cdot x \Rightarrow x^2 + 7'2\cdot10^{-4}\cdot x - 1'6\cdot10^{-3} = 0 \Rightarrow x = 0'0396$$

* Concentración de H_3O^+: $[H_3O^+] = x = \boxed{0'0396\ M}$

* Concentración de OH^-: $[OH^-] = \dfrac{K_w}{[OH^-]} = \dfrac{10^{-14}}{0'0396} = \boxed{2'52\cdot 10^{-13}\ M}$

b) * Disociación del HF:

$$\begin{array}{lccccccccc} & HF & + & H_2O & \rightleftharpoons & H_3O^+ & + & F^- \\ \text{Equilibrio} & c_0\cdot(1-\alpha) & & & & c_0\cdot\alpha & & c_0\cdot\alpha \end{array}$$

* Grado de disociación: $[H_3O^+] = x = c_0\cdot\alpha \Rightarrow \alpha = \dfrac{x}{c_0} = \dfrac{0'0396}{2'22} = \boxed{0'0178}$

* Cálculo del pH: $pH = -\log [H_3O^+] = -\log 0'0396 = \boxed{1'40}$

---

49) Una disolución acuosa 0'3 M de HClO tiene un pH = 3'98. Calcule:
a) La concentración molar de ClO^- en disolución y el grado de disociación del ácido.
b) El valor de la constante K_a del HClO y el valor de la constante K_b de su base conjugada.
a) * Disociación del HClO:

$$\begin{array}{lccccccccc} & HClO & + & H_2O & \rightleftharpoons & H_3O^+ & + & ClO^- \\ \text{Equilibrio} & c_0\cdot(1-\alpha) & & & & c_0\cdot\alpha & & c_0\cdot\alpha \end{array}$$

* Concentración de ClO^-: $[ClO^-] = [H_3O^+] = 10^{-pH} = 10^{-3'98} = \boxed{1'05\cdot 10^{-4}\ M}$

* Grado de disociación: $\alpha = \dfrac{[ClO^-]}{c_0} = \dfrac{1'05\cdot 10^{-4}}{0'3} = \boxed{3'5\cdot 10^{-4}\ M}$

b) * Constante de disociación del ácido:

$$K_a = \frac{[ClO^-]\cdot[H_3O^+]}{[HClO]} = \frac{c_0\cdot\alpha\cdot c_0\cdot\alpha}{c_0\cdot(1-\alpha)} = \frac{c_o\cdot\alpha^2}{1-\alpha} = \frac{0'3\cdot(3'5\cdot 10^{-4})^2}{1-3'5\cdot 10^{-4}} = \boxed{3'68\cdot 10^{-8}}$$

* Hidrólisis de la base conjugada:

$$ClO^- + H_2O \rightleftharpoons HClO + OH^-$$

* Constante de la base conjugada:

$$K_b = \frac{[HClO]\cdot[OH^-]}{[ClO^-]} \quad \frac{K_w}{[H_3O^+]\cdot[OH^-]} = \frac{[HClO]}{[ClO^-]\cdot[H_3O^+]}\cdot K_w = \frac{K_w}{K_a} = \frac{10^{-14}}{3'68\cdot 10^{-8}} =$$

$= \boxed{2'72\cdot 10^{-7}}$

---

50) Dada una disolución de un ácido débil HA de concentración 0'1 M, indique razonadamente si son ciertas las siguientes afirmaciones:
a) El pH de la disolución es igual a 1.
b) La $[H_3O^+]$ es menor que la $[OH^-]$.
c) La [HA] es mayor que la $[A^-]$.

a) Falsa.

* Disociación del HA:

	HA	+	H_2O	$\rightleftharpoons$	H_3O^+	+	A^-
Equilibrio	$c_0 - x$				x		x

* Cálculo del pH: $pH = -\log [H_3O^+]$

Si el ácido fuera fuerte: $[H_3O^+] = 0'1$ M $\Rightarrow$ $pH = -\log [H_3O^+] = -\log 0'1 = 1$. Al ser un ácido débil: $[H_3O^+] < 0'1$ M, al no estar totalmente disociado, luego el pH estará comprendido entre 1 y 7.

$$[H_3O^+] < 0'1 \text{ M} \quad ; \quad [H_3O^+] = 10^{-pH} < 0'1 \quad \Rightarrow \quad \log 10^{-pH} < \log 0'1 \quad \Rightarrow \quad -pH < -1 \quad \Rightarrow \quad pH > 1$$

b) Falsa. Si la disolución es ácida: $[H_3O^+] > [OH^-]$, aunque el ácido sea débil, pues algo de ácido se disocia y se obtienen iones oxonio, H_3O^+, que superarán a los hidróxido, OH^-, en concentración.

c) Cierta. Al ser un ácido débil, se disocia una pequeña fracción de HA y su concentración bajará muy poco. Sin embargo, la concentración de A^- será muy pequeña: $c_0 - x > x$

TEMA 5: SOLUBILIDAD Y PRECIPITACIÓN

RESUMEN TEÓRICO Y FORMULARIO

- Hay que conocer la solubilidad relativa de algunas sustancias:

Anión	Catión	Solubilidad
Todos	Alcalinos	Soluble
Nitrato (NO_3^-)	Casi todos	Soluble
Cloruro (Cl^-) Bromuro (Br^-) Yoduro (I^-)	Ion plata (Ag^+), ion plomo (II) (Pb^{2+})	Insoluble
Cloruro (Cl^-) Bromuro (Br^-) Yoduro (I^-)	Resto de cationes	Soluble
Sulfato (SO_4^{2-})	Ion calcio (Ca^{2+}), ion bario (Ba^{2+}), ion plomo (II) (Pb^{2+})	Insoluble
Sulfato (SO_4^{2-})	Resto de cationes	Soluble
Sulfuro (S^{2-})	Alcalinotérreos	Soluble
Sulfuro (S^{2-})	Resto de cationes	Insoluble
Hidróxido (OH^-)	Alcalinos, ion estroncio (Sr^{2+}), ion bario (Ba^{2+})	Soluble
Hidróxido (OH^-)	Resto de cationes	Insoluble

- Cuando una sustancia poco soluble se disuelve, se establece un equilibrio entre los iones disueltos y el sólido precipitado en el fondo:

$$A_mB_n(s) \rightleftharpoons m\,A^{n+}(ac) + n\,B^{m-}(ac)$$
$$m\cdot s \qquad\qquad n\cdot s$$

- La constante de equilibrio correspondiente se llama producto de solubilidad, K_{ps} o P_s, y se escribe así:

$$K_{ps} = P_s = [A^{n+}]^m\cdot[B^{m-}]^n = (m\cdot s)^m\cdot(n\cdot s)^n = m^m\cdot n^n\cdot s^{m+n}$$

Ejemplo: escribe la expresión del producto de solubilidad y su relación con la solubilidad para la sustancia $Ca(OH)_2$.

$$Ca(OH)_2(s) \rightleftharpoons Ca^{2+}(ac) + 2\,OH^-(ac)$$
$$s \qquad\qquad 2\cdot s$$

$$K_s = [Ca^{2+}]\cdot[OH^-]^2 = s\cdot(2\cdot s)^2 = s\cdot 4\cdot s^2 = 4\cdot s^3$$

- Principio de Le Chatelier: cuando se alteran las condiciones de un equilibrio mediante un factor externo, el equilibrio se desplaza de tal forma que se compense el efecto del factor externo.

- Efecto del ion común: cuando a una disolución de una sal poco soluble se le añade una sal soluble que tenga un ion común con la anterior, la solubilidad de la sal poco soluble disminuye. Es una consecuencia del principio de Le Chatelier. Al aumentar la concentración de uno de los iones de la sal poco soluble, el equilibrio de solubilidad se desplaza hacia la izquierda, precipitando más sal poco soluble.

$$A_mB_n(s) \rightleftharpoons m\,A^{n+}(ac) + n\,B^{m-}(ac)$$

- Al aumentar la concentración de A^{n+} o la de B^{m-}, el equilibrio se desplaza a la izquierda y la sal es menos soluble.

- Para saber si un compuesto va a precipitar o no, definimos el producto iónico, Q, una magnitud similar al producto de solubilidad. La diferencia es que las concentraciones en K_s son de equilibrio y en Q son de no equilibrio.

$$K_s = [A^{n+}]_{eq}^{m} \cdot [B^{m-}]_{eq}^{n} \quad ; \quad Q = [A^{n+}]^{m} \cdot [B^{m-}]^{n}$$

- Para que un compuesto empiece a precipitar: $Q \geq K_s$

- Para transformar unidades de cantidad de sustancia:

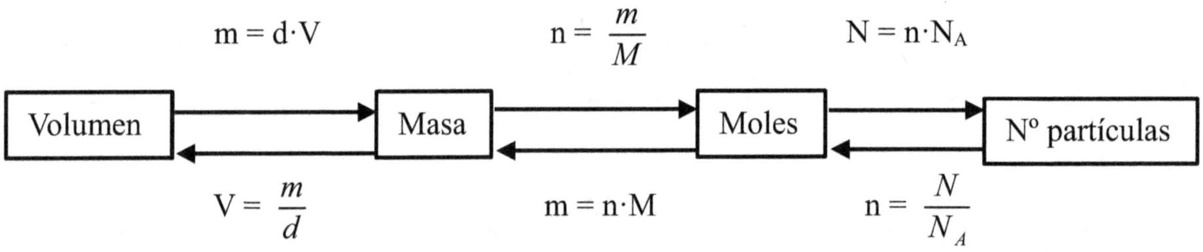

siendo: m: masa (g).
d: densidad (g/ml).
V: volumen (ml o cm^3).
n: número de moles.
M: masa atómica o molecular (g/mol).
N: número de partículas (átomos, moléculas).
N_A = número de Avogadro = $6'022 \cdot 10^{23}$

- Formas de expresar la concentración de una disolución:

* Porcentaje en masa o porcentaje en peso o riqueza:

$$\text{Porcentaje en masa} = \frac{m_s \cdot 100}{m_D} \qquad (\%)$$

siendo: m_s : masa del soluto (g).
m_D : masa de la disolución (g).

* Porcentaje en volumen:

$$\text{Porcentaje en volumen} = \frac{V_s \cdot 100}{V_D} \quad (\ \%\ \text{volumen o grados}\ )$$

siendo: V_s : volumen de soluto (ml, cm^3, …).
V_D : volumen de disolución (ml, cm^3, …).

* Masa por unidad de volumen:

$$c = \frac{m_s}{V_D} \quad \left(\frac{g}{l}, \frac{g}{cm^3}\right)$$

siendo: c : concentración.
m_s: masa de soluto (g)
V_D: volumen de disolución (L)

* Molaridad:

$$c_M = M = \frac{n_s}{V_D(litros)} \quad \left(\frac{mol}{l}, M\right) \quad \text{Se lee molar.}$$

siendo: n_s : número de moles de soluto (moles).
V_D : volumen de disolución (L).

* Molalidad:

$$c_m = m = \frac{n_s}{m_d(kilogramos)} \quad \left(\frac{mol}{kg}, m\right) \quad \text{Se lee molal.}$$

siendo: n_s : número de moles de soluto (moles).
m_d : masa de disolvente (kg).

* Fracción molar:

$$x_i = \frac{n_i}{n_T} = \frac{n_i}{n_s + n_d} \quad \text{(Sin unidades)}$$

siendo: n_i : número de moles del componente i.
n_s : número de moles de soluto.
n_d : número de moles de disolvente.

\- Densidad de una disolución:

$$d_D = \frac{m_D}{V_D} \quad \left(\frac{g}{l}, \frac{g}{cm^3}\right)$$

siendo: d_D: densidad de la disolución (g/ml)
m_D : masa de la disolución (g)
V_D : volumen de la disolución (ml)

PROBLEMAS Y CUESTIONES DE SOLUBILIDAD Y PRECIPITACIÓN

2024

1) Para preparar 250 mL de disolución saturada de BaF_2 a 25 ºC se necesitan 325 mg de dicho compuesto.
a) A partir del equilibrio correspondiente, calcule el producto de solubilidad del BaF_2.
b) Calcule la solubilidad molar del BaF_2 en presencia de NaF 0'50 M.
Datos: Masas atómicas relativas: F = 19; Ba = 137'3.

a) * Masa molecular del BaF_2: $M = 137'3 + 2\cdot 19 = 175'3\ \frac{g}{mol}$

* Molaridad de la disolución: $c_M = \frac{n_s}{V_D} = \frac{m_s}{M\cdot V_D} = \frac{0'325}{175'3\cdot 0'25} = 7'42\cdot 10^{-3}\ M$

* Equilibrio de solubilidad:

	$BaF_2(s)$	$\rightleftharpoons$	$Ba^{2+}(ac)$	+	$2\ F^-(ac)$
Concentración	s		s		2·s

* Producto de solubilidad:

$$K_s = [Ba^{2+}]\cdot[F^-]^2 = s\cdot(2\cdot s)^2 = s\cdot 4\cdot s^2 = 4\cdot s^3 = 4\cdot(7'42\cdot 10^{-3})^3 = \boxed{1'63\cdot 10^{-6}}$$

b) * Disociación del NaF:

	$NaF(s)$	$\longrightarrow$	$Na^+(ac)$	+	$F^-(ac)$
Concentración	0'50 M		0'50 M		0'50 M

* Nuevo equilibrio de solubilidad:

	$BaF_2(s)$	$\rightleftharpoons$	$Ba^{2+}(ac)$	+	$2\ F^-(ac)$
Concentración	s		s		$2\cdot s + 0'50 \approx 0'50$

* Nueva solubilidad:

$$K_s = [Ba^{2+}]\cdot[F^-]^2 = s\cdot(0'50)^2 \Rightarrow s = \frac{K_s}{0'50^2} = \frac{1'63\cdot 10^{-6}}{0'50^2} = \boxed{6'52\cdot 10^{-6}\ M}$$

---

2) Al añadir una pequeña cantidad de $Ca(OH)_2$ sólido a un vaso con agua se observa que no se disuelve por completo, quedando parte del sólido en equilibrio con la disolución saturada.
a) A partir del equilibrio correspondiente, deduzca la relación entre la solubilidad molar de este compuesto y su producto de solubilidad.
b) Razone si aumentará la solubilidad del $Ca(OH)_2$ añadiendo a la disolución $CaCl_2$, que es una sal muy soluble.
c) Justifique si cambiará el producto de solubilidad del $Ca(OH)_2$ al añadir NaOH a la disolución saturada.

a) * Equilibrio de solubilidad:

	$Ca(OH)_2(s)$	$\rightleftharpoons$	$Ca^{2+}(ac)$	+	$2\ OH^-(ac)$
Concentración	s		s		2·s

* Producto de solubilidad:

$$K_s = [Ca^{2+}]\cdot[OH^-]^2 = s\cdot(2\cdot s)^2 = s\cdot 4\cdot s^2 = 4\cdot s^3 \quad \Rightarrow \quad s^3 = \frac{K_s}{4} \quad \Rightarrow \quad \boxed{s = \sqrt[3]{\frac{K_s}{4}}}$$

b) No aumentará, disminuirá.

* Disociación del $CaCl_2$: $CaCl_2 \rightarrow Ca^{2+} + 2\ Cl^-$

Según el efecto del ion común, al añadir una sal soluble a una disolución de una sal poco soluble que tenga un ion común con la anterior, la solubilidad de la sal poco soluble disminuye. El ion común es el ion calcio, Ca^{2+}. Al aumentar la concentración de ion calcio, según el principio de Le Chatelieur, el equilibrio de solubilidad del $CaCl_2$ se desplaza hacia la izquierda y disminuye la solubilidad.

c) No, no cambiará. El producto de solubilidad de una sal poco soluble es una constante que depende solamente de la temperatura y de la sustancia de la que se trate. No depende de la concentración de las especies presentes.

2023

3) A 25 ºC, la constante del producto de solubilidad del $PbSO_4$ es $K_s = 1'6\cdot 10^{-8}$. Basándose en las reacciones químicas correspondientes, calcule:
a) La solubilidad del $PbSO_4$ en agua a 25 ºC, expresada en $mg\cdot L^{-1}$.
b) La masa de $PbSO_4$ que se podrá disolver como máximo en 2 L de una disolución acuosa de Na_2SO_4 0'01 M a 25 ºC.
Datos: Masas atómicas relativas: Pb = 207'2, S = 32, O = 16.

a) * Equilibrio de solubilidad:

	$PbSO_4(s)$	$\rightleftharpoons$	$Pb^{2+}(ac)$	+	$SO_4^{2-}(ac)$
Concentración	s		s		s

* Masa molecular del $PbSO_4$: $M = 207'2 + 32 + 4 \cdot 16 = 303'2 \ \frac{g}{mol}$

* Solubilidad molar:

$$K_s = [Pb^{2+}] \cdot [SO_4^{2-}] = s \cdot s = s^2 \quad \Rightarrow \quad s = \sqrt{K_s} = \sqrt{1'6 \cdot 10^{-8}} = 1'26 \cdot 10^{-4} \text{ M}$$

* Solubilidad en mg/L: $s = 1'26 \cdot 10^{-4} \ \frac{mol}{L} \cdot \frac{303'2\,g}{1\,mol} \cdot \frac{1000\,mg}{1\,g} = \boxed{38'2 \ \frac{mg}{L}}$

b) * Disociación del Na_2SO_4:

	$Na_2SO_4(s)$	$\rightarrow$	$2\,Na^+(ac)$	+	$SO_4^{2-}(ac)$
Concentración	0'01 M		0'02 M		0'01 M

* Nuevo equilibrio de solubilidad:

	$PbSO_4(s)$	$\rightleftharpoons$	$Pb^{2+}(ac)$	+	$SO_4^{2-}(ac)$
Concentración	s		s		$s + 0'01 \approx 0'01$

* Nueva solubilidad:

$$K_s = [Pb^{2+}] \cdot [SO_4^{2-}] = s \cdot 0'01 \quad \Rightarrow \quad s = \frac{K_s}{0'01} = \frac{1'6 \cdot 10^{-8}}{0'01} = 1'6 \cdot 10^{-6} \text{ M}$$

* Masa de $PbSO_4$ que se podrá disolver:

$$s = \frac{n}{V} = \frac{m}{M \cdot V} \quad \Rightarrow \quad m = s \cdot M \cdot V = 1'6 \cdot 10^{-6} \ \frac{mol}{L} \cdot 303'2 \ \frac{g}{mol} \cdot 2 \text{ L} = \boxed{9'70 \cdot 10^{-4} \text{ g}}$$

---

4) Basándose en las reacciones químicas correspondientes, calcule:
a) El producto de solubilidad del $CaCO_3$, sabiendo que 100 mL de disolución saturada en agua de dicha sal contiene $6'93 \cdot 10^{-6}$ mol de Ca^{2+}.
b) La masa que quedará en el fondo de un recipiente que contiene 250 mL de disolución acuosa saturada de Ag_2SO_4 al evaporar el agua de la disolución.
Datos: $K_s(Ag_2SO_4) = 7'7 \cdot 10^{-5}$; Masas atómicas relativas: Ag = 107'9; S = 32; O = 16.

a) * Equilibrio de solubilidad:

	$CaCO_3(s)$	$\rightleftharpoons$	$Ca^{2+}(ac)$	+	$CO_3^{2-}(ac)$
Concentración	s		s		s

* Solubilidad: $s = \frac{moles\,Ca^{2+}}{V} = \frac{6'93 \cdot 10^{-6}}{0'1} = 6'93 \cdot 10^{-5} \text{ M}$

* Producto de solubilidad: $K_s = [Ca^{2+}]\cdot[CO_3^{2-}] = s\cdot s = s^2 = (6'93\cdot10^{-5})^2 =$ $\boxed{4'80\cdot10^{-9}}$

b) * Equilibrio de solubilidad:

	$Ag_2SO_4(s)$	$\rightleftharpoons$	$2\,Ag^+(ac)$	+	$SO_4^{2-}(ac)$
Concentración	s		2·s		s

* Solubilidad:

$$K_s = [Ag^+]^2\cdot[SO_4^{2-}] = (2\cdot s)^2\cdot s = 4\cdot s^2\cdot s = 4\cdot s^3 \quad\Rightarrow\quad s = \sqrt[3]{\frac{K_s}{4}} = \sqrt[3]{\frac{7'7\cdot10^{-5}}{4}} = 0'0268\ M$$

* Masa molecular del Ag_2SO_4: $M = 2\cdot107'9 + 32 + 4\cdot16 = 311'8\ \frac{g}{mol}$

* Masa que quedará en el fondo:

$$s = \frac{n}{V} \quad\Rightarrow\quad n = s\cdot V \quad\Rightarrow\quad m = n\cdot M = s\cdot V\cdot M = 0'0268\ \frac{mol}{L}\cdot0'250\ L\cdot311'8\ \frac{g}{mol} = \boxed{2'09\ g}$$

---

5) El producto de solubilidad del CaF_2 es $3'5\cdot10^{-11}$. Basándose en la reacción química correspondiente, calcule:
a) Los moles de ion F^- que hay en 50 mL de una disolución acuosa saturada de CaF_2.
b) La masa de NaF que hay que disolver en medio litro de una disolución acuosa que contiene 1 g de Ca^{2+} para que empiece a precipitar CaF_2.
Datos: Masas atómicas relativas: Ca = 40; F = 19; Na = 23

a) * Equilibrio de solubilidad:

	$CaF_2(s)$	$\rightleftharpoons$	$Ca^{2+}(ac)$	+	$2\,F^-(ac)$
Concentración	s		s		2·s

* Solubilidad:

$$K_s = [Ca^{2+}]\cdot[F^-]^2 = s\cdot(2\cdot s)^2 = 4\cdot s^3 \quad\Rightarrow\quad s = \sqrt[3]{\frac{K_s}{4}} = \sqrt[3]{\frac{3'5\cdot10^{-11}}{4}} = 2'06\cdot10^{-4}\ M$$

* Número de iones de ion fluoruro:

$$[F^-] = 2\cdot s = \frac{n}{V_D} \quad\Rightarrow\quad n = 2\cdot s\cdot V_D = 2\cdot2'06\cdot10^{-4}\cdot0'050 = \boxed{2'06\cdot10^{-5}\ mol}$$

b) * Concentración de ion calcio: $[Ca^{2+}] = \frac{n}{V} = \frac{m}{M\cdot V} = \frac{1}{40\cdot0'5} = 0'05\ M$

* Concentración necesaria de ion fluoruro:

$$K_s = [Ca^{2+}]\cdot[F^-]^2 \quad \Rightarrow \quad [F^-]^2 = \frac{K_s}{[Ca^{2+}]} \quad \Rightarrow \quad [F^-] = \sqrt{\frac{3'5\cdot 10^{-11}}{0'05}} = 2'65\cdot 10^{-5}\ M$$

* Disociación del NaF:

	$NaF(s)$	$\rightarrow$	$Na^+(ac)$	+	$F^-(ac)$
Concentración	c		c		c

* Masa molecular del NaF: $M = 23 + 19 = 42\ \frac{g}{mol}$

* Masa de NaF necesaria:

$$[NaF] = [F^-] = \frac{n}{V} = \frac{m}{M\cdot V} \quad \Rightarrow \quad m = [F^-]\cdot M\cdot V = 2'65\cdot 10^{-5}\cdot 42\cdot 0'5 = \boxed{5'56\cdot 10^{-4}\ g}$$

---

6) Razone si las siguientes afirmaciones son verdaderas o falsas:
a) En una disolución saturada de $CaCO_3$ el valor de K_s coincide con el valor de $[Ca^{2+}]^2$.
b) La solubilidad del AgCl en agua se puede aumentar añadiendo NaCl a la disolución.
c) Al añadir Na_2SO_4 a una disolución acuosa saturada de $BaSO_4$ se forma un precipitado.

a) Verdadera.

* Equilibrio de solubilidad:

	$CaCO_3(s)$	$\rightleftharpoons$	$Ca^{2+}(ac)$	+	$CO_3^{2-}(ac)$
Concentración	s		s		s

* Producto de solubilidad: $K_s = [Ca^{2+}]\cdot[CO_3^{2-}] = [Ca^{2+}]^2$, puesto que: $[Ca^{2+}] = [CO_3^{2-}]$

b) Falsa. Según el efecto del ion común, al añadir una sal soluble a una disolución de una sal poco soluble que tenga un ion común con la anterior, la solubilidad de la sal poco soluble disminuye. El ion común es el ion cloruro, Cl^-.

* Disociación del AgCl: $AgCl(s) \rightleftharpoons Ag^+(ac) + Cl^-(ac)$

* Disociación del NaCl: $NaCl(s) \rightarrow Na^+(ac) + Cl^-(ac)$

c) Verdadera. Según el efecto del ion común, al añadir una sal soluble a una disolución de una sal poco soluble que tenga un ion común con la anterior, la solubilidad de la sal poco soluble disminuye. El ion común es el ion sulfato, SO_4^{2-}.

* Disociación del $BaSO_4$: $BaSO_4(s) \rightleftharpoons Ba^{2+}(ac) + SO_4^{2-}(ac)$

* Disociación del Na_2SO_4: $Na_2SO_4(s) \rightarrow 2\ Na^+(ac) + SO_4^{2-}(ac)$

---

7) El pH de una disolución acuosa saturada de $Pb(OH)_2$ es 9'9 a 25 ºC. Basándose en la reacción química correspondiente, calcule:
a) La solubilidad molar en agua y el producto de solubilidad del $Pb(OH)_2$ a 25 ºC.
b) La solubilidad del $Pb(OH)_2$ en una disolución de NaOH 0'1 M.

a) * Equilibrio de solubilidad:

	$Pb(OH)_2(s)$	$\rightleftharpoons$	$Pb^{2+}(ac)$	+	$2\ OH^-(ac)$
Concentración	s		s		2·s

* Concentración de iones hidróxido:

$$pH + pOH = 14 \Rightarrow pOH = 14 - pH = 14 - 9'9 = 4'1 \Rightarrow [OH^-] = 10^{-pOH} = 10^{-4'1} = 7'94 \cdot 10^{-5}\ M$$

* Solubilidad molar en agua: $[OH^-] = 2 \cdot s \Rightarrow s = \dfrac{[OH^-]}{2} = \dfrac{7'94 \cdot 10^{-5}}{2} = \boxed{3'97 \cdot 10^{-5}\ M}$

* Producto de solubilidad:

$$K_s = [Pb^{2+}] \cdot [OH^-]^2 = s \cdot (2 \cdot s)^2 = 4 \cdot s^3 = 4 \cdot (3'97 \cdot 10^{-5})^3 = \boxed{2'50 \cdot 10^{-13}}$$

b) * Disociación del NaOH:

	$NaOH(s)$	$\rightarrow$	$Na^+(ac)$	+	$OH^-(ac)$
Concentración	0'1 M		0'1 M		0'1 M

* Equilibrio de solubilidad del $Pb(OH)_2$:

	$Pb(OH)_2(s)$	$\rightleftharpoons$	$Pb^{2+}(ac)$	+	$2\ OH^-(ac)$
Concentración	s		s		$2 \cdot s + 0'1 \approx 0'1$

* Nueva solubilidad:

$$K_s = [Pb^{2+}] \cdot [OH^-]^2 = s \cdot (0'1)^2 = 0'01 \cdot s \Rightarrow s = \frac{K_s}{0'01} = \frac{2'50 \cdot 10^{-13}}{0'01} = \boxed{2'50 \cdot 10^{-11}\ M}$$

---

8) Razone si las siguientes afirmaciones son verdaderas o falsas:
a) Al añadir Na_2CO_3 a una disolución acuosa saturada de $CaCO_3$, la concentración de iones Ca^{2+} disminuye.
b) En una disolución acuosa saturada de $Al(OH)_3$ se cumple que la concentración de iones Al^{3+} es el triple que la concentración de iones OH^- .
c) La solubilidad del $CaSO_4$ es mayor en agua pura que en una disolución de $Ca(NO_3)_2$.

a) Verdadera. Al añadir Na_2CO_3 a una disolución saturada de $CaCO_3$, se provoca la precipitación del $CaCO_3$, con lo que disminuye la concentración de Ca^{2+} en disolución.

* Disociación del $CaCO_3$: $CaCO_3(s) \rightleftharpoons Ca^{2+}(ac) + CO_3^{2-}(ac)$

* Disociación del Na_2CO_3: $Na_2CO_3(s) \rightarrow 2\,Na^+(ac) + CO_3^{2-}(ac)$

b) Falsa. Es la tercera parte.

* Equilibrio de solubilidad:

	$Al(OH)_3(s)$	$\rightleftharpoons$	$Al^{3+}(ac)$	+	$3\,OH^-(ac)$
Concentración	s		s		3·s

$$[Al^{3+}] = s \quad ; \quad [OH^-] = 3 \cdot s \quad \Rightarrow \quad [OH^-] = 3 \cdot [Al^{3+}] \quad \Rightarrow \quad [Al^{3+}] = \frac{[OH^-]}{3}$$

c) Verdadera. Según el efecto del ion común, al añadir una sal soluble a una disolución de una sal poco soluble que tenga un ion común con la anterior, la solubilidad de la sal poco soluble disminuye. El ion común es el ion calcio, Ca^{2+}.

* Disociación del $CaSO_4$: $CaSO_4(s) \rightleftharpoons Ca^{2+}(ac) + SO_4^{2-}(ac)$

* Disociación del $Ca(NO_3)_2$: $Ca(NO_3)_2(s) \rightarrow Ca^{2+}(ac) + 2\,NO_3^-(ac)$

---

9) A una temperatura determinada, el producto de solubilidad del $PbCl_2$ es $1'6 \cdot 10^{-5}$. Basándose en las reacciones químicas correspondientes:
a) Calcule la masa disuelta en 200 mL de disolución acuosa saturada de $PbCl_2$.
b) Una disolución tiene una concentración 0'05 M de iones Pb^{2+}. Calcule cuál debe ser la concentración molar de iones Cl^- para que empiece a precipitar $PbCl_2$.
Datos: Masas atómicas relativas: Pb = 207'2; Cl = 35'5

a) * Equilibrio de solubilidad:

	$PbCl_2(s)$	$\rightleftharpoons$	$Pb^{2+}(ac)$	+	$2\,Cl^-(ac)$
Concentración	s		s		2·s

* Solubilidad: $K_s = [Pb^{2+}]\cdot[Cl^-]^2 = s\cdot(2\cdot s)^2 = 4\cdot s^3 \quad \Rightarrow \quad s = \sqrt[3]{\frac{K_s}{4}} = \sqrt[3]{\frac{1'6\cdot 10^{-5}}{4}} = 0'0159$ M

* Masa molecular del $PbCl_2$: $M = 207'2 + 2\cdot 35'5 = 278'2 \ \frac{g}{mol}$

* Masa de $PbCl_2$ disuelta:

$$s = \frac{n}{V} = \frac{m}{M\cdot V} \quad \Rightarrow \quad m = s\cdot M\cdot V = 0'0159\cdot 278'2\cdot 0'2 = \boxed{0'885 \text{ g } PbCl_2}$$

b) * Concentración de iones cloruro para que empiece la precipitación:

$$K_s = [Pb^{2+}]\cdot[Cl^-]^2 \quad \Rightarrow \quad [Cl^-]^2 = \frac{K_s}{[Pb^{2+}]} \quad \Rightarrow \quad [Cl^-] = \sqrt{\frac{K_s}{[Pb^{2+}]}} = \sqrt{\frac{1'6\cdot 10^{-5}}{0'05}} = \boxed{0'0179 \text{ M}}$$

---

10) A una temperatura determinada, la solubilidad del $Cr(OH)_3$ en agua es de $1'3\cdot 10^{-6}$ $g\cdot L^{-1}$. Basándose en las reacciones químicas correspondientes:
a) Calcule las concentraciones molares de los iones OH^- y Cr^{3+} en una disolución acuosa saturada y el producto de solubilidad.
b) Determine si se formaría precipitado en una disolución acuosa de pH = 8 en la que la concentración del ion Cr^{3+} fuese $5'77\cdot 10^{-5}$ M.
Datos: Masas atómicas relativas: Cr = 52; O = 16; H = 1.

a) * Masa molecular del $Cr(OH)_3$: $M = 52 + 3\cdot 16 + 3\cdot 1 = 103 \ \frac{g}{mol}$

* Solubilidad del $Cr(OH)_3$: $s = 1'3\cdot 10^{-6} \ \frac{g}{L} \cdot \frac{1\,mol}{103\,g} = 1'26\cdot 10^{-8}$ M

* Equilibrio de solubilidad:

	$Cr(OH)_3(s)$	$\rightleftharpoons$	$Cr^{3+}(ac)$	+	$3\ OH^-(ac)$
Concentración	s		s		$3\cdot s$

* Concentraciones molares:

$$[Cr^{3+}] = s = \boxed{1'26\cdot 10^{-8} \text{ M}} \quad ; \quad [OH^-] = 3\cdot s = 3\cdot 1'26\cdot 10^{-8} = \boxed{3'78\cdot 10^{-8} \text{ M}}$$

* Producto de solubilidad:

$$K_s = [Cr^{3+}]\cdot[OH^-]^3 = s\cdot(3\cdot s)^3 = 27\cdot s^4 = 27\cdot(1'26\cdot 10^{-8})^4 = \boxed{6'81\cdot 10^{-31}}$$

b) * Concentración de ion hidroxilo:

$$pH + pOH = 14 \quad \Rightarrow \quad pOH = 14 - pH = 14 - 8 = 6 \quad \Rightarrow \quad [OH^- = 10^{-pOH} = 10^{-6}\ M$$

* Producto iónico del $Cr(OH)_3$: $Q = [Cr^{3+}]\cdot[OH^-]^3 = 5'77\cdot10^{-5}\cdot(10^{-6})^3 = 5'77\cdot10^{-23}$

Al ser: $Q = 5'77\cdot10^{-23} > K_s = 6'81\cdot10^{-31}$ $\Rightarrow$ Se formará precipitado.

2022

11) El hidróxido de cobre (II), $Cu(OH)_2$, es una sal muy poco soluble en agua.
a) Escriba su equilibrio de solubilidad.
b) Exprese K_s en función de la solubilidad.
c) Razone cómo afectará al equilibrio la adición de NaOH.

a) * Equilibrio de solubilidad: $Cu(OH)_2(s) \rightleftharpoons Cu^{2+}(ac) + 2\ OH^-(ac)$

b) * Equilibrio de solubilidad en función de la solubilidad:

	$Cu(OH)_2(s)$	$\rightleftharpoons$	$Cu^{2+}(ac)$	+	$2\ OH^-(ac)$
Concentración	s		s		2·s

* Producto de solubilidad: $K_s = [Cu^{2+}]\cdot[OH^-]^2 = s\cdot(2\cdot s)^2 = 4\cdot s^3$ $\Rightarrow$ $\boxed{K_s = 4\cdot s^3}$

c) Disminuiría la solubilidad. Según el efecto del ion común, al añadir una sal soluble a una disolución de una sal poco soluble que tenga un ion común con la anterior, la solubilidad de la sal poco soluble disminuye. El ion común es el ion hidróxido, OH^-. Es también consecuencia del principio de Le Chatelier pues, al aumentar la concentración de OH^-, el equilibrio de solubilidad se desplazaría hacia la izquierda y disminuiría la solubilidad.

---

12) La solubilidad del BaF_2 en agua es 1'30 $g\cdot L^{-1}$. Calcule:
a) El producto de solubilidad de la sal.
b) La solubilidad del BaF_2 en una disolución acuosa de concentración 1 M de $BaCl_2$, considerando que esta última sal está totalmente disociada.
Datos: Masas atómicas relativas: Ba = 137'3; F = 19.

a) * Masa molecular del BaF_2: $M = 137'3 + 2\cdot19 = 175'3\ \frac{g}{mol}$

* Solubilidad molar: $s = 1'30\ \frac{g}{L} \cdot \frac{1\,mol}{175'3\,g} = 7'42\cdot10^{-3}\ M$

* Equilibrio de solubilidad:

	$BaF_2(s)$	$\rightleftharpoons$	$Ba^{2+}(ac)$	+	$2\,F^-(ac)$
Concentración	s		s		2·s

* Producto de solubilidad: $K_s = [Ba^{2+}]\cdot[F^-]^2 = s\cdot(2\cdot s)^2 = 4\cdot s^3 = 4\cdot(7'42\cdot 10^{-3})^3 = \boxed{1'63\cdot 10^{-6}}$

b) * Disociación del $BaCl_2$:

	$BaCl_2(s)$	$\rightarrow$	$Ba^{2+}(ac)$	+	$2\,Cl^-(ac)$
Concentración	1 M		1 M		2 M

* Nuevo equilibrio de solubilidad:

	$BaF_2(s)$	$\rightleftharpoons$	$Ba^{2+}(ac)$	+	$2\,F^-(ac)$
Concentración	s		$s + 1 \approx 1$		2·s

* Nueva solubilidad:

$$K_s = [Ba^{2+}]\cdot[F^-]^2 = 1\cdot(2\cdot s)^2 = 4\cdot s^2 \quad \Rightarrow \quad s = \sqrt{\frac{K_s}{4}} = \sqrt{\frac{1'63\cdot 10^{-6}}{4}} = \boxed{6'38\cdot 10^{-4}\ M}$$

---

13) a) Si se sabe que en 200 mL de una disolución saturada de SrF_2 hay disueltos 14'6 mg de la sal, calcule su producto de solubilidad.
b) Determine si se forma precipitado de PbI_2 al mezclar 50 mL de KI $1'2\cdot 10^{-3}$ M con 30 mL de $Pb(NO_3)_2$ $3\cdot 10^{-3}$ M.
Datos: $K_s(PbI_2) = 7'9\cdot 10^{-9}$; Masas atómicas relativas: Sr=87'6; F=19.

a) * Masa molecular: $M = 87'6 + 2\cdot 19 = 125'6\ \frac{g}{mol}$

* Solubilidad del SrF_2: $s = \frac{n}{V} = \frac{m}{M\cdot V} = \frac{14'6\cdot 10^{-3}}{125'6\cdot 0'2} = 5'81\cdot 10^{-4}$ M

* Equilibrio de solubilidad:

	$SrF_2(s)$	$\rightleftharpoons$	$Sr^{2+}(ac)$	+	$2\,F^-(ac)$
Concentración	s		s		2·s

* Producto de solubilidad: $K_s = [Sr^{2+}]\cdot[F^-]^2 = s\cdot(2\cdot s)^2 = 4\cdot s^3 = 4\cdot(5'81\cdot 10^{-4})^3 = \boxed{7'84\cdot 10^{-10}}$

b) * Nuevas concentraciones:

$$[KI] = \frac{1'2\cdot 10^{-3}\cdot 0'050}{0'080} = 7'5\cdot 10^{-4}\ M \quad ; \quad [Pb(NO_3)_2] = \frac{3\cdot 10^{-3}\cdot 0'030}{0'080} = 1'12\cdot 10^{-3}\ M$$

* Reacciones de disociación:

	$KI(s)$	$\rightarrow$	$K^+(ac)$	+	$I^-(ac)$
Concentración	$7'5\cdot 10^{-4}$ M		$7'5\cdot 10^{-4}$ M		$7'5\cdot 10^{-4}$ M

	$Pb(NO_3)_2(s)$	$\rightarrow$	$Pb^{2+}(ac)$	+	$2\ NO_3^-(ac)$
Concentración	$1'12\cdot 10^{-3}$ M		$1'12\cdot 10^{-3}$ M		$2'24\cdot 10^{-3}$ M

* Producto de concentraciones de no equilibrio: $Q = [Pb^{2+}]\cdot[I^-]^2 = 1'12\cdot 10^{-3}\cdot(7'5\cdot 10^{-4})^2 = 6'3\cdot 10^{-10}$

Al ser $Q = 6'3\cdot 10^{-10} < K_s = 7'9\cdot 10^{-9}$, no precipitará PbI_2.

---

14) Dadas las siguientes especies con sus productos de solubilidad, $Fe(OH)_3$ ($K_s = 1'1\cdot 10^{-36}$) y Ag_3PO_4 ($K_s = 1'56\cdot 10^{-18}$):
a) Escriba los equilibrios de disociación de cada una.
b) Determine la expresión del producto de solubilidad en función de la solubilidad para cada una de las dos especies.
c) Razone cuál es más soluble en agua.

a) * Disociación del $Fe(OH)_3$: $Fe(OH)_3(s) \rightleftharpoons Fe^{3+}(ac) + 3\ OH^-(ac)$

* Disociación del Ag_3PO_4: $Ag_3PO_4(s) \rightleftharpoons 3\ Ag^+(ac) + PO_4^{3-}(ac)$

b) * Relación entre el producto de solubilidad y la solubilidad para el $Fe(OH)_3$:

	$Fe(OH)_3(s)$	$\rightleftharpoons$	$Fe^{3+}(ac)$	+	$3\ OH^-(ac)$
Concentración	s		s		3·s

$$K_s = [Fe^{3+}]\cdot[OH^-]^3 = s\cdot(3\cdot s)^3 = 27\cdot s^4 \Rightarrow \boxed{s = \sqrt[4]{\frac{K_s}{27}}}$$

* Relación entre el producto de solubilidad y la solubilidad para el Ag_3PO_4:

	$Ag_3PO_4(s)$	$\rightleftharpoons$	$3\ Ag^+(ac)$	+	$PO_4^{3-}(ac)$
Concentración	s		3·s		s

$$K_s = [Ag^+]^3\cdot[PO_4^{3-}] = (3\cdot s)^3\cdot s = 27\cdot s^4 \Rightarrow \boxed{s = \sqrt[4]{\frac{K_s}{27}}}$$

c) * Solubilidad molar del $Fe(OH)_3$: $s = \sqrt[4]{\frac{K_s}{27}} = \sqrt[4]{\frac{1'1 \cdot 10^{-36}}{27}} = 4'49 \cdot 10^{-10}$ M

* Solubilidad molar del Ag_3PO_4: $s = \sqrt[4]{\frac{K_s}{27}} = \sqrt[4]{\frac{1'56 \cdot 10^{-18}}{27}} = 1'55 \cdot 10^{-5}$ M

El más soluble en agua es el Ag_3PO_4, pues tiene mayor solubilidad molar.

---

15) A 25 ºC, la constante de solubilidad del AgCl es $1'7 \cdot 10^{-10}$, calcule:
a) La solubilidad en mg/L del AgCl en agua.
b) La solubilidad en mg/L del AgCl en una disolución acuosa que tiene una concentración de ion cloruro de 0'10 M.
Datos: Masas atómicas relativas: Ag = 107'9; Cl = 35'5.

a) * Equilibrio de solubilidad:

	AgCl(s)	⇌	Ag^+(ac)	+	Cl^-(ac)
Concentración	s		s		s

* Solubilidad molar: $K_s = [Ag^+] \cdot [Cl^-] = s \cdot s = s^2 \Rightarrow s = \sqrt{K_s} = \sqrt{1'7 \cdot 10^{-10}} = 1'30 \cdot 10^{-5}$ M

* Masa molecular del AgCl: $M = 107'9 + 35'5 = 143'4 \ \frac{g}{mol}$

* Solubilidad en mg/L: $s = 1'30 \cdot 10^{-5} \ \frac{mol}{L} \cdot 143'4 \ \frac{g}{mol} \cdot \frac{1000\,mg}{1\,g} = \boxed{1'86 \ \frac{mg}{L}}$

b) * Equilibrio de solubilidad:

	AgCl(s)	⇌	Ag^+(ac)	+	Cl^-(ac)
Concentración	s		s		s + 0'10

* Aproximación: $s + 0'10 \approx 0'10$ M, pues la solubilidad es pequeña.

* Nueva solubilidad: $K_s = [Ag^+] \cdot [Cl^-] = s \cdot 0'1 \Rightarrow s = \frac{K_s}{0'1} = \frac{1'7 \cdot 10^{-10}}{0'1} = 1'7 \cdot 10^{-9}$ M

* Solubilidad en mg/L: $s = 1'7 \cdot 10^{-9} \ \frac{mol}{L} \cdot 143'4 \ \frac{g}{mol} \cdot \frac{1000\,mg}{1\,g} = \boxed{2'44 \cdot 10^{-4} \ \frac{mg}{L}}$

---

16) A 25 ºC, el producto de solubilidad del hidróxido de aluminio, $Al(OH)_3$, es $2 \cdot 10^{-32}$. Calcule:
a) La solubilidad molar del compuesto en agua.
b) La cantidad, en gramos, de Al^{3+} que hay en un mililitro de disolución saturada del compuesto.
Dato: Masa atómica relativa: Al = 27.

a) * Equilibrio de solubilidad:

$$\begin{array}{lcccc} & Al(OH)_3(s) & \rightleftharpoons & Al^{3+}(ac) & + & 3\,OH^-(ac) \\ \text{Concentración} & s & & s & & 3\cdot s \end{array}$$

* Solubilidad molar:

$$K_s = [Al^{3+}]\cdot[OH^-]^3 = s\cdot(3\cdot s)^3 = 27\cdot s^4 \;\Rightarrow\; s = \sqrt[4]{\frac{K_s}{27}} = \sqrt[4]{\frac{2\cdot 10^{-32}}{27}} = \boxed{5'22\cdot 10^{-9}\ M}$$

b) * Masa de ion aluminio:

$$m = 5'22\cdot 10^{-9}\ \frac{mol\ Al(OH)_3}{L} \cdot \frac{1\ mol\ Al^{3+}}{1\ mol\ Al(OH)_3} \cdot \frac{27\ g\ Al^{3+}}{1\ mol\ Al^{3+}} \cdot \frac{1\ L}{1000\ mL} \cdot 1\ mL = \boxed{1'41\cdot 10^{-10}\ g}$$

---

17) a) La solubilidad del hidróxido de cobre(II), $Cu(OH)_2$, en agua pura es de $3'42\cdot 10^{-7}$ M. Calcule su producto de solubilidad.
b) Justifique numéricamente si se formará precipitado de $Cu(OH)_2$ al adicionar 2 g de $CuCl_2$ a 250 mL de una disolución que tiene inicialmente pH = 13.
Datos: Masas atómicas relativas: Cu = 63'5; Cl = 35'5.

a) * Equilibrio de solubilidad:

$$\begin{array}{lcccc} & Cu(OH)_2(s) & \rightleftharpoons & Cu^{2+}(ac) & + & 2\,OH^-(ac) \\ \text{Concentración} & s & & s & & 2\cdot s \end{array}$$

* Producto de solubilidad: $K_s = [Cu^{2+}]\cdot[OH^-]^2 = s\cdot(2\cdot s)^2 = s\cdot 4\cdot s^2 = 4\cdot s^3 = 4\cdot(3'42\cdot 10^{-7})^3 = \boxed{1'6\cdot 10^{-19}}$

b) * Masa molecular del $CuCl_2$: $M = 63'5 + 2\cdot 35'5 = 134'5\ \frac{g}{mol}$

* Concentración del $CuCl_2$: $c_M = \frac{n_s}{V_D} = \frac{m_s}{M_s\cdot V_D} = \frac{2}{134'5\cdot 0'25} = 0'0595\ M$

* Disociación del $CuCl_2$:

$$\begin{array}{lcccc} & CuCl_2(s) & \rightarrow & Cu^{2+}(ac) & + & 2\,Cl^-(ac) \\ \text{Concentración} & 0'0595\ M & & 0'0595\ M & & 0'119\ M \end{array}$$

* Concentración de ion hidróxido: $pOH = 14 - pH = 14 - 13 = 1 \;\Rightarrow\; [OH^-] = 10^{-pOH} = 10^{-1} = 0'1\ M$

* Producto iónico: $Q = [Cu^{2+}]\cdot[OH^-]^2 = 0'0595\cdot 0'1^2 = 5'95\cdot 10^{-4}$

Al ser $Q = 5'95\cdot 10^{-4} > K_s = 1'6\cdot 10^{-19}$ M, se formará precipitado de $Cu(OH)_2$.

---

18) a) En 200 mL de una disolución saturada de hidróxido de calcio, $Ca(OH)_2$, hay disueltos 0'296 g. Calcule su producto de solubilidad.
b) Determine si se formará precipitado de $Ca(OH)_2$ al adicionar $1'25 \cdot 10^{-3}$ moles de ion Ca^{2+} a 100 mL de una disolución de pH = 11.
Datos: Masas atómicas relativas: Ca = 40'1; O = 16; H = 1.

a) * Masa molecular del $Ca(OH)_2$: $M = 40'1 + 2 \cdot 16 + 2 \cdot 1 = 74'1 \ \frac{g}{mol}$

* Solubilidad del $Ca(OH)_2$: $s = \frac{n_s}{V_D} = \frac{m_s}{M_s \cdot V_D} = \frac{0'296}{74'1 \cdot 0'2} = 0'02$ M

* Equilibrio de solubilidad:

	$Ca(OH)_2(s)$	$\rightleftharpoons$	$Ca^{2+}(ac)$	+	$2\ OH^-(ac)$
Concentración	s		s		2·s

* Producto de solubilidad: $K_s = [Ca^{2+}] \cdot [OH^-]^2 = s \cdot (2 \cdot s)^2 = s \cdot 4 \cdot s^2 = 4 \cdot s^3 = 4 \cdot (0'02)^3 = \boxed{3'2 \cdot 10^{-5}}$

b) * Concentración del ion calcio: $[Ca^{2+}] = \frac{n_s}{V_D} = \frac{1'25 \cdot 10^{-3}}{0'1} = 0'0125$ M

* Concentración de ion hidróxido: $pOH = 14 - pH = 14 - 11 = 3 \Rightarrow [OH^-] = 10^{-pOH} = 10^{-3}$ M

* Producto iónico: $Q = [Ca^{2+}] \cdot [OH^-]^2 = 0'0125 \cdot (10^{-3})^2 = 1'25 \cdot 10^{-8}$

Al ser $Q = 1'25 \cdot 10^{-8} < K_s = 3'2 \cdot 10^{-5}$ M, no se formará precipitado de $Ca(OH)_2$.

2021

19) Una disolución saturada de yoduro de plomo (II) (PbI_2) en agua tiene una concentración de $0'56\ g \cdot L^{-1}$. Calcule:
a) El producto de solubilidad, K_s, del yoduro de plomo (II).
b) La solubilidad del PbI_2, a la misma temperatura, en una disolución 0'5 M de yoduro de potasio (KI).
Datos: Masas atómicas relativas: I: 127, Pb: 207.

a) * Masa molecular: $M = 207 + 2 \cdot 127 = 461 \ \frac{g}{mol}$

* Solubilidad molar: $s = 0'56 \ \frac{g}{L} \cdot \frac{1\,mol}{461\,g} = 1'21 \cdot 10^{-3}$ M

* Equilibrio de solubilidad:

	$PbI_2(s)$	$\rightleftharpoons$	$Pb^{2+}(ac)$	+	$2\,I^-(ac)$
Concentración	s		s		2·s

* Producto de solubilidad:

$$K_s = [Pb^{2+}]\cdot[I^-]^2 = s\cdot(2\cdot s)^2 = 4\cdot s^3 = 4\cdot(1'21\cdot10^{-3})^3 = \boxed{7'09\cdot10^{-9}}$$

b) * Disociación del KI en agua:

	$KI(s)$	$\rightarrow$	$K^+(ac)$	+	$I^-(ac)$
Concentración	0'5 M		0'5 M		0'5 M

* Solubilidad en la disolución de KI: $K_s = [Pb^{2+}]\cdot[I^-]^2 = s\cdot(2\cdot s + 0'5)^2 = 7'09\cdot10^{-9}$
Al ser la solubilidad muy pequeña:

$$2\cdot s + 0'5 \approx 0'5 \;\Rightarrow\; s\cdot(2\cdot s + 0'5)^2 \approx s\cdot 0'5^2 = 7'09\cdot10^{-11} \;\Rightarrow\; s = \frac{7'09\cdot10^{-9}}{0'5^2} = \boxed{2'84\cdot10^{-8}\text{ M}}$$

---

20) A 25 ºC, el producto de solubilidad del sulfuro de níquel (II) es $3'2\cdot10^{-19}$. Calcule:
a) La solubilidad del NiS en mol/ L y en g/ L.
b) La solubilidad del NiS en una disolución 0'05 M de Na_2S.
Datos: masas atómicas relativas: Ni: 58'7, S: 32.

a) * Equilibrio de solubilidad:

	$NiS(s)$	$\rightleftharpoons$	$Ni^{2+}(ac)$	+	$S^{2-}(ac)$
Concentración	s		s		s

* Solubilidad molar: $P_s = [Ni^{2+}]\cdot[S^{2-}] = s\cdot s = s^2 \;\Rightarrow\; s = \sqrt{P_s} = \sqrt{3'2\cdot10^{-19}} = \boxed{5'66\cdot10^{-10}\text{ M}}$

* Masa molecular: $M = 58'7 + 32 = 90'7\ \frac{g}{mol}$

* Solubilidad en g/L: $s = 5'66\cdot10^{-10}\ \frac{mol}{L}\cdot\frac{90'7\,g}{1\,mol} = \boxed{5'13\cdot10^{-8}\ \frac{g}{L}}$

b) * Disociación del Na_2S en agua:

	$Na_2S(s)$	$\rightarrow$	$2\,Na^+(ac)$	+	$S^{2-}(ac)$
Concentración	0'05 M		0'10 M		0'05 M

* Solubilidad en la disolución de Na_2S: $P_s = [Ni^{2+}]\cdot[S^{2-}] = s\cdot(s + 0'05) = 3'2\cdot10^{-19}$

Al ser la solubilidad muy pequeña:

$$s + 0'05 \approx 0'05 \quad \Rightarrow \quad s\cdot(s + 0'05) \approx s\cdot 0'05 = 3'2\cdot 10^{-19} \quad \Rightarrow \quad s = \frac{3'2\cdot 10^{-19}}{0'05} = \boxed{6'4\cdot 10^{-18}\ M}$$

---

21) Se disuelve hidróxido de cadmio, $Cd(OH)_2$, en agua hasta obtener una disolución saturada a una temperatura dada. Sabiendo que la concentración de OH^- es $3'68\cdot 10^{-5}$ M, calcule:
a) La solubilidad del hidróxido de cadmio y el valor de la constante del producto de solubilidad del compuesto a esta temperatura.
b) Si a 100 mL de la disolución anterior se le añaden 0'5 g de NaOH, ¿cuál será la concentración molar de iones Cd^{2+} en la disolución?
Datos: Masas atómicas relativas: Na = 23; O = 16; H = 1.

a) * Equilibrio de solubilidad:

	$Cd(OH)_2(s)$	$\rightleftharpoons$	$Cd^{2+}(ac)$	+	$2\ OH^-(ac)$
Concentración	s		s		2·s

* Solubilidad del $Cd(OH)_2$: $2\cdot s = 3'68\cdot 10^{-5}\ M \quad \Rightarrow \quad s = \dfrac{3'68\cdot 10^{-5}}{2} = \boxed{1'84\cdot 10^{-5}\ M}$

* Constante del producto de solubilidad:

$$K_s = [Cd^{2+}]\cdot[OH^-]^2 = s\cdot(2\cdot s)^2 = 4\cdot s^3 = 4\cdot(1'84\cdot 10^{-5})^3 = \boxed{2'49\cdot 10^{-14}}$$

b) * Masa molecular del NaOH: $M = 23 + 16 + 1 = 40\ \dfrac{g}{mol}$

* Moles de NaOH: $n = \dfrac{m}{M} = \dfrac{0'5}{40} = 0'0125$ mol NaOH

* Concentración de OH^-: $[OH^-] = \dfrac{n}{V} = \dfrac{0'0125}{0'1} = 0'125$ M

* Concentración de iones Cd^{2+}:

$$P_s = [Cd^{2+}]\cdot[OH^-]^2 \quad \Rightarrow \quad [Cd^{2+}] = \frac{P_s}{[OH^-]^2} = \frac{2'49\cdot 10^{-14}}{0'125^2} = \boxed{1'59\cdot 10^{-12}\ M}$$

---

22) La solubilidad del cromato de plata (Ag_2CrO_4) en agua a 25 ºC es 0'0435 g/L.
a) Escriba el equilibrio de solubilidad en agua del cromato de plata y calcule el producto de solubilidad de la sal a 25 ºC.
b) Calcule si se formará precipitado cuando se mezclan 20 mL de cromato de sodio (Na_2CrO_4) 0'08 M con 30 mL de nitrato de plata ($AgNO_3$) $5\cdot 10^{-3}$ M. Considere los volúmenes aditivos.
Datos: Masas atómicas relativas: O = 16; Cr = 52; Ag = 107'8.

a) * Equilibrio de solubilidad:

	$Ag_2CrO_4(s)$	$\rightleftharpoons$	$2\,Ag^+(ac)$	+	$CrO_4^{2-}(ac)$
Concentración	s		$2\cdot s$		s

* Masa molecular: $M = 2\cdot 107'8 + 52 + 4\cdot 16 = 331'6\ \dfrac{g}{mol}$

* Solubilidad molar: $s = 0'0435\ \dfrac{g}{L}\cdot\dfrac{1\,mol}{331'6\,g} = 1'31\cdot 10^{-4}$ M

* Producto de solubilidad:

$$K_s = [Ag^+]^2\cdot[CrO_4^{2-}] = (2\cdot s)^2\cdot s = 4\cdot s^2\cdot s = 4\cdot s^3 = 4\cdot(1'31\cdot 10^{-4})^3 = \boxed{8'99\cdot 10^{-12}}$$

b) * Nuevas concentraciones:

$$[Na_2CrO_4] = \frac{0'08\cdot 0'020}{0'050} = 0'032\text{ M} \quad ; \quad [AgNO_3] = \frac{5\cdot 10^{-3}\cdot 0'030}{0'050} = 3\cdot 10^{-3}\text{ M}$$

* Reacciones de disociación:

	$Na_2CrO_4(s)$	$\rightarrow$	$2\,Na^+(ac)$	+	$CrO_4^{2-}(ac)$
Concentración	0'032 M		0'064 M		0'032 M

	$AgNO_3(s)$	$\rightarrow$	$Ag^+(ac)$	+	$NO_3^-(ac)$
Concentración	$3\cdot 10^{-3}$ M		$3\cdot 10^{-3}$ M		$3\cdot 10^{-3}$ M

* Producto iónico: $Q = [Ag^+]^2\cdot[CrO_4^{2-}] = (3\cdot 10^{-3})^2\cdot 0'032 = 2'88\cdot 10^{-7}$

Al ser $Q = 2'88\cdot 10^{-7} > K_s = 8'99\cdot 10^{-12}$, precipitará Ag_2CrO_4.

---

23) Justifique si las siguientes afirmaciones son verdaderas o falsas:
a) Para una disolución saturada de hidróxido de aluminio, $Al(OH)_3$, se cumple que: $K_s = [Al^{3+}]\cdot[OH^-]$
b) En una disolución saturada de fluoruro de bario, BaF_2, se cumple que: $[Ba^{2+}] = 2\cdot[F^-]$
c) El producto de solubilidad (K_s) del MgF_2 disminuye al añadir $Mg(NO_3)_2$ a una disolución acuosa de MgF_2.

a) Falsa.

* Equilibrio de solubilidad: $Al(OH)_3(s) \rightleftharpoons Al^{3+}(ac) + 3\,OH^-(ac)$

* Producto de solubilidad: $K_s = [Al^{3+}]\cdot[OH^-]^3$

b) Falsa. Debido a la estequiometría de la reacción, se cumple que: $[F^-] = 2\cdot[Ba^{2+}]$

* Equilibrio de solubilidad:

	$BaF_2(s)$	$\rightleftharpoons$	$Ba^{2+}(ac)$	+	$2\,F^-(ac)$
Concentración	s		s		$2\cdot s$

c) Falsa. El producto de solubilidad es función exclusiva de la temperatura y no de las concentraciones.

---

24) La solubilidad del carbonato de plata, Ag_2CO_3, a 25 ºC es 0'0318 $g\cdot L^{-1}$.
a) Calcule la concentración molar de ion plata en una disolución saturada de carbonato de plata a 25 ºC.
b) Calcule la constante del producto de solubilidad del carbonato de plata a 25 ºC.
Datos: Masas atómicas relativas: O = 16; C = 12; Ag = 107'8.

a) * Masa molecular del Ag_2CO_3: $M = 2\cdot 107'8 + 12 + 16\cdot 3 = 275'6\ \frac{g}{mol}$

* Solubilidad molar del Ag_2CO_3: $s = 0'0318\ \frac{g}{L} \cdot \frac{1\,mol}{275'6\,g} = 1'15\cdot 10^{-4}\ M$

* Equilibrio de solubilidad:

	$Ag_2CO_3\,(s)$	$\rightleftharpoons$	$2\,Ag^+(ac)$	+	$CO_3^{2-}(ac)$
Concentración	s		$2\cdot s$		s

* Concentración molar del ion plata: $[Ag^+] = 2\cdot s = 2\cdot 1'15\cdot 10^{-4} = \boxed{2'30\cdot 10^{-4}\ M}$

b) * Constante del producto de solubilidad:

$$K_s = [Ag^+]^2\cdot[CO_3^{2-}] = (2\cdot s)^2\cdot s = 4\cdot s^2\cdot s = 4\cdot s^3 = 4\cdot(1'15\cdot 10^{-4})^3 = \boxed{6'08\cdot 10^{-12}}$$

---

25) Se prepara una disolución de $Fe(OH)_2$ en agua, quedando en el fondo del recipiente una parte del sólido sin disolver. Justifique cómo afecta a la solubilidad del compuesto:
a) La adición de $FeCl_2$.
b) Un aumento del pH.
c) La adición de agua.

a) Disminuirá la solubilidad del $Fe(OH)_2$ y precipitará más $Fe(OH)_2$.

* Equilibrio de solubilidad del $Fe(OH)_2$: $Fe(OH)_2(s) \rightleftharpoons Fe^{2+}(ac) + 2\,OH^-(ac)$

* Disociación del $FeCl_2$: $FeCl_2(s) \Rightarrow Fe^{2+}(ac) + 2\,Cl^-(ac)$

Según el efecto del ion común, al añadir una sal soluble a una disolución de una sal poco soluble que tenga un ion común con la anterior, la solubilidad de la sal poco soluble disminuye. El ion común es el ion hierro(II), Fe^{2+}.

Es también consecuencia del principio de Le Chatelier pues, al aumentar la concentración de Fe^{2+}, el equilibrio de solubilidad: $Fe(OH)_2(s) \rightleftharpoons Fe^{2+}(ac) + 2\ OH^-(ac)$ se desplazaría hacia la izquierda y disminuiría la solubilidad.

b) Disminuirá la solubilidad del $Fe(OH)_2$ y precipitará más $Fe(OH)_2$. Al aumentar el pH, aumenta la concentración de ion hidróxido, OH^-. Según el principio de Le Chatelier, al aumentar la concentración de OH^-, el equilibrio de solubilidad del $Fe(OH)_2$ se desplaza hacia la izquierda y disminuye su solubilidad.

c) La solubilidad molar permanecerá constante, pues la temperatura no ha cambiado ni se ha añadido ni retirado ningún ion del equilibrio de solubilidad. Lo que sí aumentará es la masa de $Fe(OH)_2$ que se puede disolver, pues ha aumentado el volumen de agua.

---

26) a) Calcule las concentraciones de Hg_2^{2+} y de Cl^- en una disolución saturada de Hg_2Cl_2.
b) Justifique si se formará precipitado cuando a 25 mL de una disolución 0'01 M de $Hg_2(NO_3)_2$ se le añaden 5 mL de HCl 0'002 M.
Dato: $K_s(Hg_2Cl_2) = 1'2\cdot10^{-18}$.

a) * Equilibrio de solubilidad:

	$Hg_2Cl_2(s)$	$\rightleftharpoons$	$Hg_2^{2+}(ac)$	+	$2\ Cl^-(ac)$
Concentración	s		s		$2\cdot s$

* Cálculo de la solubilidad:

$$K_s = [Hg_2^{2+}]\cdot[Cl^-]^2 = s\cdot(2\cdot s)^2 = s\cdot4\cdot s^2 = 4\cdot s^3 \Rightarrow s = \sqrt[3]{\frac{K_s}{4}} = \sqrt[3]{\frac{1'2\cdot10^{-18}}{4}} = 6'69\cdot10^{-7}\text{ M}$$

* Concentraciones de los iones:

$$[Hg_2^{2+}] = s = \boxed{6'69\cdot10^{-7}\text{ M}}\ ;\ [Cl^-] = 2\cdot s = 2\cdot6'69\cdot10^{-7} = \boxed{1'34\cdot10^{-6}\text{ M}}$$

b) * Nuevas concentraciones:

$$[Hg_2(NO_3)_2] = \frac{0'01\cdot0'025}{0'030} = 8'33\cdot10^{-3}\text{ M}\ ;\ [HCl] = \frac{2\cdot10^{-3}\cdot5\cdot10^{-3}}{0'030} = 3'33\cdot10^{-4}\text{ M}$$

* Disociación del $Hg_2(NO_3)_2$:

	$Hg_2(NO_3)_2(s)$	$\rightarrow$	$Hg_2^{2+}(ac)$	+	$2\ NO_3^-(ac)$
Concentración	$8'33\cdot10^{-3}$ M		$8'33\cdot10^{-3}$ M		0'0167 M

* Disociación del HCl:

	HCl(ac)	$\rightarrow$	$H^+(ac)$	+	$Cl^-(ac)$
Concentración	$3'33\cdot10^{-4}$		$3'33\cdot10^{-4}$		$3'33\cdot10^{-4}$

* Producto iónico:

$$Q = [Hg_2^{2+}]\cdot[Cl^-]^2 = 8'33\cdot10^{-3}\cdot(3'33\cdot10^{-4})^2 = 9'24\cdot10^{-10}$$

Al ser $Q = 9'24\cdot10^{-10} > K_s = 1'2\cdot10^{-18}$, precipitará el Hg_2Cl_2.

2020

27) Si el producto de solubilidad del yoduro de plata, AgI, es $1'5\cdot10^{-16}$ a 25 ºC:
a) Calcule la concentración, en g/L, de iones Ag^+ de la disolución saturada, basándose en el equilibrio correspondiente.
b) ¿Se formará precipitado de AgI si se mezclan 10 mL de NaI de concentración $1\cdot10^{-9}$ M y 30 mL de $AgNO_3$ de concentración $4\cdot10^{-7}$ M?
Datos: Masa atómica relativa: Ag = 108.
a) * Equilibrio de solubilidad:

	AgI(s)	⇌	Ag^+(ac)	+	I^-(ac)
Concentración	s		s		s

* Solubilidad molar: $K_s = [Ag^+]\cdot[I^-] = s\cdot s = s^2 \Rightarrow s = \sqrt{K_s} = \sqrt{1'5\cdot10^{-16}} = 1'22\cdot10^{-8}$ M

* Solubilidad en g/L: $s = 1'22\cdot10^{-8}\ \frac{mol\ AgI}{L}\cdot\frac{1\ mol\ Ag^+}{1\ mol\ AgI}\cdot\frac{108\ g\ Ag^+}{1\ mol\ Ag^+} = \boxed{1'32\cdot10^{-6}\ \frac{g}{L}}$

b) * Concentraciones iniciales:

$$[NaI] = \frac{0'010\cdot10^{-9}}{0'040} = 2'5\cdot10^{-10}\ M\ ;\ [AgNO_3] = \frac{0'030\cdot4\cdot10^{-7}}{0'040} = 3\cdot10^{-7}\ M$$

* Reacciones de disociación:

	NaI(s)	→	Na^+(ac)	+	I^-(ac)
Concentración	$2'5\cdot10^{-10}$ M		$2'5\cdot10^{-10}$ M		$2'5\cdot10^{-10}$ M

	$AgNO_3$(s)	→	Ag^+(ac)	+	NO_3^-(ac)
Concentración	$3\cdot10^{-7}$ M		$3\cdot10^{-7}$ M		$3\cdot10^{-7}$ M

* Producto iónico:

$$Q = [Ag^+]\cdot[I^-] = 3\cdot10^{-7}\cdot2'5\cdot10^{-10} = 7'5\cdot10^{-17}$$

Al ser $Q = 7'5\cdot10^{-17} < K_s = 1'5\cdot10^{-16}$, no precipitará AgI.

---

28) Sabiendo que el valor de K_s del $Mg(OH)_2$ a 25 ºC es $1'2 \cdot 10^{-12}$:
a) Exprese el valor de K_s en función de la solubilidad.
b) Razone cómo afectará a su solubilidad en agua la adición de MgF_2 a la disolución.
c) Justifique cómo afectará a su solubilidad un aumento del pH.

a) * Equilibrio de solubilidad:

	$Mg(OH)_2(s)$	$\rightleftharpoons$	$Mg^{2+}(ac)$	+	$2\ OH^-(ac)$
Concentración	s		s		$2 \cdot s$

* Expresión del producto de solubilidad: $K_s = [Mg^{2+}] \cdot [OH^-]^2 = s \cdot (2 \cdot s)^2 = 4 \cdot s^3$

$$\boxed{K_s = 4 \cdot s^3}$$

b) Disminuirá la solubilidad del $Mg(OH)_2$. Reacción de disociación: $MgF_2(s) \Rightarrow Mg^{2+}(ac) + 2\ F^-(ac)$
Según el efecto del ion común, al añadir una sal soluble a una disolución de una sal poco soluble que tenga un ion común con la anterior, la solubilidad de la sal poco soluble disminuye. El ion común es el ion magnesio, Mg^{2+}. Es también consecuencia del principio de Le Chatelier pues, al aumentar la concentración de Mg^{2+}, el equilibrio de solubilidad: $Mg(OH)_2(s) \rightleftharpoons Mg^{2+}(ac) + 2\ OH^-(ac)$ se desplazaría hacia la izquierda y disminuiría la solubilidad.

c) Disminuiría la solubilidad. Según el principio de Le Chatelier, la alteración de las condiciones de un equilibrio mediante un factor externo provoca que el equilibrio se desplace en el sentido en el que se compense al factor externo. Un aumento del pH supone un aumento en la concentración de ion hidróxido, OH^-. El equilibrio responde desplazándose hacia la izquierda para disminuir la concentración de OH^-, con lo que disminuye la solubilidad.

---

29) a) Sabiendo que en 200 mL de una disolución saturada de SrF_2 hay disueltos 14'6 mg de dicha sal, calcule su producto de solubilidad.
b) Determine justificadamente si se forma precipitado de PbI_2 al mezclar 50 mL de una disolución de KI de concentración $1'2 \cdot 10^{-3}$ M con 30 mL de otra disolución de $Pb(NO_3)_2$ de concentración $3 \cdot 10^{-3}$ M.
Datos: $K_s\ (PbI_2) = 7'9 \cdot 10^{-9}$. Masas atómicas relativas: Sr = 87'6, F = 19.

a) * Masa molecular: $M = 87'6 + 2 \cdot 19 = 125'6\ \frac{g}{mol}$

* Solubilidad molar: $s = \frac{14'6 \cdot 10^{-3} g}{0'2 L} \cdot \frac{1 mol}{125'6 g} = 5'81 \cdot 10^{-4}$ M

* Equilibrio de solubilidad:

	$SrF_2(s)$	$\rightleftharpoons$	$Sr^{2+}(ac)$	+	$2\ F^-(ac)$
Concentración	s		s		$2 \cdot s$

* Producto de solubilidad: $K_s = [Sr^{2+}] \cdot [F^-]^2 = s \cdot (2 \cdot s)^2 = 4 \cdot s^3 = 4 \cdot (5'81 \cdot 10^{-4})^3 = \boxed{7'84 \cdot 10^{-10}}$

b) * Concentraciones iniciales:

$$[KI] = \frac{0'050 \cdot 1'2 \cdot 10^{-3}}{0'080} = 7'5 \cdot 10^{-4}\ M \quad ; \quad [Pb(NO_3)_2] = \frac{0'030 \cdot 3 \cdot 10^{-3}}{0'080} = 1'12 \cdot 10^{-3}\ M$$

* Reacciones de disociación:

	$KI\ (s)$	$\rightarrow$	$K^+(ac)$	+	$I^-(ac)$
Concentración	$7'5 \cdot 10^{-4}$ M		$7'5 \cdot 10^{-4}$ M		$7'5 \cdot 10^{-4}$ M

	$Pb(NO_3)_2\ (s)$	$\rightarrow$	$Pb^{2+}(ac)$	+	$2\ NO_3^-\ (ac)$
Concentración	$1'12 \cdot 10^{-3}$ M		$1'12 \cdot 10^{-3}$ M		$2'24 \cdot 10^{-3}$ M

* Producto iónico: $Q = [Pb^{2+}] \cdot [I^-]^2 = 1'12 \cdot 10^{-3} \cdot (7'5 \cdot 10^{-4})^2 = 6'3 \cdot 10^{-10}$

Al ser $Q = 6'3 \cdot 10^{-10} < K_s = 7'9 \cdot 10^{-9}$, no precipitará PbI_2.

---

30) Sabiendo que el producto de solubilidad del difluoruro de plomo, PbF_2, a 25 ºC es $3'6 \cdot 10^{-8}$, determine:
a) La masa de PbF_2 que se puede disolver en 100 mL de agua pura.
b) La masa de PbF_2 que se puede disolver en 100 mL de una disolución de $Pb(NO_3)_2$ de concentración 0'02 M.
Datos: Masas atómicas relativas: Pb = 207, F = 19.

a) * Equilibrio de solubilidad:

	$PbF_2(s)$	$\rightleftharpoons$	$Pb^{2+}(ac)$	+	$2\ F^-\ (ac)$
Concentración	s		s		$2 \cdot s$

* Solubilidad: $K_s = [Pb^{2+}] \cdot [F^-]^2 = s \cdot (2 \cdot s)^2 = 4 \cdot s^3 \quad \Rightarrow \quad s = \sqrt[3]{\frac{K_s}{4}} = \sqrt[3]{\frac{3'6 \cdot 10^{-8}}{4}} = 2'08 \cdot 10^{-3}$ M

* Masa molecular: $M = 207 + 2 \cdot 19 = 245\ \frac{g}{mol}$

* Masa que se disuelve:

$$s = \frac{n_s}{V_D} = \frac{m_s}{M_s \cdot V_D} \quad \Rightarrow$$

$$\Rightarrow \quad m_s = s \cdot M_s \cdot V_D = 2'08 \cdot 10^{-3}\ \frac{mol}{L} \cdot \frac{245\ g}{1\ mol} \cdot 0'1\ L = \boxed{0'051\ g}$$

b) * Disociación del $Pb(NO_3)_2$ en agua:

	$Pb(NO_3)_2(s)$	$\rightarrow$	$Pb^{2+}(ac)$	+	$2\,NO_3^-(ac)$
Concentración	0'02 M		0'02 M		0'04 M

* Solubilidad en la disolución de $Pb(NO_3)_2$: $P_s = [Pb^{2+}]\cdot[F^-]^2 = (s + 0'02)\cdot(2\cdot s)^2 = 3'6\cdot 10^{-8}$

Al ser la solubilidad muy pequeña:

$$s + 0'02 \approx 0'02 \Rightarrow (s + 0'02)\cdot 4\cdot s^2 \approx 0'02\cdot 4\cdot s^2 = 0'08\cdot s^2 = 3'6\cdot 10^{-8} \Rightarrow s = \sqrt{\frac{3'6\cdot 10^{-8}}{0'08}} = 6'71\cdot 10^{-4}\text{ M}$$

* Masa que se disuelve: $s = \dfrac{n_s}{V_D} = \dfrac{m_s}{M_s\cdot V_D} \Rightarrow$

$$\Rightarrow \quad m_s = s\cdot M_s\cdot V_D = 6'71\cdot 10^{-4}\,\frac{mol}{L}\cdot\frac{245\,g}{1\,mol}\cdot 0'1\text{ L} = \boxed{0'0164\text{ g}}$$

---

31) A 20 ºC, la solubilidad del hidróxido de plata, AgOH, en agua pura es 0'015 g/L. Calcule:
a) El producto de solubilidad a 20 ºC.
b) La solubilidad del hidróxido de plata a esa temperatura en una disolución de pH = 12.
Datos: Masas atómicas relativas: Ag = 108, O = 16, H = 1.

a) * Masa molecular: $M = 108 + 16 + 1 = 125\,\dfrac{g}{mol}$

* Solubilidad molar: $s = 0'015\,\dfrac{g}{L}\cdot\dfrac{1\,mol}{125\,g} = 1'2\cdot 10^{-4}$ M

* Equilibrio de solubilidad:

	$AgOH(s)$	$\rightleftharpoons$	$Ag^+(ac)$	+	$OH^-(ac)$
Concentración	s		s		s

* Producto de solubilidad: $P_s = [Ag^+]\cdot[OH^-] = s\cdot s = s^2 = (1'2\cdot 10^{-4})^2 = \boxed{1'44\cdot 10^{-8}}$

b) * Concentración de OH^-: $pH + pOH = 14 \Rightarrow pOH = 14 - pH = 14 - 12 = 2 \Rightarrow$

$\Rightarrow [OH^-] = 10^{-pOH} = 10^{-2} = 0'01$ M

* Solubilidad en una disolución de pH = 12:

$$P_s = [Ag^+]\cdot[OH^-] = s\cdot 0'01 = 1'44\cdot 10^{-8} \Rightarrow s = \frac{1'44\cdot 10^{-8}}{0'01} = \boxed{1'44\cdot 10^{-6}\text{ M}}$$

---

32) a) Calcule la solubilidad del fluoruro de calcio, CaF_2, en agua pura.
b) Calcule la solubilidad del fluoruro de calcio, CaF_2, en una disolución de fluoruro de sodio, NaF, 0'2 M.
Dato: $K_s(CaF_2) = 3'5\cdot 10^{-11}$.

a) * Equilibrio de solubilidad:

	$CaF_2(s)$	$\rightleftharpoons$	$Ca^{2+}(ac)$	+	$2\ F^-(ac)$
Concentración	s		s		$2\cdot s$

* Solubilidad: $K_s = [Ca^{2+}]\cdot[F^-]^2 = s\cdot(2\cdot s)^2 = 4\cdot s^3 \ \Rightarrow\ s = \sqrt[3]{\dfrac{K_s}{4}} = \sqrt[3]{\dfrac{3'5\cdot 10^{-11}}{4}} = \boxed{2'06\cdot 10^{-4}\ M}$

b) * Disociación del NaF en agua:

	$NaF(s)$	$\rightarrow$	$Na^+(ac)$	+	$F^-(ac)$
Concentración	0'2 M		0'2 M		0'2 M

* Solubilidad en la disolución de NaF: $K_s = [Ca^{2+}]\cdot[F^-]^2 = s\cdot(2\cdot s + 0'2)^2 = 3'5\cdot 10^{-11}$

Al ser la solubilidad muy pequeña:

$$2\cdot s + 0'2 \approx 0'2 \ \Rightarrow\ s\cdot(2\cdot s + 0'2)^2 \approx s\cdot 0'2^2 = 3'5\cdot 10^{-11} \ \Rightarrow\ s = \frac{3'5\cdot 10^{-11}}{0'2^2} = \boxed{8'75\cdot 10^{-10}\ M}$$

---

33) Disponemos en un recipiente de una disolución saturada de $CaF_2(aq)$ en equilibrio con $CaF_2(s)$, depositado en el fondo. Explique qué sucederá si se añade:
a) Agua. b) Fluoruro de calcio, $CaF_2(s)$. c) Fluoruro de sodio, NaF(s).

a) Se disolverá más CaF_2.

* Equilibrio de solubilidad:

	$CaF_2(s)$	$\rightleftharpoons$	$Ca^{2+}(ac)$	+	$2\ F^-(ac)$
Concentración	s		s		$2\cdot s$

Según el principio de Le Chatelier, la alteración de las condiciones de un equilibrio mediante un factor exterior provoca que el equilibrio se desplace en el sentido en el que compense al factor exterior. Al añadir agua, disminuirán las concentraciones de Ca^{2+} y de F^-, por lo que el equilibrio intentará compensarlo desplazándose hacia la derecha, es decir, disolviendo más CaF_2.

b) No afectará a la solubilidad.

* Producto de solubilidad: $K_s = [Ca^{2+}]\cdot[F^-]^2$

Como la concentración del $CaF_2(s)$ no interviene en el producto de solubilidad, la adición de $CaF_2(s)$ no afecta al equilibrio de solubilidad ni a la solubilidad.

c) * Disociación del NaF: $NaF(s) \Rightarrow Na^+(ac) + F^-(ac)$

Según el efecto del ion común, al añadir a una disolución de una sal poco soluble una sal soluble que tenga un ion común con la anterior, la solubilidad de la sal poco soluble disminuye. El ion común es el fluoruro, F^-. Es también consecuencia del principio de Le Chatelier pues, al aumentar la concentración de F^-, el equilibrio de solubilidad: $CaF_2(s) \rightleftharpoons Ca^{2+}(ac) + 2\,F^-(ac)$ se desplazaría hacia la izquierda y disminuiría la solubilidad.

---

34) a) Se mezclan 100 mL de una disolución de nitrato de talio ($TlNO_3$) $4\cdot10^{-2}$ M con 300 mL de otra disolución de cloruro de sodio (NaCl) $8\cdot10^{-3}$ M. Sabiendo que el producto de solubilidad del cloruro de talio (TlCl) es $1'9\cdot10^{-4}$, deduzca si precipitará dicha sal en estas condiciones.
b) Calcule la solubilidad del $Mg(OH)_2$ en agua pura, sabiendo que su producto de solubilidad es $3'4\cdot10^{-4}$.

a) * Equilibrio de solubilidad del TlCl:

	TlCl(s)	⇌	$Tl^+(ac)$	+	$Cl^-(ac)$
Concentración	s		s		s

* Moles iniciales de $TlNO_3$: $n = c\cdot V = 0'04\ \frac{mol}{L}\cdot 0'1\ L = 4\cdot10^{-3}$ mol

* Moles iniciales de NaCl: $n = c\cdot V = 8\cdot10^{-3}\ \frac{mol}{L}\cdot 0'3\ L = 2'4\cdot10^{-3}$ mol

* Disociación del $TlNO_3$ en agua:

	$TlNO_3(s)$	→	$Tl^+(ac)$	+	$NO_3^-(ac)$
Moles	$4\cdot10^{-3}$ mol		$4\cdot10^{-3}$ mol		$4\cdot10^{-3}$ mol

* Disociación del NaCl en agua:

	NaCl(s)	→	$Na^+(ac)$	+	$Cl^-(ac)$
Moles	$2'4\cdot10^{-3}$ mol		$2'4\cdot10^{-3}$ mol		$2'4\cdot10^{-3}$ mol

* Concentración de ion Tl^+: $[Tl^+] = \frac{n}{V_1 + V_2} = \frac{4\cdot10^{-3}}{0'1 + 0'3} = 0'01$ M

* Concentración de ion Cl^-: $[Cl^-] = \dfrac{n}{V_1 + V_2} = \dfrac{2'4 \cdot 10^{-3}}{0'1 + 0'3} = 6 \cdot 10^{-3}$ M

* Producto iónico: $Q = [Tl^+] \cdot [Cl^-] = 0'01 \cdot 6 \cdot 10^{-3} = 6 \cdot 10^{-5} < K_s = 1'9 \cdot 10^{-4}$

Al ser $Q < K_s$, no habrá precipitación.

b) * Equilibrio de solubilidad del $Mg(OH)_2$:

	$Mg(OH)_2(s)$	$\rightleftharpoons$	$Mg^{2+}(ac)$	+	$2\ OH^-(ac)$
Concentración	s		s		2·s

* Producto de solubilidad: $K_s = [Mg^{2+}] \cdot [OH^-]^2 = s \cdot (2 \cdot s)^2 = 4 \cdot s^3$

* Solubilidad: $s = \sqrt[3]{\dfrac{K_s}{4}} = \sqrt[3]{\dfrac{3'4 \cdot 10^{-4}}{4}} = \boxed{0'044 \text{ M}}$

<u>**2019**</u>

35) El $PbCO_3$ es una sal muy poco soluble en agua con una K_s de $1'5 \cdot 10^{-15}$. Calcule, basándose en las reacciones correspondientes:
a) La solubilidad de la sal.
b) Si se mezclan 150 ml de una disolución de $Pb(NO_3)_2$ de concentración 0'04 M con 50 ml de una disolución de Na_2CO_3 de concentración 0'01 M, razone si precipitará $PbCO_3$.

* Equilibrio de solubilidad:

	$PbCO_3(s)$	$\rightleftharpoons$	$Pb^{2+}(ac)$	+	$CO_3^{2-}(ac)$
Concentración	s		s		s

* Solubilidad: $K_s = [Zn^{2+}] \cdot [CO_3^{2-}] = s \cdot s = s^2 \Rightarrow$

$\Rightarrow s = \sqrt{K_s} = \sqrt{1'5 \cdot 10^{-15}} = \boxed{3'87 \cdot 10^{-8} \text{ M}}$

b) * Reacción: $Na_2CO_3 + Pb(NO_3)_2 \Rightarrow PbCO_3 + 2\ NaNO_3$

* Moles de Na_2CO_3: $n = c_M \cdot V = 0'01 \cdot 0'050 = 5 \cdot 10^{-4}$ mol

* Moles de $Pb(NO_3)_2$: $n = c_M \cdot V = 0'04 \cdot 0'15 = 6 \cdot 10^{-3}$ mol

* Moles de CO_3^{2-}:

	Na_2CO_3	$\longrightarrow$	$2\ Na^+$	+	CO_3^{2-}
Moles	$5 \cdot 10^{-4}$		$10 \cdot 10^{-4}$		$5 \cdot 10^{-4}$

* Moles de Pb^{2+} :

	$Pb(NO_3)_2$	$\rightarrow$	Pb^{2+}	+	$2\ NO_3^-$
Moles	$6\cdot10^{-3}$		$6\cdot10^{-3}$		$12\cdot10^{-3}$

* Concentraciones de los iones: $[Pb^{2+}] = \dfrac{n}{V} = \dfrac{6\cdot10^{-3}}{0'15+0'05} = 0'03\ M$

$$[CO_3^{2-}] = \frac{n}{V} = \frac{5\cdot10^{-4}}{0'15+0'05} = 2'5\cdot10^{-3}\ M$$

* Producto iónico: $Q = [Pb^{2+}]\cdot[CO_3^{2-}] = 0'03\cdot2'5\cdot10^{-3} = 7'5\cdot10^{-5}$

Al ser: $Q = 7'5\cdot10^{-5} > K_s = 1'5\cdot10^{-15}$. **Esto significa que precipitará el $ZnCO_3$**

---

36) En diversos países la fluoración del agua de consumo humano es utilizada para prevenir la caries.
a) Si el producto de solubilidad, K_s, del CaF_2 es 10^{-10}, calcule basándose en las reacciones correspondientes la solubilidad de CaF_2.
b) ¿Qué cantidad de NaF hay que añadir a 1 L de una disolución que contiene 20 $mg\cdot L^{-1}$ de Ca^{2+} para que empiece a precipitar CaF_2?
Datos: masas atómicas relativas F = 19; Na = 23 y Ca = 40.

a) * Equilibrio de solubilidad:

$CaF_2(s)$	$\rightleftharpoons$	$Ca^{2+}(ac)$	+	$2\ F^-(ac)$
Concentración		s		$2\cdot s$

* Producto de solubilidad:

$$K_s = [Ca^{2+}]\cdot[F^-]^2 = s\cdot(2\cdot s)^2 = 4\cdot s^3 \Rightarrow s = \sqrt[3]{\frac{K_s}{4}} = \sqrt[3]{\frac{10^{-10}}{4}} = \boxed{2'92\cdot10^{-4}\ M}$$

b) * Disociación del NaF:

$NaF(s)$	$\rightarrow$	$Na^+(ac)$	+	$F^-(ac)$
c		c		c

* Concentración de ion Ca^{2+}: $[Ca^{2+}] = 20\ \dfrac{mg}{L}\cdot\dfrac{1\,g}{1000\,mg}\cdot\dfrac{1\,mol}{40\,g} = 5\cdot10^{-4}\ M$

* Concentración necesaria de NaF:

$$Q = [Ca^{2+}]\cdot[F^-]^2 = 5\cdot10^{-4}\cdot[F^-]^2 = 10^{-10} \Rightarrow [F^-] = [NaF] = \sqrt{\frac{10^{-10}}{5\cdot10^{-4}}} = 4'47\cdot10^{-4}\ M$$

* Cantidad de NaF:

$$m = 4'47 \cdot 10^{-4} \ \frac{mol}{L} \cdot 1\ L \cdot 42 \ \frac{g}{mol} = \boxed{0'0188\ g\ NaF}$$

---

37) El producto de solubilidad a 25 °C del MgF_2 es de $8 \cdot 10^{-8}$. Basándose en las reacciones correspondientes:
a) ¿Cuántos gramos de MgF_2 se pueden disolver en 250 mL de agua?
b) ¿Cuántos gramos de MgF_2 se disolverán en 250 mL de una disolución de concentración 0'1 M de $Mg(NO_3)_2$?
Datos: masas atómicas relativas Mg = 24'3 y F = 19.

* Equilibrio de solubilidad:

$$\begin{array}{ccccc} MgF_2(s) & \rightleftharpoons & Mg^{2+}(ac) & + & 2\ F^-(ac) \\ & & s & & 2 \cdot s \end{array}$$

* Solubilidad del MgF_2:

$$K_s = [Mg^{2+}] \cdot [F^-]^2 = s \cdot (2 \cdot s)^2 = 4 \cdot s^3 \ \Rightarrow \ s = \sqrt[3]{\frac{K_s}{4}} = \sqrt[3]{\frac{8 \cdot 10^{-8}}{4}} = 2'71 \cdot 10^{-3}\ M$$

* Masa de MgF_2 que se puede disolver:

$$m = 2'71 \cdot 10^{-3} \ \frac{mol}{L} \cdot 0'25\ L \cdot \frac{62'3\ g}{1\ mol} = \boxed{0'0422\ g\ MgF_2}$$

b) * Disolución del $Mg(NO_3)_2$:

$$\begin{array}{ccccc} Mg(NO_3)_2 & \rightleftharpoons & Mg^{2+} & + & 2\ NO_3^- \\ 0'1\ M & & 0'1\ M & & 0'2\ M \end{array}$$

* Nueva solubilidad:

$$K_s = [Mg^{2+}] \cdot [F^-]^2 = (0'1 + s) \cdot (2 \cdot s)^2 \approx 0'1 \cdot 4 \cdot s^2 = 8 \cdot 10^{-8} \ \Rightarrow \ s = \sqrt{\frac{8 \cdot 10^{-8}}{0'4}} = 4'47 \cdot 10^{-4}\ M$$

* Masa de MgF_2 que se puede disolver:

$$m = 4'47 \cdot 10^{-4} \ \frac{mol}{L} \cdot 0'25\ L \cdot \frac{62'3\ g}{1\ mol} = \boxed{6'96 \cdot 10^{-3}\ g\ MgF_2}$$

---

38) Indique, razonadamente, si para aumentar la solubilidad del $PbCl_2$ en agua habría que:
a) Añadir más agua. b) Añadir HCl. c) Aumentar la temperatura.

* Equilibrio de solubilidad del $PbCl_2$:

$$PbCl_2(s) \rightleftharpoons Pb^{2+}(ac) + 2\,Cl^-(ac)$$
$$\qquad\qquad\qquad s \qquad\qquad 2\cdot s$$

a) No aumentaría la solubilidad. La solubilidad a una temperatura es una constante. Al ser la concentración: $s = \dfrac{n^o\,moles\,PbCl_2}{Volumen\,de\,disolución}$, si aumenta el volumen, puede aumentar el número de moles de $PbCl_2$ en disolución, pero no la solubilidad.

b) Añadir HCl disminuiría la solubilidad por el efecto del ion común. Este efecto dice así: cuando a la disolución de una sal poco soluble se añade una sal soluble que tiene algún ion común con la sal poco soluble, la solubilidad disminuye.

c) Aumentar la temperatura aumenta la solubilidad porque la temperatura hace aumentar los espacios entre las moléculas del disolvente y admite una mayor cantidad de sólido.

---

39) Se dispone de una disolución acuosa saturada de $Fe(OH)_3$, compuesto poco soluble.
a) Escriba la ecuación del equilibrio y la expresión del producto de solubilidad.
b) Deduzca la expresión que permite calcular su solubilidad a partir de K_s.
c) Razone cómo varía su solubilidad al aumentar el pH de la disolución.

a) * Equilibrio de solubilidad:

$$Fe(OH)_3(s) \rightleftharpoons Fe^{3+}(ac) + 3\,OH^-(ac)$$
$$\qquad\qquad\qquad s \qquad\qquad 3\cdot s$$

* Expresión del producto de solubilidad: $K_s = [Fe^{3+}]\cdot[OH^-]^3$

b) * Solubilidad a partir de K_s: $K_s = [Fe^{3+}]\cdot[OH^-]^3 = s\cdot(3\cdot s)^3 = 27\cdot s^4 \Rightarrow s = \sqrt[4]{\dfrac{K_s}{27}}$

c) La solubilidad disminuye. Según el principio de Le Chatelier, la alteración de las condiciones de un equilibrio mediante un factor externo provoca que el equilibrio se desplace en el sentido en el que compense al factor externo. Al aumentar el pH, aumenta la concentración de iones OH^-, luego el equilibrio se desplaza hacia la izquierda precipitando más $Fe(OH)_3$, es decir, la solubilidad disminuye.

2018

40) Basándose en las reacciones químicas correspondientes:
a) Calcule la solubilidad en agua del $ZnCO_3$ en mg/L.
b) Justifique si precipitará $ZnCO_3$ al mezclar 50 mL de Na_2CO_3 0'01 M con 200 mL de $Zn(NO_3)_2$ 0'05 M.
Datos: $K_s(ZnCO_3) = 2'2\cdot10^{-11}$. Masas atómicas C: 12; O: 16; Zn: 65'4.

a) * Equilibrio de solubilidad:

	$ZnCO_3(s)$	$\rightleftharpoons$	$Zn^{2+}(ac)$	+	$CO_3^{2-}(ac)$
Solubilidad	s		s		s

* Solubilidad: $K_s = [Zn^{2+}]\cdot[CO_3^{2-}] = s\cdot s = s^2 \Rightarrow$

$$\Rightarrow s = \sqrt{P_s} = \sqrt{2'2\cdot 10^{-11}} = 4'69\cdot 10^{-6}\ \frac{mol}{L}\cdot\frac{125'4\,g}{1\,mol}\cdot\frac{1000\,mg}{1\,g} = \boxed{0'588\ \frac{mg}{L}}$$

b) * Reacción: $Na_2CO_3 + Zn(NO_3)_2 \rightarrow ZnCO_3 + 2\ NaNO_3$

* Moles de Na_2CO_3 : $n = c_M\cdot V = 0'01\cdot 0'050 = 5\cdot 10^{-4}$ mol

* Moles de $Zn(NO_3)_2$: $n = c_M\cdot V = 0'05\cdot 0'2 = 0'01$ mol

* Moles de CO_3^{2-} :

	Na_2CO_3	$\rightarrow$	$2\ Na^+$	+	CO_3^{2-}
Moles	$5\cdot 10^{-4}$		$2\cdot 5\cdot 10^{-4}$		$5\cdot 10^{-4}$

* Moles de Zn^{2+} :

	$Zn(NO_3)_2$	$\rightarrow$	Zn^{2+}	+	$2\ NO_3^-$
Moles	0'01		0'01		2·0'01

* Concentraciones de los iones: $[Zn^{2+}] = \frac{n}{V} = \frac{0'01}{0'050+0'200} = 0'04$ M

$$[CO_3^{2-}] = \frac{n}{V} = \frac{5\cdot 10^{-4}}{0'050+0'200} = 2\cdot 10^{-3}\ M$$

* Producto iónico: $Q = [Zn^{2+}]\cdot[CO_3^{2-}] = 0'04\cdot 2\cdot 10^{-3} = 8\cdot 10^{-5}$

Al ser $Q = 8\cdot 10^{-5} > K_s = 2'2\cdot 10^{-11}$. **Esto significa que precipitará el $ZnCO_3$**

---

41) Basándose en las reacciones químicas correspondientes, calcule la solubilidad del $CaSO_4$.
a) En agua pura.
b) En una disolución 0'50 M de sulfato de sodio (Na_2SO_4).
Datos: $Ks(CaSO_4) = 9,1\cdot 10^{-6}$

a) * Equilibrio de solubilidad:

	$CaSO_4(s)$	$\rightleftharpoons$	$Ca^{2+}(ac)$	+	$SO_4^{2-}(ac)$
Concentración	s		s		s

* Producto de solubilidad: $K_s = [Ca^{2+}]\cdot[SO_4^{2-}] = s\cdot s = s^2 \Rightarrow$

$$\Rightarrow s = \sqrt{K_s} = \sqrt{9'1\cdot 10^{-6}} = \boxed{3'02\cdot 10^{-3}\ \frac{mol}{L}}$$

b) * Disolución del Na_2SO_4:

	$Na_2SO_4(s)$	$\rightarrow$	$2\ Na^+(ac)$	+	$SO_4^{2-}(ac)$
Concentración	0'5 M		1 M		0'5 M

* Equilibrio de solubilidad:

	$CaSO_4(s)$	$\rightleftharpoons$	$Ca^{2+}(ac)$	+	$SO_4^{2-}(ac)$
Concentración	s		s		s + 0'5

* Solubilidad: $K_s = [Ca^{2+}]\cdot[SO_4^{2-}] = s\cdot(s + 0'5) \approx s\cdot 0'5$, pues $0'5 >> s \Rightarrow$

$$\Rightarrow s = \frac{K_s}{0'5} = \frac{9'1\cdot 10^{-6}}{0'5} = \boxed{1'82\cdot 10^{-5}\ M}$$

---

42) El hidróxido de calcio, $Ca(OH)_2$, es poco soluble en agua. Se dispone de una disolución saturada en equilibrio con su sólido. Razone si la masa del sólido en esa disolución aumenta, disminuye o no se altera al añadir: a) Agua. b) Disolución de NaOH. c) Disolución de HCl.

a) * Equilibrio de solubilidad:

	$Ca(OH)_2(s)$	$\rightleftharpoons$	$Ca^{2+}(ac)$	+	$2\ OH^-(ac)$
Concentración	s		s		2·s

$s = \frac{n_s}{V_D}$. Al añadir agua, las concentraciones de Ca^{2+} y de OH^- disminuyen, luego el equilibrio se desplaza a la derecha según Le Chatelier. Las concentraciones aumentan hasta alcanzar el valor de s y 2·s . Como ha aumentado el volumen, aumenta el número de moles y la masa de soluto en disolución.

b) Disminuye.

* Disolución del NaOH: $NaOH(s) \Rightarrow Na^+(ac) + OH^-(ac)$

Según el efecto del ion común, al añadir a una disolución de una sal poco soluble una sal soluble que tenga un ion común (OH^-) con la anterior, la solubilidad de la sal poco soluble disminuye. Si la disolución está saturada, al disminuir la solubilidad, precipitará $Ca(OH)_2$ y habrá menos sólido disuelto.

c) Aumenta.

* Disolución del HCl: $HCl(s) \rightarrow H^+(ac) + Cl^-(ac)$

El H^+ reacciona con el OH^-, por lo que el equilibrio: $Ca(OH)_2(s) \rightleftharpoons Ca^{2+}(ac) + 2\ OH^-(ac)$ se desplaza hacia la derecha, disolviéndose más $Ca(OH)_2$ y aumentando, por consiguiente, su masa en la disolución.

---

43) Basándose en las reacciones químicas correspondientes, calcule la concentración de ion fluoruro:
a) En una disolución saturada de fluoruro de calcio (CaF_2).
b) Si la disolución es además 0'2 M en cloruro de calcio ($CaCl_2$).
Dato: $K_s(CaF_2) = 3'9\cdot 10^{-11}$.

a) * Equilibrio de solubilidad:

	$CaF_2(s)$	$\rightleftharpoons$	$Ca^{2+}(ac)$	+	$2\ F^-(ac)$
Concentración	s		s		2·s

* Solubilidad: $K_s = [Ca^{2+}]\cdot[F^-]^2 = s\cdot(2\cdot s)^2 = 4\cdot s^3 \Rightarrow$

$$\Rightarrow\ s = \sqrt[3]{\frac{K_s}{4}} = \sqrt[3]{\frac{3'9\cdot 10^{-11}}{4}} = 2'14\cdot 10^{-4}\ M$$

* Concentración del ion fluoruro: $[F^-] = 2\cdot s = 2\cdot 2'14\cdot 10^{-4} = \boxed{4'28\cdot 10^{-4}\ M}$

b) * Disolución del $CaCl_2$:

	$CaCl_2(s)$	$\rightarrow$	$Ca^{2+}(ac)$	+	$2\ Cl^-(ac)$
Concentración	0'2 M		0'2 M		0'4 M

* Equilibrio de solubilidad:

	$CaF_2(s)$	$\rightleftharpoons$	$Ca^{2+}(ac)$	+	$2\ F^-(ac)$
Concentración	s		s + 0'2		2·s

* Solubilidad:

$$K_s = [Ca^{2+}]\cdot[F^-]^2 = (s + 0'2)\cdot(2\cdot s)^2 \approx 0'2\cdot 4\cdot s^2 = 0'8\cdot s^2$$, pues 0'2 >> s . Luego:

$$s = \sqrt{\frac{K_s}{0'8}} = \sqrt{\frac{3'9\cdot 10^{-11}}{0'8}} = 6'98\cdot 10^{-6}\ M$$

* Concentración de ion fluoruro: $[F^-] = 2\cdot s = 2\cdot 6'98\cdot 10^{-6} = \boxed{1'4\cdot 10^{-5}\ M}$

---

44) Indique, razonadamente, si son ciertas o falsas las siguientes afirmaciones:
a) Se puede aumentar la solubilidad del AgCl añadiendo HCl a la disolución.
b) El producto de solubilidad de una sal es independiente de la concentración inicial de la sal que se disuelve.
c) La solubilidad de una sal tiene un valor único.

a) Falsa. Según el efecto del ion común, al añadir a una disolución de una sal poco soluble una sal soluble que tenga un ion común (Cl^-) con la anterior, la solubilidad de la sal poco soluble disminuye. Esto es debido al principio de Le Chatelier: al aumentar la concentración de una especie, el equilibrio se desplaza en el sentido de consumirla. Al desplazarse hacia la izquierda, la solubilidad disminuye.
* Disolución del HCl: $HCl \Rightarrow H^+ + Cl^-$
* Equilibrio de solubilidad: $CaF_2(s) \rightleftharpoons Ca^{2+}(ac) + 2\,F^-(ac)$

b) Verdadera. El producto de solubilidad es una función exclusivamente de la temperatura y de la sustancia de la que se trate.

c) Falsa. La solubilidad de una sustancia depende de la temperatura. A cada temperatura le corresponde un valor.

2015

45) Dada una disolución saturada de $Mg(OH)_2$ cuya $K_{ps} = 1'2\cdot 10^{-11}$:
a) Expresa el valor de K_{ps} en función de la solubilidad.
b) Razona como afectará a la solubilidad la adición de NaOH.
c) Razona como afectará a la solubilidad una disminución del pH.

a) * Equilibrio de solubilidad:

	$Mg(OH)_2(s)$	$\rightleftharpoons$	$Mg^{2+}(ac)$	+	$2\,OH^-(ac)$
Concentración	s		s		2·s

* Relación entre K_{ps} y la solubilidad: $K_{ps} = [Mg^{2+}]\cdot[OH^-]^2 = s\cdot(2\cdot s)^2 = 4\cdot s^3 \Rightarrow \boxed{K_{ps} = 4\cdot s^3}$

b) Según el efecto del ion común, al añadir a una disolución de una sal poco soluble una sal soluble que tenga un ion común (el OH^-) con la anterior, la solubilidad de la sal poco soluble disminuye. Ésto es debido al principio de Le Chatelier: al aumentar la concentración de una especie, el equilibrio se desplaza en el sentido de consumirla. Al desplazarse hacia la izquierda, la solubilidad disminuye.

* Disolución del NaOH: $NaOH \Rightarrow Na^+ + OH^-$: de esta forma aumenta la concentración de iones OH^- en disolución.

c) Al disminuir el pH, aumenta la concentración de iones H_3O^+ y disminuye la de iones OH^-. Al disminuir la concentración de iones hidróxido (OH^-), el equilibrio de solubilidad se desplaza hacia la derecha y aumenta así la solubilidad.

---

46) a) Sabiendo que el producto de solubilidad del $Pb(OH)_2$, a una temperatura dada es $K_{ps} = 4\cdot10^{-15}$, calcula la concentración del catión Pb^{2+} disuelto.
b) Justifica mediante el calculo apropiado, si se formará un precipitado de PbI_2, cuando a 100 mL de una disolución 0'01 M de $Pb(NO_3)_2$ se le añaden 100 mL de una disolución de KI 0'02 M.
DATOS: $K_{ps}(PbI_2) = 7'1\cdot10^{-9}$.

a) * Equilibrio de solubilidad:

	$Pb(OH)_2(s)$	$\rightleftharpoons$	$Pb^{2+}(ac)$	+	$2\ OH^-(ac)$
Concentración	s		s		2·s

* Relación entre K_{ps} y la solubilidad: $K_{ps} = [Pb^{2+}]\cdot[OH^-]^2 = s\cdot(2\cdot s)^2 = 4\cdot s^3$

* Concentración de ion Pb^{2+} disuelto: $[Pb^{2+}] = \sqrt[3]{\dfrac{K_{ps}}{4}} = \sqrt[3]{\dfrac{4\cdot10^{-15}}{4}} = \boxed{10^{-5}\ M}$

b) * Número de moles de $Pb(NO_3)_2$: $n = c\cdot V = 0'01\cdot0'1 = 10^{-3}$ mol

* Número de moles de KI: $n = c\cdot V = 0'02\cdot0'1 = 2\cdot10^{-3}$ mol

* Disolución del $Pb(NO_3)_2$:

	$Pb(NO_3)_2(s)$	$\rightarrow$	$Pb^{2+}(ac)$	+	$2\ NO_3^-(ac)$
Concentración	10^{-3} mol		10^{-3} mol		$2\cdot10^{-3}$ mol

* Disolución del KI :

	KI (s)	$\rightarrow$	$K^+(ac)$	+	$I^-(ac)$
Concentración	$2\cdot10^{-3}$ mol		$2\cdot10^{-3}$ mol		$2\cdot10^{-3}$ mol

* Concentración de iones:

$$[Pb^{2+}] = \frac{n}{V_1+V_2} = \frac{10^{-3}}{0'1+0'1} = 5\cdot10^{-3}\ M \quad ; \quad [I^-] = \frac{n}{V_1+V_2} = \frac{2\cdot10^{-3}}{0'1+0'1} = 0'01\ M$$

* Producto iónico: $Q = [Pb^{2+}]\cdot[I^-]^2 = 5\cdot10^{-3}\cdot0'01^2 = 5\cdot10^{-7}$

Al ser $Q = 5\cdot10^{-7} > K_{ps} = 7'1\cdot10^{-9}$. $\boxed{\text{Precipitará } PbI_2}$

---

47) Sabiendo que el producto de solubilidad, K_s, del hidróxido de calcio, $Ca(OH)_2(s)$, es $5'5\cdot10^{-6}$ a 25 ºC, calcule:
a) La solubilidad de este hidróxido.
b) El pH de una disolución saturada de esta sustancia.

a) * Equilibrio de solubilidad:

$$Ca(OH)_2\,(s) \rightleftharpoons Ca^{2+}\,(ac) + 2\,OH^-\,(ac)$$

Concentración s s 2·s

* Solubilidad: $K_{ps} = [Pb^{2+}]\cdot[OH^-]^2 = s\cdot(2\cdot s)^2 = 4\cdot s^3$; $s = \sqrt[3]{\dfrac{K_{ps}}{4}} = \sqrt[3]{\dfrac{5'5\cdot 10^{-6}}{4}} = \boxed{0'0111\ M}$

b) * Cálculo del pH:

$$[OH^-] = 2\cdot s = 2\cdot 0'0111 = 0'0222\ M \Rightarrow pOH = -\log[OH^-] = -\log 0'0222 = 1'65$$

$$pH = 14 - pOH = 14 - 1'65 = \boxed{12'35}$$

<u>2014</u>

48) Razona si son verdaderas o falsas las siguientes afirmaciones:
a) El producto de solubilidad del $FeCO_3$ disminuye si se añade Na_2CO_3 a una disolución acuosa de la sal.
b) La solubilidad de $FeCO_3$ en agua pura ($K_{ps} = 3'2\cdot 10^{-11}$) es aproximadamente la misma que la del CaF_2 ($5'3\cdot 10^{-9}$).
c) La solubilidad de $FeCO_3$ aumenta si se añade Na_2CO_3 a una disolución acuosa de la sal.

a) Falsa. El producto de solubilidad de una sustancia es una función exclusiva de la temperatura y no se altera con la adición de ninguna otra sustancia.

b) Falsa.

* Equilibrio de solubilidad del $FeCO_3$:

$$FeCO_3\,(s) \rightleftharpoons Fe^{2+}\,(ac) + CO_3^{2-}\,(ac)$$

Concentración s s s

* Solubilidad del $FeCO_3$: $K_{ps} = [Fe^{2+}]\cdot[CO_3^{2-}]^2 = s\cdot s = s^2$; $s = \sqrt{K_{ps}} = \sqrt{3'2\cdot 10^{-11}} = 5'66\cdot 10^{-6}\ M$

* Equilibrio de solubilidad del CaF_2:

$$CaF_2\,(s) \rightleftharpoons Ca^{2+}\,(ac) + 2\,F^-\,(ac)$$

Concentración s s 2·s

* Solubilidad del CaF_2: $K_{ps} = [Ca^{2+}]\cdot[F^-]^2 = s\cdot(2\cdot s)^2 = 4\cdot s^3$;

$$s = \sqrt[3]{\frac{K_{ps}}{4}} = \sqrt[3]{\frac{5'3\cdot 10^{-9}}{4}} = 1'10\cdot 10^{-3}\ M$$

Si dividimos una solubilidad entre otra: $\frac{s_{CaF2}}{s_{FeCO3}} = \frac{1'10 \cdot 10^{-3}}{5'66 \cdot 10^{-6}} = 194$. La solubilidad del CaF_2 es 194 veces mayor que la del $FeCO_3$.

c) Falsa. Según el efecto del ion común, al añadir a una disolución de una sal poco soluble una sal soluble que tenga un ion común (el CO_3^{2-}) con la anterior, la solubilidad de la sal poco soluble disminuye. Esto es debido al principio de Le Chatelier: al aumentar la concentración de una especie, el equilibrio se desplaza en el sentido de consumirla. Al desplazarse hacia la izquierda, la solubilidad disminuye.

* Equilibrio de solubilidad del $FeCO_3$:

	$FeCO_3(s)$	$\rightleftharpoons$	$Fe^{2+}(ac)$	+	$CO_3^{2-}(ac)$
Concentración	s		s		s

* Disolución del Na_2CO_3 : $Na_2CO_3(s) \longrightarrow 2\ Na^+(ac) + CO_3^{2-}(ac)$

---

49) a) Escriba la ecuación de equilibrio de solubilidad en agua del $Al(OH)_3$.
b) Escriba la relación entre solubilidad y K_s para el $Al(OH)_3$.
c) Razone cómo afecta a la solubilidad del $Al(OH)_3$ un aumento del pH.

a) * Equilibrio de solubilidad del $Al(OH)_3$:

	$Al(OH)_3$	$\rightleftharpoons$	$Al^{3+}(ac)$	+	$3\ OH^-(ac)$
Concentración	s		s		$3 \cdot s$

b) * Relación entre la solubilidad y el K_s: $K_s = [Al^{3+}] \cdot [OH^-]^3 = s \cdot (3 \cdot s)^3 = 27 \cdot s^4 \Rightarrow \boxed{K_s = 27 \cdot s^4}$

c) Disminuirá la solubilidad. Según el principio de Le Chatelier, la alteración de las condiciones de un equilibrio mediante un factor externo provoca que el equilibrio se desplace en el sentido en el que se compense al factor exterior. Ésto ocurre porque la constante de equilibrio tiene que ser constante a una temperatura dada; si se modifica una concentración o una presión parcial de la constante de equilibrio, se modifican las demás.

Un aumento del pH supone un aumento de la concentración de iones hidróxido, OH^-. Al aumentar la concentración de OH^-, el equilibrio se desplaza hacia la izquierda precipitando más $Al(OH)_3$ y disminuyendo la solubilidad.

---

50) La solubilidad del $Mn(OH)_2$ en agua a cierta temperatura es de 0'0032 g/L. Calcula:
a) El valor de K_s.
b) A partir de qué pH precipita el hidróxido de manganeso(II) en una disolución que es 0'06 M en Mn^{2+}.
Datos: Masas atómicas Mn = 55; O = 16; H = 1.

a) * Solubilidad en mol por litro: $s = 0'0032\ \frac{g}{L} \cdot \frac{1\,mol}{89\,g} = 3'60 \cdot 10^{-5}$ M

* Equilibrio de solubilidad del $Mn(OH)_2$:

	$Mn(OH)_2$	$\rightleftharpoons$	Mn^{2+} (ac)	+	$2\ OH^-$ (ac)
Concentración	s		s		2·s

* Producto de solubilidad: $K_s = [Mn^{2+}] \cdot [OH^-]^2 = s \cdot (2 \cdot s)^2 = 4 \cdot s^3 = 4 \cdot (3'60 \cdot 10^{-5})^3 = \boxed{1'87 \cdot 10^{-13}}$

b) La sal comenzará a precipitar cuando: $Q = K_s$, siendo Q la constante de concentraciones de no equilibrio.

* Cálculo del pH para empezar a precipitar: $Q = [Mn^{2+}] \cdot [OH^-]^2 = K_s \Rightarrow$

$$\Rightarrow [OH^-] = \sqrt{\frac{K_s}{[Mn^{2+}]}} = \sqrt{\frac{1'87 \cdot 10^{-13}}{0'06}} = 1'77 \cdot 10^{-6}\ M \Rightarrow$$

$$\Rightarrow pOH = -\log [OH^-] = -\log (1'77 \cdot 10^{-6}) = 5'75 \Rightarrow pH = 14 - pOH = 14 - 5'75 = \boxed{8'25}$$

TEMA 6: REACCIONES RÉDOX

RESUMEN TEÓRICO Y FORMULARIO

- La Electroquímica es la parte de la Química que estudia las reacciones rédox o de oxidación-reducción.

- Una reacción química se puede transformar en electricidad (pila voltaica, pila galvánica, pila o batería) y la electricidad puede producir una reacción química no espontánea (pila electrolítica o cuba electrolítica).

- En una reacción rédox, una sustancia se oxida y otra se reduce.

- La reducción es la ganancia de electrones. Ejemplo: $Ca^{++} + 2\,e^- \Rightarrow Ca$

- La oxidación es la pérdida de electrones. Ejemplo: $Ca - 2\,e^- \Rightarrow Ca^{++}$

- Un reductor es una especie que reduce a otra sustancia y un oxidante es una especie que oxida a otra sustancia.

- En las reacciones rédox, el reductor se oxida y el oxidante se reduce.

- Reacción general: $\text{Reductor}_1 + \text{oxidante}_2 \Rightarrow \text{oxidante}_1 + \text{reductor}_2$

- También existen pares conjugados oxidante-reductor. Igual que ocurría en la teoría de Brönsted-Lowry, a un oxidante fuerte le corresponde un reductor débil y al contrario.

- La mayoría de las sustancias pueden actuar como oxidantes o como reductores, depende del carácter de la sustancia con la que entre en contacto.

- Las reacciones rédox se pueden descomponer en dos semirreacciones: una de oxidación y otra de reducción. Ejemplo: $Cu^{++} + Zn \rightarrow Cu + Zn^{++}$
Reducción: $Cu^{++} + 2\,e^- \rightarrow Cu$
Oxidación: $Zn - 2\,e^- \rightarrow Zn^{++}$
Global: $Cu^{++} + Zn \rightarrow Cu + Zn^{++}$

- El número de oxidación es la carga real o hipotética de un elemento si sus enlaces fueran 100 % iónicos.

- Los números de oxidación de los elementos son:

NÚMEROS DE OXIDACIÓN

								H +1, -1									He -
Li +1	Be +2											B +3, -3	C +2, +4, -4	N +1, +2, +3, +4, +5, -3	O -1, -2	F -1	Ne -
Na +1	Mg +2											Al +3	Si +2, +4, -4	P +3, +5, -3	S +2, +4, +6, -2	Cl +1, +3, +5, +7, -1	Ar -
K +1	Ca +2	Sc +3	Ti +2, +3, +4	V +2, +3, +4, +5	Cr +2, +3, +6	Mn +2, +3, +4, +6, +7	Fe +2, +3	Co +2, +3	Ni +2, +3	Cu +1, +2	Zn +2	Ga +3	Ge +2, +4	As +3, +5, -3	Se +2, +4, +6, -2	Br +1, +3, +5, +7, -1	Kr -
Rb +1	Sr +2	Y +3	Zr +3, +4	Nb +2, +3, +4, +5	Mo +2, +3, +4, +5, +6	Tc +4, +5, +6, +7	Ru +2, +3, +4, +5, +6, +7	Rh +2, +3, +4, +5, +6	Pd +2, +4	Ag +1	Cd +2	In +3	Sn +2, +4	Sb +3, +5, -3	Te +2, +4, +6, -2	I +1, +3, +5, +7, -1	Xe -
Cs +1	Ba +2	La +3	Hf +3, +4	Ta +3, +4, +5	W +2, +3, +4, +5, +6	Re +2, +3, +4, +6, +7	Os +2, +3, +4, +5, +6, +7, +8	Ir +2, +3, +4, +5, +6	Pt +2, +4	Au +1, +3	Hg +1, +2	Tl +1, +3	Pb +2, +4	Bi +3, +5	Po +2, +4, +6, -2	At +1, +5, -1	Rn -
Fr +1	Ra +2	Ac +3															

* Reglas para determinar el número de oxidación:

a) El número de oxidación de un elemento simple, ya sea en estado atómico o molecular es cero. Ejemplo: Na, Cl_2.

b) En los iones monoatómicos, el número de oxidación es la carga del ion. Ejemplo: para el Fe^{3+}, el número de oxidación es + 3.

b) El número de oxidación del oxígeno es siempre – 2, excepto en los peróxidos, que es – 1.

c) El número de oxidación del hidrógeno en los hidruros es – 1. En los demás compuestos es + 1.

d) Cuando se escribe un compuesto, el primero tiene número de oxidación positivo y el segundo negativo. El valor numérico del número de oxidación es la valencia del elemento. Ejemplo: en el Fe_2O_3, el Fe tiene + 3 y el O tiene – 2.

e) La suma algebraica del número de oxidación de cada elemento por su subíndice correspondiente es igual a la carga total.

Ejemplo: SO_4^{2-} : $x + 4\cdot(-2) = -2 \quad \Rightarrow \quad x = -2 + 8 = +6$

- El método del ion-electrón es el método más utilizado para ajustar reacciones rédox.

a) En medio ácido: tiene estos pasos:

1) Escribimos la ecuación sin ajustar, y asignamos a cada uno de los elementos sus números de oxidación.

2) Identificamos las especies que cambian de número de oxidación.

3) Escribimos las semiecuaciones de oxidación y reducción utilizando iones. Para ello, las sustancias neutras se tienen que separar en sus iones constituyentes. Ejemplo: el Na_2SO_4 habría que considerarlo como Na^+ y como SO_4^{2-}. Excepciones: el H_2O, el NH_3 y los óxidos.

4) Los oxígenos se ajustan con agua y los hidrógenos con H^+.

5) Se ajusta la carga sumando o restando electrones.

6) Hacemos que las reacciones intercambien el mismo número de electrones.

7) Se pasa de la ecuación iónica a la molecular por tanteo.

Ejemplo: en disolución acuosa y en medio ácido sulfúrico, el sulfato de hierro (II) reacciona con permanganato de potasio para dar sulfato de manganeso (II), sulfato de hierro (III) y sulfato de potasio. Escribe y ajusta las correspondientes reacciones iónicas y la molecular del proceso por el método del ion-electrón.

* Números de oxidación:

$$\overset{+2}{Fe}\overset{+6}{S}\overset{-2}{O_4} + \overset{+1}{K}\overset{+7}{Mn}\overset{-2}{O_4} + \overset{+1}{H_2}\overset{+6}{S}\overset{-2}{O_4} \rightarrow \overset{+2}{Mn}\overset{+6}{S}\overset{-2}{O_4} + \overset{+3}{Fe_2}(\overset{+6}{S}\overset{-2}{O_4})_3 + \overset{+1}{K_2}\overset{+6}{S}\overset{-2}{O_4} + \overset{+1}{H_2}\overset{-2}{O}$$

* Semirreacciones: $5 \cdot (Fe^{2+} - 1\ e^- \rightarrow Fe^{3+})$

$$MnO_4^- + 8\ H^+ + 5\ e^- \rightarrow Mn^{2+} + 4\ H_2O$$

* Ecuación iónica: $5\ Fe^{2+} + MnO_4^- + 8\ H^+ \rightarrow 5\ Fe^{3+} + Mn^{2+} + 4\ H_2O$

* Ecuación molecular:

$$10\ FeSO_4 + 2\ KMnO_4 + 8\ H_2SO_4 \rightarrow 2\ MnSO_4 + 5\ Fe_2(SO_4)_3 + K_2SO_4 + 8\ H_2O$$

b) En medio básico:

* Método 1: tiene estos pasos:

1) Escribimos la ecuación sin ajustar, y asignamos a cada uno de los elementos sus números de oxidación.

2) Identificamos las especies que cambian de número de oxidación.

3) Escribimos las semiecuaciones de oxidación y reducción utilizando iones.

4) En el lado en el que hay más oxígenos, se colocan moléculas de agua; se colocan tantas moléculas de agua como sea la diferencia de números de oxígenos entre ambos lados. En el otro lado se coloca el doble de iones OH^-.

5) Se ajusta la carga sumando o restando electrones.

6) Hacemos que las reacciones intercambien el mismo número de electrones.

7) Se pasa de la ecuación iónica a la molecular por tanteo.

Ejemplo: ajusta por el método del ion-electrón las ecuaciones iónica y molecular:

$$Na_2SO_3 + I_2 + NaOH \rightarrow NaI + Na_2SO_4 + H_2O$$

* Números de oxidación:

$$\overset{+1}{Na_2}\overset{+4}{S}\overset{-2}{O_3} + \overset{0}{I_2} + \overset{+1}{Na}\overset{-2}{O}\overset{+1}{H} \rightarrow \overset{+1}{Na}\overset{-1}{I} + \overset{+1}{Na_2}\overset{+6}{S}\overset{-2}{O_4} + \overset{+1}{H_2}\overset{-2}{O}$$

* Semirreacciones: $I_2 + 2\,e^- \rightarrow 2\,I^-$

$SO_3^{2-} + 2\,OH^- - 2\,e^- \rightarrow SO_4^{2-} + H_2O$

* Ecuación iónica: $I_2 + SO_3^{2-} + 2\,OH^- \rightarrow 2\,I^- + SO_4^{2-} + H_2O$

* Ecuación molecular: $Na_2SO_3 + I_2 + 2\,NaOH \rightarrow 2\,NaI + Na_2SO_4 + H_2O$

* Método 2: tiene estos pasos:
1) Ajustamos como si la reacción fuera en medio ácido.
2) Añadimos en ambos lados de la ecuación tantos iones OH^- como iones H^+ existan. De esta forma, desaparecen los iones H^+: $H^+ + OH^- \rightarrow H_2O$
3) Hacemos que las reacciones intercambien el mismo número de electrones.
4) Se pasa de la ecuación iónica a la molecular por tanteo.

Ejemplo: ajusta por el método del ion-electrón las ecuaciones iónica y molecular:

$$Na_2SO_3 + I_2 + NaOH \rightarrow NaI + Na_2SO_4 + H_2O$$

* Números de oxidación:

$$\overset{+1}{Na_2}\overset{+4}{S}\overset{-2}{O_3} + \overset{0}{I_2} + \overset{+1}{Na}\overset{-2}{O}\overset{+1}{H} \rightarrow \overset{+1}{Na}\overset{-1}{I} + \overset{+1}{Na_2}\overset{+6}{S}\overset{-2}{O_4} + \overset{+1}{H_2}\overset{-2}{O}$$

* Semirreacciones: $I_2 + 2\,e^- \Rightarrow 2\,I^-$

$SO_3^{2-} + H_2O - 2\,e^- \rightarrow SO_4^{2-} + 2\,H^+$

* Ecuación iónica: $I_2 + SO_3^{2-} + H_2O \rightarrow 2\,I^- + SO_4^{2-} + 2\,H^+$

* Adición de OH^-: $I_2 + SO_3^{2-} + H_2O + 2\,OH^- \rightarrow 2\,I^- + SO_4^{2-} + 2\,H^+ + 2\,OH^-$

$I_2 + SO_3^{2-} + H_2O + 2\,OH^- \rightarrow 2\,I^- + SO_4^{2-} + 2\,H_2O$

$I_2 + SO_3^{2-} + 2\,OH^- \rightarrow 2\,I^- + SO_4^{2-} + H_2O$

* Ecuación molecular: $Na_2SO_3 + I_2 + 2\,NaOH \rightarrow 2\,NaI + Na_2SO_4 + H_2O$

- Una pila o pila electroquímica es un dispositivo que transforma la energía química en energía eléctrica.

- Consiste en dos disoluciones unidas por un tubo en U. En una disolución ocurre una oxidación y en la otra una reducción.

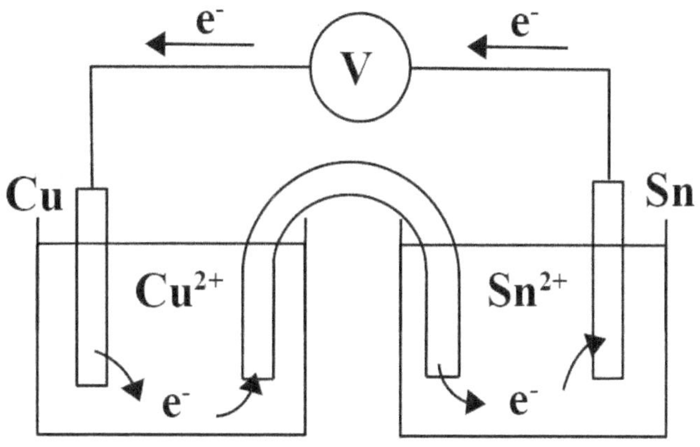

Pila electroquímica

- El ánodo es negativo y el cátodo es positivo.

- En el ánodo ocurre la oxidación y en el cátodo la reducción.

- Los electrones van del ánodo al cátodo por el cable exterior.

- El tubo en U es un puente salino que no interviene en las reacciones pero que permite el paso de corriente. Está lleno de una disolución salina. Por ejemplo: de KCl.

- Representación simbólica de una pila:

(–) Especie que se oxida | especie oxidada || Especie que se reduce | especie reducida (+)

Ejemplo: representa la pila Daniell, que transcurre con esta reacción:

$$Zn + Cu^{2+} \rightarrow Zn^{2+} + Cu$$

La representación simbólica sería: (–) $Zn \mid Zn^{2+} \parallel Cu^{2+} \mid Cu$ (+)

- Las semirreacciones de oxidación y reducción tienen un potencial medido experimentalmente. Se representan por E o por ε.

- Los potenciales medidos experimentalmente son todos de reducción. Los de oxidación son iguales a los de reducción y de signo opuesto.

- Los potenciales se miden tomando como referencia el electrodo normal de hidrógeno, cuyo potencial vale cero. $E^{o}(H^{+}/H) = 0$ V.

- Los potenciales están tabulados para condiciones estándar, es decir, 25 ºC y 1 atm. Se representan por E^{0} o por ε^{0}.

- La fuerza electromotriz de una pila, ε, se calcula así:

$$\varepsilon = E(\text{reducción})_{\text{cátodo}} - E(\text{reducción})_{\text{ánodo}}$$

o bien: $$\varepsilon = E(\text{cátodo}) + E(\text{ánodo})$$

- El potencial tiene que ser positivo. De lo contrario, la pila no funciona.

Ejemplo: calcula la fuerza electromotriz de la pila formada a partir de estos electrodos:

$E^o(Fe^{2+}/Fe) = -\ 0'44\ V$; $E^o(Pb^{2+}/Pb) = -\ 0'13\ V$

Escribe también la notación de la pila, las semirreacciones y la reacción global.

* Semirreacciones: Oxidación: $Fe - 2\ e^- \rightarrow Fe^{2+}$ $+\ 0'44\ V$

Reducción: $Pb^{2+} + 2\ e^- \rightarrow Pb$ $-\ 0'13\ V$

* Reacción global: $Fe + Pb^{2+} \Rightarrow Fe^{2+} + Pb$ $E = +\ 0'44 - 0'13 = +\ 0'31\ V$

* Notación de la pila: (–) Fe | Fe^{2+} || Pb^{2+} | Pb (+)

- Existe una magnitud muy importante en Química llamada la energía libre de Gibbs, ΔG:

$$\Delta G = -\ n \cdot F \cdot E$$

siendo: ΔG: energía libre de Gibbs (J).
n: número de electrones.
F: faraday = 96.500 C
E: potencial de la pila (V).

- Se dice que un proceso es espontáneo cuando ocurre sin la intervención de agentes externos.

- La espontaneidad de un proceso viene dada por la energía libre de Gibbs. Un proceso es espontáneo cuando $\Delta G < 0$, o lo que es lo mismo, cuando $E > 0$.

ΔG	**E**	**Comentarios**
Negativo	Positivo	Reacción espontánea.
0	0	Reacción en equilibrio.
Positivo	Negativo	Reacción no espontánea. El proceso espontáneo es el inverso.

- Es decir, una reacción rédox es posible si el potencial estándar global es negativo.

Ejemplo: dados los valores de potencial de reducción estándar de los sistemas:

$Cl_2/Cl^- = 1'36\ V$; $Br_2/Br^- = 1'07\ V$; $I_2/I^- = 0'54\ V$.

¿Es espontánea la reacción entre el cloro molecular y el ion yoduro?

Sí que lo es.

* Semirreacciones:

$Cl_2 + 2\ e^- \rightarrow 2\ Cl^-$ $+\ 1'36\ V$

$2\ I^- - 2\ e^- \rightarrow I_2$ $-\ 0'54\ V$

$Cl_2 + 2\ I^- \rightarrow 2\ Cl^- + I_2$ $1'36 - 0'54 = +\ 0'82\ V$

Al ser $E > 0$, el proceso es espontáneo.

- Las celdas electroquímicas son dispositivos donde ocurre el proceso inverso al que ocurre en una pila galvánica. La corriente eléctrica provoca una reacción química.

- Se utiliza para reacciones no espontáneas, es decir, que tengan $\Delta G > 0$, o sea, $\varepsilon < 0$.

- La electrolisis se define como una reacción rédox no espontánea provocada por una corriente eléctrica continua.

- Al igual que en las pilas, en el ánodo ocurre la oxidación y en el cátodo la reducción.

- Al igual que en las pilas, los aniones se desplazan hacia el ánodo y los cationes hacia el cátodo.

- A diferencia de las pilas, el ánodo tiene signo positivo y el cátodo negativo.

- En la electrolisis se cumplen las leyes de Faraday:
1ª ley) La masa de sustancia que se deposita en un electrodo es directamente proporcional a la cantidad de corriente eléctrica que pasa a través de la disolución.
2ª ley) La masa de sustancia depositada en cada electrodo es directamente proporcional al peso equivalente de la sustancia depositada.

- Para saber la cantidad de sustancia depositada en los electrodos (si es un sólido) o desprendida (si es un gas), hay que tener en cuenta que a un mol de electrones le corresponden 96500 C. Este número se conoce como un faraday: 1 F = 96500 C.

- Intensidad de corriente, I: $I = \frac{Q}{t}$

siendo:
I: intensidad (A).
Q: carga (C).
t: tiempo (s).

Es decir: $1\ A = \frac{1\ C}{1\ s}$

Ejemplo: sea esta reacción: $Zn^{2+} + 2\ e^- \rightarrow Zn$. Calcula la cantidad de electricidad necesaria para que se depositen 50 g de Zn. Masa atómica del Zn: 65'3.

$$m = 50\ g\ Zn \cdot \frac{1\ mol\ Zn}{65'3\ g\ Zn} \cdot \frac{2\ mol\ e^-}{1\ mol\ Zn} \cdot \frac{96500\ C}{1\ mol\ e^-} = 1'48 \cdot 10^5\ C$$

PROBLEMAS Y CUESTIONES DE REACCIONES RÉDOX

2024

1) El Cl_2 es un gas corrosivo por lo que se sintetiza en el laboratorio a través de la siguiente reacción:

$$KMnO_4(ac) + HCl(ac) \rightarrow KCl(ac) + MnCl_2(ac) + H_2O(l) + Cl_2(g)$$

a) Ajuste las ecuaciones iónica y molecular por el método del ion-electrón.

b) Calcule el volumen de Cl_2 obtenido a 0 ºC y 1 atm de presión a partir de 30 mL de una disolución 0'5 M de $KMnO_4$ y 50 mL de una disolución 0'25 M de HCl.

Dato: $R = 0'082\ atm\cdot L\cdot mol^{-1}\cdot K^{-1}$.

a) * Números de oxidación: $\overset{+1}{K}\overset{+7}{Mn}\overset{-2}{O_4} + \overset{+1}{H}\overset{-1}{Cl} \rightarrow \overset{+1}{K}\overset{-1}{Cl} + \overset{+2}{Mn}\overset{-1}{Cl_2} + \overset{+1}{H_2}\overset{-2}{O} + \overset{0}{Cl_2}$

* Semirreacciones:

$2\cdot(MnO_4^- + 8\ H^+ + 5\ e^- \rightarrow Mn^{2+} + 4\ H_2O)$

$5\cdot(2\ Cl^- - 2\ e^- \rightarrow Cl_2)$

* Reacción iónica: $\boxed{2\ MnO_4^- + 10\ Cl^- + 16\ H^+ \rightarrow 2\ Mn^{2+} + 5\ Cl_2 + 8\ H_2O}$

* Reacción molecular: $\boxed{2\ KMnO_4 + 16\ HCl \rightarrow 2\ KCl + 2\ MnCl_2 + 8\ H_2O + 5\ Cl_2}$

b) * Moles de $KMnO_4$: $n = C_M\cdot V_D = 0'5\cdot 0'030 = 0'015$ mol $KMnO_4$

* Moles de HCl: $n = C_M\cdot V_D = 0'25\cdot 0'050 = 0'0125$ mol HCl

* Determinación del limitante:

Equivalentes de $KMnO_4 = \dfrac{0'015}{2} = 7'5\cdot 10^{-3}$; Equivalentes de $HCl = \dfrac{0'0125}{16} = 7'81\cdot 10^{-4}$

El limitante es el HCl, por tener menor número de equivalentes.

* Moles de Cl_2: $n = 0'0125\ mol\ HCl\cdot \dfrac{5\ mol\ Cl_2}{16\ mol\ HCl} = 3'91\cdot 10^{-3}\ mol\ Cl_2$

* Volumen de Cl_2:

$$P\cdot V = n\cdot R\cdot T \Rightarrow V = \frac{n\cdot R\cdot T}{P} = \frac{3'91\cdot 10^{-3}\cdot 0'082\cdot 273}{1} = 0'0875\ L = \boxed{87'5\ mL}$$

---

2) El níquel metálico reacciona con ácido nítrico concentrado según la reacción:

$$Ni + HNO_3 \rightarrow Ni(NO_3)_2 + NO + H_2O$$

a) Ajuste las ecuaciones iónica y molecular por el método del ion-electrón.

b) Calcule la masa de níquel que podrá oxidarse con 1 mL de ácido nítrico comercial del 70% de riqueza en masa y densidad $1'42\ g\cdot mL^{-1}$.

Datos: Masas atómicas relativas: Ni = 58'7; N = 14; O = 16; H =1.

a) * Números de oxidación: $\overset{0}{Ni}+\overset{+1}{H}\overset{+5}{N}\overset{-2}{O_3} \rightarrow \overset{+2}{Ni}(\overset{+5}{N}\overset{-2}{O_3})_2+\overset{+2}{N}\overset{-2}{O}+\overset{+1}{H_2}\overset{-2}{O}$

* Semirreacciones: $3\cdot(Ni - 2\,e^- \rightarrow Ni^{2+})$

$2\cdot(NO_3^- + 4\,H^+ + 3\,e^- \rightarrow NO + 2\,H_2O)$

* Reacción iónica: $\boxed{3\,Ni + 2\,NO_3^- + 8\,H^+ \rightarrow 3\,Ni^{2+} + 2\,NO + 4\,H_2O}$

* Reacción molecular: $\boxed{3\,Ni + 8\,HNO_3 \rightarrow 3\,Ni(NO_3)_2 + 2\,NO + 4\,H_2O}$

b) * Masa molecular del HNO_3: $M = 1 + 14 + 3\cdot16 = 63\ \frac{g}{mol}$

* Masa de níquel que podrá oxidarse:

$$m = 1\ mL\ ácido\ comercial\cdot\frac{1'42\ g\ ácido\ comercial}{1\ mL\ ácido\ comercial}\cdot\frac{70\ g\ HNO_3}{100\ g\ ácido\ comercial}\cdot\frac{1\ mol\ HNO_3}{63\ g\ HNO_3}\cdot$$

$$\cdot\frac{3\ mol\ Ni}{8\ mol\ HNO_3}\cdot\frac{58'7\ g\ Ni}{1\ mol\ Ni} = \boxed{0'347\ g\ Ni}$$

2023

3) Dados los siguientes potenciales de reducción:

$E^o(H_2/H^+) = 0\ V$, $E^o(Cu^{2+}/Cu) = 0'34\ V$, $E^o(Pb^{2+}/Pb) = -0'13\ V$ y $E^o(Zn^{2+}/Zn) = -0'76\ V$

a) Explique, escribiendo las reacciones correspondientes, qué metal o metales producen desprendimiento de hidrógeno al ser tratados con un ácido.

b) Escriba las reacciones que tienen lugar en el ánodo y en el cátodo de la pila formada por los electrodos de Zn y Pb.

c) Escriba la notación de la pila formada por los electrodos del apartado b) y calcule su potencial.

a) El Pb y el Zn. Una reacción ocurre cuando es espontánea. Una reacción es espontánea cuando ocurre por sí misma, sin la intervención de un agente externo. Para que una reacción sea espontánea, su energía libre de Gibbs (ΔG^0) tiene que ser negativa o, lo que es lo mismo, su potencial (E^0) debe ser positivo, pues: $\Delta G^0 = -n\cdot F\cdot E^0$

$Cu - 2\,e^- \rightarrow Cu^{2+}$	$-0'34\ V$	$Pb - 2\,e^- \rightarrow Pb^{2+}$	$+0'13\ V$
$2H^+ + 2\,e^- \rightarrow H_2$	$0\ V$	$2H^+ + 2\,e^- \rightarrow H_2$	$0\ V$
$Cu + 2\,H^+ \rightarrow Cu^{2+} + H_2$	$-0'34\ V$	$Pb + 2\,H^+ \rightarrow Pb^{2+} + H_2$	$+0'13\ V$

$$Zn - 2\,e^- \rightarrow Zn^{2+} \qquad + 0'76\ V$$

$$2H^+ + 2\,e^- \rightarrow H_2 \qquad 0\ V$$

$$Zn + 2\,H^+ \rightarrow Zn^{2+} + H_2 \qquad + 0'76\ V$$

Como E° > 0 en las reacciones del Pb y del Zn, reaccionarán con ácido desprendiendo H_2. El Cu no lo hará porque su E° < 0.

b) * Semirreacción del ánodo: $Zn - 2\,e^- \rightarrow Zn^{2+}$ + 0'76 V
* Semirreacción del cátodo: $Pb^{2+} + 2\,e^- \rightarrow Pb$ – 0'13 V

Como E° de la pila debe ser positiva para que el proceso sea espontáneo, actuará como ánodo el electrodo con potencial de reducción más pequeño (más negativo).

c) * Notación de la pila: (-) Zn(s) | Zn^{2+}(ac) || Pb^{2+}(ac) | Pb(s) (+)

* Potencial de la pila: $E^o pila = E^o_{cátodo} - E^o_{ánodo} = -0'13 - (-0'76) = 0'76 - 0'13 = \boxed{+0'63\ V}$

---

4) En una celda electrolítica que contiene $CuCl_2$ fundido se hace pasar una cierta cantidad de corriente durante 2 horas, observándose que se deposita cobre metálico y se desprende dicloro. Basándose en las semirreacciones correspondientes:
a) Determine la intensidad de corriente necesaria para depositar 15'9 g de Cu.
b) Calcule el volumen de Cl_2 obtenido a 25 °C y 1 atm
Datos: Masa atómica relativa: Cu = 63'5; F = 96500 C; R = 0'082 atm·L·mol^{-1}·K^{-1}.

a) * Fusión del $CuCl_2$: $CuCl_2(s) \rightarrow Cu^{2+}(l) + 2\,Cl^-(l)$

* Semirreacción del cátodo: $Cu^{2+}(l) + 2\,e^- \rightarrow Cu(s)$

* Semirreacción del ánodo: $2\,Cl^-(l) - 2\,e^- \rightarrow Cl_2(g)$

* Corriente necesaria: $Q = 15'9\ g\ Cu \cdot \dfrac{1\,mol\,Cu}{63'5\,g\,Cu} \cdot \dfrac{2\,mol\,e^-}{1\,mol\,Cu} \cdot \dfrac{96500\,C}{1\,mol\,e^-} = 4'83 \cdot 10^4\ C$

* Intensidad de corriente: $I = \dfrac{Q}{t} = \dfrac{4'83 \cdot 10^4}{2 \cdot 3600} = \boxed{6'71\ A}$

b) * Reacción global: $Cu^{2+}(l) + 2\,Cl^-(l) \rightarrow Cu(s) + Cl_2(g)$

* Moles de dicloro obtenidos: $n = 15'9\ g\ Cu \cdot \dfrac{1\,mol\,Cu}{63'5\,g\,Cu} \cdot \dfrac{1\,mol\,Cl_2}{1\,mol\,Cu} = 0'250\ mol\ Cl_2$

* Volumen de dicloro obtenido: $V = \dfrac{n \cdot R \cdot T}{P} = \dfrac{0'250 \cdot 0'082 \cdot 298}{1} = \boxed{6'11\ L\ Cl_2}$

---

5) El carbono reacciona con ácido nítrico concentrado produciéndose dióxido de carbono, dióxido de nitrógeno y agua:

$$C + HNO_3 \rightarrow CO_2 + NO_2 + H_2O$$

a) Ajuste las ecuaciones iónica y molecular por el método del ion-electrón.
b) Calcule el volumen de CO_2, medido a 25 ºC y 1 atm de presión, que se desprenderá cuando reaccione 1 kg de un carbón mineral de riqueza en C del 60 % con exceso de HNO_3.
Datos: R = 0'082 atm·L·mol^{-1}·K^{-1}; Masa atómica relativa: C = 12.

a) * Números de oxidación: $\overset{0}{C} + \overset{+1}{H}\overset{+5}{N}\overset{-2}{O_3} \rightarrow \overset{+4}{C}\overset{-2}{O_2} + \overset{+4}{N}\overset{-2}{O_2} + \overset{+1}{H_2}\overset{-2}{O}$

* Semirreacciones: $C + 2\,H_2O - 4\,e^- \rightarrow CO_2 + 4\,H^+$

$4\cdot(NO_3^- + 2\,H^+ + 1\,e^- \rightarrow NO_2 + H_2O)$

* Reacción iónica: $C + 4\,NO_3^- + 2\,H_2O + 8\,H^+ \rightarrow CO_2 + 4\,H^+ + 4\,NO_2 + 4\,H_2O$

$$\boxed{C + 4\,NO_3^- + 4\,H^+ \rightarrow CO_2 + 4\,NO_2 + 2\,H_2O}$$

* Reacción molecular: $\boxed{C + 4\,HNO_3 \rightarrow CO_2 + 4\,NO_2 + 2\,H_2O}$

b) * Moles de CO_2 desprendido:

$$n = 1000\text{ g carbón}\cdot \frac{60\,g\,C}{100\,g\,carbón}\cdot\frac{1\,mol\,C}{12\,g\,C}\cdot\frac{1\,mol\,CO_2}{1\,mol\,C} = 50\text{ mol }CO_2$$

* Volumen de CO_2 desprendido: $V = \dfrac{n\cdot R\cdot T}{P} = \dfrac{50\cdot 0'082\cdot 298}{1} = \boxed{1222\text{ L}}$

---

6) Razone la veracidad o falsedad de las siguientes afirmaciones:
a) Todas las reacciones de combustión son procesos rédox.
b) El agente oxidante es la especie que dona electrones en un proceso rédox.
c) Cuando el HNO_3 se transforma en NO, el nitrógeno se oxida.

a) Verdadero. Pues el oxígeno pasa de O_2 (estado de oxidación cero) a estar como óxido (estado de oxidación – 2). Es decir, el oxígeno se reduce.

b) Falso. Oxidarse significa perder electrones y reducirse significa ganar electrones. El agente oxidante oxida a otra sustancia, es decir, hace que pierda electrones; luego, el agente oxidante acepta electrones.

c) Falso, se reduce. Números de oxidación:

$$\overset{+1}{H}\overset{+5}{N}\overset{-2}{O_3} \rightarrow \overset{+2}{N}\overset{-2}{O}$$

El número de oxidación del nitrógeno pasa de + 5 a + 2, luego se reduce.

---

7) Basándose en las semirreacciones correspondientes:
a) Calcule cuánto tiempo tardará en depositarse 1 g de Zn cuando se lleva a cabo la electrolisis de $ZnBr_2$ fundido, si la corriente es de 10 A.
b) Si se utiliza la misma intensidad de corriente en la electrolisis de una sal fundida de vanadio y se depositan 3'8 g de este metal en 1 hora, ¿cuál será la carga del ion vanadio en esta sal?
Datos: F = 96500 C·mol^{-1}; Masas atómicas relativas: V = 50'9; Zn = 65'4.

a) * Fusión del $ZnBr_2$: $ZnBr_2(s) \rightarrow ZnBr_2(l) \rightarrow Zn^{2+} + 2\,Br^-$

* Reducción del zinc: $Zn^{2+} + 2\,e^- \rightarrow Zn$

* Cantidad de corriente necesaria: $Q = 1\text{ g Zn}\cdot \dfrac{1\,mol\,Zn}{65'4\,g\,Zn}\cdot\dfrac{2\,mol\,e^-}{1\,mol\,Zn}\cdot\dfrac{96500\,C}{1\,mol\,e^-} = 2951\text{ C}$

* Tiempo necesario: $I = \dfrac{Q}{t} \Rightarrow t = \dfrac{Q}{I} = \dfrac{2951}{10} = \boxed{295\text{ s}}$

b) * Reducción del vanadio: $V^{n+} + n\,e^- \rightarrow V$

* Cantidad de corriente: $I = \dfrac{Q}{t} \Rightarrow Q = I\cdot t = 10\cdot 3600 = 3'6\cdot 10^4\text{ C}$

* Cálculo de la carga del vanadio:

$$3'8\text{ g V} = 3'6\cdot 10^4\text{ C}\cdot \frac{1\,mol\,e^-}{96500\,C}\cdot\frac{1\,mol\,V}{n\,mol\,e^-}\cdot\frac{50'9\,g\,V}{1\,mol\,V} \Rightarrow n = \frac{3'6\cdot 10^4\cdot 50'9}{3'8\cdot 96500} = \boxed{+5}$$

---

8) El dicromato de potasio reacciona con el yoduro de sodio en medio ácido sulfúrico para dar sulfato de sodio, sulfato de cromo(III), sulfato de potasio, diyodo y agua:

$$K_2Cr_2O_7 + NaI + H_2SO_4 \rightarrow Na_2SO_4 + Cr_2(SO_4)_3 + K_2SO_4 + I_2 + H_2O$$

a) Ajuste las ecuaciones iónica y molecular por el método del ion-electrón.
b) Si 30 mL de una disolución de NaI reaccionan con 60 mL de una disolución que contiene 49 g de $K_2Cr_2O_7$ ¿cuál será la molaridad de la disolución de NaI?
Datos: Masas atómicas relativas: K = 39'1; Cr = 52; O = 16.

a) * Números de oxidación:

$$\overset{+1}{K_2}\overset{+6}{Cr_2}\overset{-2}{O_7}+\overset{+1}{Na}\overset{-1}{I}+\overset{+1}{H_2}\overset{+6}{S}\overset{-2}{O_4} \rightarrow \overset{+1}{Na_2}\overset{+6}{S}\overset{-2}{O_4}+\overset{+3}{Cr_2}(\overset{+6}{S}\overset{-2}{O_4})_3+\overset{+1}{K_2}\overset{+6}{S}\overset{-2}{O_4}+\overset{0}{I_2}+\overset{+1}{H_2}\overset{-2}{O}$$

* Semirreacción de oxidación: $3\cdot(2\,I^- - 2\,e^- \rightarrow I_2)$

* Semirreacción de reducción: $Cr_2O_7^{2-} + 14\,H^+ + 6\,e^- \rightarrow 2\,Cr^{3+} + 7\,H_2O$

* Ecuación iónica: $\boxed{Cr_2O_7^{2-} + 6\,I^- + 14\,H^+ \rightarrow 3\,I_2 + 2\,Cr^{3+} + 7\,H_2O}$

* Ecuación molecular:

$$\boxed{K_2Cr_2O_7 + 6\ NaI + 7\ H_2SO_4 \rightarrow 3\ Na_2SO_4 + Cr_2(SO_4)_3 + K_2SO_4 + 3\ I_2 + 7\ H_2O}$$

b) * Masa molecular del $K_2Cr_2O_7$: $M = 2\cdot 39'1 + 2\cdot 52 + 7\cdot 16 = 294'2\ \frac{g}{mol}$

* Número de moles de NaI:

$$n = 49\ g\ K_2Cr_2O_7 \cdot \frac{1\ mol\ K_2Cr_2O_7}{294'2\ g\ K_2Cr_2O_7} \cdot \frac{6\ mol\ NaI}{1\ mol\ K_2Cr_2O_7} = 1\ mol\ NaI$$

* Molaridad de la disolución de NaI: $c_M = \frac{n_s}{V_D} = \frac{1\ mol}{0'030\ L} = \boxed{33'3\ M}$

---

9) Se desea construir una pila en la que el cátodo sea el electrodo Cu^{2+}/Cu. Para el ánodo se dispone de los electrodos: I_2/I^- y Al^{3+}/Al.
a) Razone cuál de los dos electrodos se podrá utilizar como ánodo.
b) Escriba e identifique las semirreacciones de oxidación y reducción.
c) Calcule el potencial de la pila.
Datos: $E^o(Cu^{2+}/Cu) = 0'34$ V; $E^o(Al^{3+}/Al) = -1'67$ V; $E^o(I_2/I^-) = 0'54$ V.

a) Se podrá utilizar el electrodo de Al^{3+}/Al. Para que una pila funcione, el potencial de la pila debe ser positivo:

$$E^o_{pila} = (E^o_{reducción})_{cátodo} - (E^o_{reducción})_{ánodo} > 0 \quad \Rightarrow \quad (E^o_{reducción})_{cátodo} > (E^o_{reducción})_{ánodo} \quad \Rightarrow$$

$$\Rightarrow \quad E^o(Cu^{2+}/Cu) = 0'34\ V > (E^o_{reducción})_{ánodo}$$

De los dos electrodos posibles, el único que cumple esta condición es el de Al^{3+}/Al.

b) * Semirreacción de oxidación: $Al - 3\ e^- \rightarrow Al^{3+}$

* Semirreacción de reducción: $Cu^{2+} + 2\ e^- \rightarrow Cu$

c) * Potencial de la pila:

$$E^o_{pila} = (E^o_{reducción})_{cátodo} - (E^o_{reducción})_{ánodo} = E^o(Cu^{2+}/Cu) - E^o(Al^{3+}/Al) = 0'34 - (-1'67) = \boxed{2'01\ V}$$

---

10) El permanganato de potasio reacciona con peróxido de hidrógeno en disolución de ácido sulfúrico dando lugar a sulfato de manganeso(II), agua, oxígeno y sulfato de potasio:

$$KMnO_4 + H_2O_2 + H_2SO_4 \rightarrow MnSO_4 + H_2O + O_2 + K_2SO_4$$

a) Ajuste las ecuaciones iónica y molecular por el método del ion-electrón.
b) Si se consumen 20 mL de una disolución 0'2 M de $KMnO_4$ para valorar 100 mL de H_2O_2 ¿cuál será la concentración del H_2O_2?

a) * Números de oxidación:

$$\overset{+1}{K}\,\overset{+7}{Mn}\,\overset{-2}{O_4}+\overset{+1}{H_2}\,\overset{-1}{O_2}+\overset{+1}{H_2}\,\overset{+6}{S}\,\overset{-2}{O_4} \rightarrow \overset{+2}{Mn}\,\overset{+6}{S}\,\overset{-2}{O_4}+\overset{+1}{H_2}\,\overset{-2}{O}+\overset{0}{O_2}+\overset{+1}{K_2}\,\overset{+6}{S}\,\overset{-2}{O_4}$$

* Semirreacción de oxidación: $5\cdot(H_2O_2 - 2\,e^- \rightarrow O_2 + 2\,H^+)$

* Semirreacción de reducción: $2\cdot(MnO_4^- + 8\,H^+ + 5\,e^- \rightarrow Mn^{2+} + 4\,H_2O)$

* Ecuación iónica: $5\,H_2O_2 + 2\,MnO_4^- + 16\,H^+ \rightarrow 5\,O_2 + 2\,Mn^{2+} + 10\,H^+ + 8\,H_2O$

$$\boxed{5\,H_2O_2 + 2\,MnO_4^- + 6\,H^+ \rightarrow 5\,O_2 + 2\,Mn^{2+} + 8\,H_2O}$$

* Ecuación molecular: $\boxed{2\,KMnO_4 + 5\,H_2O_2 + 3\,H_2SO_4 \rightarrow 2\,MnSO_4 + 8\,H_2O + 5\,O_2 + K_2SO_4}$

b) * Número de moles de H_2O_2:

$$n = \frac{0'2\,mol\,KMnO_4}{1\,L\,disolución}\cdot 0'020\text{ L disolución}\cdot\frac{5\,mol\,H_2O_2}{2\,mol\,KMnO_4} = 0'01\text{ mol }H_2O_2$$

* Concentración de la disolución de H_2O_2: $c_M = \dfrac{n_s}{V_D} = \dfrac{0'01\,mol}{0'100\,L} = \boxed{0'1\text{ M}}$

---

11) El dióxido de manganeso reacciona con clorato de potasio en medio básico para obtener permanganato de potasio, cloruro de potasio y agua.

$$MnO_2 + KClO_3 + KOH \rightarrow KMnO_4 + KCl + H_2O$$

a) Ajuste las ecuaciones iónica y molecular por el método del ion-electrón.
b) Calcule la riqueza en MnO_2 de una muestra si 1 g de ésta reacciona con 0'35 g de $KClO_3$.
Datos: Masas atómicas relativas: O = 16; Cl = 35'5; K = 39'1; Mn = 55.

a) * Números de oxidación: $\overset{+4}{Mn}\,\overset{-2}{O_2}+\overset{+1}{K}\,\overset{+5}{Cl}\,\overset{-2}{O_3}+\overset{+1}{K}\,\overset{-2}{O}\,\overset{+1}{H} \rightarrow \overset{+1}{K}\,\overset{+7}{Mn}\,\overset{-2}{O_4}+\overset{+1}{K}\,\overset{-1}{Cl}+\overset{+1}{H_2}\,\overset{-2}{O}$

* Semirreacción de oxidación: $2\cdot(MnO_2 + 2\,H_2O - 3\,e^- \rightarrow MnO_4^- + 4\,H^+)$

* Semirreacción de reducción: $ClO_3^- + 6\,H^+ + 6\,e^- \rightarrow Cl^- + 3\,H_2O$

* Ecuación iónica: $2\,MnO_2 + ClO_3^- + 6\,H^+ + 4\,H_2O \rightarrow 2\,MnO_4^- + Cl^- + 3\,H_2O + 8\,H^+$

$$2\,MnO_2 + ClO_3^- + H_2O \rightarrow 2\,MnO_4^- + Cl^- + 2\,H^+$$

Y como es en medio básico, añadimos OH^- en ambos miembros:

$$2\,MnO_2 + ClO_3^- + H_2O + 2\,OH^- \rightarrow 2\,MnO_4^- + Cl^- + 2\,H^+ + 2\,OH^-$$

$$2\,MnO_2 + ClO_3^- + H_2O + 2\,OH^- \rightarrow 2\,MnO_4^- + Cl^- + 2\,H_2O$$

$$\boxed{2\,MnO_2 + ClO_3^- + 2\,OH^- \rightarrow 2\,MnO_4^- + Cl^- + H_2O}$$

* Ecuación molecular: $\boxed{2\,MnO_2 + KClO_3 + 2\,KOH \rightarrow 2\,KMnO_4 + KCl + H_2O}$

b) * Masa molecular del $KClO_3$: M = 39'1 + 35'5 + 3·16 = 122'6 $\frac{g}{mol}$

* Masa molecular del MnO_2: M = 55 + 2·16 = 87 $\frac{g}{mol}$

* Masa de MnO_2 puro:

$$m = 0'35\ g\ KClO_3 \cdot \frac{1\ mol\ KClO_3}{122'6\ g\ KClO_3} \cdot \frac{2\ mol\ MnO_2}{1\ mol\ KClO_3} \cdot \frac{87\ g\ MnO_2}{1\ mol\ MnO_2} = 0'497\ g\ MnO_2$$

* Riqueza de la muestra: $\text{Riqueza} = \frac{masa\ MnO_2 \cdot 100}{masa\ muestra} = \frac{0'497 \cdot 100}{1} = \boxed{49'7\ \%}$

2022

12) El hierro reacciona con el ácido sulfúrico según la reacción:

$$Fe + H_2SO_4 \rightarrow Fe_2(SO_4)_3 + SO_2 + H_2O$$

a) Ajuste las ecuaciones iónica y molecular por el método del ion-electrón.
b) Si una muestra de 1'25 g de hierro impuro ha consumido 85 mL de disolución 0'5 M de H_2SO_4, calcule su riqueza en hierro.
Dato: Masa atómica relativa: Fe = 55'8.

a) * Números de oxidación: $\overset{0}{Fe} + \overset{+1}{H_2}\overset{+6}{S}\overset{-2}{O_4} \rightarrow \overset{+3}{Fe_2}(\overset{+6}{S}\overset{-2}{O_4})_3 + \overset{+4}{S}\overset{-2}{O_2} + \overset{+1}{H_2}\overset{-2}{O}$

* Semirreacciones: $2\cdot(Fe - 3\,e^- \rightarrow Fe^{3+})$

$3\cdot(SO_4^{2-} + 4\,H^+ + 2\,e^- \rightarrow SO_2 + 2\,H_2O)$

---

* Ecuación iónica: $\boxed{2\,Fe + 3\,SO_4^{2-} + 12\,H^+ \rightarrow 2\,Fe^{3+} + 3\,SO_2 + 6\,H_2O}$

* Ecuación molecular: $\boxed{2\,Fe + 6\,H_2SO_4 \rightarrow Fe_2(SO_4)_3 + 3\,SO_2 + 6\,H_2O}$

b) * Número de moles de H_2SO_4: $n = c_M \cdot V = 0'5\ \frac{mol}{L} \cdot 0'085\ L = 0'0425\ mol\ H_2SO_4$

* Masa de hierro puro en la muestra:

$$m_{Fe} = 0'0425\ mol\ H_2SO_4 \cdot \frac{2\ mol\ Fe}{6\ mol\ H_2SO_4} \cdot \frac{55'8\ g\ Fe}{1\ mol\ Fe} = 0'791\ g\ Fe$$

* Riqueza en hierro: Riqueza = $\frac{Masa\ de\ hierro \cdot 100}{Masa\ de\ la\ muestra} = \frac{0'791 \cdot 100}{1'25} = \boxed{63'3\ \%}$

---

13) La notación correspondiente a la pila Daniell es:

$Zn(s)\ |\ Zn^{2+}(aq, 1\ M)\ |\ |\ Cu^{2+}(aq, 1\ M)\ |\ Cu(s)\quad \Delta E^0 = 1'10\ V$

a) Escriba la semirreacción que ocurre en el ánodo.

b) Sabiendo que el potencial estándar de reducción del electrodo $Cu^{2+}/\ Cu$ es 0'34 V, determine el potencial estándar de reducción del electrodo $Zn^{2+}/\ Zn$.

c) Razone si, al cambiar el electrodo de cinc por uno de plomo, aumenta o disminuye el potencial de la pila. Dato: $E^0(Pb^{2+}/\ Pb) = -\ 0'13$ V.

a) * Semirreacción del ánodo: $Zn(s) - 2\ e^- \rightarrow Zn^{2+}(ac)$

b) * Potencial estándar de reducción del cinc:

$$E^0_{pila} = E^0_{cátodo} - E^0_{ánodo} \Rightarrow E^0_{ánodo} = E^0_{cátodo} - E^0_{pila} = 0'34 - 1'10 = \boxed{-\ 0'76\ V}$$

c) $E^0_{pila} = E^0_{cátodo} - E^0_{ánodo} = 0'34 - (-\ 0'13) = 0'34 + 0'13 = 0'47\ V$

Disminuye porque el potencial de la pila es tanto mayor cuanto menor o más negativo sea el potencial de reducción estándar del ánodo.

---

14) Se dispone de una celda electrolítica que contiene $CaCl_2$ fundido. Si se hace pasar una corriente de 0'452 amperios durante 1'5 horas, calcule:

a) La cantidad, en gramos, de Ca que se depositará en el cátodo.

b) El volumen de Cl_2, medido a 700 mm Hg y 25 ºC, que se desprenderá.

Datos: $F = 95500\ C\cdot mol^{-1}$; $R = 0'082\ atm\cdot L\cdot mol^{-1}\cdot K^{-1}$; Masas atómicas relativas: Cl=35'5; Ca=40'1.

a) * Fusión del $CaCl_2$: $CaCl_2(s) \rightarrow Ca^{2+}(fundido) + 2\ Cl^-(fundido)$

* Semirreacción del cátodo: $Ca^{2+} + 2\ e^- \rightarrow Ca$

* Cantidad de corriente: $I = \frac{Q}{t} \Rightarrow Q = I\cdot t = 0'452\ A\cdot 1'5\ h\cdot \frac{3600\ s}{1\ h} = 2441\ C$

* Masa de Ca depositada: $m = 2441\ C\cdot \frac{1\ mol\ e^-}{96500\ C} \cdot \frac{1\ mol\ Ca}{2\ mol\ e^-} \cdot \frac{40'1\ g\ Ca}{1\ mol\ Ca} = \boxed{0'507\ g\ Ca}$

b) * Semirreacción del ánodo: $2\ Cl^- - 2\ e^- \rightarrow Cl_2$

* Moles de cloro desprendidos: $n = 2441\ C\cdot \frac{1\ mol\ e^-}{96500\ C} \cdot \frac{1\ mol\ Cl_2}{2\ mol\ e^-} = 0'0126\ mol\ Cl_2$

* Volumen de cloro desprendido:

$$V = \frac{n \cdot R \cdot T}{P} = \frac{0'0126 \cdot 0'082 \cdot 298}{\frac{700}{760}} = \frac{0'0126 \cdot 0'082 \cdot 298 \cdot 760}{700} = \boxed{0'334 \text{ L } Cl_2}$$

---

15) Se construye una pila galvánica formada por un electrodo de plata metálica sumergido en una disolución 1 M de iones Ag^+ y un electrodo de plomo sumergido en una disolución 1 M de Pb^{2+}.
a) Escriba la reacción global ajustada de la pila.
b) Determine el potencial de la pila.
c) Escriba la notación de la pila.
Datos: $E^o(Ag^+/Ag) = 0'80$ V; $E^o(Pb^{2+}/Pb) = -0'13$ V.

a) * Semirreacción del cátodo: $2 \cdot (Ag^+ + 1\ e^- \rightarrow Ag)$

* Semirreacción del ánodo: $Pb - 2\ e^- \rightarrow Pb^{2+}$

$$\boxed{2\ Ag^+ + Pb \rightarrow 2\ Ag + Pb^{2+}}$$

b) * Potencial de la pila: $E^0_{pila} = E^0_{cátodo} - E^0_{ánodo} = 0'80 - (-0'13) = \boxed{0'93 \text{ V}}$

c) * Notación de la pila: (-) Pb(s) | Pb^{2+}(ac, 1 M) | | Ag^+(ac, 1 M) | Ag(s) (+)

---

16) Teniendo en cuenta la siguiente reacción: $KClO_3 + KOH + CoCl_2 \rightarrow KCl + Co_2O_3 + H_2O$
a) Ajuste las ecuaciones iónica y molecular por el método del ion-electrón.
b) Calcule razonadamente la masa de KCl que se obtiene al hacer reaccionar 2 g de $KClO_3$ con 5 g de $CoCl_2$ y exceso de KOH.
Datos: Masas atómicas relativas: K = 39'1; Cl = 35'5; O = 16; Co = 58'9.

* Números de oxidación: $\overset{+1}{K}\overset{+5}{Cl}\overset{-2}{O_3} + \overset{+1}{K}\overset{-2}{O}\overset{+1}{H} + \overset{+2}{Co}\overset{-1}{Cl_2} \rightarrow \overset{+1}{K}\overset{-1}{Cl} + \overset{+3}{Co_2}\overset{-2}{O_3} + \overset{+1}{H_2}\overset{-2}{O}$

* Semirreacciones: $ClO_3^- + 3\ H_2O + 6\ e^- \rightarrow Cl^- + 6\ OH^-$

$3 \cdot (2\ Co^{2+} + 6\ OH^- - 2\ e^- \rightarrow Co_2O_3 + 3\ H_2O)$

* Ecuación iónica: $ClO_3^- + 6\ Co^{2+} + 3\ H_2O + 18\ OH^- \rightarrow Cl^- + 3\ Co_2O_3 + 6\ OH^- + 9\ H_2O$

$$\boxed{ClO_3^- + 6\ Co^{2+} + 12\ OH^- \rightarrow Cl^- + 3\ Co_2O_3 + 6\ H_2O}$$

* Ecuación molecular: $\boxed{KClO_3 + 12\ KOH + 6\ CoCl_2 \rightarrow 13\ KCl + 3\ Co_2O_3 + 6\ H_2O}$

b) * Masa molecular del $KClO_3$: $M = 39'1 + 35'5 + 16\cdot 3 = 122'6 \ \frac{g}{mol}$

* Masa molecular del $CoCl_2$: $M = 58'9 + 2\cdot 35'5 = 129'9 \ \frac{g}{mol}$

* Número de moles de $KClO_3$: $n = \frac{m}{M} = \frac{2}{122'6} = 0'0163$ mol

* Número de moles de $CoCl_2$: $n = \frac{m}{M} = \frac{5}{129'9} = 0'0385$ mol

* Determinación del limitante:

$$KClO_3: \quad \frac{moles\ reales}{moles\ de\ la\ ecuación\ ajustada} = \frac{0'0163}{1} = 0'0163$$

$$CoCl_2: \quad \frac{moles\ reales}{moles\ de\ la\ ecuación\ ajustada} = \frac{0'0385}{6} = 6'42\cdot 10^{-3}$$

El menor de estos cocientes es el del $CoCl_2$, luego éste es el limitante.

* Masa molecular del KCl: $M = 39'1 + 35'5 = 74'6 \ \frac{g}{mol}$

* Masa de KCl que se obtiene: $m = 0'0385 \text{ mol } CoCl_2 \cdot \frac{13\ mol\ KCl}{6\ mol\ CoCl_2} \cdot \frac{74'6\ g\ KCl}{1\ mol\ KCl} = \boxed{6'22 \text{ g KCl}}$

---

17) El ácido hipocloroso (HClO) reacciona con fósforo blanco (P_4) según la reacción:

$$HClO + P_4 + H_2O \Rightarrow H_3PO_4 + HCl$$

a) Ajuste las ecuaciones iónica y molecular por el método del ion-electrón.
b) Calcule la masa de P_4 necesaria para obtener 100 g de H_3PO_4 teniendo en cuenta que la reacción tiene un rendimiento del 70 %.
Datos: Masas atómicas relativas: P = 31; H = 1; O = 16.

* Números de oxidación: $\overset{+1}{H}\overset{+1}{Cl}\overset{-2}{O} + \overset{0}{P_4} + \overset{+1}{H_2}\overset{-2}{O} \rightarrow \overset{+1}{H_3}\overset{+5}{P}\overset{-2}{O_4} + \overset{+1}{H}\overset{-1}{Cl}$

* Semirreacciones: $10\cdot(ClO^- + 2\ H^+ + 2\ e^- \rightarrow Cl^- + H_2O)$

$P_4 + 16\ H_2O - 20\ e^- \rightarrow 4\ PO_4^{3-} + 32\ H^+$

---

* Ecuación iónica: $10\ ClO^- + P_4 + 20\ H^+ + 16\ H_2O \rightarrow 10\ Cl^- + 4\ PO_4^{3-} + 10\ H_2O + 32\ H^+$

$$\boxed{10\ ClO^- + P_4 + 6\ H_2O \rightarrow 10\ Cl^- + 4\ PO_4^{3-} + 12\ H^+}$$

* Ecuación molecular: $\boxed{10\ HClO + P_4 + 6\ H_2O \rightarrow 4\ H_3PO_4 + 10\ HCl}$

b) * Masa molecular del H_3PO_4: $M = 3 \cdot 1 + 31 + 4 \cdot 16 = 98\ \frac{g}{mol}$

* Masa molecular del P_4: $M = 4 \cdot 31 = 124\ \frac{g}{mol}$

* Masa teórica necesaria de P_4:

$$m = 100\ g\ H_3PO_4 \cdot \frac{1\,mol\,H_3PO_4}{98\,g\,H_3PO_4} \cdot \frac{1\,mol\,P_4}{4\,mol\,H_3PO_4} \cdot \frac{124\,g\,P_4}{1\,mol\,P_4} = 31'6\ g\ P_4$$

* Masa real de P_4:

$$\text{Rendimiento} = \frac{masa\,teórica\,reactivo \cdot 100}{masa\,real\,reactivo} \Rightarrow \text{masa real reactivo} = \frac{masa\,teórica\,reactivo \cdot 100}{rendimiento} =$$

$$= \frac{31'6 \cdot 100}{70} = \boxed{45'1\ g\ P_4}$$

---

18) Para la siguiente reacción: $KClO_3 + FeCl_2 + HCl \Rightarrow FeCl_3 + KCl + H_2O$
a) Ajuste las ecuaciones iónica y molecular por el método del ion-electrón.
b) Calcule la concentración en gramos por litro de una disolución de $FeCl_2$, sabiendo que 50 mL de la misma han reaccionado con 15 mL de una disolución 0'25 M de $KClO_3$.
Datos: Masas atómicas relativas: Fe = 55'8; Cl = 35'5.

a) * Números de oxidación: $\overset{+1}{K}\overset{+5}{Cl}\overset{-2}{O_3} + \overset{+2}{Fe}\overset{-1}{Cl_2} + \overset{+1}{H}\overset{-1}{Cl} \rightarrow \overset{+3}{Fe}\overset{-1}{Cl_3} + \overset{+1}{K}\overset{-1}{Cl} + \overset{+1}{H_2}\overset{-2}{O}$

* Semirreacciones: $ClO_3^- + 6\ H^+ + 6\ e^- \rightarrow Cl^- + 3\ H_2O)$

$6 \cdot (Fe^{2+} - 1\ e^- \rightarrow Fe^{3+})$

---

* Ecuación iónica: $ClO_3^- + 6\ Fe^{2+} + 6\ H^+ \rightarrow Cl^- + 6\ Fe^{3+} + 3\ H_2O$

* Ecuación molecular: $\boxed{KClO_3 + 6\ FeCl_2 + 6\ HCl \rightarrow 6\ FeCl_3 + KCl + 3\ H_2O}$

b) * Moles de $FeCl_2$ que han reaccionado:

$$n = \frac{0'25\,mol\,KClO_3}{1\,L} \cdot 0'015\ L \cdot \frac{6\,mol\,FeCl_2}{1\,mol\,KClO_3} = 0'0225\ mol\ FeCl_2$$

* Masa molecular del $FeCl_2$: $M = 55'8 + 2 \cdot 35'5 = 126'8\ \frac{g}{mol}$

* Concentración de $FeCl_2$ en gramos por litro: $c = \frac{m_s}{V_D} = \frac{n_s \cdot M_s}{V_D} = \frac{0'0225 \cdot 126'8}{0'050} = \boxed{57'1 \ \frac{g}{L}}$

---

19) Utilizando los siguientes potenciales estándar de reducción:

$E^o(Cu^{2+}/Cu) = 0'34$ V; $E^o(Mg^{2+}/Mg) = -2'37$ V y $E^o(Ni^{2+}/Ni) = -0'25$ V

a) Explique si se producirá de forma espontánea la reacción: $Mg^{2+} + Cu \Rightarrow Mg + Cu^{2+}$

b) Calcule el potencial estándar de la pila formada con los electrodos de cobre y níquel.

c) Justifique cuál de los tres cationes Cu^{2+}, Ni^{2+} y Mg^{2+} es más oxidante.

a) No se producirá espontáneamente.

* Semirreacción del cátodo: $Mg^{2+} + 2\ e^- \rightarrow Mg$

* Semirreacción del ánodo: $Cu - 2\ e^- \rightarrow Cu^{2+}$

* Potencial de la pila: $E^0_{pila} = E^0_{cátodo} - E^0_{ánodo} = -2'37 - (-0'34) = -2'03$ V

La pila no funcionará espontáneamente pues: $E^0_{pila} < 0$. Para que una reacción sea espontánea, su energía libre de Gibbs (ΔG^0) tiene que ser negativa o, lo que es lo mismo, su potencial (E^0) debe ser positivo, pues: $\Delta G^0 = -n \cdot F \cdot E^0$

b) * Semirreacción del cátodo: $Cu^{2+} + 2\ e^- \rightarrow Cu$

* Semirreacción del ánodo: $Ni - 2\ e^- \rightarrow Ni^{2+}$

* Potencial de la pila: $E^0_{pila} = E^0_{cátodo} - E^0_{ánodo} = 0'34 - (-0'25) = \boxed{+0'59 \text{ V}}$

c) El Cu^{2+}. Un oxidante es una especie que oxida a otra y ella misma, por tanto, se reduce. Cuanto mayor sea su capacidad de reducirse, mayor será su capacidad de oxidar. Este carácter oxidante mayor lo da la especie de mayor potencial de reducción, es decir, el Cu^{2+}.

---

20) Mediante la electrolisis de sales fundidas se pueden obtener metales puros.

a) Escriba la semirreacción que tiene lugar en el cátodo y calcule la carga eléctrica necesaria para depositar 25 g de Ni a partir de $NiSO_4$ fundido.

b) Determine la masa atómica del cobre si, al hacer pasar una corriente de 10 A durante 45 minutos a través de $CuSO_4$ fundido, se depositan 8'89 g de Cu.

Datos: F = 96500 $C \cdot mol^{-1}$; Masa atómica relativa: Ni = 58'7.

a) * Semirreacción en el cátodo: $Ni^{2+} + 2\ e^- \rightarrow Ni$

* Carga eléctrica necesaria: $Q = 25 \text{ g Ni} \cdot \frac{1\ mol \text{ Ni}}{58'7\ g \text{ Ni}} \cdot \frac{2\ mol\ e^-}{1\ mol \text{ Ni}} \cdot \frac{96500\ C}{1\ mol\ e^-} = \boxed{8'22 \cdot 10^4 \text{ C}}$

b) * Semirreacción en el cátodo: $Cu^{2+} + 2\ e^- \rightarrow Cu$

* Carga eléctrica utilizada: $I = \frac{Q}{t} \Rightarrow Q = I \cdot t = 10\ A \cdot 45\ min \cdot \frac{60\ s}{1\ min} = 2'7 \cdot 10^4\ C$

* Número de moles de Cu depositados: $n = 2'7 \cdot 10^4\ C \cdot \frac{1\ mol\ e^-}{96500\ C} \cdot \frac{1\ mol\ Cu}{2\ mol\ e^-} = 0'14\ mol\ Cu$

* Masa atómica del Cu: $n = \frac{m}{M} \Rightarrow M = \frac{m}{n} = \frac{8'89\ g}{0'14\ mol} = \boxed{63'5\ \frac{g}{mol}}$

2021

21) Una muestra de 3'25 g de nitrito de potasio impuro, disuelta en agua acidificada con ácido sulfúrico, se hace reaccionar con permanganato de potasio:

$$KNO_2 + KMnO_4 + H_2SO_4 \rightarrow KNO_3 + K_2SO_4 + MnSO_4 + H_2O$$

a) Ajuste las ecuaciones iónica y molecular por el método del ion-electrón.
b) Calcule la riqueza en KNO_2 de la muestra inicial si se han consumido 50 mL de $KMnO_4$ 0'2 M.
Datos: Masas atómicas relativas: K: 39; O: 16; N: 14.

a) * Números de oxidación:

$$\overset{+1}{K}\overset{+3}{N}\overset{-2}{O_2} + \overset{+1}{K}\overset{+7}{Mn}\overset{-2}{O_4} + \overset{+1}{H_2}\overset{+6}{S}\overset{-2}{O_4} \rightarrow \overset{+1}{K}\overset{+5}{N}\overset{-2}{O_3} + \overset{+1}{K_2}\overset{+6}{S}\overset{-2}{O_4} + \overset{+2}{Mn}\overset{+6}{S}\overset{-2}{O_4} + \overset{+1}{H_2}\overset{-2}{O}$$

* Semirreacciones: $5 \cdot (NO_2^- + H_2O - 2\ e^- \rightarrow NO_3^- + 2\ H^+)$

$2 \cdot (MnO_4^- + 8\ H^+ + 5\ e^- \rightarrow Mn^{2+} + 4\ H_2O)$

---

* Ecuación iónica: $5\ NO_2^- + 5\ H_2O + 2\ MnO_4^- + 16\ H^+ \rightarrow 5\ NO_3^- + 10\ H^+ + 2\ Mn^{2+} + 8\ H_2O$

$$\boxed{5\ NO_2^- + 2\ MnO_4^- + 6\ H^+ \rightarrow 5\ NO_3^- + 2\ Mn^{2+} + 3\ H_2O}$$

* Ecuación molecular:

$$\boxed{5\ KNO_2 + 2\ KMnO_4 + 3\ H_2SO_4 \rightarrow 5\ KNO_3 + K_2SO_4 + 2\ MnSO_4 + 3\ H_2O}$$

b) * Masa de KNO_2:

$$m = \frac{0'2\ mol\ KMnO_4}{1\ L\ disolución} \cdot 0'050\ L\ disolución \cdot \frac{5\ mol\ KNO_2}{2\ mol\ KMnO_4} \cdot \frac{85\ g\ KNO_2}{1\ mol\ KNO_2} = 2'12\ g\ KNO_2$$

* Riqueza de la muestra de KNO_2:

$$Riqueza = \frac{masa\ de\ KNO_2\ puro \cdot 100}{masa\ total\ de\ muestra} = \frac{2'12 \cdot 100}{3'25} = \boxed{65'2\ \%}$$

---

22) La reacción entre $KMnO_4$ y HCl en disolución permite obtener Cl_2 gaseoso, además de $MnCl_2$, KCl y agua.
a) Ajuste las ecuaciones iónica y molecular por el método del ion-electrón.
b) Calcule la masa de $KMnO_4$ que reacciona con 25 mL de una disolución de HCl del 30 % de riqueza en masa cuya densidad es 1'15 g·mL^{-1}.
Datos: masas atómicas relativas: Mn: 55, K: 39, Cl: 35'5, O: 16, H: 1.
a) * Números de oxidación:

$$\overset{+1}{K}\,\overset{+7}{Mn}\,\overset{-2}{O_4} + \overset{+1}{H}\,\overset{-1}{Cl} \rightarrow \overset{0}{Cl_2} + \overset{+2}{Mn}\,\overset{-1}{Cl_2} + \overset{+1}{K}\,\overset{-1}{Cl} + \overset{+1}{H_2}\,\overset{-2}{O}$$

* Semirreacciones: $2\cdot(MnO_4^- + 8\,H^+ + 5\,e^- \rightarrow Mn^{2+} + 4\,H_2O)$

$5\cdot(2\,Cl^- - 2\,e^- \rightarrow Cl_2)$

* Ecuación iónica: $\boxed{2\,MnO_4^- + 10\,Cl^- + 16\,H^+ \rightarrow 2\,Mn^{2+} + 5\,Cl_2 + 8\,H_2O}$

* Ecuación molecular: $\boxed{2\,KMnO_4 + 16\,HCl \rightarrow 5\,Cl_2 + 2\,MnCl_2 + 2\,KCl + 8\,H_2O}$

b) * Moles de HCl:

$$n = \frac{30\,g\,HCl}{100\,g\,disolución} \cdot \frac{1\,mol\,HCl}{36'5\,g\,HCl} \cdot \frac{1'15\,g\,disolución}{1\,mL\,disolución} \cdot 25\text{ mL disolución} = 0'236\text{ mol HCl}$$

* Masa de $KMnO_4$ que reacciona:

$$m = 0'236\text{ mol HCl}\cdot \frac{2\,mol\,KMnO_4}{16\,mol\,HCl} \cdot \frac{158\,g\,KMnO_4}{1\,mol\,KMnO_4} = \boxed{4'66\text{ g }KMnO_4}$$

---

23) Indique razonadamente si son verdaderas o falsas las siguientes afirmaciones:
a) Una cucharilla de aluminio se disuelve al introducirla en una disolución de $CuSO_4$.
b) Las disoluciones acuosas de Fe^{2+} no son estables y se oxidan en presencia de oxígeno.
c) El cobre no reacciona con HCl, pero sí con HNO_3.
Datos: Eº(Al^{3+}/ Al) = -1'66 V; Eº(Cu^{2+}/ Cu) = 0'34 V; Eº(Fe^{3+}/ Fe^{2+}) = 0'77 V;
Eº(O_2/ H_2O) = 1'23 V; Eº(H^+/ H_2) = 0'00 V; Eº(NO_3^-/ NO_2) = 0'80 V.

Una reacción ocurre cuando es espontánea. Una reacción es espontánea cuando ocurre por sí misma, sin la intervención de un agente externo. Para que una reacción sea espontánea, su energía libre de Gibbs (ΔG^0) tiene que ser negativa o, lo que es lo mismo, su potencial (E^0) debe ser positivo, pues:

$$\Delta G^0 = -\,n\cdot F\cdot E^0$$

a) Verdadera.
* Disociación del $CuSO_4$: $CuSO_4(s) \Rightarrow Cu^{2+}(ac) + SO_4^{2-}(ac)$

* Semirreacciones: $Cu^{2+} + 2\,e^- \rightarrow Cu$ + 0'34 V

$Al - 3\,e^- \rightarrow Al^{3+}$ + 1'66 V

$Cu^{2+} + Al \rightarrow Cu + Al^{3+}$ $E^0 = 0'34 + 1'66 = + 2\ V$

Como $E^0 > 0$, la reacción es espontánea y la cucharilla de aluminio se disolverá en una disolución de $CuSO_4$.

b) Verdadera.

* Semirreacciones: $2 \cdot (Fe^{2+} - 1\ e^- \rightarrow Fe^{3+})$ $- 0'77\ V$

$\frac{1}{2}\ O_2 + 2\ H^+ + 2\ e^- \rightarrow H_2O$ $+ 1'23\ V$

$2\ Fe^{2+} + \frac{1}{2}\ O_2 + 2\ H^+ \rightarrow 2\ Fe^{3+} + H_2O$ $E^0 = - 0'77 + 1'23 = + 0'46\ V$

O bien: $4\ Fe^{2+} + O_2 + 4\ H^+ \rightarrow 4\ Fe^{3+} + 2\ H_2O$

Como $E^0 > 0$, la reacción es espontánea y las disoluciones acuosas de Fe^{2+} no son estables y se oxidan en presencia de oxígeno

c) Verdadera.

* Reacciones de disociación: $HCl \rightarrow H^+ + Cl^-$; $HNO_3 \rightarrow H^+ + NO_3^-$

* Semirreacciones: $Cu - 2\ e^- \rightarrow Cu^{2+}$ $- 0'34\ V$

$2\ H^+ + 2\ e^- \rightarrow H_2$ $+ 0'00\ V$

$Cu^{2+} + 2\ H^+ \rightarrow Cu + H_2$ $E^0 = - 0'34\ V$

Como $E^0 < 0$, la reacción es no espontánea y el cobre no se disuelve en HCl.

$Cu - 2\ e^- \rightarrow Cu^{2+}$ $- 0'34\ V$

$2 \cdot (NO_3^- + 2\ H^+ + 1\ e^- \rightarrow NO_2 + H_2O)$ $+ 0'80\ V$

$Cu + 2\ NO_3^- + 4\ H^+ \rightarrow Cu^{2+} + 2\ NO_2 + 2\ H_2O$ $E^0 = - 0'34 + 0'80 = + 0'46\ V$

Como $E^0 > 0$, la reacción es espontánea y el cobre se disuelve en HNO_3.

---

24) Una pila electroquímica está compuesta por dos electrodos de Ag y Cu introducidos en una disolución 1 M de $AgNO_3$ y 1 M de $Cu(NO_3)_2$, respectivamente.

a) Escriba las semirreacciones de oxidación y reducción que tienen lugar e identifique el oxidante y el reductor de la reacción rédox.

b) Escriba la notación de barras de la pila.

c) Calcule la f.e.m. de la pila.

Datos: $E^o(Ag^+/\ Ag) = 0'80\ V$; $E^o(Cu^{2+}/\ Cu) = 0'34\ V$.

a) Para que la pila funcione, tiene que tener un potencial normal positivo. Luego las semirreacciones son:

* Semirreacción de reducción: $Ag^+ + 1\ e^- \rightarrow Ag$

* Semirreacción de oxidación: $Cu - 2\ e^- \rightarrow Cu^{2+}$

El oxidante es la especie que se reduce, es decir, el ion Ag^+. El reductor es la especie que se oxida, es decir, el Cu.

b) * Notación de barras de la pila: (–) Cu(s) | Cu^{2+}(ac) || Ag^+(ac) | Ag(s) (+)

c) * Fuerza electromotriz de la pila: $E^0 = E^0_{cátodo} - E^0_{ánodo} = 0'80 - 0'34 = \boxed{+\ 0'46\ V}$

---

25) Se realiza la electrolisis completa de 500 mL de una disolución de $NiSO_4$ durante 15 minutos y se depositan 1'8 g de níquel en el cátodo.
a) Escriba la semirreacción correspondiente y calcule la intensidad de corriente que ha circulado por la celda.
b) Calcule la molaridad de la disolución inicial.
Datos: F = 96500 C·mol^{-1}; Masa atómica relativa: Ni = 58'7.

a) * Disociación de la sal: $NiSO_4 \rightarrow Ni^{2+} + SO_4^{2-}$

* Semirreacción del níquel: $\boxed{Ni^{2+} + 2\ e^- \rightarrow Ni}$

* Carga necesaria: $Q = 1'8\ g\ Ni \cdot \dfrac{1\ mol\ Ni}{58'7\ g\ Ni} \cdot \dfrac{2\ mol\ e^-}{1\ mol\ Ni} \cdot \dfrac{96500\ C}{1\ mol\ e^-} = 5918\ C$

* Intensidad de corriente: $I = \dfrac{Q}{t} = \dfrac{5918}{15 \cdot 60} = \boxed{6'58\ A}$

b) * Número de moles de $NiSO_4$:

$$n_s = 1'8\ g\ Ni \cdot \frac{1\ mol\ Ni}{58'7\ g\ Ni} \cdot \frac{1\ mol\ Ni^{2+}}{1\ mol\ Ni} \cdot \frac{1\ mol\ NiSO_4}{1\ mol\ Ni^{2+}} = 0'0307\ mol\ NiSO_4$$

* Molaridad de la disolución inicial:

$$c_M = \frac{n_s}{V_D} = \frac{0'0307\ mol}{0'5\ L} = \boxed{0'0614\ M}$$

---

26) a) Se hace pasar una corriente de 2'5 A por una celda electrolítica que contiene 500 mL de una disolución 0'5 M de iones Cu^{2+}. Calcule cuánto tiempo debe transcurrir para que la concentración de iones Cu^{2+} se reduzca a la mitad.
b) Calcule el volumen de dicloro (Cl_2), medido a 20 ºC y 720 mm Hg, que se desprende al pasar durante 15 minutos una corriente de 5 A a través de un recipiente que contiene cloruro de calcio ($CaCl_2$) fundido.
Datos: F = 96500 $C\cdot mol^{-1}$; R = 0'082 $atm\cdot L\cdot mol^{-1}\cdot K^{-1}$; Masas atómicas relativas: Cu = 63'5; Cl = 35'5.

a) * Semirreacción de reducción: $Cu^{2+} + 2\,e^- \rightarrow Cu$

* Carga necesaria: $Q = 0'25\ \frac{mol\,Cu^{2+}}{L} \cdot 0'5\ L \cdot \frac{2\,mol\,e^-}{1\,mol\,Cu^{2+}} \cdot \frac{96500\,C}{1\,mol\,e^-} = 2'41\cdot 10^4\ C$

* Tiempo necesario: $I = \frac{Q}{t} \Rightarrow t = \frac{Q}{I} = \frac{2'41\cdot 10^4}{2'5} = \boxed{9640\ s}$

b) * Fusión de la sal: $CaCl_2 \Rightarrow Ca^{2+} + 2\,Cl^-$

* Semirreacción de oxidación: $2\,Cl^- - 2\,e^- \rightarrow Cl_2$
* Carga utilizada: $I = \frac{Q}{t} \Rightarrow Q = I\cdot t = 5\cdot 15\cdot 60 = 4500\ C$

* Moles de Cl_2 desprendidos: $n = 4500\ C\cdot \frac{1\,mol\,e^-}{96500\,C} \cdot \frac{1\,mol\,Cl_2}{2\,mol\,e^-} = 0'0233\ mol\ Cl_2$

* Transformaciones de temperatura y presión:

$$T_K = T_C + 273 = 20 + 273 = 293\ K \quad ; \quad P = \frac{720}{760} = 0'947\ atm$$

* Volumen de Cl_2 desprendido: $V = \frac{n\cdot R\cdot T}{P} = \frac{0'0233\cdot 0'082\cdot 293}{0'947} = \boxed{0'591\ L\ Cl_2}$

---

27) Justifique la veracidad o falsedad de las siguientes afirmaciones:
a) Cuando el ion dicromato ($Cr_2O_7^{2-}$) se reduce hasta Cr^{3+}, gana 3 electrones.
b) En una reacción rédox, el agente oxidante aumenta su número de oxidación al perder electrones.
c) Para la reacción de oxidación de Fe con MnO_4^- para dar Fe^{2+} y Mn^{2+}, el número de electrones que gana 1 mol de oxidante es igual al número de electrones que cede 1 mol de reductor.

a) Falso. Gana 6 electrones. La reacción en medio ácido sería:

$$Cr_2O_7^{2-} + 14\,H^+ + 6\,e^- \rightarrow 2\,Cr^{3+} + 7\,H_2O$$

b) Falso. El agente oxidante se reduce, luego disminuye su número de oxidación al ganar electrones.

c) Falso. Las semirreacciones son:

$$Fe - 2\,e^- \rightarrow Fe^{2+} \quad ; \quad MnO_4^- + 8\,H^+ + 5\,e^- \rightarrow Mn^{2+} + 4\,H_2O$$

El oxidante es el MnO_4^- porque se reduce. El reductor es el Fe porque se oxida. Un mol de oxidante gana 5 moles de electrones y un mol de reductor cede 2 moles de electrones.

---

28) El dióxido de manganeso reacciona con clorato de potasio, en medio básico de hidróxido de potasio, para dar permanganato de potasio, cloruro de potasio y agua:

$$MnO_2 + KClO_3 + KOH \rightarrow KMnO_4 + KCl + H_2O$$

a) Ajuste las ecuaciones iónica y molecular por el método del ion electrón.
b) Calcule la masa de clorato de potasio ($KClO_3$) que reacciona con 25 g de una muestra que tiene una riqueza en MnO_2 del 60 %.
Datos: Masas atómicas relativas: O = 16; Cl = 35'5; K = 39; Mn = 55.

a) * Números de oxidación:

$$\overset{+4}{Mn}\overset{-2}{O_2} + \overset{+1}{K}\overset{+5}{Cl}\overset{-2}{O_3} + \overset{+1}{K}\overset{-2}{O}\overset{+1}{H} \rightarrow \overset{+1}{K}\overset{+7}{Mn}\overset{-2}{O_4} + \overset{+1}{K}\overset{-1}{Cl} + \overset{+1}{H_2}\overset{-2}{O}$$

* Semirreacciones: $2\cdot(MnO_2 + 4\,OH^- - 3\,e^- \rightarrow MnO_4^- + 2\,H_2O)$

$ClO_3^- + 3\,H_2O + 6\,e^- \rightarrow Cl^- + 6\,OH^-$

* Ecuación iónica: $2\,MnO_2 + ClO_3^- + 3\,H_2O + 8\,OH^- \rightarrow 2\,MnO_4^{2-} + Cl^- + 4\,H_2O + 6\,OH^-$

$$\boxed{2\,MnO_2 + ClO_3^- + 2\,OH^- \rightarrow 2\,MnO_4^{2-} + Cl^- + H_2O}$$

* Ecuación molecular: $\boxed{2\,MnO_2 + KClO_3 + 2\,KOH \rightarrow 2\,KMnO_4 + KCl + H_2O}$

b) * Masas moleculares:

$$M_{KClO3} = 39 + 35'5 + 16\cdot3 = 122'5\ \frac{g}{mol} \quad ; \quad M_{MnO2} = 55 + 16\cdot2 = 86\ \frac{g}{mol}$$

* Masa de $KClO_3$:

$$m_{KClO3} = 25\ \text{g muestra}\cdot\ \frac{60\,g\,MnO_2}{100\,g\,muestra}\cdot\frac{1\,mol\,MnO_2}{86\,g\,MnO_2}\cdot\frac{1\,mol\,KClO_3}{2\,mol\,MnO_2}\cdot\frac{122'5\,g\,KClO_3}{1\,mol\,KClO_3} =$$

$$= \boxed{10'7\ g\ KClO_3}$$

---

29) Un método de obtención de dicloro se basa en la oxidación de ácido clorhídrico con ácido nítrico, produciéndose además dióxido de nitrógeno y agua:

$$HCl + HNO_3 \rightarrow Cl_2 + NO_2 + H_2O$$

a) Ajuste las ecuaciones iónica y molecular por el método del ion-electrón.
b) Calcule el rendimiento de la reacción sabiendo que se han obtenido 9'78 L de Cl_2, medido a 25 ºC y 1 atm de presión, cuando han reaccionado 500 mL de HCl 2 M con HNO_3 en exceso.
Dato: R = 0'082 atm·L·K^{-1}·mol^{-1}.

a) * Números de oxidación: $\overset{+1\ -1}{HCl} + \overset{+1\ +5\ -2}{HNO_3} \rightarrow \overset{+0}{Cl_2} + \overset{+4\ -2}{NO_2} + \overset{+1\ -2}{H_2O}$

* Semirreacciones: $2\ Cl^- - 2\ e^- \rightarrow Cl_2$

$2 \cdot (NO_3^- + 2\ H^+ + 1\ e^- \rightarrow NO_2 + H_2O)$

* Ecuación iónica: $\boxed{2\ Cl^- + 2\ NO_3^- + 4\ H^+ \rightarrow Cl_2 + 2\ NO_2 + 2\ H_2O}$

* Ecuación molecular: $\boxed{2\ HCl + 2\ HNO_3 \rightarrow Cl_2 + 2\ NO_2 + 2\ H_2O}$

b) * Número de moles reales de cloro obtenidos: $n = \dfrac{P \cdot V}{R \cdot T} = \dfrac{1 \cdot 9'78}{0'082 \cdot 298} = 0'4 \text{ mol } Cl_2$

* Número de moles del reactivo limitante: $n = c \cdot V = 0'5\ L \cdot 2\ \dfrac{mol}{L} = 1 \text{ mol HCl}$

* Número de moles teóricos de cloro obtenidos: $n = 1 \text{ mol HCl} \cdot \dfrac{1\ mol\ Cl_2}{2\ mol\ HCl} = 0'5 \text{ mol } Cl_2$

* Rendimiento de la reacción:

$$\text{Rendimiento} = \frac{\text{Cantidad real de producto} \cdot 100}{\text{Cantidad teórica de producto}} = \frac{0'4 \cdot 100}{0'5} = \boxed{80\ \%}$$

2020

30) Se construye una pila introduciendo en las semiceldas correspondientes un electrodo de oro y un electrodo de cadmio.
a) Escriba las semirreacciones y la reacción global que tendrá lugar en dicha pila.
b) Indique la sustancia que se oxida, la que se reduce, la oxidante y la reductora.
c) Escriba la notación de la pila y determine el valor de su fuerza electromotriz.
Datos: E^0 (Au^{3+}/Au) = 1'42 V, E^0 (Cd^{2+}/Cd) = – 0'40 V.

a) * Semirreacciones: $\boxed{2 \cdot (Au^{3+} + 3\ e^- \rightarrow Au)}$

$\boxed{3 \cdot (Cd - 2\ e^- \rightarrow Cd^{2+})}$

* Reacción global: $2\ Au^{3+} + 3\ Cd \rightarrow 2\ Au + 3\ Cd^{2+}$

b) Se oxida el Cd, puesto que pierde electrones. Se reduce el Au^{3+}, pues gana electrones. El reductor es el Cd y el oxidante es el Au^{3+}, pues el reductor se oxida y el oxidante se reduce.

c) * Notación general de una pila: Ánodo | Electrólito anódico | | Electrólito catódico | Cátodo

* Notación de la pila: (-) Cd | Cd^{2+}(ac) | | Au^{3+}(ac) | Au (+)

* Fuerza electromotriz de la pila: $E^0 = E^0_{cátodo} - E^0_{ánodo}$ = 1'42 – (– 0'40) = 1'42 + 0'40 = **+ 1'82 V**

---

31) Mediante la electrolisis de sales fundidas se pueden obtener metales puros.
a) Escribiendo la semirreacción que tiene lugar en el cátodo, calcule los moles de electrones necesarios para depositar 25'0 g de níquel metálico a partir de sulfato de níquel (II), $NiSO_4$, fundido.
b) Determine la masa atómica del cobre si, al hacer pasar una corriente de 10 A durante 45 minutos por sulfato de cobre (II), $CuSO_4$, fundido se depositen 8'9 g de cobre.
Datos: F = 96500 C. Masa atómica relativa: Ni = 58'7.

a) * Disociación del $NiSO_4$: $NiSO_4 \rightarrow Ni^{2+} + SO_4^{2-}$

* Semirreacción del cátodo: $Ni^{2+} + 2\ e^- \rightarrow Ni$

* Moles de electrones necesarios: $n = 25\ g\ Ni \cdot \dfrac{1\ mol\ Ni}{58'7\ g\ Ni} \cdot \dfrac{2\ mol\ e^-}{1\ mol\ Ni}$ = **0'852 mol e⁻**

b) * Disociación del $CuSO_4$: $CuSO_4 \rightarrow Cu^{2+} + SO_4^{2-}$

* Semirreacción del cátodo: $Cu^{2+} + 2\ e^- \rightarrow Cu$

* Cantidad de corriente: $I = \dfrac{Q}{t} \Rightarrow Q = I \cdot t = 10\ A \cdot 45\ min \cdot \dfrac{60\ s}{1\ min} = 2'7 \cdot 10^4\ C$

* Número de moles de Cu: $m = 2'7 \cdot 10^4\ C \cdot \dfrac{1\ mol\ e^-}{96500\ C} \cdot \dfrac{1\ mol\ Cu}{2\ mol\ e^-} = 0'14\ mol\ Cu$

* Masa atómica del cobre: $n = \dfrac{m}{M} \Rightarrow M = \dfrac{m}{n} = \dfrac{8'9\ g}{0'14\ mol}$ = **$63'6\ \dfrac{g}{mol}$**

---

32) Se desea construir una pila en la que el cátodo está constituido por el electrodo Ni^{2+}/Ni. Para el ánodo se dispone de los electrodos Pb^{2+}/Pb y Al^{3+}/Al.
a) Razone cuál de los dos electrodos se podrá utilizar como ánodo.
b) Escriba las semirreacciones de oxidación y reducción, identificando en qué electrodo de la pila se producen.
c) Calcule el potencial estándar de la pila y escriba su notación simplificada.
Datos E^0 (Ni^{2+}/Ni) = – 0'25 V; E^0 (Pb^{2+}/Pb) = – 0'13 V; E^0 (Al^{3+}/Al) = – 1'66 V.

a) Una pila funciona con una reacción espontánea. Una reacción es espontánea cuando ocurre por sí misma, sin la intervención de un agente externo. Para que una reacción sea espontánea, su energía libre de Gibbs (ΔG^0) tiene que ser negativa o, lo que es lo mismo, su potencial (E^0) debe ser positivo, pues:

$$\Delta G^0 = -\, n \cdot F \cdot E^0$$

Como el Ni^{2+}/Ni actúa como cátodo y tiene un potencial de – 0'25 V, el potencial del ánodo es uno de los potenciales de reducción dados cambiado de signo y debe compensar la carga negativa del cátodo. Es la pareja Al^{3+}/Al la que se puede utilizar como ánodo.

b) * Semirreacción de oxidación (ánodo): $\boxed{Al - 3\,e^- \rightarrow Al^{3+} \quad +1'66\ V}$

* Semirreacción de reducción (cátodo): $\boxed{Ni^{2+} + 2\,e^- \rightarrow Ni \quad -0'25\ V}$

La oxidación se produce en el ánodo y la reducción en el cátodo.

c) * Potencial estándar de la pila: $E^0 = E^0_{cátodo} - E^0_{ánodo} = -0'25 - (-1'66) = -0'25 + 1'66 = \boxed{+1'41\ V}$

* Notación general de una pila: Ánodo | Electrólito anódico | | Electrólito catódico | Cátodo

* Notación simplificada de la pila: $\boxed{(-)\ Al\ |\ Al^{3+}(ac)\ |\,|\ Ni^{2+}(ac)\ |\ Ni\ (+)}$

---

33) El nitrato de potasio reacciona en medio básico para dar nitrito de potasio según la siguiente reacción química:

$$KNO_3 + MnO_2 + KOH \rightarrow K_2MnO_4 + KNO_2 + H_2O$$

a) Ajuste las reacciones iónica y molecular por el método del ion-electrón.
b) Calcule la masa de KOH necesaria para obtener 250 g de KNO_2. ¿Cuál sería la masa necesaria de KOH, suponiendo que el rendimiento es del 70 %?
Datos: Masas atómicas relativas: K = 39; N = 14; O = 16; H = 1.

a) * Números de oxidación: $\overset{+1}{K}\overset{+5}{N}\overset{-2}{O_3} + \overset{+4}{Mn}\overset{-2}{O_2} + \overset{+1}{K}\overset{-2}{O}\overset{+1}{H} \rightarrow \overset{+1}{K_2}\overset{+6}{Mn}\overset{-2}{O_4} + \overset{+1}{K}\overset{+3}{N}\overset{-2}{O_2} + \overset{+1}{H_2}\overset{-2}{O}$

* Semirreacciones:

$$NO_3^- + H_2O + 2\,e^- \rightarrow NO_2^- + 2\,OH^-$$

$$MnO_2 + 4\,OH^- - 2\,e^- \rightarrow MnO_4^{2-} + 2\,H_2O$$

---

* Ecuación iónica: $NO_3^- + MnO_2 + H_2O + 4\,OH^- \rightarrow NO_2^- + MnO_4^{2-} + 2\,OH^- + 2\,H_2O$

$$\boxed{NO_3^- + MnO_2 + 2\,OH^- \rightarrow NO_2^- + MnO_4^{2-} + H_2O}$$

* Ecuación molecular: $\boxed{KNO_3 + MnO_2 + 2\,KOH \rightarrow K_2MnO_4 + KNO_2 + H_2O}$

b) * Masa de KOH necesaria con un rendimiento del 100 %:

$$m = 250\ g\ KNO_2 \cdot \frac{1\,mol\,KNO_2}{85\,g\,KNO_2} \cdot \frac{2\,mol\,KOH}{1\,mol\,KNO_2} \cdot \frac{56\,g\,KOH}{1\,mol\,KOH} = \boxed{329\ g\ KOH}$$

* Masa de KOH necesaria con un rendimiento del 70 %:

$$\text{Rendimiento} = \frac{masa\,real\,de\,producto \cdot 100}{masa\,teórica\,de\,producto} = \frac{masa\,teórica\,de\,reactivo \cdot 100}{masa\,real\,de\,reactivo} \Rightarrow$$

$$\Rightarrow \text{ Masa real de KOH} = \frac{masa\,teórica\,de\,reactivo \cdot 100}{Rendimiento} = \frac{329 \cdot 100}{70} = \boxed{470 \text{ g KOH}}$$

---

34) Cuando se añade ácido nítrico al zinc, se produce la siguiente reacción:

$$Zn + HNO_3 \rightarrow NH_4NO_3 + Zn(NO_3)_2 + H_2O$$

a) Ajuste las reacciones iónica y molecular por el método del ion-electrón.
b) ¿Cuál será la riqueza de una muestra de Zn de 20 g de masa, sabiendo que, cuando reacciona con el ácido nítrico consume 45 mL de una disolución del 55 % y densidad 1'38 g/mL?
Datos: Masas atómicas relativas: H = 1, N = 14, O = 16, Zn = 65'4.

a) * Números de oxidación: $\overset{0}{Zn} + \overset{+1}{H}\overset{+5}{N}\overset{-2}{O_3} \rightarrow \overset{-3}{N}\overset{+1}{H_4}\overset{+5}{N}\overset{-2}{O_3} + \overset{+2}{Zn}(\overset{+5}{N}\overset{-2}{O_3})_2 + \overset{+1}{H_2}\overset{-2}{O}$

* Semirreacciones: $4 \cdot (Zn - 2\,e^- \rightarrow Zn^{2+})$

$NO_3^- + 10\,H^+ + 8\,e^- \rightarrow NH_4^+ + 3\,H_2O$

---

* Ecuación iónica: $\boxed{4\,Zn + NO_3^- + 10\,H^+ \rightarrow 4\,Zn^{2+} + NH_4^+ + 3\,H_2O}$

* Ecuación molecular: $\boxed{4\,Zn + 10\,HNO_3 \rightarrow NH_4NO_3 + 4\,Zn(NO_3)_2 + 3\,H_2O}$

b) * Moles de HNO_3:

$$n = \frac{55\,g\,HNO_3}{100\,g\,disolución} \cdot \frac{1\,mol\,HNO_3}{63\,g\,HNO_3} \cdot \frac{1'38\,g\,disolución}{1\,mL\,disolución} \cdot 45 \text{ mL disolución} = 0'542 \text{ mol } HNO_3$$

* Masa de zinc: $m = 0'542 \text{ mol } HNO_3 \cdot \frac{4\,mol\,Zn}{10\,mol\,HNO_3} \cdot \frac{65'4\,g\,Zn}{1\,mol\,Zn} = 14'2 \text{ g Zn}$

* Riqueza de la muestra: $\text{Riqueza} = \frac{masa\,de\,Zn \cdot 100}{masa\,de\,la\,muestra} = \frac{14'2 \cdot 100}{20} = \boxed{71\ \%}$

---

35) a) Dibuje el esquema de una pila constituida por un electrodo de níquel sumergido en una disolución 1 M de $Ni(NO_3)_2$ y un electrodo de plata sumergido en una disolución 1 M de $AgNO_3$, indicando el sentido de la corriente.
b) Justifique si reaccionará el cloro gaseoso, $Cl_2(g)$, con una disolución que contiene iones fluoruro, F^-.
c) Calcule la f.e.m. de una pila electroquímica cuya notación es:

$$Mg(s) \mid Mg^{2+}(aq, 1\,M) \parallel Cu^{2+}(aq, 1\,M) \mid Cu(s)$$

Datos: E^0 (Cl_2/Cl^-) = 1'36 V, E^0 (F_2/F^-) = 2'86 V, E^0 (Ni^{2+}/Ni) = – 0'25 V, E^0 (Ag^+/Ag) = 0'80 V, E^0 (Cu^{2+}/Cu) = 0'34 V, E^0 (Mg^{2+}/Mg) = – 2'34 V.

a) * Esquema de la pila:

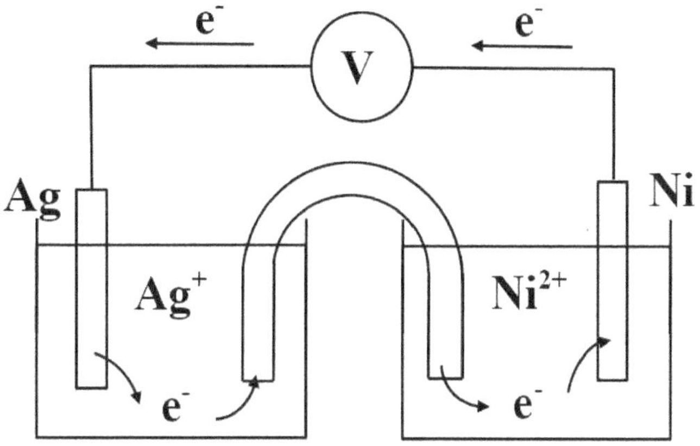

Los electrones se mueven desde el ánodo hasta el cátodo por el conductor externo.

b) Se producirá reacción si el proceso es espontáneo. Un proceso es espontáneo cuando ocurre por sí mismo, sin la intervención de un agente externo. Para que un proceso sea espontáneo, su energía libre de Gibbs (ΔG^0) tiene que ser negativa o, lo que es lo mismo, su potencial (E^0) debe ser positivo, pues:

$$\Delta G^0 = - n \cdot F \cdot E^0$$

$Cl_2 + 2\,e^- \rightarrow 2\,Cl^-$ + 1'36 V

$2\,F^- - 2\,e^- \rightarrow F_2$ – 2'86 V

$Cl_2 + 2\,F^- \rightarrow 2\,Cl^- + F_2$ E^0 = 1'36 – 2'86 = – 1'50 V

Como $E^0 < 0 \Rightarrow \Delta G^0 > 0 \Rightarrow$ **La reacción no es espontánea, luego no ocurrirá.**

c) $Mg - 2\,e^- \rightarrow Mg^{2+}$ + 2'34 V

$Cu^{2+} + 2\,e^- \rightarrow Cu$ + 0'34 V

$Mg + Cu^{2+} \rightarrow Mg^{2+} + Cu$ E^0 = 2'34 + 0'34 = **+ 2'68 V**

---

36) La reducción del permanganato de potasio por el sulfito de sodio, en medio ácido sulfúrico, ocurre mediante la siguiente reacción:

$$KMnO_4 + Na_2SO_3 + H_2SO_4 \rightarrow MnO_2 + Na_2SO_4 + K_2SO_4 + H_2O$$

a) Ajuste las reacciones iónica y molecular por el método del ion-electrón.
b) Calcule el volumen de disolución de $KMnO_4$ de concentración 0'2 M que se necesita para que se oxiden 189 g de Na_2SO_3.
Datos: Masas atómicas relativas: O = 16, S = 32, Na = 23.

a) * Números de oxidación:

$$\overset{+1}{K}\overset{+7}{Mn}\overset{-2}{O_4} + \overset{+1}{Na_2}\overset{+4}{S}\overset{-2}{O_3} + \overset{+1}{H_2}\overset{+6}{S}\overset{-2}{O_4} \rightarrow \overset{+4}{Mn}\overset{-2}{O_2} + \overset{+1}{Na_2}\overset{+6}{S}\overset{-2}{O_4} + \overset{+1}{K_2}\overset{+6}{S}\overset{-2}{O_4} + \overset{+1}{H_2}\overset{-2}{O}$$

* Semirreacciones: $2\cdot(MnO_4^- + 4\,H^+ + 3\,e^- \rightarrow MnO_2 + 2\,H_2O)$

$3\cdot(SO_3^{2-} + H_2O - 2\,e^- \rightarrow SO_4^{2-} + 2\,H^+)$

---

* Ecuación iónica: $2\,MnO_4^- + 3\,SO_3^{2-} + 8\,H^+ + 3\,H_2O \rightarrow 2\,MnO_2 + 4\,H_2O + 3\,SO_4^{2-} + 6\,H^+$

$$\boxed{2\,MnO_4^- + 3\,SO_3^{2-} + 2\,H^+ \rightarrow 2\,MnO_2 + 3\,SO_4^{2-} + H_2O}$$

* Ecuación molecular: $\boxed{2\,KMnO_4 + 3\,Na_2SO_3 + H_2SO_4 \rightarrow 2\,MnO_2 + 3\,Na_2SO_4 + K_2SO_4 + H_2O}$

b) * Moles de $KMnO_4$: $n = 189\text{ g }Na_2SO_3\cdot \dfrac{1\,mol\,Na_2SO_3}{126\,g\,Na_2SO_3}\cdot\dfrac{2\,mol\,KMnO_4}{3\,mol\,Na_2SO_3} = 1\text{ mol }KMnO_4$

* Volumen de disolución necesaria: $c_M = \dfrac{n_s}{V_D} \Rightarrow V_D = \dfrac{n_s}{c_M} = \dfrac{1\,mol}{0'2\,\dfrac{mol}{L}} = \boxed{5\text{ L}}$

---

37) El dicloro es un gas muy utilizado en la industria química, por ejemplo como blanqueador de papel o para fabricar productos de limpieza. Se puede obtener según la reacción:

$$MnO_2 + HCl \rightarrow MnCl_2 + Cl_2 + H_2O$$

a) Ajuste las ecuaciones iónica y molecular por el método del ion-electrón.
b) Calcule el volumen de una disolución de ácido clorhídrico 5 M y la masa de óxido de manganeso (IV) que se necesitan para obtener 42'6 g de dicloro gaseoso.
Datos: masas atómicas relativas: O = 16, Cl = 35'5, Mn = 55.

a) * Números de oxidación: $\overset{+4}{Mn}\overset{-2}{O_2} + \overset{+1}{H}\overset{-1}{Cl} \rightarrow \overset{+2}{Mn}\overset{-1}{Cl_2} + \overset{0}{Cl_2} + \overset{+1}{H_2}\overset{-2}{O}$

* Semirreacciones: $MnO_2 + 4\,H^+ + 2\,e^- \rightarrow Mn^{2+} + 2\,H_2O$

$2\,Cl^- - 2\,e^- \rightarrow Cl_2$

* Ecuación iónica: $\boxed{MnO_2 + 2\,Cl^- + 4\,H^+ \rightarrow Mn^{2+} + Cl_2 + 2\,H_2O}$

* Ecuación molecular: $\boxed{MnO_2 + 4\,HCl \rightarrow MnCl_2 + Cl_2 + 2\,H_2O}$

b) * Moles de dicloro: $n = \frac{m}{M} = \frac{42'6}{71} = 0'6 \text{ mol } Cl_2$

* Volumen de disolución de HCl:

$$V = 0'6 \text{ mol } Cl_2 \cdot \frac{4\,mol\,HCl}{1\,mol\,Cl_2} \cdot \frac{1\,L\,disolución}{5\,mol\,HCl} \cdot \frac{1000\,mL\,disolución}{1\,L\,disolución} = \boxed{480 \text{ mL}}$$

* Masa de MnO_2: $m = 0'6 \text{ mol } Cl_2 \cdot \frac{1\,mol\,MnO_2}{1\,mol\,Cl_2} \cdot \frac{87\,g\,MnO_2}{1\,mol\,MnO_2} = \boxed{52'2 \text{ g } MnO_2}$

---

38) Al pasar una corriente eléctrica por cloruro de cobalto (II), $CoCl_2$, fundido se desprende dicloro en el ánodo y se deposita cobalto en el cátodo. Calcule:
a) La intensidad de corriente que se necesita para depositar 8'42 g de Co, a partir de $CoCl_2$ fundido, en 30 minutos.
b) El volumen de dicloro gaseoso medido a 15 ºC y 740 mm Hg que se desprende en el ánodo.
Datos: F = 96500 C, R = 0'082 $atm \cdot L \cdot mol^{-1} \cdot K^{-1}$, masas atómicas relativas: Cl = 35'5, Co = 59.

a) * Reacciones: $CoCl_2(s) \rightarrow Co^{2+}(l) + 2\,Cl^-(l)$

* Semirreacciones: $Co^{2+} + 2\,e^- \rightarrow Co$; $2\,Cl^- - 2\,e^- \rightarrow Cl_2$

* Cantidad de corriente: $Q = 8'42 \text{ g Co} \cdot \frac{1\,mol\,Co}{59\,g\,Co} \cdot \frac{2\,mol\,e^-}{1\,mol\,Co} \cdot \frac{96500\,C}{1\,mol\,e^-} = 2'75 \cdot 10^4 \text{ C}$

* Intensidad de corriente: $I = \frac{Q}{t} = \frac{2'75 \cdot 10^4}{30 \cdot 60} = \boxed{15'3 \text{ A}}$

b) * Reacción global: $Co^{2+} + 2\,Cl^- \rightarrow Co + Cl_2$

* Moles de dicloro: $n = 8'42 \text{ g Co} \cdot \frac{1\,mol\,Co}{59\,g\,Co} \cdot \frac{1\,mol\,Cl_2}{1\,mol\,Co} = 0'143 \text{ mol } Cl_2$

* Volumen de dicloro:

$$V = \frac{n \cdot R \cdot T}{P} = \frac{0'143 \cdot 0'082 \cdot (273+15)}{\frac{740}{760}} = \frac{0'143 \cdot 0'082 \cdot 288 \cdot 76}{74} = \boxed{3'47 \text{ L } Cl_2}$$

2019

39) Se hace pasar a través de 1 L de disolución de $AgNO_3$ 0'1 M una corriente de 0'5 A durante 2 horas.
Calcule: a) La masa de plata que se deposita en el cátodo.
b) Los moles de ion plata que quedan en la disolución, una vez finalizada la electrólisis.
Datos: F = 96500 C; masa atómica relativa: Ag: 108.

a) * Disociación del $AgNO_3$: $AgNO_3 \rightarrow Ag^+ + NO_3^-$

* Reacción en el cátodo: $Ag^+ + 1\ e^- \rightarrow Ag$

* Cantidad de corriente: $I = \frac{Q}{t} \Rightarrow Q = I \cdot t = 0'5 \cdot 2 \cdot 3600 = 3600\ C$

* Masa de plata depositada: $m = 3600\ C \cdot \frac{1\ mol\ e^-}{96500\ C} \cdot \frac{1\ mol\ Ag}{1\ mol\ e^-} \cdot \frac{108\ g\ Ag}{1\ mol\ Ag} = \boxed{4'03\ g\ Ag}$

b) * Moles de Ag^+ iniciales: $n = c_M \cdot V = 0'1 \cdot 1 = 0'1\ mol\ Ag^+$

* Moles de plata depositados: $n = \frac{m}{A} = \frac{4'03}{108} = 0'0373\ mol$

* Moles de ion plata que quedan: $n = 0'1 - 0'0373 = \boxed{0'0627\ mol}$

---

40) El estaño metálico es oxidado por el ácido nítrico concentrado, según la reacción:

$$Sn + HNO_3 \rightarrow SnO_2 + NO_2 + H_2O$$

a) Ajuste las ecuaciones iónica y molecular del proceso por el método del ion-electrón.
b) Calcule los gramos de estaño que reaccionan con 200 ml de disolución de ácido nítrico 2 M, si el rendimiento de la reacción es del 90 %.
Datos: masa atómica relativa: Sn: 118'7.

a) * Números de oxidación: $\overset{0}{Sn} + \overset{+1}{H}\overset{+5}{N}\overset{-2}{O_3} \rightarrow \overset{+4}{Sn}\overset{-2}{O_2} + \overset{+4}{N}\overset{-2}{O_2} + \overset{+1}{H_2}\overset{-2}{O}$

* Semirreacciones: $Sn + 2\ H_2O - 4\ e^- \rightarrow SnO_2 + 4\ H^+$

$4 \cdot (NO_3^- + 2\ H^+ + 1\ e^- \rightarrow NO_2 + H_2O)$

$Sn + 4\ NO_3^- + 8\ H^+ + 2\ H_2O \rightarrow SnO_2 + 4\ NO_2 + 4\ H^+ + 4\ H_2O$

* Ecuación iónica: $\boxed{Sn + 4\ NO_3^- + 4\ H^+ \rightarrow SnO_2 + 4\ NO_2 + 2\ H_2O}$

* Ecuación molecular: $\boxed{Sn + 4\ HNO_3 \rightarrow SnO_2 + 4\ NO_2 + 2\ H_2O}$

b) * Gramos de estaño que reaccionan:

$$m = 0'2\ L \cdot \frac{2\ mol\ HNO_3}{1\ L} \cdot \frac{1\ mol\ Sn}{4\ mol\ HNO_3} \cdot \frac{118'7\ g\ Sn}{1\ mol\ Sn} \cdot \frac{90}{100} = \boxed{10'7\ g\ Sn}$$

---

41) El bromuro de potasio reacciona con ácido sulfúrico concentrado según la reacción:

$$KBr + H_2SO_4 \rightarrow Br_2 + K_2SO_4 + SO_2 + H_2O$$

a) Ajuste las ecuaciones iónica y molecular por el método del ion-electrón.
b) ¿Qué volumen de bromo líquido (densidad 2'92 g/ml) se obtendrá al tratar 130 g de bromuro de potasio (KBr) con ácido sulfúrico en exceso?
Datos: masas atómicas relativas: Br: 80, K: 39.

a) * Números de oxidación: $\overset{+1}{K}\overset{-1}{Br} + \overset{+1}{H_2}\overset{+6}{S}\overset{-2}{O_4} \rightarrow \overset{0}{Br_2} + \overset{+1}{K_2}\overset{+6}{S}\overset{-2}{O_4} + \overset{+4}{S}\overset{-2}{O_2} + \overset{+1}{H_2}\overset{-2}{O}$

* Semirreacciones: $2\,Br^- - 2\,e^- \rightarrow Br_2$

$SO_4^{2-} + 4\,H^+ + 2\,e^- \rightarrow SO_2 + 2\,H_2O$

* Ecuación iónica: $\boxed{2\,Br^- + SO_4^{2-} + 4\,H^+ \rightarrow Br_2 + SO_2 + 2\,H_2O}$

* Ecuación molecular: $\boxed{2\,KBr + 2\,H_2SO_4 \rightarrow Br_2 + K_2SO_4 + SO_2 + 2\,H_2O}$

b) * Volumen de bromo líquido:

$$V = 130\text{ g KBr}\cdot\frac{1\,mol\,KBr}{119\,g\,KBr}\cdot\frac{1\,mol\,Br_2}{2\,mol\,KBr}\cdot\frac{160\,g\,Br_2}{1\,mol\,Br_2}\cdot\frac{1\,ml\,Br_2}{2'92\,g\,Br_2} = \boxed{29'9\text{ g }Br_2}$$

---

42) Una pila galvánica tiene electrodos de cobre y cinc en disoluciones 1 M de los iones Cu^{2+} y Zn^{2+}.
a) Escriba las semirreacciones que tienen lugar en el ánodo y en el cátodo.
b) Calcule la f.e.m. de la pila y escriba su notación simplificada.
c) Razone si alguno de los dos metales produciría hidrógeno gaseoso al ponerlo en contacto con ácido sulfúrico. Potenciales estándar de reducción:
$E^o(Cu^{2+}/Cu) = 0'34$ V; $E^o(Zn^{2+}/Zn) = -\,0'76$ V; y $E^o(2H^+/H_2) = 0'00$ V.

a) * Semirreacción del cátodo: $Cu^{2+} + 2\,e^- \rightarrow Cu$ $\quad +0'34$ V

* Semirreacción del ánodo: $Zn - 2\,e^- \rightarrow Zn^{2+}$ $\quad +0'76$ V

b) * Fuerza electromotriz de la pila: $E_{pila} = E_{reducción\ cátodo} - E_{reducción\ ánodo} = 0'34 - (-\,0'76) = \boxed{+\,1'10\text{ V}}$

* Notación simplificada de la pila: $\boxed{(-)\ \ Zn(s)\ |\ Zn^{2+}(ac)\ \|\ Cu^{2+}(ac)\ |\ Cu(s)\ \ (+)}$

c) Sólo el Zn producirá hidrógeno. Se producirá reacción si el proceso es espontáneo. Un proceso es espontáneo cuando ocurre por sí mismo, sin la intervención de un agente externo. Para que un proceso sea espontáneo, su energía libre de Gibbs (ΔG) tiene que ser negativa o, lo que es lo mismo, su potencial (E) debe ser positivo, pues: $\Delta G = -\,n\cdot F\cdot E$

$Zn - 2\,e^- \rightarrow Zn^{2+}$	+ 0'76 V	$Cu - 2\,e^- \rightarrow Cu^{2+}$	– 0'34 V
$2\,H^+ + 2\,e^- \rightarrow H_2$	+ 0'00 V	$2\,H^+ + 2\,e^- \rightarrow H_2$	+ 0'00 V
$Zn + 2\,H^+ \rightarrow Zn^{2+} + H_2$	+ 0'76 V	$Cu + 2\,H^+ \rightarrow Cu^{2+} + H_2$	– 0'34 V

---

43) Para la siguiente reacción:

$$KClO_3 + KI + H_2O \rightarrow KCl + I_2 + KOH$$

a) Ajuste las reacciones iónica y molecular por el método del ion-electrón (medio básico). b) Calcule la masa de clorato de potasio ($KClO_3$) que se necesitará para obtener 15 gramos de diyodo (I_2).
Datos: masas atómicas relativas K = 39; O = 16; I = 127 y Cl = 35,5.

a) * Números de oxidación: $\overset{+1}{K}\overset{+5}{Cl}\overset{-2}{O_3} + \overset{+1}{K}\overset{-1}{I} + \overset{+1}{H_2}\overset{-2}{O} \rightarrow \overset{+1}{K}\overset{-1}{Cl} + \overset{0}{I_2} + \overset{+1}{K}\overset{-2}{O}\overset{+1}{H}$

* Semirreacciones: $ClO_3^- + 3\,H_2O + 6\,e^- \rightarrow Cl^- + 6\,OH^-$

$3\cdot(2\,I^- - 2\,e^- \rightarrow I_2)$

* Ecuación iónica: $\boxed{ClO_3^- + 6\,I^- + 3\,H_2O \rightarrow Cl^- + 3\,I_2 + 6\,OH^-}$

* Ecuación molecular: $\boxed{KClO_3 + 6\,KI + 3\,H_2O \rightarrow KCl + 3\,I_2 + 6\,KOH}$

b) * Masa de clorato de potasio:

$$m = 15\ g\ I_2 \cdot \frac{1\,mol\,I_2}{254\,g\,I_2} \cdot \frac{1\,mol\,KClO_3}{3\,mol\,I_2} \cdot \frac{122'5\,mol\,KClO_3}{1\,mol\,KClO_3} = \boxed{2'41\ g\ KClO_3}$$

---

44) Explique, mediante las correspondientes reacciones, qué sucede cuando en una disolución de sulfato de hierro (II) se introduce una lámina de:
a) Cobalto.
b) Zinc.
c) ¿Y si la disolución fuese de nitrato de hierro (II)?
Potenciales estándar de reducción: $E°(Fe^{2+}/Fe) = 0'40V$; $E°(Co^{2+}/Co) = -\,0'28V$; $E°(Zn^{2+}/Zn) = -\,0'76V$.

Se producirá reacción si el proceso es espontáneo. Un proceso es espontáneo cuando ocurre por sí mismo, sin la intervención de un agente externo. Para que un proceso sea espontáneo, su energía libre de Gibbs (ΔG) tiene que ser negativa o, lo que es lo mismo, su potencial (E) debe ser positivo, pues:

$$\Delta G = -\,n\cdot F\cdot E$$

a)

$Fe^{2+} + 2\,e^- \rightarrow Fe$	+ 0'40 V
$Co - 2\,e^- \rightarrow Co^{2+}$	+ 0'28 V
$Fe^{2+} + Co \rightarrow Fe + Co^{2+}$	+ 0'40 + 0'28 = + 0'68 V

Al ser $E^0 > 0$, el proceso es espontáneo, es decir, el cobalto metálico se disolvería y el ion hierro(II) precipitaría como hierro.

b) $Fe^{2+} + 2\,e^- \rightarrow Fe \qquad + 0'40\ V$

$Zn - 2\,e^- \rightarrow Zn^{2+} \qquad + 0'76\ V$

$Fe^{2+} + Zn \rightarrow Fe + Zn^{2+} \qquad + 0'40 + 0'76 = + 1'16\ V$

Al ser $E^0 > 0$, el proceso es espontáneo, es decir, el cinc metálico se disolvería y el ion hierro (II) precipitaría como hierro.

c) No afectaría a los apartados a) y b). El sulfato de hierro (II) y el nitrato de hierro (II) son electrólitos fuertes y se disocian totalmente en agua. En la disolución primera habría iones sulfato y hierro (II) y en la segunda habría iones nitrato e iones hierro (II). La presencia de iones sulfato o nitrato no afecta a los procesos rédox anteriores.

* Disociación de las sales: $FeSO_4 \rightarrow Fe^{2+} + SO_4^{2-}$; $Fe(NO_3)_2 \rightarrow Fe^{2+} + 2\,NO_3^-$

---

45) Para la siguiente reacción:

$$K_2Cr_2O_7 + HCl \rightarrow CrCl_3 + Cl_2 + KCl + H_2O$$

a) Ajuste las reacciones iónica y molecular por el método del ion-electrón.
b) Si el rendimiento de la reacción es del 90 %, determine el volumen de gas cloro (Cl_2), medido a 80 ºC y 700 mmHg, que se obtiene a partir de 125 g de dicromato de potasio ($K_2Cr_2O_7$).
Datos: masas atómicas relativas K = 39, Cr = 52 y O = 16; R = 0,082 atm·L·mol^{-1}·K^{-1}.

a) * Números de oxidación: $\overset{+1}{K_2}\overset{+6}{Cr_2}\overset{-2}{O_7} + \overset{+1}{H}\overset{-1}{Cl} \rightarrow \overset{+3}{Cr}\overset{-1}{Cl_3} + \overset{0}{Cl_2} + \overset{+1}{K}\overset{-1}{Cl} + \overset{+1}{H_2}\overset{-2}{O}$

* Semirreacciones: $Cr_2O_7^{2-} + 14\,H^+ + 6\,e^- \rightarrow 2\,Cr^{3+} + 7\,H_2O$

$3\cdot(2\,Cl^- - 2\,e^- \rightarrow Cl_2)$

* Ecuación iónica: $\boxed{Cr_2O_7^{2-} + 6\,Cl^- + 14\,H^+ \rightarrow 2\,Cr^{3+} + 3\,Cl_2 + 7\,H_2O}$

* Ecuación molecular: $\boxed{K_2Cr_2O_7 + 14\,HCl \rightarrow 2\,CrCl_3 + 3\,Cl_2 + 2\,KCl + 7\,H_2O}$

b) * Moles de gas cloro:

$$n = 125\ g\ K_2Cr_2O_7 \cdot \frac{1\,mol\,K_2Cr_2O_7}{294\,g\,K_2Cr_2O_7} \cdot \frac{3\,mol\,Cl_2}{1\,mol\,k_2Cr_2O_7} \cdot \frac{90}{100} = 1'15\ mol\ Cl_2$$

* Volumen de gas cloro:

$$V = \frac{n\cdot R\cdot T}{P} = \frac{1'15\cdot 0'082\cdot 353}{\frac{700}{760}} = \frac{1'15\cdot 0'082\cdot 353\cdot 760}{700} = \boxed{36'1\ L\ Cl_2}$$

---

46) El ácido sulfúrico (H_2SO_4) reacciona con cobre metálico para dar sulfato de cobre (II) ($CuSO_4$), dióxido de azufre (SO_2) y agua, según la reacción:

$$Cu + H_2SO_4 \rightarrow SO_2 + CuSO_4 + H_2O$$

a) Ajuste las reacciones iónica y molecular por el método del ion-electrón.
b) Determine el rendimiento de la reacción sabiendo que si se hace reaccionar 30 mL de una disolución de ácido sulfúrico 18 M con exceso de cobre metálico, se obtienen 35 g de sulfato de cobre (II).
Datos: masas atómicas relativas S = 32; O = 16; H = 1 y Cu = 63,5.

a) * Números de oxidación: $\overset{0}{Cu} + \overset{+1}{H_2}\overset{+6}{S}\overset{-2}{O_4} \rightarrow \overset{+4}{S}\overset{-2}{O_2} + \overset{+2}{Cu}\overset{+6}{S}\overset{-2}{O_4} + \overset{+1}{H_2}\overset{-2}{O}$

* Semirreacciones: $Cu - 2\,e^- \rightarrow Cu^{2+}$

$SO_4^{2-} + 4\,H^+ + 2\,e^- \rightarrow SO_2 + 2\,H_2O$

* Ecuación iónica: $\boxed{Cu + SO_4^{2-} + 4\,H^+ \rightarrow Cu^{2+} + SO_2 + 2\,H_2O}$

* Ecuación molecular: $\boxed{Cu + 2\,H_2SO_4 \rightarrow SO_2 + CuSO_4 + 2\,H_2O}$

b) * Masa teórica de sulfato de cobre (II):

$$m = 0'030\ L \cdot \frac{18\,mol\,H_2SO_4}{1\,L} \cdot \frac{1\,mol\,CuSO_4}{2\,mol\,H_2SO_4} \cdot \frac{159'5\,g\,CuSO_4}{1\,mol\,CuSO_4} = 43'1\ g$$

* Rendimiento de la reacción:

$$\text{Rendimiento} = \frac{masa\ real\ de\ producto \cdot 100}{masa\ teórica\ de\ producto} = \frac{35 \cdot 100}{43'1} = \boxed{81'2\ \%}$$

---

47) Se electroliza una disolución acuosa de $NiCl_2$ pasando una corriente de 0'1 A durante 20 horas. Calcule: a) La masa de níquel depositada en el cátodo.
b) El volumen de dicloro, medido a 760 mmHg y 0 ºC, que se desprende en el ánodo.
Datos: $R = 0'082\ atm \cdot L \cdot mol^{-1} \cdot K^{-1}$; F = 96500 C; masa atómica relativa Ni = 58'7.

a) * Semirreacciones: $Ni^{2+} + 2\,e^- \rightarrow Ni$; $2\,Cl^- - 2\,e^- \rightarrow Cl_2$

* Cantidad de corriente: $Q = I \cdot t = 0'1\ A \cdot 20 \cdot 3600\ s = 7200\ C$

* Masa de níquel depositada: $m = 7200\ C \cdot \frac{1\,mol\,e^-}{96500\,C} \cdot \frac{1\,mol\,Ni}{2\,mol\,e^-} \cdot \frac{58'7\,g\,Ni}{1\,mol\,Ni} = \boxed{2'19\ g\ Ni}$

b) * Moles de dicloro: $n = 7200\ C \cdot \frac{1\,mol\,e^-}{96500\,C} \cdot \frac{1\,mol\,Cl_2}{2\,mol\,e^-} = 0'0373\ mol$

* Volumen de dicloro: $V = \frac{n \cdot R \cdot T}{P} = \frac{0'0373 \cdot 0'082 \cdot 273}{1} = \boxed{0'835\ L\ Cl_2}$

---

48) a) Calcule la carga eléctrica necesaria para que se deposite en el cátodo todo el oro contenido en 1 L de disolución 0'1 M de $AuCl_3$.
b) ¿Qué volumen de Cl_2, medido a la presión de 740 mmHg y 25 ºC, se desprenderá en el ánodo?
Datos: F = 96500 C; R = 0'082 atm·L·mol^{-1}·K^{-1}; masas atómicas relativas Cl = 35'5 y Au = 197.

a) * Moles de Au: n = c·V = 0'1·1 = 0'1 mol Au

* Semirreacción del cátodo: $Au^{3+} + 3\ e^- \Rightarrow Au$

* Carga necesaria: $Q = 0'1 \text{ mol Au} \cdot \dfrac{3\,mol\,e^-}{1\,mol\,Au} \cdot \dfrac{96500\,C}{1\,mol\,e^-} = \boxed{2'89\cdot 10^4\ C}$

b) * Semirreacción del ánodo: $2\ Cl^- - 2\ e^- \rightarrow Cl_2$

* Moles de dicloro: $n = 2'89\cdot 10^4\ C \cdot \dfrac{1\,mol\,e^-}{96500\,C} \cdot \dfrac{1\,mol\,Cl_2}{2\,mol\,e^-} = 0'15$ mol

* Volumen de dicloro:

$$V = \frac{n\cdot R\cdot T}{P} = \frac{0'15\cdot 0'082\cdot 298}{\frac{740}{760}} = \frac{0'15\cdot 0'082\cdot 298\cdot 760}{740} = \boxed{3'76\ L\ Cl_2}$$

---

49) Para la siguiente reacción:

$$H_2S + KMnO_4 + HCl \rightarrow S + MnCl_2 + KCl + H_2O$$

a) Ajuste las reacciones iónica y molecular por el método del ion-electrón.
b) Calcule los gramos de $MnCl_2$ que se obtienen al mezclar 250 mL de una disolución 0'2 M de H_2S con 50 mL de una disolución 0'1 M de $KMnO_4$.
Datos: masas atómicas relativas Cl = 35'5 y Mn = 54'9.

a) * Números de oxidación: $\overset{+1}{H_2}\overset{-2}{S} + \overset{+1}{K}\overset{+7}{Mn}\overset{-2}{O_4} + \overset{+1}{H}\overset{-1}{Cl} \rightarrow \overset{0}{S} + \overset{+2}{Mn}\overset{-1}{Cl_2} + \overset{+1}{K}\overset{-1}{Cl} + \overset{+1}{H_2}\overset{-2}{O}$

* Semirreacciones: $5\cdot(S^{2-} - 2\ e^- \rightarrow S)$

$2\cdot(MnO_4^- + 8\ H^+ + 5\ e^- \rightarrow Mn^{2+} + 4\ H_2O)$

* Ecuación iónica: $\boxed{5\ S^{2-} + 2\ MnO_4^- + 16\ H^+ \rightarrow 5\ S + 2\ Mn^{2+} + 8\ H_2O}$

* Ecuación molecular: $\boxed{5\ H_2S + 2\ KMnO_4 + 6\ HCl \rightarrow 5\ S + 2\ MnCl_2 + 2\ KCl + 8\ H_2O}$

b) * Moles de cada reactivo:

n = c·V = 0'2·0'25 = 0'05 mol H_2S ; n = c·V = 0'1·0'050 = $5\cdot 10^{-3}$ mol $KMnO_4$

* Determinación del limitante:

$$\frac{5\,mol\,H_2S}{2\,mol\,KMnO_4} = \frac{0'05\,mol\,H_2S}{x\,mol\,KMnO_4} \Rightarrow x = 0'02 \text{ mol } KMnO_4 > 5\cdot 10^{-3} \text{ mol } KMnO_4 \Rightarrow$$

⇒El limitante es el $KMnO_4$.

* Gramos de $MnCl_2$: $m = 5\cdot 10^{-3} \text{ mol } KMnO_4 \cdot \frac{2\,mol\,MnCl_2}{2\,mol\,KMnO_4} \cdot \frac{125'9\,g\,MnCl_2}{1\,mol\,MnCl_2} = \boxed{0'63 \text{ g } MnCl_2}$

2018

50) Los electrodos de aluminio y cobre de una pila galvánica se encuentran en contacto con una disolución de Al^{3+} y Cu^{2+} en una concentración 1 M.
a) Escriba e identifique las semirreacciones que se producen en el ánodo y en el cátodo.
b) Calcule la f.e.m. de la pila y escriba su notación simplificada.
c) Razone si alguno de los dos metales produciría $H_2(g)$ al ponerlo en contacto con ácido sulfúrico (H_2SO_4).
Datos: E^0 (Al^{3+}/ Al) = – 1' 67 V; E^0 (Cu^{2+}/ Cu) = + 0' 34 V; E^0 ($2H^+$/ H_2) = 0'00 V.

a) * Semirreacción del cátodo: $Cu^{2+} + 2\,e^- \rightarrow Cu$
* Semirreacción del ánodo: $Al - 3\,e^- \rightarrow Al^{3+}$

b) * Fuerza electromotriz de la pila:

$3\cdot(Cu^{2+} + 2\,e^- \rightarrow Cu)$ + 0'34 V

$2\cdot(Al - 3\,e^- \rightarrow Al^{3+})$ + 1'67 V

$3\,Cu^{2+} + 2\,Al \rightarrow 3\,Cu + 2\,Al^{3+}$ $E^0 = 0'34 + 1'67 = \boxed{+2'01\text{ V}}$

* Notación de la pila: $\boxed{(-)\,Al\,|\,Al^{3+}\,||\,Cu^{2+}\,|\,Cu\,(+)}$

c) Sólo el Al producirá hidrógeno. Se producirá reacción si el proceso es espontáneo. Un proceso es espontáneo cuando ocurre por sí mismo, sin la intervención de un agente externo. Para que un proceso sea espontáneo, su energía libre de Gibbs (ΔG) tiene que ser negativa o, lo que es lo mismo, su potencial (E) debe ser positivo, pues: $\Delta G = - n\cdot F\cdot E$

$2\cdot(Al - 3\,e^- \rightarrow Al^{3+})$	+ 1'67 V	$Cu - 2\,e^- \rightarrow Cu^{2+}$	– 0'34 V
$3\cdot(2\,H^+ + 2\,e^- \rightarrow H_2)$	+ 0'00 V	$2\,H^+ + 2\,e^- \rightarrow H_2$	+ 0'00 V
$2\,Al + 6\,H^+ \rightarrow 2\,Al^{3+} + 3\,H_2$	+ 1'67 V	$Cu + 2\,H^+ \rightarrow Cu^{2+} + H_2$	– 0'34 V

TEMA 7: QUÍMICA ORGÁNICA

RESUMEN TEÓRICO Y FORMULARIO

- La Química Orgánica es la Química de los compuestos con enlaces C – C y C – H.

- El átomo de carbono tiene una gran capacidad de unirse con otros átomos de carbono formando largas cadenas carbonadas.

- Los compuestos orgánicos están formados por una cadena carbonada y un grupo funcional.

- La cadena carbonada es responsable de las propiedades físicas y el grupo funcional de las físicas y las químicas.

- Los principales elementos de los compuestos orgánicos son: C, H, O, N, P, S y halógenos.

- Una serie homóloga es un conjunto de compuestos con el mismo grupo funcional y que sólo se diferencian en la longitud de la cadena carbonada. Ejemplo: metano, etano, propano. Otra serie homóloga: metanol, etanol, propan-1-ol, butan-1-ol.

- Fórmulas desarrolladas de los grupos funcionales:

R – O – H	R – C(=O)H	R – C(=O) – R'	R – C(=O) – O – H
Alcohol	Aldehido	Cetona	Ácido

R – O – R'	R – C(=O) – O – R'	R – N(H) – H con H abajo	R – C(=O) – N(H) – H
Éter	Éster	Amina	Amida

R – C ≡ N	R – N(=O)(O)
Nitrilo	Nitroderivado

- El carbono tiene valencia cuatro en los compuestos orgánicos y forma enlaces covalentes. Es lo que se llama la tetracovalencia del carbono.

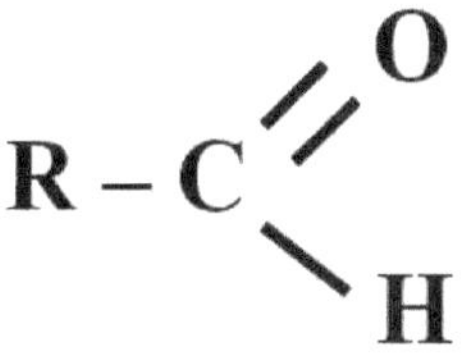

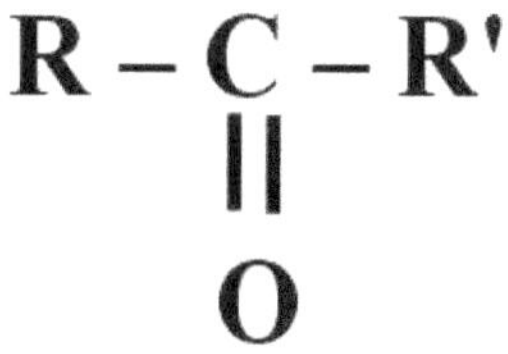

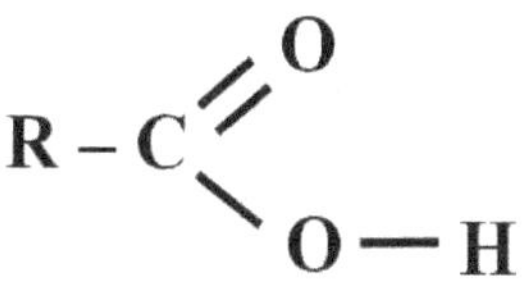

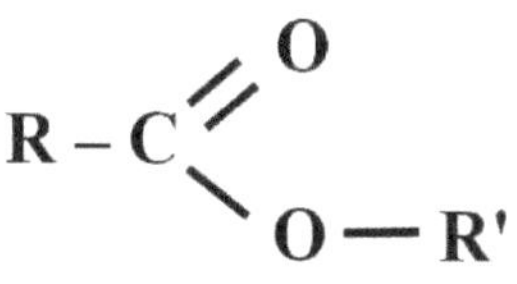

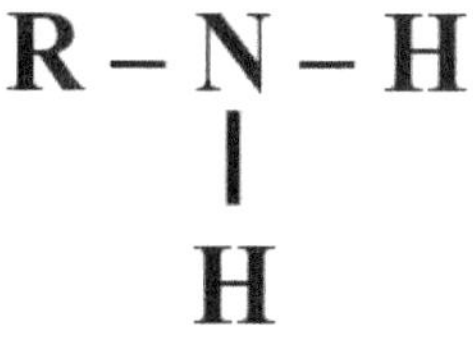

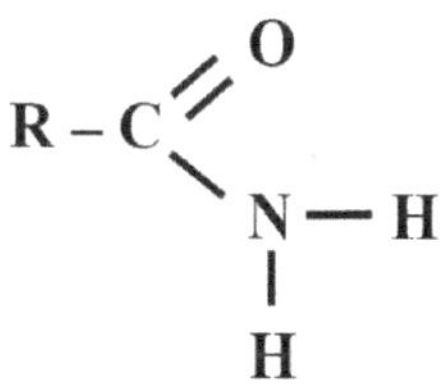

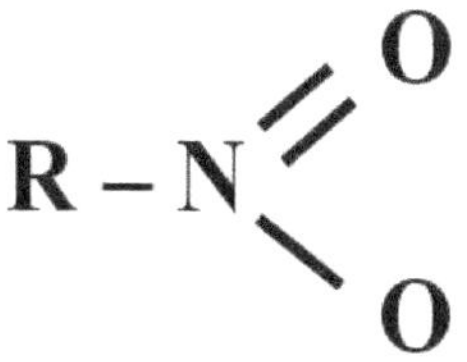

- Configuración electrónica del carbono C (Z = 6): $1s^2\ 2s^2\ 2p^4$

- Un electrón 2s puede promocionar al orbital 2p y formarse orbitales híbridos sp, sp^2 o sp^3.

Tipo de enlace	Ejemplo	Ecuación de hibridación	Orbitales disponibles en cada carbono
Sencillo	Etano	1 O.A. 2s + 3 O.A. 2p = 4 O.H. sp^3	4 O.H. sp^3
Doble	Eteno o etileno	1 O.A. 2s + 2 O.A. 2p = 3 O.H. sp^2	3 O.H. sp^2 + 1 O.A. 2p
Triple	Etino o acetileno	1 O.A. 2s + 1 O.A. 2p = 2 O.H. sp	2 O.H. sp + 2 O.A. 2p

- Al unirse los átomos de carbono, los orbitales se solapan. Si el solapamiento es frontal, el enlace es σ. Si el solapamiento es lateral, el enlace es π.

- Los orbitales 2p disponibles se solapan lateralmente, dando lugar a enlaces π.

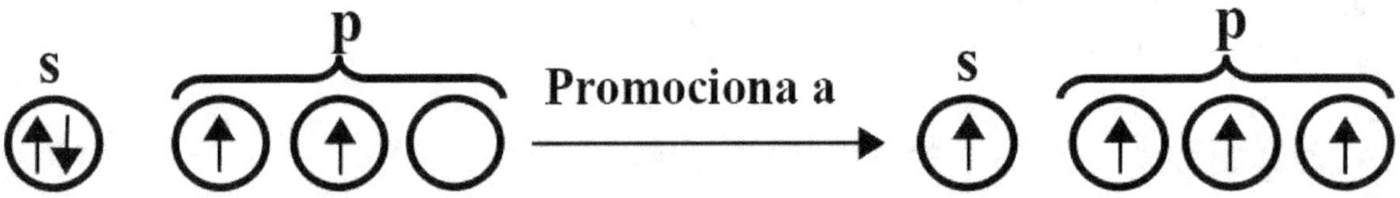

Promoción de orbitales en el carbono

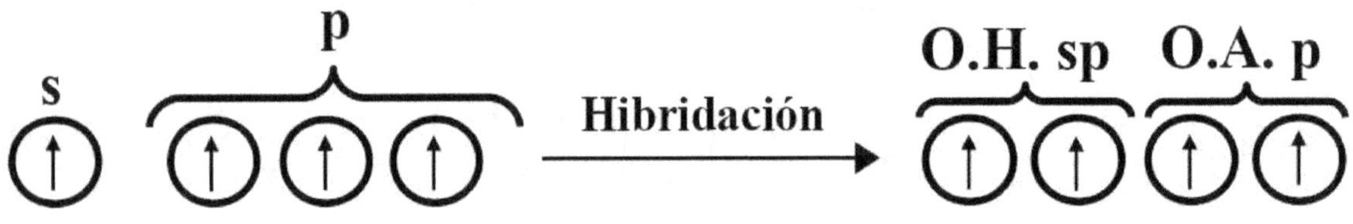

Hibridación sp

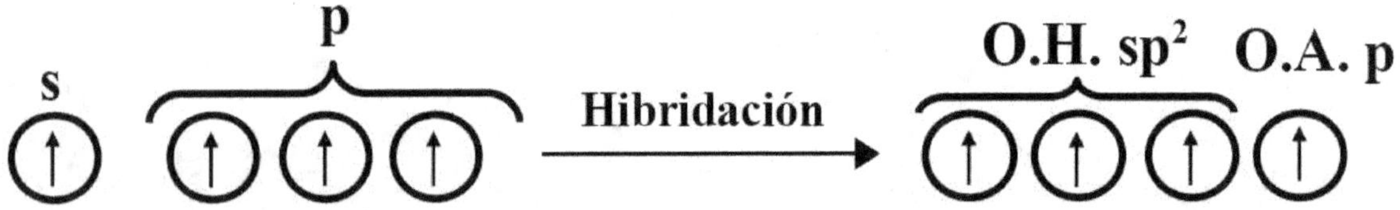

Hibridación sp^2

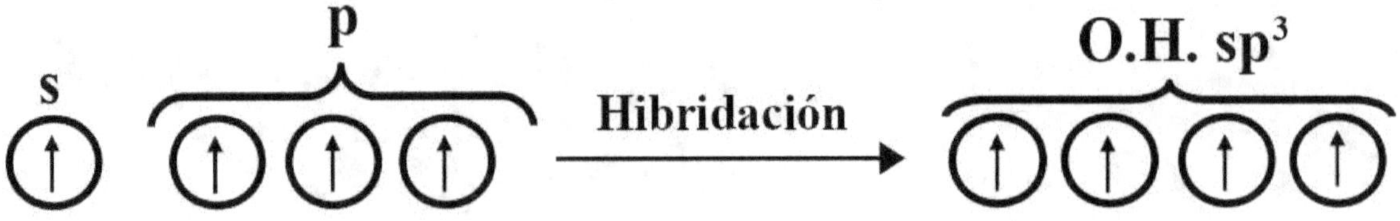

Hibridación sp^3

- Propiedades de los compuestos orgánicos:
A) Propiedades generales:
* La inmensa mayoría de los compuestos orgánicos son sustancias moleculares y tienen las características generales propias de este tipo de sustancias:
a) Tienen bajos puntos de fusión y ebullición. Por ello, pueden ser sólidos, líquidos o gases a temperatura ambiente. Al aumentar la longitud de la cadena, aumentan los puntos de fusión y de ebullición.
b) No conducen la electricidad.
c) Algunas son solubles en agua y otras en gasolina.
* La solubilidad depende de la polaridad de la molécula: las sustancias polares se disuelven en disolventes polares y las sustancias apolares se disuelven en disolventes apolares. Ejemplo de disolvente polar: el agua. Ejemplos de disolventes apolares: gasolina, aceite, benceno, gasoil, aguarrás, CS_2, CCl_4.
* El enlace dentro de la molécula es covalente. El enlace entre moléculas (fuerzas intermoleculares) puede ser fuerzas de van der Waals o enlace de hidrógeno, dependiendo del compuesto.
* Los compuestos apolares son: alcanos, alquenos, alquinos, éteres, ésteres y haluros de alquilo.
* Los compuestos polares son: alcoholes, aldehidos, ácidos, aminas, amidas, cetonas y nitrilos.
* Los compuestos polares que tienen hidrógeno en el grupo funcional pueden formar enlace de hidrógeno.

B) Propiedades de los alcanos:
* Tienen una baja reactividad, es decir, reaccionan con pocas sustancias.
* Son apolares y se disuelven en disolventes apolares.

C) Propiedades de alquenos y alquinos:
* Tienen una reactividad superior a la de los alcanos.
* Son apolares y se disuelven en disolventes apolares.

D) Propiedades de los alcoholes:
* Son polares y pueden formar enlaces de hidrógeno. Se disuelven en agua. Al aumentar la longitud de la cadena, disminuye la solubilidad. El grupo – OH le da polaridad a la molécula.
* Los puntos de fusión y de ebullición de los alcoholes son superiores a los de los alcanos correspondientes porque los alcoholes forman enlaces de hidrógeno.

- La isomería consiste en la existencia de varias sustancias con la misma fórmula molecular y con distintas fórmulas estructurales.

- Los compuestos que presentan isomería se llaman isómeros.

- Tipos de isomería:
a) De cadena: los isómeros tienen los sustituyentes en carbonos distintos.

$$CH_3 - CH_2 - CH_2 - CH_2 - CH_3 \qquad CH_3 - \underset{\displaystyle CH_3}{\underset{|}{CH}} - CH_2 - CH_3$$

Pentano **Metilbutano**

b) De posición: los isómeros tienen el grupo funcional en distintas posiciones. En los alquenos, el grupo funcional es el doble enlace y en los alquinos lo es el triple enlace.

$$CH_3 - CH_2 - CH_2 - CH_2 - CH_2OH \qquad CH_3 - CH_2 - CH_2 - CHOH - CH_3$$

Pentan-1-ol **Pentan-2-ol**

c) De función: los isómeros tienen distintos grupos funcionales.

$$CH_3 - CH_2 - CHO \qquad CH_3 - CO - CH_3$$

Propanal **Propanona**

d) Geométrica o cis-trans: los isómeros tienen un doble enlace con un hidrógeno cada uno y otro grupo distinto cada uno. El isómero es cis- si los sustituyentes más voluminos están al mismo lado y trans- si están en lados opuestos.

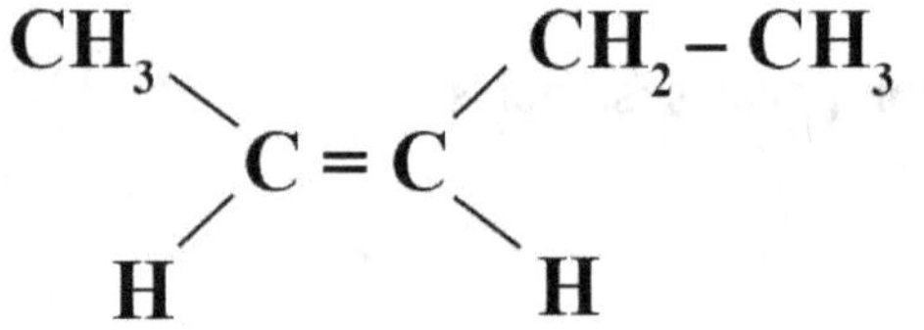

cis-pent-2-eno

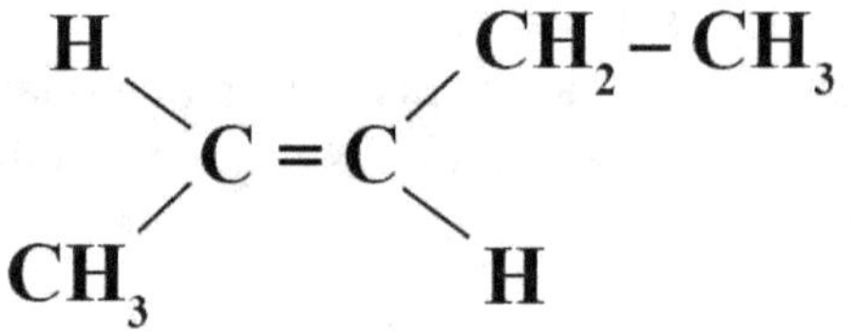

trans-pent-2-eno

e) Isomería óptica: la presentan compuestos con al menos un carbono unido a cuatro sustituyentes distintos.

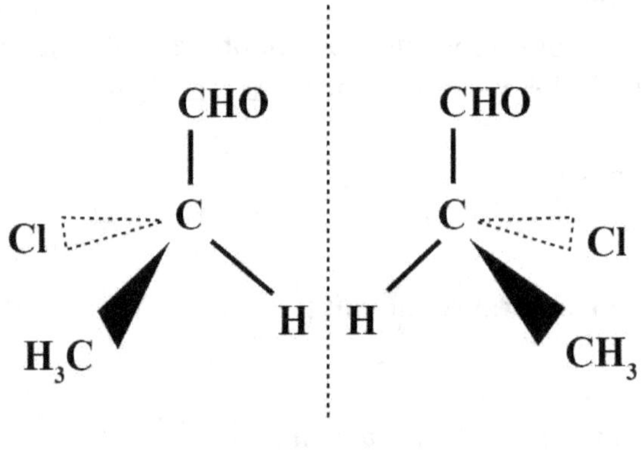

Isomería óptica

- Los isómeros ópticos son como imágenes especulares.

- Los isómeros ópticos pueden desviar el plano de la luz polarizada: un isómero lo desvía hacia la derecha y el otro hacia la izquierda.

- El carbono unido a cuatro grupos distintos se llama carbono asimétrico o carbono quiral.

- Tipos de reacciones orgánicas:

a) De adición: se añaden uno o más átomos a la molécula:

$$R - CH = CH - R' + X - Y \rightarrow R - CHX - CHY - R'$$

b) De eliminación: se extraen uno o más átomos de la molécula:

$$R - CHX - CHY - R' \rightarrow R - CH = CH - R' + X - Y$$

c) De sustitución: se sustituye un átomo o varios átomos de la molécula por uno o varios:

$$R - X + Y \rightarrow R - Y + X$$

- La adición y la sustitución pueden ser nucleófilas o electrófilas.

- Nucleófila significa que cede un par de electrones para formar un enlace covalente. Electrófilo significa que adquiere un par de electrones.

- Reactivos nucleófilos: tienen alta densidad electrónica y tienden a buscar cargas positivas.
Ejemplos: alquenos, alquinos, hidrocarburos aromáticos, haluros (X^-), OH^-, alcoholes.

- Reactivos electrófilos: tienen baja densidad electrónica y tienden a buscar cargas negativas.
Ejemplos: protón (H^+), halógenos (X_2).

- Esquema/resumen de reacciones orgánicas:

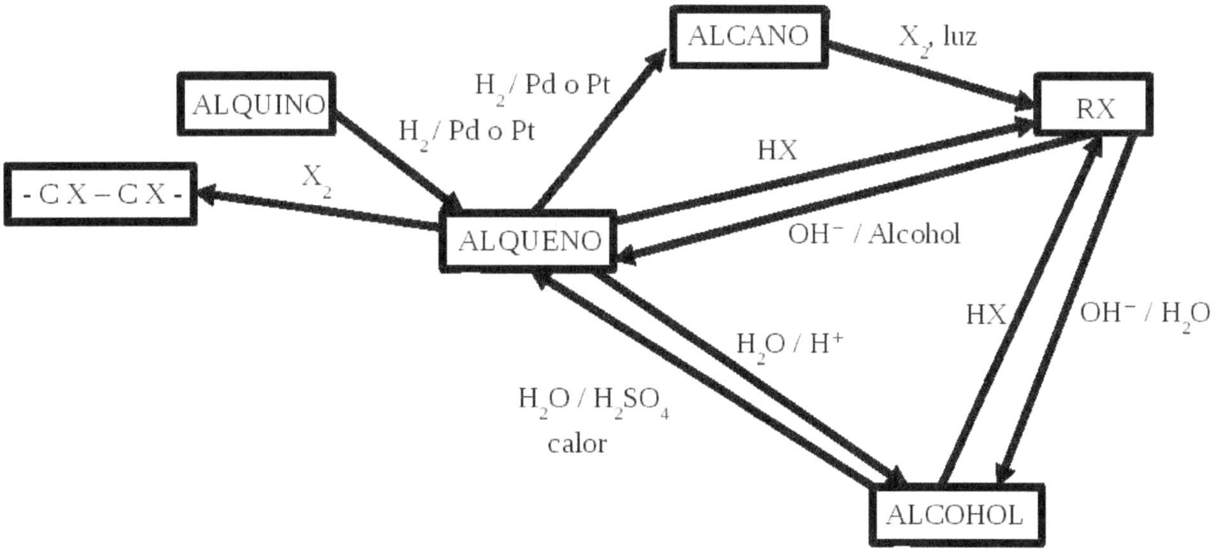

* Combustión:
Cualquier compuesto orgánico + O_2 → CO_2 + H_2O

Ejemplo: 2 C_4H_{10} + 13 O_2 → 8 CO_2 + 10 H_2O

* Halogenación catalítica con luz (h·ν). Tipo de reacción: sustitución electrofílica.

$$\text{Alcano} + X_2 \xrightarrow{\text{luz}} \text{Haluro de alquilo (RX)} + HX$$

Ejemplo: $CH_4 + Cl_2 \xrightarrow{\text{luz}} CH_3Cl + HCl$

* Hidrogenación catalítica (H_2 en Pd o Pt) de alquenos y alquinos. Tipo de reacción: adición electrofílica.

$$\text{Alqueno} + H_2 \xrightarrow{H_2\,/\,\text{Pd o Pt}} \text{alcano}$$

$$\text{Alquino} + H_2 \xrightarrow{H_2\,/\,\text{Pd o Pt}} \text{alqueno}$$

Ejemplo: $CH_2 = CH_2 + H_2$ (Pd o Pt) → $CH_3 - CH_3$

* Adición de halógeno (X_2) al doble o al triple enlace. Tipo de reacción: adición electrofílica.

$$\text{Alqueno} + X_2 \rightarrow \text{dihaluro de alquilo}$$

$$\text{Alquino} + X_2 \rightarrow \text{dihaluro de alquenilo}$$

Ejemplo: $CH_2 = CH_2 + I_2 \rightarrow CH_2I - CH_2I$

* Adición de haluros (HX) al doble enlace o al triple enlace. Tipo de reacción: adición electrofílica.

$$\text{Alqueno} + HX \rightarrow \text{haluro de alquilo}$$

Ejemplo: $CH_3 - CH = CH_2 + HCl \rightarrow CH_3 - CHCl - CH_3$

- En las adiciones de haluros de hidrógeno (HX) al doble o al triple enlace, se sigue la regla de Markovnikov.

- Regla de Markovnikov: cuando se adiciona una molécula asimétrica a un doble o a un triple enlace, el hidrógeno se une al carbono con mayor número de hidrógenos.

* Obtención de alquenos a partir de halogenuros de alquilo. Tipo de reacción: eliminación.

$$\text{Halogenuro de alquilo} \xrightarrow{OH^- / \text{etanol}} \text{alqueno} + HX$$

- Regla de Saytzeff: en las reacciones de eliminación, el átomo de hidrógeno que se elimina se extrae del carbono con menos hidrógenos. El H y el C no se pueden eliminar del mismo carbono.

Ejemplo: $CH_3 - CH_2 - CHCl - CH_3 + KOH / \text{Etanol} \rightarrow CH_3 - CH = CH - CH_3$

* Adición de agua al doble enlace en presencia de ácidos y calentando. Tipo de reacción: adición electrofílica.

$$\text{Alqueno} + H_2O \xrightarrow{H_2SO_4 /\ \text{calor}} \text{alcohol}$$

Ejemplo: $CH_3 - CH = CH_2 + H_2O/H_2SO_4$, calor $\rightarrow CH_3 - CHOH - CH_3$

* Deshidratación de alcoholes en presencia de ácido sulfúrico. Tipo de reacción: eliminación.

$$\text{Alcohol} \xrightarrow{H_2SO_4} \text{alqueno} + H_2O$$

Ejemplo: $CH_3 - CH_2 - CH_2OH + H_2SO_4 \rightarrow CH_3 - CH = CH_2$

* Sustitución de haluros de alquilo en presencia de agua y OH^- (NaOH o KOH). Tipo de reacción: sustitución nucleofílica.

$$\text{Haluro de alquilo (RX)} \xrightarrow{H_2O / OH^-} \text{alcohol} + \text{sal}$$

Ejemplo: $CH_3 - CH_2Cl \xrightarrow{H_2O / KOH} CH_3 - CH_2OH + KCl$

* Obtención de haluros de alquilo a partir de alcoholes. Tipo de reacción: sustitución nucleofílica.

$$\text{Alcohol} + HX \rightarrow \text{haluro de alquilo} + H_2O$$

Ejemplo: $CH_3 - CH_2 - CH_2OH + HCl \rightarrow CH_3 - CH_2 - CH_2Cl + H_2O$

* Esterificación: ácido + alcohol → éster + agua. Tipo de reacción: sustitución nucleofílica.

Ejemplo: $CH_3 - COOH + CH_3 - CH_2OH \rightarrow CH_3 - COO - CH_2 - CH_3 + H_2O$

* Sustitución catalítica ($AlCl_3$) del anillo aromático: puede ser una halogenación, una nitración o una sulfonación. Tipo de reacción: sustitución electrofílica.

Benceno + X_2 $\longrightarrow$ haluro de fenilo + HX (alquilación de Friedel-Crafts)

Benceno + HNO_3 $\longrightarrow$ nitrobenceno + H_2O

Ejemplo: escribe la reacción entre el benceno y el cloro.

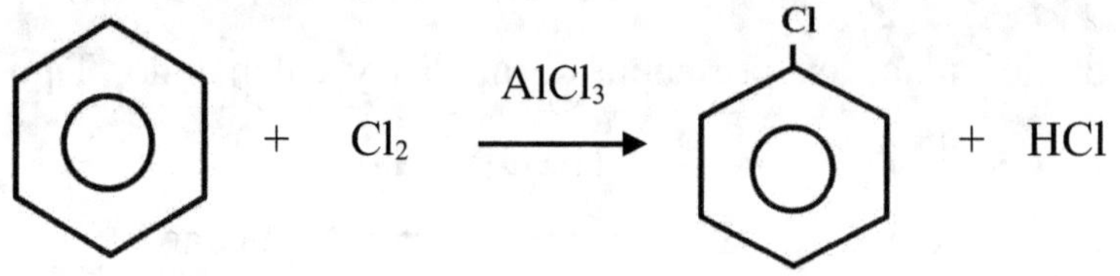

PROBLEMAS Y CUESTIONES DE QUÍMICA ORGÁNICA

2024

1) Considerando los compuestos:

(1) $CH_3CHOHCH_2CH=CH_2$; (2) $CH_3CH_2COCH_2CH_3$;
(3) $CH_3CH_2CH_2COCH_3$; (4) $CH_3CH(CH_3)COCH_3$

justifique el tipo de isomería que presentan entre sí:
a) Los compuestos 1 y 2.
b) Los compuestos 2 y 3.
c) Los compuestos 3 y 4.

a) Los isómeros son compuestos que tienen la misma fórmula molecular y distintas fórmulas estructurales. Todos estos compuestos son isómeros entre sí porque todos tienen la fórmula molecular: $C_5H_{10}O$. Los compuestos 1 y 2 son isómeros de función, porque el 1 es un alcohol y el 2 es una cetona.

b) Los compuestos 2 y 3 son isómeros de posición porque, en el compuesto 2, el grupo carbonilo está en el carbono 3 y en el compuesto 3 está en el carbono 2.

c) Los compuestos 3 y 4 son isómeros de cadena porque tienen distinta la disposición de la cadena carbonada.

---

2) Indique los productos que se obtienen en cada una de las siguientes reacciones, especificando el tipo de reacción:
a) $CH_3CH_2COOH + CH_3OH / H^+ \rightarrow$
b) $CH_3CH_2CHClCH_3 + KOH$ / etanol $\rightarrow$
c) $CH_3CH=CH_2 + H_2O / H^+ \rightarrow$

a) * Reacción general: ácido carboxílico + alcohol $\rightarrow$ éster + agua

* Reacción pedida: $CH_3CH_2COOH + CH_3OH / H^+ \rightarrow CH_3CH_2COOCH_3 + H_2O$

Ácido propanoico + metanol / ácido $\rightarrow$ propanoato de metilo + agua

Es una reacción de esterificación y de doble desplazamiento.

b) * Reacción general: Haluro de alquilo + hidróxido de potasio / etanol $\rightarrow$ alqueno + sal

* Reacción pedida: $CH_3CH_2CHClCH_3 + KOH$ / etanol $\rightarrow CH_3CH=CHCH_3 + KCl + H_2O$

2-clorobutano + hidróxido de potasio / etanol $\rightarrow$ but-2-eno + cloruro de potasio + agua

Es una reacción de eliminación.

c) * Reacción general: alqueno + agua / ácido $\rightarrow$ alcohol

* Reacción pedida: $CH_3CH=CH_2 + H_2O / H^+ \rightarrow CH_3CHOHCH_3$

propeno + agua / ácido → propan-2-ol

Es una reacción de adición electrofílica de agua al doble enlace.

2023

3) a) Formule un hidrocarburo cíclico isómero de $CH_3CH=CHCH_3$
b) Escriba la estructura de dos hidrocarburos aromáticos isómeros de fórmula molecular C_8H_{10}.
c) Escriba la fórmula de un alcohol isómero de $CH_3CH_2OCH_3$.

a) * Fórmula molecular: C_4H_8

Por ejemplo:

Ciclobutano

b)

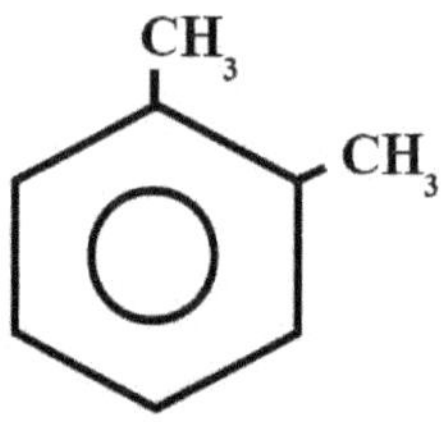

o-dimetilbenceno

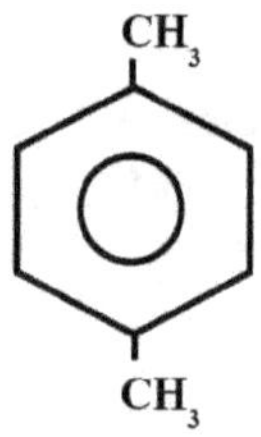

p-dimetilbenceno

c) * Fórmula molecular: C_3H_8O

Por ejemplo: $CH_3 – CH_2 – CH_2OH$: propan-1-ol

---

4) Escriba y ajuste las siguientes reacciones e indique el tipo al que pertenecen:
a) $CH_3CH_2CH_2CH_3 + Br_2$ / luz →
b) $CH_3CH_2CH_2OH + H_2SO_4 / \Delta$ →
c) $CH_3CH=CH_2 + HCl$ →

a) 2 $CH_3CH_2CH_2CH_3$ + 2 Br_2 /luz → $CH_3 – CH_2 – CH_2 – CH_2Br$ + $CH_3 – CH_2 – CHBr – CH_3$ + 2 HBr

Se trata de una halogenación de un alcano, que es una reacción de sustitución radicalaria.

b) $CH_3CH_2CH_2OH + H_2SO_4 /\Delta \rightarrow CH_3 - CH = CH_2 + H_2O$

Se trata de una deshidrogenación de un alcohol, que es una reacción de eliminación.

c) $CH_3CH=CH_2 + HCl \rightarrow CH_3 - CHCl - CH_3$

Se trata de la adición de un haluro de hidrógeno a un doble enlace.

---

5) Justifique si las siguientes afirmaciones son verdaderas o falsas:
a) Un hidrocarburo está constituido por carbono, hidrógeno y oxígeno.
b) Un carbono quiral tiene que presentar una hibridación sp^2.
c) La combustión de un alqueno produce un alcohol.

a) Falsa. Está constituido exclusivamente por carbono e hidrógeno.

b) Falsa. Un carbono quiral es aquel que está unido a cuatro grupos distintos, luego debe tener una hibridación sp^3.

c) Falsa. La combustión de un alqueno produce dióxido de carbono (CO_2) y agua (H_2O).

---

6) Considere los siguientes tipos de compuestos orgánicos: éteres, alcoholes, cetonas, aminas y ácidos carboxílicos.
a) Justifique cuál o cuáles formarán enlaces de hidrógeno en estado líquido entre moléculas del mismo tipo.
b) ¿Cuál o cuáles pueden dar lugar a alquenos por deshidratación? Escriba un ejemplo de esta reacción.
c) ¿Cuál o cuáles presentan un grupo carbonilo en su estructura?

a) Formarán enlaces de hidrógeno los alcoholes, las aminas y los ácidos carboxílicos. Para poder establecer enlace de hidrógeno con moléculas vecinas, la molécula debe tener un átomo de hidrógeno unido a un átomo muy electronegativo, como el oxígeno, el flúor o el nitrógeno.

$$R - O - H \qquad\qquad R - \underset{H}{\underset{|}{N}} - H \qquad\qquad R - C\underset{O-H}{\overset{O}{\diagup\!\!\!\diagdown}}$$

Alcoholes   Aminas   Ácidos carboxílicos

b) Los alcoholes.

* Reacción general: Alcohol + H_2SO_4/ calor $\rightarrow$ Alqueno + agua

* Ejemplo: $CH_3 - CH_2 - CH_2OH + H_2SO_4$/ calor $\rightarrow$ $CH_3 - CH = CH_2 + H_2O$

       propan-1-ol   ácido sulfúrico   propeno   agua

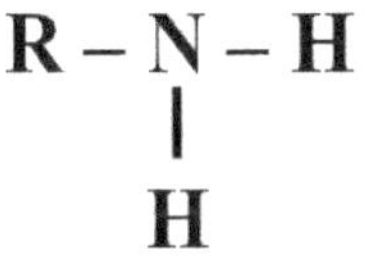

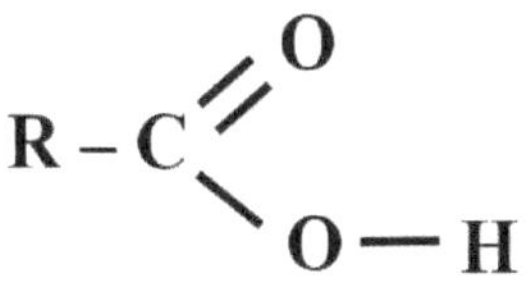

c) Las cetonas y los ácidos carboxílicos. El grupo carbonilo es el grupo – CO –

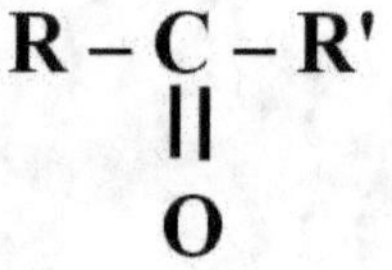

Cetonas   Ácidos carboxílicos

---

7) Dado el compuesto $CH_2=CHCH_2CH_3$ escriba:
a) La reacción con HCl.
b) Un isómero de posición.
c) La reacción de combustión ajustada.

a) $CH_2 = CH – CH_2 – CH_3 + HCl \rightarrow CH_3 – CHCl – CH_2 – CH_3$

      but-1-eno   cloruro de hidrógeno   2 clorobutano

b) $CH_3 – CH = CH – CH_3$: but-2-eno

c) $CH_2 = CH – CH_2 – CH_3 + 6 O_2 \rightarrow 4 CO_2 + 4 H_2O$

---

8) Teniendo en cuenta el compuesto $CH_3CH=CHOCH_3$:
a) Indique la hibridación que presenta cada uno de los átomos de carbono.
b) Escriba el producto de la reacción de ese compuesto con H_2, indicando el tipo de compuesto que se obtiene.
c) Escriba un producto de la reacción de ese compuesto con HCl, justificando si el producto obtenido puede presentar isomería óptica.

a)

$$\underset{sp^3}{CH_3} – \underset{sp^2}{CH} = \underset{sp^2}{CHO} – \underset{sp^3}{CH_3}$$

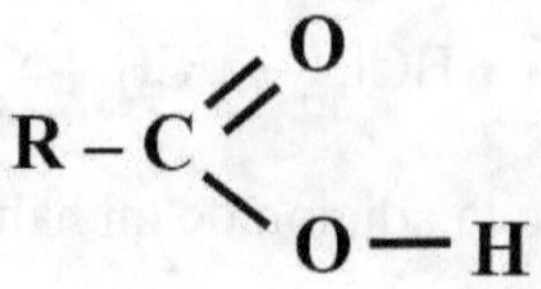

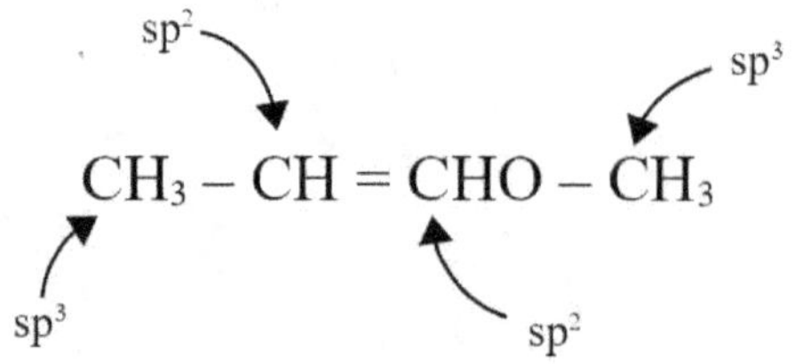

b) $CH_3 – CH_2 – CH_2OCH_3$: metil propil éter o metoxipropano. Se obtiene un éter.

* Reacción de hidrogenación: $CH_3 – CH = CHOCH_3 + H_2 \rightarrow CH_3 – CH_2 – CH_2OCH_3$

c) $CH_3 – {}^*CHCl – CH_2OCH_3$

    El producto obtenido puede presentar isomería óptica ya que dispone de un carbono asimétrico, el señalado con asterisco.

2022

9) Dados los compuestos: $CH_3CH(OH)COOH$, $CH_2{=}CHCH_2OH$ y $CH_3CH{=}CHOH$, justifique:
a) Cuál o cuáles presentan isomería óptica.
b) Cuáles son isómeros entre sí.
c) Cuál o cuáles presentan isomería geométrica.

a) La isomería óptica la presentan los compuestos orgánicos que tengan un carbono asimétrico, es decir, un carbono que esté unido a cuatro grupos distintos. El único que cumple esta condición es el:

$CH_3CH(OH)COOH$, ácido 2-hidroxipropanoico

b) Los isómeros son compuestos que tienen la misma fórmula molecular y distintas fórmulas estructurales. Las fórmulas moleculares de los tres compuestos son: $C_3H_6O_3$, C_3H_6O y C_3H_6O. Es decir, son isómeros los compuestos segundo y tercero:

$CH_2{=}CHCH_2OH$ y $CH_3CH{=}CHOH$

c) Un compuesto presenta isomería geométrica cuando tiene un doble enlace y cada uno de los carbonos del doble enlace tiene un hidrógeno y otro grupo distinto. Estas dos condiciones las cumple el compuesto:

$CH_3CH{=}CHOH$: prop-1-en-1-ol

---

10) a) Escriba dos compuestos isómeros de fórmula C_2H_6O.
b) Formule el alcano con menor número de átomos de carbono que presente isomería óptica.
c) Considerando las moléculas de etano (C_2H_6) y eteno (C_2H_4), justifique cuál de ellas tiene el enlace C – C de menor longitud.

a) $CH_3 - O - CH_3$ (dimetil éter) y $CH_3 - CH_2OH$ (etanol).

b) $CH_3 - CH_2 - CH_2 - CH(CH_3) - CH_2 - CH_3$

```
b) CH3 – CH2 – CH2 – CH – CH2 – CH3
                    |
                    CH3
```

3-metilhexano

c) Es el eteno. Hay dos razones:

i) En el etano, los carbonos tienen hibridación sp^3 y en el eteno, los carbonos tienen hibridación sp^2:
Etano: 1 O.A. s + 3 O.A. p = 4 O.H. sp^3 ; eteno: 1 O.A. s + 2 O.A. p = 3 O.H. sp^2

Los O.H. sp^2 tienen 1/3 de carácter s mientras que los O.H. sp^3 tienen ¼ de carácter s. Es decir, los O.H. sp^2 tienen mayor carácter s. A mayor carácter s, menor será la longitud de enlace, pues el orbital s es de menor tamaño que el p.

ii) El etano sólo tiene enlaces sencillos. El enlace doble del eteno está formado por el solapamiento frontal de orbitales híbridos sp^2 (lo cual produce orbitales σ) y por el solapamiento lateral de orbitales p (lo cual produce orbitales π). Este solapamiento lateral aproxima a los dos átomos de carbono.

---

11) Dados los siguientes compuestos:

CH_3COCH_2OH, CH_3CH_2CHO, $CH_2{=}CHCOOH$, $CH_2OHCH_2CH_2OH$

a) ¿Cuál es un isómero de CH_3CH_2COOH? Indique qué tipo de isomería presenta.
b) Justifique si alguno de los compuestos podría producir un alcano por hidrogenación.
c) Escriba un isómero de la molécula $CH_2OHCH_2CH_2OH$ que presente actividad óptica.

a) El CH_3COCH_2OH, hidroxipropanona. Ambos tienen la fórmula molecular $C_3H_6O_2$. Tienen isomería de función, pues los grupos funcionales son distintos.

b) Ninguno. La reacción de obtención de alcanos por hidrogenación es:

alqueno + hidrógeno $\rightarrow$ alcano

c) Para tener actividad óptica, el compuesto debe tener un carbono quiral, es decirl un carbono unido a cuatro grupos distintos. Por ejemplo:

$CH_2OH - C^*HOH - CH_3$: propano-1,2-diol.

---

12) Indique el producto o productos que se obtendrían:
a) Al tratar $CH_3CH_2CH{=}CH_2$ con una disolución acuosa de H_2SO_4.
b) Al exponer a la radiación ultravioleta una mezcla gaseosa de Cl_2 y $CH_3CH_2CH_3$.
c) Al calentar una mezcla de CH_3OH y CH_3COOH en presencia de un catalizador ácido.

a) $CH_3 - CH_2 - CHOH - CH_3$ (mayoritario) + $CH_3 - CH_2 - CH_2 - CH_2OH$ (minoritario)
butan-2-ol   butan-1-ol

El compuesto mayoritario se obtiene por la regla de Markovnikov.

b) $2\ CH_3 - CH_2 - CH_3 + 2\ Cl_2$ / rayos UV $\rightarrow$ $CH_3 - CH_2 - CH_2Cl + CH_3 - CHCl - CH_3 + 2\ HCl$
propano   cloruro de propilo   2-cloropropano

c) $CH_3COOH + CH_3OH/\ H^+$ $\rightarrow$ $CH_3 - COO - CH_3 + H_2O$
Ácido etanoico metanol   etanoato de metilo agua

Es una reacción de esterificación: ácido + alcohol/ ácido $\Rightarrow$ éster + agua

---

13) Complete las siguientes reacciones e indique el tipo al que pertenecen:
a) $CH_3 - CH_2 - CH_2 - CH_3 + O_2 \rightarrow$
b) $CH_3 - CH_2OH + H_2SO_4$ / calor $\rightarrow$
c) C_6H_6(benceno) + $HNO_3 / H_2SO_4 \rightarrow$

a) $2\ CH_3 - CH_2 - CH_2 - CH_3 + 13\ O_2 \rightarrow 8\ CO_2 + 10\ H_2O$

Es una reacción de combustión.

b) $CH_3 - CH_2OH + H_2SO_4$ / calor $\rightarrow$ $CH_2 = CH_2 + H_2O$

Etanol ácido sulfúrico eteno agua

Es una reacción de eliminación. También es una deshidratación.

c) C_6H_6(benceno) + HNO_3 / H_2SO_4 $\rightarrow$ $C_6H_5NO_2 + H_2O$

Benceno + ácido nítrico/ ácido sulfúrico $\rightarrow$ nitrobenceno + agua

Es una reacción de sustitución electrofílica. También es una nitración del anillo aromático.

---

14) Dado el compuesto A, $CH_2 = C(CH_3)_2$, escriba:
a) Un isómero de A que presente isomería geométrica.
b) El producto de la reacción entre A y agua en presencia de ácido.
c) Un cicloalcano isómero de A.

a) $CH_3 - CH_2 = CH_2 - CH_3$: but-2-eno.

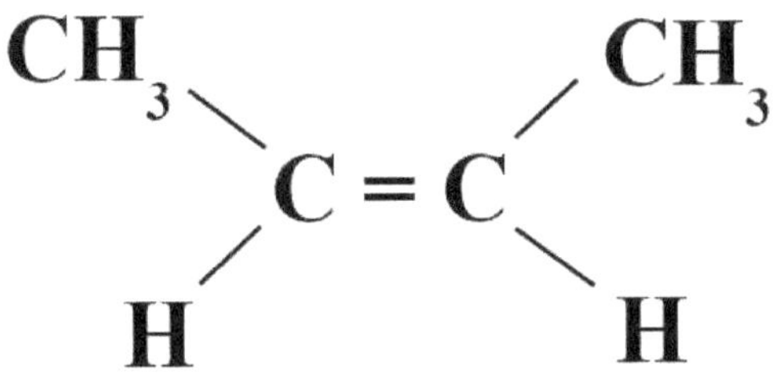

cis-but-2-eno

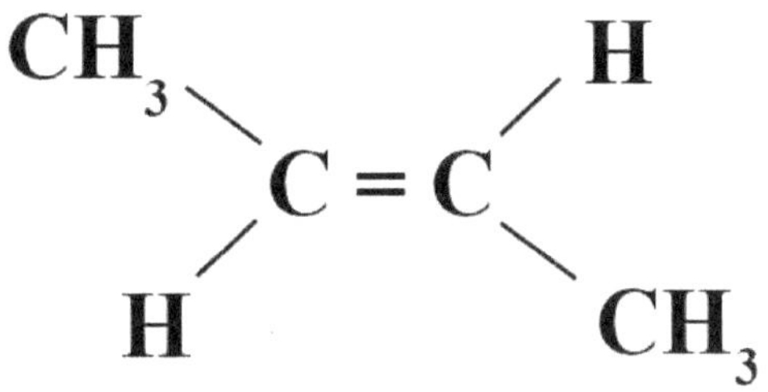

trans-but-2-eno

b) $CH_2 = C(CH_3)_2 + H_2O$ $\Rightarrow$ $CH_3 - COH(CH_3)_2$ (mayoritario) + $CH_2OHCH(CH_3)_2$ (minoritario)
Metilpropeno + agua $\Rightarrow$ metilpropan-2-ol + metilpropan-1-ol

El compuesto mayoritario se obtiene por la regla de Markovnikov.

c) El ciclobutano.

2021

15) Para el compuesto $CH_2 = CH - CH_2 - CH_2OH$, escriba la fórmula de:
a) Un isómero que contenga un grupo carbonilo.
b) Un isómero que presente isomería óptica.
c) Un isómero que presente isomería geométrica.

a) $CH_3 - CH_2 - CO - CH_3$: butanona.

b) $CH_3 - CHOH - CH = CH_2$:but-3-en-2-ol

c) $CH_3 - CH = CH - CH_2OH$: but-2-en-1-ol

---

16) Dados los siguientes compuestos orgánicos: A: $CH_3 - CH_2 - CH_2OH$; B: $CH_3 - CH_2 - O - CH_3$.
a) Justifique si son isómeros.
b) Justifique cuál de ellos es más soluble en agua.
c) Indique cuál de ellos reacciona con H_2SO_4/ calor y escriba la reacción.

a) Sí lo son porque son compuestos que tienen la misma fórmula molecular (C_3H_8O) y distinta fórmula estructural. Son isómeros de función. A es un alcohol y B es un éter.

b) El compuesto A es un alcohol soluble en agua porque el grupo – OH es polar, igual que el agua. El compuesto B es un éter, que es apolar e insoluble en agua. Los alcoholes se disuelven en agua formando enlaces de hidrógeno con las moléculas de agua.

c) Reaccionará el compuesto A.

* Reacción general: Alcohol + H_2SO_4 / calor $\rightarrow$ alqueno + H_2O

* Reacción pedida: $CH_3 - CH_2 - CH_2OH + H_2SO_4$ / calor $\rightarrow$ $CH_3 - CH = CH_2 + H_2O$
propan-1-ol Propeno

---

17) Complete las siguientes reacciones, indicando de qué tipo son:
a) $CH_2 = CH_2 + Br_2 \rightarrow$
b) C_6H_6 (benceno) + $Cl_2 \rightarrow$
c) $CH_3CHClCH_3$ + (Etanol/ KOH) $\rightarrow$

a) $CH_2 = CH_2 + Br_2 \rightarrow CH_2Br - CH_2Br$

eteno dibromo 1,2-dibromoetano

Es una adición de un halógeno al doble enlace.

b)

C_6H_6 (benceno) + Cl_2 ⇒

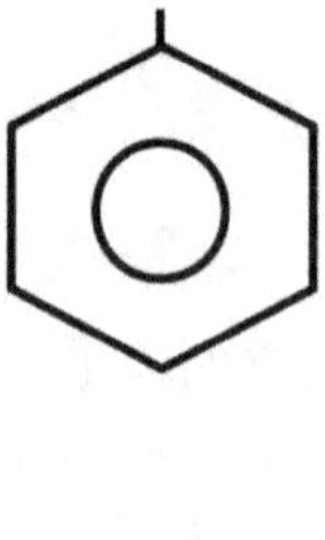

+ HCl

Es una halogenación electrofílica, que es una reacción de sustitución y también de doble desplazamiento.

c) $CH_3CHClCH_3$ + Etanol/ KOH → $CH_3 - CH = CH_2 + H_2O$

2-cloropropano etanol propeno agua

Es una reacción de eliminación. Se elimina una molécula de agua.

---

18) Dado el compuesto $CH_2 = CHCH_2CH_3$, justifique si las siguientes afirmaciones son verdaderas o falsas:
a) El compuesto reacciona con H_2O/ H_2SO_4 para dar dos compuestos isómeros geométricos.
b) El compuesto reacciona con HCl para dar un compuesto que no presenta isomería óptica.
c) El compuesto reacciona con H_2 para dar un alquino.

a) Falsa. Se forma butan-2-ol, que no tiene isomería geométrica porque no tiene doble enlace.

$$CH_2 = CHCH_2CH_3 + H_2O/\ H_2SO_4 \rightarrow CH_3 - CHOH - CH_2 - CH_3$$

but-1-eno ácido sulfúrico butan-2-ol

La adición al doble enlace sigue la regla de Markovnikov: cuando se produce la adición de un grupo al doble enlace, el H va al carbono con más H y el otro grupo al C con menos hidrógenos.

b) Falsa. Se forma el 2-clorobutano, que sí presenta isomería óptica porque el carbono 2 está unido a cuatro grupos distintos.

$$CH_2 = CHCH_2CH_3 + HCl \rightarrow CH_3 - CHCl - CH_2 - CH_3$$

but-1-eno cloruro de hidrógeno 2-clorobutano

c) Falsa. Cuando se adiciona hidrógeno a un doble enlace, se forma el alcano correspondiente.

$$CH_2 = CHCH_2CH_3 + H_2 \rightarrow CH_3 - CH_2 - CH_2 - CH_3$$

but-1-eno dihidrógeno butano

---

19) Dados los siguientes compuestos orgánicos: A: $CH_3 - CH_2 - OH$; B: $CH_3 - CH_2 - CH_3$
a) Justifique cuál es más soluble en agua.
b) ¿Cómo se puede obtener el compuesto A a partir de $CH_2 = CH_2$?
c) Escriba la reacción de cloración del compuesto B.

a) El A pues el grupo – OH lo hace polar, soluble en un disolvente polar como el agua. El B es apolar.

b) A partir de una adición con ácido sulfúrico al doble enlace:

$$CH_2 = CH_2 + H_2O/\ H_2SO_4 \rightarrow CH_3 - CH_2OH$$

Eteno ácido sulfúrico etanol

c) $2\ CH_3 - CH_2 - CH_3 + 2\ Cl_2$ (luz) $\rightarrow$ $CH_2Cl - CH_2 - CH_3 + CH_3 - CHCl - CH_3 + 2\ HCl$

propano dicloro 1-cloropropano 2-cloropropano cloruro de hidrógeno

Se obtiene una mezcla de isómeros.

---

20) Dados los reactivos: H_2/cat, HCl y H_2O/H_2SO_4, elija, escribiendo la reacción correspondiente, aquellos que partiendo de $CH_3CH{=}CHCH_3$ permitan obtener el compuesto A, siendo A:
a) Un compuesto monoclorado.
b) Un compuesto que puede formar enlaces de hidrógeno.
c) Un compuesto que no tiene isomería óptica.

a) $CH_3 - CH = CH - CH_3 + HCl \rightarrow CH_3 - CH_2 - CHCl - CH_3$

but-2-eno cloruro de hidrógeno 2-clorobutano

Alqueno + HCl $\rightarrow$ Cloroalcano

b) $CH_3 - CH = CH - CH_3 + H_2O/H_2SO_4 \rightarrow CH_3 - CH_2 - CHOH - CH_3$
but-2-eno + ácido sulfúrico $\rightarrow$ butan-2-ol

Se obtiene butan-2-ol, que puede formar enlaces de hidrógeno porque tiene el grupo – OH. Para formar el enlace de hidrógeno, hay que tener en la molécula un átomo muy electronegativo (como el oxígeno) unido al hidrógeno.

c) $CH_3 - CH = CH - CH_3 + H_2 \Rightarrow CH_3 - CH_2 - CH_2 - CH_3$
but-2-eno + dihidrógeno $\rightarrow$ butano

Se obtiene butano, que no tiene isomería óptica porque no tiene ningún carbono quiral, es decir, ningún carbono unido a cuatro grupos distintos.

2020

21) Escriba la fórmula del compuesto que se obtiene mayoritariamente e indique el tipo de reacción:
a) Al calentar $CH_3CH_2CH_2OH$ en presencia de ácido.
b) $CH_3CH_2CH{=}CH_2 + HBr$
c) $CH_3COOH + CH_3OH$ en presencia de ácido.

a) * Reacción general: Alcohol + H_2SO_4 / calor $\rightarrow$ alqueno + H_2O

* Reacción particular: $CH_3 - CH_2 - CH_2OH + H^+$ / calor $\rightarrow$ $CH_3 - CH = CH_2 + H_2O$
propan-1-ol Propeno

Es una reacción de eliminación, una deshidratación.

b) * Reacción general: Alqueno + HBr $\rightarrow$ Bromoalcano

* Reacción particular: $CH_3 - CH_2 - CH = CH_2 + HBr \rightarrow CH_3 - CH_2 - CHBr - CH_3$

but-1-eno + bromuro de hidrógeno $\rightarrow$ 2-bromobutano

Es una reacción de adición al doble enlace.

c) * Reacción general: Ácido + alcohol $\rightarrow$ éster + agua

* Reacción particular: $CH_3 - COOH + CH_3OH \rightarrow CH_3 - COO - CH_3 + H_2O$

ácido etanoico + metanol $\rightarrow$ Etanoato de metilo + agua

---

22) Dado el compuesto $CH_3CH{=}CHCH_3$, justifique, utilizando las reacciones correspondientes, si las siguientes afirmaciones son verdaderas o falsas:
a) El compuesto reacciona con H_2O en medio ácido para dar dos compuestos isómeros geométricos.
b) El compuesto reacciona con HBr para dar un compuesto que presenta isomería óptica.
c) El compuesto reacciona con H_2 para dar un alquino.

a) Falsa.

* Reacción general: Alqueno + $H_2O / H^+ \rightarrow$ Alcohol

* Reacción particular: $CH_3 - CH = CH - CH_3 + H_2O / H^+ \rightarrow CH_3 - CH_2 - CHOH - CH_3$
but-2-eno + agua/ ácido $\rightarrow$ butan-2-ol

No se obtienen isómeros geométricos porque el compuesto obtenido no tiene dobles enlaces.

b) Verdadera.

$CH_3 - CH = CH - CH_3 + HBr \rightarrow CH_3 - CH_2 - C^{*}HBr - CH_3$

but-2-eno + bromuro de hidrógeno $\rightarrow$ 2-bromobutano

El compuesto obtenido presenta isomería óptica porque contiene un carbono quiral o asimétrico, es decir, unido a cuatro grupos distintos. El C asimétrico está señalado con un asterisco.

c) Falsa.

* Reacción general: alqueno + $H_2 \rightarrow$ alcano

* Reacción particular: $CH_3 - CH = CH - CH_3 + H_2 \rightarrow CH_3 - CH_2 - CH_2 - CH_3$

but-2-eno + dihidrógeno $\rightarrow$ butano

Cuando se hidrogena un alqueno, se obtiene un alcano, no un alquino.

---

23) Para el compuesto $CH_3CH=CH_2$:
a) Justifique si presenta isomería geométrica.
b) Escriba la reacción que tiene lugar con HBr.
c) Indique la hidridación que presenta cada uno de sus átomos de carbono.

a) No, no la presenta. Para que un compuesto presente isomería geométrica hacen falta varias condiciones:
- Tener un doble enlace.
- Que cada carbono del doble enlace esté unido a un H y a otro grupo.

La segunda condición no se cumple en el carbono 1, pues está unido a dos hidrógenos.

b) $CH_3 - CH = CH_2 + HBr \rightarrow CH_3 - CHBr - CH_3$
propeno + bromuro de hidrógeno $\rightarrow$ 2-bromopropano

c)
$$CH_3 - CH = CH_2$$
$\quad\quad\uparrow\quad\quad\uparrow\quad\quad\uparrow$
$\quad\quad sp^3\quad\quad sp^2\quad\quad sp^2$

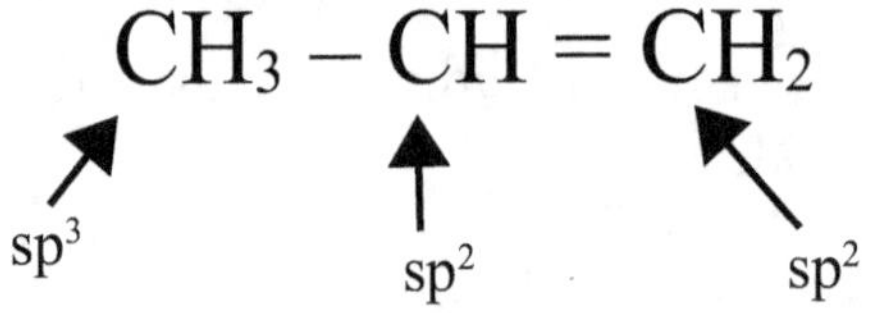

24) Escriba la fórmula de un compuesto que se ajuste a las siguientes condiciones:
a) Un alcohol de cuatro átomos de carbono que presente isomería óptica.
b) Un alqueno de cuatro átomos de carbono que presente isomería geométrica.
c) Un compuesto que por deshidratación produzca $CH_2=CHCH_2CH_3$.

a) $CH_3 - CHOH - CH_2 - CH_3$: butan-2-ol

b) $CH_3 - CH = CH - CH_3$: but-2-eno

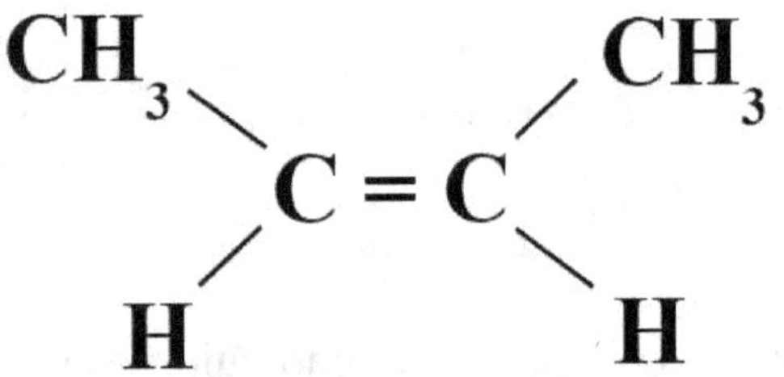

cis-but-2-eno   trans-but-2-eno

c) El compuesto es el $CH_2OH - CH_2 - CH_2 - CH_3$: butan-1-ol

* Reacción general: Alcohol + H^+ / calor $\rightarrow$ alqueno + H_2O

* Reacción particular: $CH_2OH - CH_2 - CH_2 - CH_3 + H^+$ / calor $\rightarrow CH_2 = CH - CH_2 - CH_3 + H_2O$

butan-1-ol + ácido/ calor $\rightarrow$ but-1-eno + agua

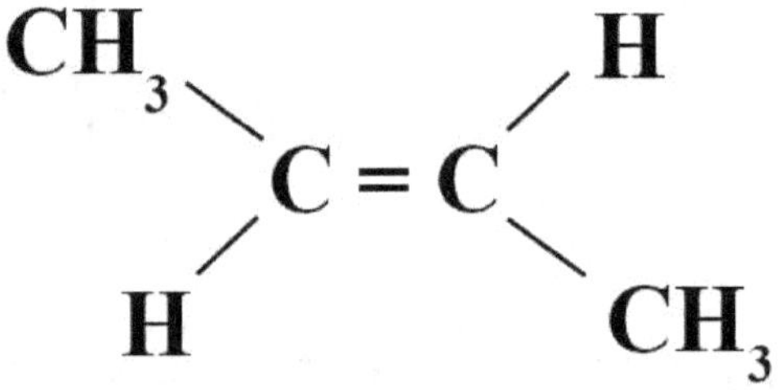

25) Dado el compuesto $CH_3CHOHCH_2CH_2CH_3$.
a) Justifique si tiene un isómero de cadena.
b) Escriba su reacción de deshidratación.
c) Razone si presenta isomería óptica.

a) Sí, que lo tiene: $CH_3 - CHOH - CH - CH_3$ (con CH_3 unido al CH)

3-metilbutan-2-ol

Los isómeros de cadena son aquellos compuestos que tienen la misma fórmula molecular y distinta estructura de la cadena carbonada. El primer compuesto es el pentan-2-ol y es lineal; el segundo es el 3-metilbutan-2-ol y está ramificado.

b) * Reacción general: alcohol + H_2SO_4, calor $\rightarrow$ alqueno + agua

* Reacción pedida: $CH_3CHOHCH_2CH_2CH_3 + H_2SO_4$/ calor $\rightarrow$ $CH_3 - CH = CH - CH_2 - CH_3 + H_2O$

pentan-2-ol + ácido sulfúrico/ calor $\rightarrow$ pent-2-eno + agua

En la eliminación, se sigue la regla de Saytzeff, es decir, se elimina el hidrógeno del carbono con menos hidrógenos.

c) Sí, que la presentará. La isomería óptica la presentan aquellos compuestos que presentan un carbono asimétrico o carbono quiral, es decir, un carbono que está unido a cuatro grupos distintos. Se señala este carbono con un asterisco: $CH_3C^*HOHCH_2CH_2CH_3$: pentan-2-ol.

---

26) Para el compuesto $CH_3CH(CH_3)CH{=}CH_2$:
a) Justifique si presenta isomería geométrica.
b) Represente la fórmula de un isómero de cadena.
c) Escriba la reacción de combustión ajustada.

a) No, no la presenta. La isomería geométrica la presentan aquellos compuestos con un doble enlace en el que cada carbono del doble enlace está unido a un hidrógeno y a otro grupo distinto. Este compuesto no la presenta porque el carbono 1 está unido a dos hidrógenos.

b) $CH_3 - CH_2 - CH_2 - CH = CH_2$: pent-1-eno

c) * Reacción general: hidrocarburo + O_2 $\rightarrow$ $CO_2 + H_2O$

* Reacción pedida: $2\ CH_3CH(CH_3)CH{=}CH_2 + 15\ O_2 \rightarrow 10\ CO_2 + 10\ H_2O$

2 3-metilbut-1-eno + 15 dioxígeno $\rightarrow$ 10 dióxido de carbono + 10 agua

---

2019

27) Dados los compuestos:
$CH_3 - CH_2 - O - CH_2 - CH_3$, $CH_2 = CH - CHOH - CH_3$, $CH_3 - CHOH - CH_3$, $CH_3 - CH_2 - CO - CH_3$
conteste razonadamente:
a) Cuál o cuáles presentan un carbono quiral.
b) Cuáles son isómeros entre sí.
c) Cuáles darían un alqueno como producto de una reacción de eliminación.

a) $CH_2 = CH - C^*HOH - CH_3$: but-3-en-2-ol. Un carbono quiral es aquel que está unido a cuatro grupos distintos. Es el señalado con asterisco.

b) El segundo y el cuarto. Las fórmulas moleculares de los cuatro son: $C_4H_{10}O$, C_4H_8O, C_3H_8O y C_4H_8O, respectivamente. Isómeros son los compuestos que tienen igual fórmula molecular pero distinta fórmula estructural. Son isómeros de función, pues tienen distintos grupos funcionales.

c) El segundo y el tercero. La reacción es: alcohol + H_2SO_4/calor $\Rightarrow$ alqueno. Se sigue la regla de Saytzeff, es decir, el hidrógeno se elimina del carbono menos sustituido.

$$CH_2 = CH - CHOH - CH_3 \ + \ H_2SO_4/\text{calor} \ \rightarrow \ CH_2 = C = COH - CH_3 \ + \ H_2O$$

but-3-en-2-ol + ácido sulfúrico/ calor $\rightarrow$ buta-2,3-dien-2-ol + agua

$$CH_3 - CHOH - CH_3 \ + \ H_2SO_4/\ \text{calor} \ \rightarrow \ CH_3 - CH = CH_2 + \ H_2O$$

propan-2-ol + ácido sulfúrico/ calor $\rightarrow$ propeno + agua

---

28) Razone si son verdaderas o falsas las siguientes afirmaciones:
a) La regla de Markovnikov predice qué compuesto mayoritario se forma en las reacciones de eliminación.
b) Un alquino puede adicionar halógenos.

a) Falsa. La regla de Markovnikov predice qué compuesto mayoritario se forma en las reacciones de adición: alqueno + HX $\Rightarrow$ haluro de alquilo
Dice así: cuando se adiciona un reactivo asimétrico a un doble enlace, el hidrógeno se adiciona al carbono más sustituido.
Ejemplo: $CH_3 - CH = CH_2 + HCl \ \rightarrow \ CH_3 - CHCl - CH_3$

propeno + cloruro de hidrógeno $\rightarrow$ 2-cloropropano

b) Verdadera. Puede adicionar hasta dos moléculas de halógeno por cada triple enlace:

$$\text{Alquino} \ + \ X_2 \ \rightarrow \ R - CX = CX - R'$$

$$R - CX = CX - R' \ + \ X_2 \ \rightarrow \ R - CX_2 - CX_2 - R'$$

Ejemplo: $CH_3 - C \equiv CH + Cl_2 \rightarrow CH_3 - CCl = CHCl$

propino + dicloro → 1,2-dicloroprop-1-eno

$CH_3 - CCl = CHCl + Cl_2 \rightarrow CH_3 - CCl_2 - CHCl_2$

1,2-dicloroprop-1-eno + dicloro → 1,1,2,2-tetracloropropano

---

29) Dados los compuestos orgánicos:

A: $CH_3 - CH_2OH$; B: $CH_3 - CH_2 - CH_3$

a) Justifique cuál tiene mayor punto de fusión.
b) Escriba la reacción de obtención del compuesto A partiendo de eteno ($CH_2 = CH_2$).
c) Escriba la reacción de cloración del compuesto B.

a) El A. Cuando una sustancia molecular se funde, se rompen algunas de sus fuerzas intermoleculares. El que tenga fuerzas intermoleculares más intensas tendrá mayor punto de fusión. El A forma enlaces de hidrógeno, que es más fuerte que las fuerzas de van der Waals del B.

b) $CH_2 = CH_2 + H_2O/ H^+ \Rightarrow CH_3 - CH_2OH$

Eteno + agua/ ácido → etanol

c) Se obtiene una mezcla de isómeros, fruto de dos reacciones paralelas:

$CH_3 - CH_2 - CH_3 + Cl_2 \rightarrow CH_3 - CH_2 - CH_2Cl$ + Hcl

Propano + dicloro → cloruro de propilo + cloruro de hidrógeno

$CH_3 - CH_2 - CH_3 + Cl_2 \rightarrow CH_3 - CHCl - CH_3 + HCl$

Propano + dicloro → 2-cloropropano + cloruro de hidrógeno

---

30) Represente: a) Un isómero de cadena de $CH_3 - CH_2 - CH_2 - CH_3$.
b) Un isómero de posición de $CH_3 - CHOH - CH_3$.
c) Un isómero de función de $CH_3 - CH_2 - CH_2 - CHO$.

a) $CH_3 - CH - CH_3$: metilpropano.
         |
        CH_3

b) $CH_3 - CH_2 - CH_2OH$: propan-1-ol.

c) $CH_3 - CO - CH_2 - CH_3$: butanona.

---

31) Para el compuesto CH_3-CH_2-CH_2-CO-CH_3, escriba:
a) Un isómero de función.
b) Un isómero de cadena.
c) Un isómero de posición.

a) $CH_3 - CH_2 - CH_2 - CH_2 - CHO$: pentanal.

b) $CH_3 - CH - CO - CH_3$
|
CH_3
Metilbutanona

c) $CH_3 - CH_2 - CO - CH_2 - CH_3$: pentan-2-ona

---

32) Las fórmulas moleculares de tres hidrocarburos lineales son: C_2H_4, C_3H_8 y C_4H_{10}. Razone si son verdaderas o falsas las siguientes afirmaciones:
a) Los tres pertenecen a la misma serie homóloga.
b) Los tres experimentan reacciones de adición.
c) Sólo uno de ellos tiene átomos de carbono con hibridación sp^2.

a) Falsa. La fórmula general de los alcanos es: $C_nH_{2\cdot n+2}$ y la de los alquenos: $C_nH_{2\cdot n}$. Luego el C_2H_4 es un alqueno, el C_3H_8 es un alcano y el C_4H_{10} es un alcano. Serie homóloga es el conjunto de compuestos con el mismo grupo funcional y que se diferencian en la longitud de la cadena. C_3H_8 y C_4H_{10} pertenecen a la misma serie homóloga, pero no el C_2H_4.

b) Falsa. Los alcanos no presentan reacciones de adición, pero sí los alquenos. Presentaría reacciones de adición el C_2H_4.

c) Verdadera. La hibridación sp^2 es característica de compuestos con dobles enlaces. El C_2H_4 (eteno) tiene sus dos carbonos con hibridación sp^2.
La ecuación de hibridación es: 1 O.A. s + 2 O.A. p = 3 O.H. sp^2

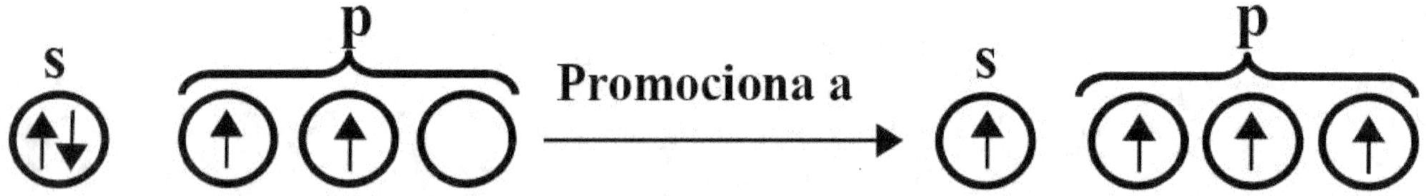

A cada carbono le queda un orbital p libre. Esos dos orbitales p se solapan lateralmente formando el enlace π del enlace doble.

---

33) Dados los siguientes compuestos orgánicos, A (CH_3-CH_2-CH_2OH) y B (CH_3-CH_2-O-CH_3), explique:
a) Si son o no isómeros.
b) Cuál de ellos es insoluble en agua.
c) Cuál de ellos reacciona en presencia de H_2SO_4y calor. Escriba la reacción.

a) Sí, lo son, pues tienen igual fórmula molecular y distinta fórmula estructural. Son isómeros de función, pues tienen distinto grupo funcional.

b) El B es insoluble en agua, pues es una cetona y es apolar. Los compuestos polares se disuelven en disolventes polares y los compuestos apolares en disolventes apolares. El agua es polar y el compuesto B es apolar.

c) El A. Los alcoholes reaccionan con H_2SO_4 de esta forma:

$$\text{Alcohol} + H_2SO_4/\text{calor} \rightarrow \text{Alqueno} + H_2O$$

$$CH_3 - CH_2 - CH_2OH + H_2SO_4/\text{calor} \rightarrow CH_3 - CH = CH_2 + H_2O$$

propan-1-ol + ácido sulfúrico/ calor → propeno + agua

---

34) Dibuje un isómero de cada uno de los siguientes compuestos, indicando el tipo de isomería que presenta. a) CH_3-CO-CH_3. b) CH_3-CH_2-CH_2-CH_3. c) CH_3-CHF-COOH.

a) $CH_3 - CH_2 - CHO$: propanal, isomería de función.

b) $CH_3 - CH - CH_3$: metilpropano, isomería de cadena.
            |
          CH_3

c) $CH_2F - CH_2 - COOH$: ácido 3-fluoropropanoico, isomería de posición.

---

35) Complete las siguientes reacciones e indique a qué tipo pertenecen:
a) $HOCH_2$-CH_2-CH = CH_2 + HCl →
b) $HOCH_2$-CH_2-CH=CH_2 + O_2 →
c) $HOCH_2$-CH_2-CH=CH_2 + H_2SO_4(calor) →

a) $HOCH_2 - CH_2 - CH = CH_2 + HCl \rightarrow HOCH_2 - CH_2 - CHCl - CH_3$

but-3-en-1-ol + cloruro de hidrógeno → 3-clorobutan-1-ol

Es una adición electrofílica al doble enlace.

b) $HOCH_2 - CH_2 - CH = CH_2 + 6\ O_2 \rightarrow 4\ CO_2 + 4\ H_2O$
but-3-en-2-ol + 6 dioxígeno → 4 dióxido de carbono + 4 agua

Es una reacción de combustión.

c) $HOCH_2 - CH_2 - CH = CH_2 + H_2SO_4/\text{calor} \rightarrow CH = CH - CH = CH_2 + H_2O$
but-3-en-1-ol + ácido sulfúrico/ calor → buta-1,3-dieno + agua

Es una reacción de eliminación, una deshidratación de un alcohol.

2018

36) Dados los siguientes compuestos: $CH_3 - CH = CH_2$, $CH_3 - CH = CH - CH_3$
elija el más adecuado para cada caso, escribiendo la reacción que tiene lugar:
a) El compuesto reacciona con agua en medio ácido para dar otro compuesto que presenta isomería óptica.
b) La combustión de dos moles de compuesto produce 6 moles de CO_2.
c) El compuesto reacciona con HBr para dar otro compuesto que no presenta isomería óptica.

a) El but-2-eno.

Reacción general: alqueno + $H^+/H_2O \rightarrow$ alcohol

$$CH_3 - CH = CH_2 + H^+/H_2O \rightarrow CH_3 - CHOH - CH_3$$

propeno + ácido/ agua $\rightarrow$ Propan-2-ol

$$CH_3 - CH = CH - CH_3 + H^+/H_2O \rightarrow CH_3 - CH_2 - C^*HOH - CH_2$$
but-2-eno + ácido/ agua $\rightarrow$ butan-2-ol

b) El propeno.

Reacción general: hidrocarburo + $O_2 \rightarrow CO_2 + H_2O$

$$2\ CH_3 - CH = CH_2 + 9\ O_2 \rightarrow 6\ CO_2 + 6\ H_2O$$

propeno + oxígeno $\rightarrow$ dióxido de carbono + agua

$$CH_3 - CH = CH - CH_3 + 6\ O_2 \rightarrow 4\ CO_2 + 4\ H_2O$$

but-2-eno + oxígeno $\rightarrow$ dióxido de carbono + agua

c) El propeno.

Reacción general: alqueno + HBr $\rightarrow$ bromuro de alquilo

$$CH_3 - CH = CH_2 + HBr \rightarrow CH_3 - CHBr - CH_3$$

propeno + bromuro de hidrógeno $\rightarrow$ 2-bromopropano

$$CH_3 - CH = CH - CH_3 + HBr \rightarrow CH_3 - CH_2 - CHBr - CH_3$$

but-2-eno + bromuro de hidrógeno $\rightarrow$ 2-bromobutano

---

37) Sean los siguientes compuestos:

$CH_3 - COOCH_3$, $CH_3 - CH_2 - CONH_2$, $CH_3 - CH(CH_3)COCH_3$ y $CH_3 - CH(OH)CHO$

a) Identifique y nombre los grupos funcionales presentes en cada uno de ellos.
b) Justifique si alguno posee actividad óptica.
c) ¿Alguno presenta un carbono terciario? Razone la respuesta.

a)

Compuesto	**Nombre**	**Grupo**	**Nombre**
$CH_3 - COOCH_3$	Etanoato de metilo	– COOR	éster
$CH_3 - CH_2 - CONH_2$	Propanamida	$- CONH_2$	amida
$CH_3 - CH(CH_3)COCH_3$	Metilbutanona	– CO –	cetona
$CH_3 - CH(OH)CHO$	2-hidroxipropanal	– OH y – CHO	alcohol y aldehido

b) Tendrán actividad óptica los compuestos que tengan algún carbono asimétrico, es decir, algún carbono unido a cuatro grupos distintos. Sólo la tiene éste: $CH_3 - C^*H(OH)CHO$: el 2-hidroxipropanal. El carbono 2 es asimétrico.

c) Un carbono terciario es aquel que está unido a tres átomos de carbono. La presenta este compuesto: $CH_3 - CH(CH_3)COCH_3$: metilbutanona; el tercer carbono es terciario.

---

38) Complete las siguientes reacciones orgánicas, indicando el tipo de reacción

a) $CH_3CH_2CH_3 + Br_2 \xrightarrow{h \cdot \upsilon} \ldots + \ldots$

b) $\ldots \xrightarrow{H_2SO_4\text{ , calor}} CH_3 - CH = CH - CH_3 + \ldots$

c) C_6H_6 (benceno) + $HNO_3 \xrightarrow{H_2SO_4} \ldots + H_2O$

a) $2\ CH_3CH_2CH_3 + 2\ Br_2 \xrightarrow{h \cdot \upsilon} CH_3 - CH_2 - CH_2Br + CH_3 - CHBr - CH_3 + 2\ HBr$

propano + dibromo → bromuro de propilo + 2-bromopropano + bromuro de hidrógeno

Es una halogenación catalítica, una reacción de sustitución.

b) $CH_3 - CHOH - CH_2 - CH_3 \xrightarrow{H_2SO_4\text{ , calor}} CH_3 - CH = CH - CH_3 + H_2O$

butan-2-ol → but-2-eno + agua

Es una deshidratación, una eliminación.

c) C_6H_6 (benceno) + $HNO_3 \xrightarrow{H_2SO_4} C_6H_5NO_2 + H_2O$

benceno + ácido nítrico → nitrobenceno + agua

Es una nitración del benceno, una sustitución electrofílica.

---

39) Para el compuesto $CH_2 = CH - CH_2 - CH_2 - CH_3$, escriba:
a) La reacción ajustada de combustión.
b) La reacción con bromuro de hidrógeno (HBr) que da lugar al producto mayoritario.
c) Una reacción que produzca un hidrocarburo saturado.

a) $2\ CH_2 = CH - CH_2 - CH_2 - CH_3 + 15\ O_2 \rightarrow 10\ CO_2 + 10\ H_2O$

pent-1-eno + dioxígeno → dióxido de carbono + agua

b) $CH_2 = CH - CH_2 - CH_2 - CH_3 + HBr \rightarrow CH_3 - CHBr - CH_2 - CH_2 - CH_3$
pent-1-eno + bromuro de hidrógeno → 2-bromopentano

c) $CH_2 = CH - CH_2 - CH_2 - CH_3 + H_2$ (Pd o Pt) $\rightarrow CH_3 - CH_2 - CH_2 - CH_2 - CH_3$
pent-1-eno + hidrógeno → pentano

---

40) a) Escriba la reacción de adición de bromuro de hidrógeno (HBr) al propeno $CH_3 - CH = CH_2$.
b) Escriba y ajuste la reacción de combustión del butano ($CH_3 - CH_2 - CH_2 - CH_3$).
c) Escriba el compuesto que se obtiene cuando el cloro molecular (Cl_2) reacciona con el metilpropeno, $CH_2 = C(CH_3)CH_3$, e indique el tipo de reacción que tiene lugar.

a) $CH_3 - CH = CH_2 + HBr \rightarrow CH_3 - CHBr - CH_3$
propeno + bromuro de hidrógeno → 2-bromopropano

b) $2\ CH_3 - CH_2 - CH_2 - CH_3 + 13\ O_2 \rightarrow 8\ CO_2 + 10\ H_2O$

butano + oxígeno → dióxido de carbono + agua

c) $CH_2 = C(CH_3)CH_3 + Cl_2 \rightarrow CH_2Cl - CCl(CH_3)CH_3$
metilpropeno + dicloro → 1,2-diclorometilpropano

Esta es una adición al doble enlace.

---

41) Empleando compuestos de 4 átomos de carbono, represente:
a) Dos hidrocarburos que sean isómeros de cadena entre sí.
b) Dos hidrocarburos que sean isómeros cis-trans.
c) Un alcohol que desvíe el plano de la luz polarizada.
a) $CH_3 - CH_2 - CH_2 - CH_3$ y $CH_3 - CH(CH_3) - CH_3$
butano metilpropano

b)

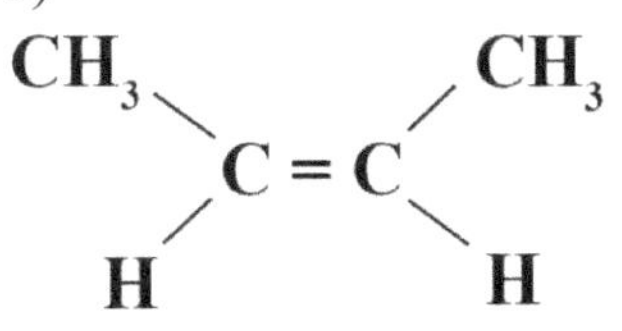

cis-but-2-eno

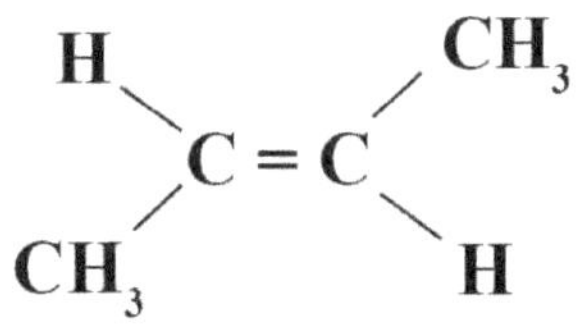

trans-but-2-eno

c) $CH_3 - C^*HOH - CH_2 - CH_3$
butan-2-ol

---

42) Escriba las fórmulas de los siguientes compuestos:
a) El aldehído que es isómero del propen-2-ol ($CH_2 = COH - CH_3$).
b) Un alqueno de 4 átomos de carbono que no presente isomería cis-trans.
c) Un compuesto con dos carbonos quirales.

a) $CHO - CH_2 - CH_3$: propanal.

b) $CH_3 - CH_2 - CH = CH_2$: but-1-eno.

c) $CH_3 - CH_2 - C^*H(CH_3) - C^*HOH - CH_3$: 3-metilpentan-2-ol

---

43) Dados los siguientes reactivos: HI, I_2, H_2/catalizador, NaOH y H_2O/H_2SO_4 , ¿cuál de ellos será el adecuado para obtener $CH_3–CH_2–CH_2–CH(OH)–CH_3$ en cada caso? Escriba la reacción correspondiente:
a) A partir de $CH_2 = CH - CH_2 - CH_2 - CH_3$.
b) A partir de $CH_3 - CH_2 - CH_2 - CH(I) - CH_3$.
c) A partir de $CH_3 - CH = CH - CH(OH) - CH_3$.

a) $CH_2 = CH - CH_2 - CH_2 - CH_3 + H_2O/H_2SO_4 \rightarrow CH_3 - CH_2 - CH_2 - CH(OH) - CH_3$
pent-1-eno + agua/ ácido sulfúrico → pentan-2-ol

b) $CH_3 - CH_2 - CH_2 - CH(I) - CH_3 + NaOH \Rightarrow CH_3 - CH_2 - CH_2 - CH(OH) - CH_3$
2-yodopentano + hidróxido de sodio → pentan-2-ol

c) $CH_3 - CH = CH - CH(OH) - CH_3 + H_2/catalizador \rightarrow CH_3 - CH_2 - CH_2 - CH(OH) - CH_3$
pent-3-en-2-ol + dihidrógeno/ catalizador → pentan-2-ol

---

44) Para el compuesto: $CH_3 - CH_2 - CHOH - CH_3$, escriba:
a) Un isómero de posición. b) Un isómero de función. c) Un isómero de cadena.

a) $CH_3 - CH_2 - CH_2 - CH_2OH$: butan-1-ol
b) $CH_3 - CH_2 - O - CH_2 - CH_3$: dietiléter
c) $CH_3 - CH(CH_3) - CH_2OH$: metilpropan-1-ol

2017

45) Dado el siguiente compuesto $CH_3CH_2CHOHCH_3$
a) Justifique si presenta o no isomería óptica.
b) Escriba la estructura de un isómero de posición y otro de función.
c) Escriba el alqueno a partir del cual se obtendría el alcohol inicial mediante una reacción de adición.

a) Sí la presenta, pues tiene un carbono asimétrico, es decir, un carbono unido a cuatro grupos distintos. $CH_3CH_2C^*HOHCH_3$. La presencia de un carbono asimétrico hace que existan dos enantiómeros, es decir, dos isómeros ópticos.

b) Isómero de posición: $CH_3 - CH_2 - CH_2 - CH_2OH$: butan-1-ol

Isómero de función: $CH_3 - CH_2 - O - CH_2 - CH_3$: dietiléter

c) Alqueno + H^+/H_2O $\rightarrow$ alcohol

$$CH_3 - CH_2 - CH = CH_2 + H^+/H_2O \rightarrow CH_3 - CH_2 - CHOH - CH_3$$
but-1-eno + ácido $\rightarrow$ butan-2-ol

---

46) a) Formule dos isómeros del $CH_3CH_2CH_2CH_2CHO$, indicando el tipo de isomería.
b) Justifique si el $CH_3CHBrCH_2CH_3$ presenta isomería óptica.
c) Justifique si existe isomería geométrica en el compuesto $CH_3CHClCCl{=}CH_2$.

a) $CH_3 - CH_2 - CH(CH_3) - CHO$:isómero de cadena
2-metilbutanal

$CH_2 = CH - CH_2 - CH_2 - CH_2OH$: isómero de función.
pent-4-en-1-ol

b) Sí que la presenta, pues tiene un carbono asimétrico, es decir, un carbono unido a cuatro grupos distintos: $CH_3C^*HBrCH_2CH_3$. La presencia de un carbono asimétrico hace que existan dos enantiómeros, es decir, dos isómeros ópticos.

c) No, no la presenta. Para tener isomería geométrica, los carbonos del doble enlace deben tener un hidrógeno y otro grupo. Esto no lo cumplen estos carbonos.

---

47) Para el compuesto A de fórmula $CH_3CH_2CH_2CH_2CH_3$, escriba:
a) La reacción de combustión completa de A.
b) Un compuesto que por hidrogenación catalítica dé lugar a A.
c) La reacción fotoquímica de 1 mol de A en presencia de 1 mol de Cl_2.

a) $CH_3CH_2CH_2CH_2CH_3 + 8\ O_2 \rightarrow 5\ CO_2 + 6\ H_2O$

pentano + dioxígeno $\rightarrow$ dióxido de carbono + agua

b) $CH_3 – CH_2 – CH_2 – CH = CH_2 + H_2$ (Pd o Pt) $\rightarrow$ $CH_3 – CH_2 – CH_2 – CH_2 – CH_3$
but-1-eno + dihidrógeno $\rightarrow$ pentano

c) $CH_3 – CH_2 – CH_2 – CH_2 – CH_3 + Br_2$ $\rightarrow$ $CH_3 – CH_2 – CH_2 – CH_2 – CH_2Br +$ Hbr

pentano + dibromo $\rightarrow$ bromuro de pentilo + bromuro de hidrógeno

En realidad, se obtiene una mezcla de isómeros.

---

48) Escriba las siguientes reacciones completas para el etanol (CH_3CH_2OH):
a) Deshidratación del etanol con ácido sulfúrico.
b) Sustitución del OH del etanol por un halogenuro.
c) Combustión del etanol.

a) Alcohol + H_2SO_4/calor $\rightarrow$ alqueno

$CH_3 – CH_2OH + H_2SO_4$/calor $\rightarrow$ $CH_2 = CH_2 + H_2O$

etanol + ácido sulfúrico $\rightarrow$ eteno + agua

b) alcohol + halogenuro de hidrógeno $\rightarrow$ haluro de alquilo + agua

$CH_3 – CH_2OH + HCl$ $\rightarrow$ $CH_3 – CH_2Cl + H_2O$

etanol + cloruro de hidrógeno $\rightarrow$ cloruro de etilo + agua

c) alcohol + O_2 $\rightarrow$ $CO_2 + H_2O$

$CH_3 – CH_2OH + 3\ O_2$ $\rightarrow$ $2\ CO_2 + 3\ H_2O$

etanol + dioxígeno $\rightarrow$ dióxido de carbono + agua

---

49) Indique:
a) Un alcohol secundario quiral de cuatro átomos de carbono.
b) Dos isómeros geométricos de fórmula molecular C_5H_{10}.
c) Una amina secundaria de cuatro átomos de carbono.

a) $CH_3 – C^*HOH – CH_2 – CH_3$: butan-2-ol

b)

$$\underset{\textbf{cis-pent-2-eno}}{\begin{array}{c}CH_3CH_2-CH_3\\ \diagdown\diagup\\ C=C\\ \diagup\diagdown\\ HH\end{array}} \qquad \underset{\textbf{trans-pent-2-eno}}{\begin{array}{c}HCH_2-CH_3\\ \diagdown\diagup\\ C=C\\ \diagup\diagdown\\ CH_3H\end{array}}$$

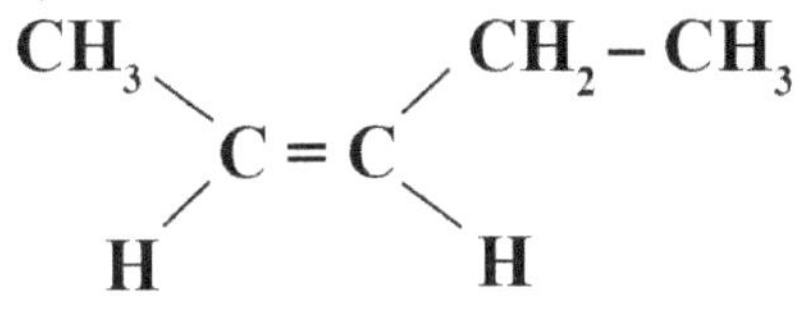

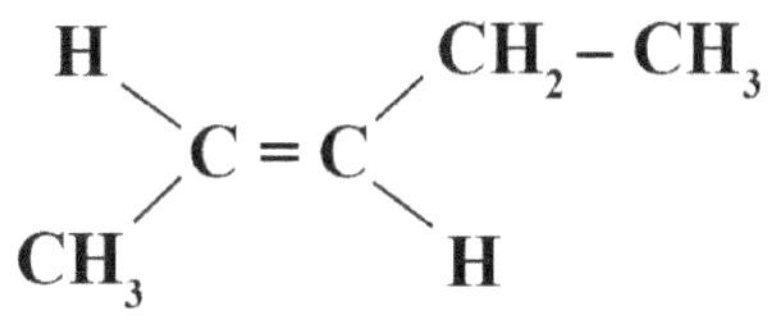

c) $CH_3 - CH_2 - NH - CH_2 - CH_3$
Dietilamina

---

50) Indique razonadamente si las siguientes afirmaciones son verdaderas o falsas:
a) Cuando un grupo hidróxido (OH^-) está unido a un carbono saturado, el compuesto resultante es un éster.
b) El dimetiléter ($CH_3 - O - CH_3$) y el etanol ($CH_3 - CH_2OH$) son isómeros de función.
c) La siguiente reacción orgánica: $R - CH_2Br + NaOH \Rightarrow R - CH_2OH + NaBr$, es una reacción de eliminación.

a) Falsa. Un éster es un compuesto con este grupo funcional: R – COO – R' . Es el resultado de sustituir el hidrógeno del grupo – OH por un radical alquilo.

b) Verdadera. Los isómeros de función son compuestos con la misma fórmula molecular pero distinto grupo funcional. Ambos tienen la fórmula molecular: C_3H_6O.

c) Falsa. Es una reacción de sustitución, pues se sustituye el átomo – Br por el grupo – OH.

APÉNDICES

NÚMEROS DE OXIDACIÓN

								H +1, -1									**He** -
Li +1	**Be** +2											**B** +3, -3	**C** +2, +4, -4	**N** +1, +2, +3, +4, +5, -3	**O** -1, -2	**F** -1	**Ne** -
Na +1	**Mg** +2											**Al** +3	**Si** +2, +4, -4	**P** +3, +5, -3	**S** +2, +4, +6, -2	**Cl** +1, +3, +5, +7, -1	**Ar** -
K +1	**Ca** +2	**Sc** +3	**Ti** +2, +3, +4	**V** +2, +3, +4, +5	**Cr** +2, +3, +6	**Mn** +2, +3, +4, +6, +7	**Fe** +2, +3	**Co** +2, +3	**Ni** +2, +3	**Cu** +1, +2	**Zn** +2	**Ga** +3	**Ge** +2, +4	**As** +3, +5, -3	**Se** +2, +4, +6, -2	**Br** +1, +3, +5, +7, -1	**Kr** -
Rb +1	**Sr** +2	**Y** +3	**Zr** +3, +4	**Nb** +2, +3, +4, +5	**Mo** +2, +3, +4, +5, +6	**Tc** +4, +5, +6, +7	**Ru** +2, +3, +4, +5, +6, +7	**Rh** +2, +3, +4, +5, +6	**Pd** +2, +4	**Ag** +1	**Cd** +2	**In** +3	**Sn** +2, +4	**Sb** +3, +5, -3	**Te** +2, +4, +6, -2	**I** +1, +3, +5, +7, -1	**Xe** -
Cs +1	**Ba** +2	**La** +3	**Hf** +3, +4	**Ta** +3, +4, +5	**W** +2, +3, +4, +5, +6	**Re** +2, +3, +4, +6, +7	**Os** +2, +3, +4, +5, +6, +7, +8	**Ir** +2, +3, +4, +5, +6	**Pt** +2, +4	**Au** +1, +3	**Hg** +1, +2	**Tl** +1, +3	**Pb** +2, +4	**Bi** +3, +5	**Po** +2, +4, +6, -2	**At** +1, +5, -1	**Rn** -
Fr +1	**Ra** +2	**Ac** +3															

TABLA PERIÓDICA Y CONFIGURACIÓN ELECTRÓNICA

Periodo	Grupo 1	Grupo 2	Grupo 3	Grupo 4	Grupo 5	Grupo 6	Grupo 7	Grupo 8	Grupo 9	Grupo 10	Grupo 11	Grupo 12	Grupo 13	Grupo 14	Grupo 15	Grupo 16	Grupo 17	Grupo 18
	ALCALINOS	ALCALINOTÉRREOS	GRUPO DEL ESCANDIO	GRUPO DEL TITANIO	GRUPO DEL VANADIO	GRUPO DEL CROMO	GRUPO DEL MANGANESO	GRUPO DEL HIERRO	GRUPO DEL COBALTO	GRUPO DEL NÍQUEL	GRUPO DEL COBRE	GRUPO DEL CINC	TÉRREOS	CARBONOIDEOS	NITROGENOIDEOS	ANFÍGENOS /CALCÓGENOS	HALÓGENOS	GASES NOBLES/ INERTES
	ns^1	ns^2	$(n-1)d^1$ ns^2	$(n-1)d^2$ ns^2	$(n-1)d^3$ ns^2	$(n-1)d^4$ ns^2	$(n-1)d^5$ ns^2	$(n-1)d^6$ ns^2	$(n-1)d^7$ ns^2	$(n-1)d^8$ ns^2	$(n-1)d^9$ ns^2	$(n-1)d^{10}$ ns^2	ns^2 np^1	ns^2 np^2	ns^2 np^3	ns^2 np^4	ns^2 np^5	ns^2 np^6
n = 1							**H** HIDRÓGENO											**He** HELIO
n = 2	**Li** LITIO	**Be** BERILIO											**B** BORO	**C** CARBONO	**N** NITRÓGENO	**O** OXÍGENO	**F** FLÚOR	**Ne** NEÓN
n = 3	**Na** SODIO	**Mg** MAGNESIO											**Al** ALUMINIO	**Si** SILICIO	**P** FÓSFORO	**S** AZUFRE	**Cl** CLORO	**Ar** ARGÓN
n = 4	**K** POTASIO	**Ca** CALCIO	**Sc** ESCANDIO	**Ti** TITANIO	**V** VANADIO	**Cr** CROMO	**Mn** MANGANESO	**Fe** HIERRO	**Co** COBALTO	**Ni** NÍQUEL	**Cu** COBRE	**Zn** ZINC/ CINC	**Ga** GALIO	**Ge** GERMANIO	**As** ARSÉNICO	**Se** SELENIO	**Br** BROMO	**Kr** CRIPTÓN
n = 5	**Rb** RUBIDIO	**Sr** ESTRONCIO	**Y** ITRIO	**Zr** CIRCONIO	**Nb** NIOBIO	**Mo** MOLIBDENO	**Tc** TECNECIO	**Ru** RUTENIO	**Rh** RODIO	**Pd** PALADIO	**Ag** PLATA	**Cd** CADMIO	**In** INDIO	**Sn** ESTAÑO	**Sb** ANTIMONIO	**Te** TELURO	**I** IODO/ YODO	**Xe** XENÓN
n = 6	**Cs** CESIO	**Ba** BARIO	**La** LANTANO	**Hf** HAFNIO	**Ta** TÁNTALO	**W** WOLFRAMIO	**Re** RENIO	**Os** OSMIO	**Ir** IRIDIO	**Pt** PLATINO	**Au** ORO	**Hg** MERCURIO	**Tl** TALIO	**Pb** PLOMO	**Bi** BISMUTO	**Po** POLONIO	**At** ASTATO	**Rn** RADÓN
n = 7	**Fr** FRANCIO	**Ra** RADIO	**Ac** ACTINIO															

ELECTRONEGATIVIDADES

								H 2,1									He –
Li 1,0	Be 1,5											B 2,0	C 2,5	N 3,0	O 3,5	F 4,0	Ne –
Na 0,9	Mg 1,2											Al 1,5	Si 1,8	P 2,1	S 2,5	Cl 3,0	Ar –
K 0,8	Ca 1,0	Sc 1,3	Ti 1,5	V 1,6	Cr 1,6	Mn 1,5	Fe 1,8	Co 1,8	Ni 1,8	Cu 1,9	Zn 1,6	Ga 1,6	Ge 1,8	As 2,0	Se 2,4	Br 2,8	Kr –
Rb 0,8	Sr 1,0	Y 1,2	Zr 1,4	Nb 1,6	Mo 1,8	Tc 1,9	Ru 2,2	Rh 2,2	Pd 2,2	Ag 1,9	Cd 1,7	In 1,7	Sn 1,8	Sb 1,9	Te 2,1	I 2,5	Xe –
Cs 0,8	Ba 0,9	La 1,1	Hf 1,3	Ta 1,5	W 2,4	Re 1,9	Os 2,2	Ir 2,2	Pt 2,2	Au 2,4	Hg 1,9	Tl 1,8	Pb 1,8	Bi 1,9	Po 2,0	At 2,2	Rn –
Fr 0,7	Ra 0,9	Ac 1,1															

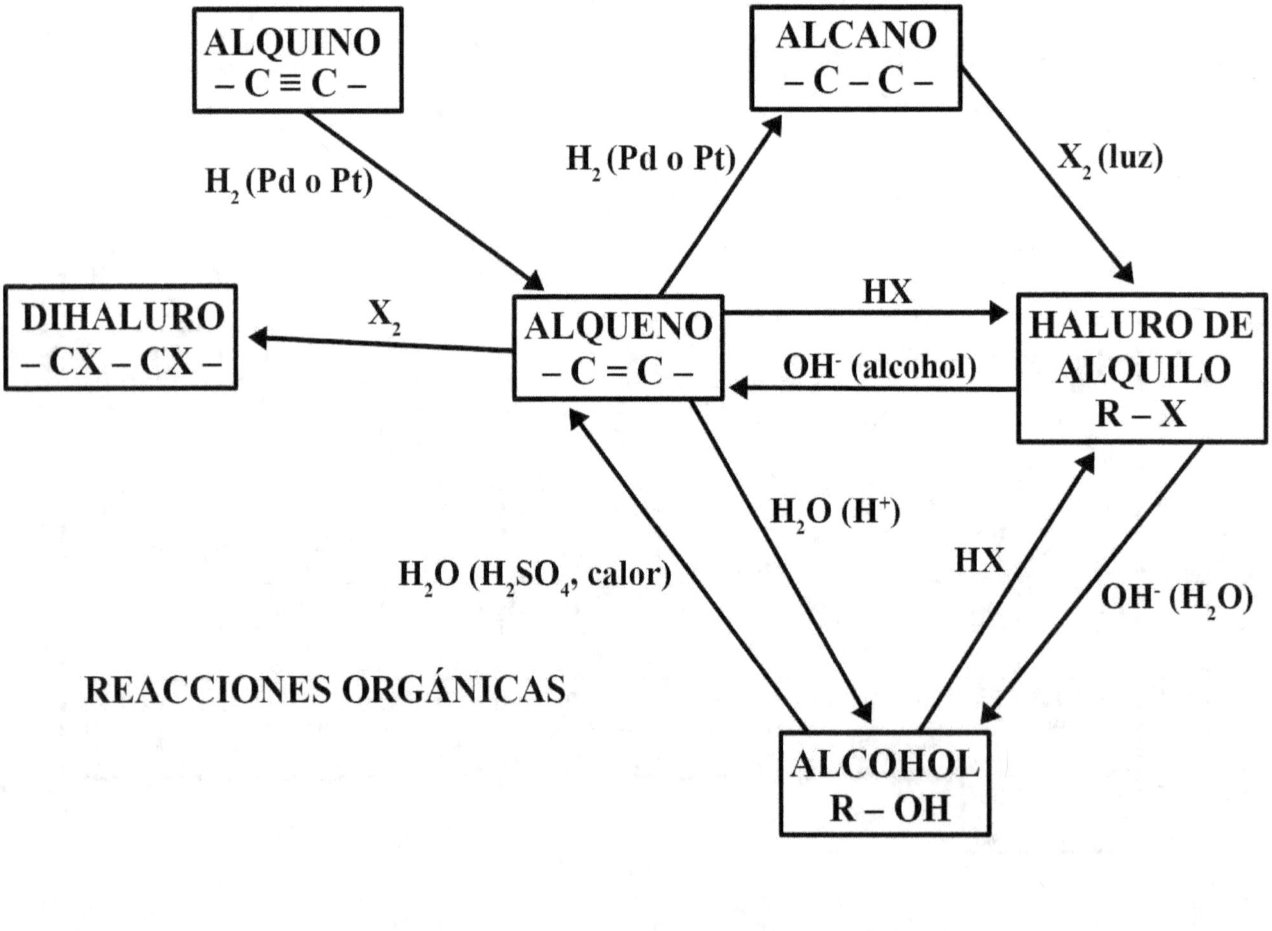

REACCIONES ORGÁNICAS

TEORÍA RPECV					
Tipo de molécula	**Pares e^- enlace**	**Pares e^- libres**	**Geometría**	**Dibujo**	**Ejemplos**
AX_2	2	0	Lineal	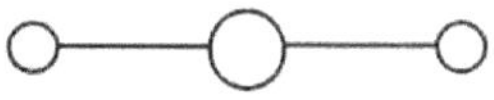	$BeCl_2$
AX_2	2	1	Angular	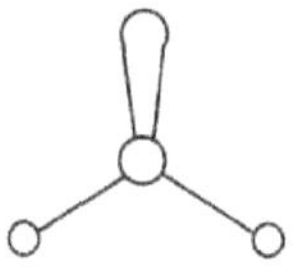	$SnCl_2$, SO_2
AX_2	2	2	Angular	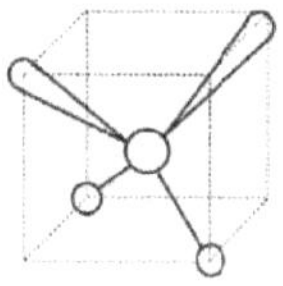	H_2O, SF_2
AX_2	2	3	Lineal	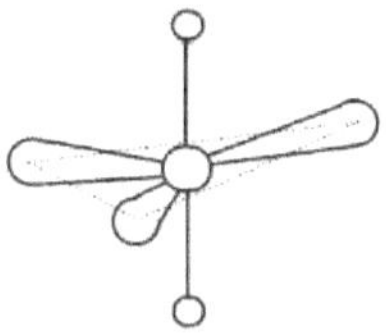	XeF_2, IF_2^-
AX_3	3	0	Plana trigonal	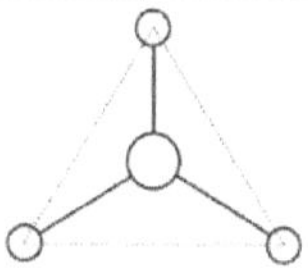	BF_3
AX_3	3	1	Piramidal trigonal	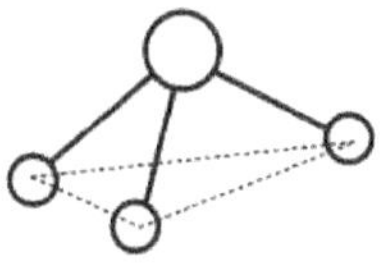	NH_3, PCl_3
AX_3	3	2	Forma de T	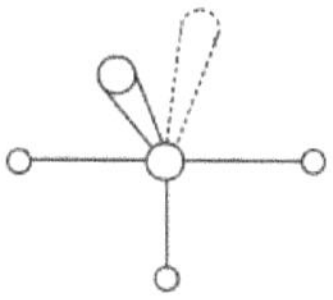	ClF_3
AX_4	4	0	Tetraédrica	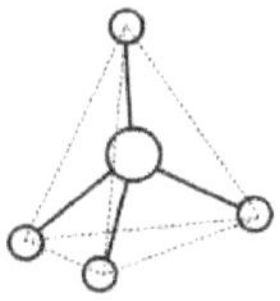	CF_4

www.ingramcontent.com/pod-product-compliance
Lightning Source LLC
Chambersburg PA
CBHW062212220526
45471CB00009B/3168